西门子
S7-400 PLC
快速入门与提高实例

吴文涛　主编

李凤银　张建辉　副主编

化学工业出版社

·北京·

本书以西门子 S7-400 系列 PLC 为主线，以 STEP 7 编程工具为平台，系统地介绍了西门子 S7-400 系列 PLC 的控制系统设计、工程应用、故障诊断及处理方法，主要包括 PLC 基础、PLC 指令、PLC 应用程序设计、工业通信网络的组态与编程、应用案例安装检修等内容。书中实例丰富，可以直接应用到工程项目中。

本书适合进入 PLC 设计与应用岗位的初学者/入门者学习，也可供从事自动控制、智能仪器仪表、电力电子、机电一体化等专业的技术人员和相关专业院校师生参考。

图书在版编目（CIP）数据

西门子 S7-400 PLC 快速入门与提高实例/吴文涛主编 . —北京：化学工业出版社，2017.4
ISBN 978-7-122-29156-1

Ⅰ. ①西…　Ⅱ. ①吴…　Ⅲ. ①PLC 技术　Ⅳ. ①TM571.61

中国版本图书馆 CIP 数据核字（2017）第 035707 号

责任编辑：刘丽宏　　　　　　　　　　文字编辑：孙凤英
责任校对：吴　静　　　　　　　　　　装帧设计：刘丽华

出版发行：化学工业出版社（北京市东城区青年湖南街 13 号　邮政编码 100011）
印　　装：北京云浩印刷有限责任公司
710mm×1000mm　1/16　印张 22¾　字数 470 千字　2017 年 6 月北京第 1 版第 1 次印刷

购书咨询：010-64518888（传真：010-64519686）　　售后服务：010-64518899
网　　址：http://www.cip.com.cn
凡购买本书，如有缺损质量问题，本社销售中心负责调换。

定　　价：68.00 元

前言

随着科学技术和微电子技术的迅速发展，可编程控制器（PLC）已广泛应用于各大领域、各大行业的自动化控制中。由于 PLC 技术的不断提升进步，并以其可靠性、操作简单等特点，已形成一种工业发展趋势。特别是随着工业控制网络化进程的推进，使得具有网络功能的 PLC 显现出独有的优势。因此熟悉和掌握先进的控制手段和方法，学习和掌握 PLC 技术已成为高等院校的相关必修专业及自动化技术人员的一项紧迫任务。为了使初学者更快地掌握西门子 S7-400 系列 PLC 的性能及特点，并熟练地应用到实践中去，特编写了本书。

本书尽量使用通俗易懂的语言，使读者能够更加容易理解，从而更快地掌握 PLC 的技术应用知识。全书以 STEP 7 编程工具为平台，介绍了西门子 S7-400 PLC 的原理及应用，控制系统设计，硬件结构和硬件组态的方法，指令系统、编程软件用法等设计方法，这些方法易学易用，可以节约大量的设计时间。读者可以通过本书深入掌握西门子 S7-400 PLC 的应用技术，在学习中提高项目开发水平，同时更快地总结出适合自己的方法和技巧。书中提供了丰富的编程实例，可以直接应用到工程项目中。

本书由吴文涛主编，李凤银、张建辉副主编，参加本书编写的还有陈书红、郭艳华、朱永战、王永军、王双近、黄文跃、刘朝辉、解振响、张建涛、刘占国、刘双青、孙瑞新、赵保森、邓平安、张伯虎。本书的编写还得到许多同志的帮助，在此一并表示感谢。

鉴于时间仓促，书中不足之处难免，敬请读者批评指正。

编 者

目录

第 1 章　S7-400 组成与应用原理

1.1　S7-400 的硬件组成 ………………………………………………… 001
　　1.1.1　S7-400 的基本结构 ………………………………………… 001
　　1.1.2　S7-400 机架种类及作用 …………………………………… 002
1.2　S7-400 的通信功能 ………………………………………………… 003
1.3　S7-400 CPU 模块 …………………………………………………… 003
1.4　电源模块 ……………………………………………………………… 006
1.5　数字量模块 …………………………………………………………… 007
1.6　模拟量模块 …………………………………………………………… 009
1.7　其他模块 ……………………………………………………………… 012
1.8　冗余设计的容错自动化系统 S7-400H …………………………… 012
1.9　安全型自动化系统 S7-400F/FH …………………………………… 014
1.10　多 CPU 处理 ………………………………………………………… 016

第 2 章　S7-400 编程语言及指令

2.1　S7-400 的编程语言 ………………………………………………… 018
　　2.1.1　PLC 编程语言的国际标准 ………………………………… 018
　　2.1.2　STEP7 中的编程语言 ……………………………………… 019
2.2　S7-400 CPU 的存储区 ……………………………………………… 023
　　2.2.1　数制 …………………………………………………………… 023
　　2.2.2　基本数据类型 ………………………………………………… 023
　　2.2.3　复合数据类型与参数类型 ………………………………… 026
　　2.2.4　CPU 的存储区分布 …………………………………………… 027
　　2.2.5　系统存储器 …………………………………………………… 028
　　2.2.6　CPU 中的寄存器 ……………………………………………… 030
　　2.2.7　寻址方式 ……………………………………………………… 032
2.3　位逻辑指令 …………………………………………………………… 035
　　2.3.1　触点指令 ……………………………………………………… 035
　　2.3.2　输出类指令 …………………………………………………… 038
　　2.3.3　其他指令 ……………………………………………………… 039

2.4 定时器与计数器指令 ·· 041
   2.4.1 定时器指令 ·· 041
   2.4.2 计数器指令 ·· 048
2.5 数据处理指令 ·· 051
   2.5.1 装入指令与传送指令 ·· 052
   2.5.2 比较指令 ·· 055
   2.5.3 数据转换指令 ·· 057
2.6 数学运算指令 ·· 061
   2.6.1 整数数学运算指令 ·· 062
   2.6.2 浮点数数学运算指令 ·· 064
   2.6.3 移位指令 ·· 069
   2.6.4 循环移位指令 ·· 072
   2.6.5 字逻辑运算指令 ·· 074
   2.6.6 累加器指令 ·· 076
2.7 逻辑控制指令 ·· 078
   2.7.1 跳转指令 ·· 078
   2.7.2 梯形图中的状态位触点指令 ···································· 082
   2.7.3 循环指令 ·· 083
2.8 程序控制指令 ·· 083
   2.8.1 逻辑块指令 ·· 083
   2.8.2 主控继电器指令 ·· 086
   2.8.3 数据块指令 ·· 088
   2.8.4 梯形图的编程规则 ·· 089

第 3 章　软件使用基础

3.1 STEP7 编程软件 ·· 090
   3.1.1 STEP7 的功能与使用条件 ······································ 090
   3.1.2 STEP7 的硬件接口 ·· 091
   3.1.3 STEP7 的授权 ·· 091
   3.1.4 STEP7 的硬件组态与诊断功能 ·································· 091
3.2 硬件组态与参数设置 ·· 092
   3.2.1 项目的创建与项目的结构 ······································ 092
   3.2.2 硬件组态 ·· 094
   3.2.3 CPU 模块的参数设置 ·· 096
   3.2.4 数字量输入模块的参数设置 ···································· 101
   3.2.5 数字量输出模块的参数设置 ···································· 102
   3.2.6 模拟量输入模块的参数设置 ···································· 103

　　　3.2.7　模拟量输出模块的参数设置 ···························· 105
　3.3　符号表与逻辑块 ··· 105
　　　3.3.1　符号表 ·· 105
　　　3.3.2　逻辑块 ·· 107
　3.4　S7-PLCSIM 仿真软件在程序调试中的应用 ················· 111
　　　3.4.1　S7-PLCSIM 的主要功能 ·························· 111
　　　3.4.2　快速入门 ·· 112
　　　3.4.3　视图对象 ·· 114
　　　3.4.4　仿真软件的设置与存档 ·························· 115
　3.5　程序的下载与上传 ·· 116
　　　3.5.1　装载存储器与工作存储器 ························ 116
　　　3.5.2　在线连接的建立与在线操作 ···················· 117
　　　3.5.3　下载与上传 ·· 119
　3.6　用变量表调试程序 ·· 121
　　　3.6.1　系统调试的基本步骤 ···························· 121
　　　3.6.2　变量表的基本功能 ······························ 122
　　　3.6.3　变量表的生成 ····································· 122
　　　3.6.4　变量表的使用 ····································· 124
　3.7　用程序状态功能调试程序 ································ 128
　　　3.7.1　程序状态功能的启动与显示 ···················· 128
　　　3.7.2　单步与断点功能的使用 ·························· 129
　3.8　故障诊断 ·· 131
　　　3.8.1　故障诊断的基本方法 ···························· 132
　　　3.8.2　模块信息在故障诊断中的应用 ·················· 132
　　　3.8.3　用快速视窗和诊断视窗诊断故障 ················ 135

第❹章　组态软件 WinCC 与 PLC 通信

　4.1　组态软件概述 ·· 137
　　　4.1.1　什么是组态软件 ··································· 137
　　　4.1.2　组态软件的功能 ··································· 137
　　　4.1.3　常用组态软件 ····································· 137
　　　4.1.4　WinCC 组态软件及安装 ·························· 138
　　　4.1.5　WinCC 安装 ······································ 140
　4.2　WinCC 的功能部件及应用 ································ 146
　　　4.2.1　WinCC 软件运行 ································· 146
　　　4.2.2　变量管理 ·· 148
　　　4.2.3　创建过程画面 ····································· 154

4.2.4 对象的使用 ······ 156
4.3 过程及归档 ······ 164
4.3.1 过程值归档 ······ 164
4.3.2 组态过程值归档 ······ 165
4.3.3 过程值归档的显示 ······ 169
4.4 消息系统 ······ 173
4.4.1 报警记录编辑器 ······ 173
4.4.2 报警记录的组态 ······ 174
4.4.3 报警消息输出 ······ 177
4.4.4 报警消息应用举例 ······ 179
4.5 报表系统 ······ 181
4.5.1 页面布局编辑器 ······ 181
4.5.2 组态报警消息报表布局 ······ 182
4.5.3 组态消息报表 ······ 183
4.6 ANSI-C 脚本 ······ 187
4.6.1 动作与函数 ······ 187
4.6.2 ANSI-C 脚本应用举例 ······ 188

第5章 S7-400 用户程序结构

5.1 用户程序的基本结构 ······ 192
5.1.1 用户程序中的块 ······ 192
5.1.2 用户程序使用的堆栈 ······ 195
5.1.3 线性化编程与结构化编程 ······ 196
5.2 功能块和功能的生成与调用 ······ 198
5.2.1 项目的创建和用户程序结构 ······ 198
5.2.2 符号表与变量声明表 ······ 199
5.2.3 功能块与功能 ······ 201
5.2.4 功能块与功能的调用 ······ 202
5.2.5 时间标记冲突与一致性检查 ······ 204
5.3 数据块 ······ 205
5.3.1 数据块中的数据类型 ······ 205
5.3.2 数据块的生成与使用 ······ 206
5.4 多重背景 ······ 207
5.4.1 多重背景功能块与多重背景数据块 ······ 208
5.4.2 在 OB1 中调用多重背景 ······ 209
5.5 组织块与中断处理 ······ 210
5.5.1 中断的基本概念 ······ 210

5.5.2 组织块的变量声明表 ·················· 212

5.5.3 日期时间中断组织块 ·················· 213

5.5.4 延时中断组织块 ······················· 215

5.5.5 循环中断组织块 ······················· 217

5.5.6 硬件中断组织块 ······················· 219

5.5.7 启动时使用的组织块 ·················· 221

5.5.8 异步错误组织块 ······················· 222

5.5.9 同步错误组织块 ······················· 225

5.5.10 背景组织块 ··························· 227

第6章 计算机通信网络与 S7-400 的通信功能

6.1 计算机通信方式与串行通信接口 ············· 228

6.1.1 计算机的通信方式 ····················· 228

6.1.2 串行通信接口的标准 ·················· 230

6.2 计算机通信的国际标准 ······················ 231

6.2.1 开放系统互联模型 ····················· 231

6.2.2 IEEE 802 通信标准 ···················· 232

6.2.3 现场总线及其国际标准 ················ 233

6.3 S7-400 的通信功能 ························· 235

6.3.1 工厂自动化网络结构 ·················· 235

6.3.2 S7-400 的通信网络 ··················· 236

6.3.3 S7 通信的分类 ························· 238

6.4 MPI 网络与全局数据通信 ···················· 239

6.4.1 MNPI 网络与全局数据包 ··············· 239

6.4.2 MPI 网络的组态 ······················· 239

6.4.3 全局数据表 ···························· 240

6.4.4 事件驱动的全局数据通信 ·············· 243

6.4.5 不用连接组态的 MPI 通信 ············· 244

6.5 PROFIBUS 的结构与硬件 ···················· 244

6.5.1 PROFIBUS 的组成 ····················· 245

6.5.2 PROFIBUS 的特理层 ··················· 246

6.5.3 PROFIBUS-DP 设备的分类 ············· 248

6.5.4 PROFIBUS 通信处理器 ················· 249

6.6 PROFIBUS 的通信协议 ······················ 250

6.6.1 PROFIBUS 的数据链路层 ··············· 250

6.6.2 PROFIBUS-DP ························· 252

6.6.3 PROFLNet ···························· 254

6.7 基于组态的 PROFIBUS 通信 ·············· 256
　　6.7.1 PROFIBUS-DP 从站的分类 ·············· 256
　　6.7.2 PROFIBUS-DP 网络的组态 ·············· 257
　　6.7.3 主站与智能从站主从通信方式的组态 ·············· 260
　　6.7.4 直接数据交换通信方式的组态 ·············· 262
6.8 用于 PROFIBUS 通信的系统功能与系统功能块 ·············· 265
　　6.8.1 用于 PROFIBUS 通信的系统功能与系统功能块 ·············· 265
　　6.8.2 用 SFC14 和 SFC15 传输连续的数据 ·············· 267
　　6.8.3 分布式 I/O 触发主站的硬件中断 ·············· 270
　　6.8.4 一组从站的输出同步与输入锁定 ·············· 272
6.9 点对点通信 ·············· 278
　　6.9.1 点对点通信处理器与集成的点对点通信接口 ·············· 278
　　6.9.2 ASCII Driver 通信协议 ·············· 278
　　6.9.3 3964（R）通信协议 ·············· 280
　　6.9.4 用于 CPU31XC-2PtP 点对点通信的系统功能块 ·············· 283
　　6.9.5 用于点对点通信处理器的功能块 ·············· 285
6.10 PRODAVE 通信软件在点对点通信中的应用 ·············· 286
　　6.10.1 PRODAVE 简介 ·············· 286
　　6.10.2 PRODAVE 的硬件配置 ·············· 287
　　6.10.3 建立与断开连接 ·············· 288
　　6.10.4 PRODAVE 的通信函数 ·············· 289
　　6.10.5 PRODAVE 在水轮发电机组监控系统中的应用 ·············· 290

第 7 章　S7-400 PLC 应用实例

7.1 S7-400 冗余系统在某电厂中的应用 ·············· 292
　　7.1.1 系统介绍 ·············· 292
　　7.1.2 控制系统结构 ·············· 293
　　7.1.3 控制系统完成功能 ·············· 294
7.2 S7-400 PLC 及 WinCC 实现高速数据采集 ·············· 299
　　7.2.1 问题的提出 ·············· 299
　　7.2.2 基本思路 ·············· 300
　　7.2.3 运用 WinCC＋S7-400 实现高速数据采集 ·············· 300
　　7.2.4 效果 ·············· 304
7.3 西门子 PLC 远程访问诊断方案 ·············· 306
　　7.3.1 基于 Modem 拨号的 TeleService ·············· 306
　　7.3.2 基于互联网的 TeleService ·············· 306
7.4 用 STEP7 中的 SFB41/FB41、SFB42/FB42、SFB43/FB43 实现
　　PID 控制 ·············· 315

7.4.1　概述 •• 315

7.4.2　PID 系统控制器的选择 •••••••••••••••• 316

7.4.3　布线 •• 318

7.4.4　参数赋值工具介绍 •••••••••••••••••••••• 318

7.4.5　在用户程序中实现 •••••••••••••••••••••• 320

7.4.6　功能块介绍 •••••••••••••••••••••••••••••••• 320

7.5　S7-400 在甲醇项目中实现首发报警功能 ••••••••••••• 340

7.5.1　概述 •• 340

7.5.2　控制系统介绍 •••••••••••••••••••••••••••• 340

7.5.3　控制系统完成的功能 •••••••••••••••••• 340

7.5.4　首发报警的实现 •••••••••••••••••••••••• 341

7.5.5　小结 •• 342

7.6　西门子开放式 IE 通信在水电站监控系统中的应用 ••••••••••• 343

7.6.1　引言 •• 343

7.6.2　简介 •• 343

7.6.3　计算机监控系统结构配置 ••••••••••• 344

附录

参考文献

第1章 ◀◀◀

S7-400组成与应用原理

1.1 S7-400 的硬件组成

S7-400 系列 PLC 采用模块化结构,系统通常包括一个机架(CR)、一个电源模块(PS)和一个 CPU。它所具有的模块的扩展和配置功能使其能够按照每个不同的需求灵活组合。模块能带电插拔且具有很高的电磁兼容性和抗冲击性、耐振动性,因而能最大限度地满足各种工业标准。

1.1.1 S7-400 的基本结构

S7-400 是具有中高档性能的 PLC,采用模块化无风扇设计,适用于对可靠性要求极高的大型复杂的控制系统。S7-400 采用大模块结构,大多数模块的尺寸为25mm(宽)×200mm(高)×210mm(深)。

图 1-1   S7-400 模块式 PLC

如图 1-1 所示，S7-400 由机架、电源模块（PS）、中央处理单元（CPU）、数字量输入/输出（DI/DO）模块、模拟量输入/输出（AI/AO）模块、通信处理器（CP）、功能模块（FM）和接口模块（IM）组成，DI/DO 模块和 AI/AO 模块统称为信号模块（SM）。

机架用来固定模块、提供模块工作电压和实现局部接地，并通过信号总线将不同模块连接在一起。

S7-400 的模块插座焊在机架中的总线连接板上，模块插在模块插座上，有不同槽数的机架供用户选用，如果一个机架容纳不下所有的模块，可以增设一个或数个扩展机架，各机架之间用接口模块和通信电缆交换信息，如图 1-2 所示。

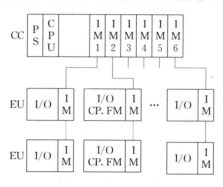

图 1-2　S7-400 多机架连接图

1.1.2　S7-400 机架种类及作用

S7-400 提供了多种级别的 CPU 模块和种类齐全的通用功能的模块，使用户能根据需要组合成不同的专用系统，S7-400 采用模块化设计，性能范围宽广的不同模块可以灵活组合，扩展十分方便。

（1）通用机架 UR1 和 UR2　UR1（18 槽 6ES7 400-1TA01-0AA0）和 UR2（9 槽 6ES7 009-1JA01-0AA0）有 UR1 和 UR2 机架用于安装中央机架和扩展机架。UR1 和 UR2 机架都有 I/O 总线和通信总线。

当 UR1 和 UR2 用作中央机架时，可安装除接收 IM 外的所有 S7-400 模块。当 UR1 和 UR2 用作扩展机架时，可安装除 CPU 和发送 IM 外的所有 S7-400 模块。特殊情况下电源模块不可与 IM461-1 接收 IM 一起使用。

（2）UR2-H 机架　UR2-H（6ES7 400-2JA00-0AA0）机架用于在一个机架上安装两个中央机架或两个扩展机架，它表示在相同机架结构上两个具有电气隔离的 UR2 机架，其主要应用在冗余 S7-400 系统的紧凑型结构中（在一个机架上有两个子机架和子系统）。

当 UR2-H 用作中央机架时，可安装除接收 IM 外的所有 S7-400 模块。当 UR2-H 用作扩展机架时，可安装除 CPU、发送 IM、IM463-2 和适配器外的所有

S7-400 模块。特殊情况下电源模块不可与 IM461-1 接收 IM 一起使用。

（3）中央 CR2 机架　CR2（6ES7 401-2TA01-0AA0）机架用于安装分段的中央机架。它带有一个 I/O 总线和一个通信总线。I/O 总线分为两个本地一段，分别带有 10 个和 8 个插槽。在 CR2 机架上可以使用除接收 IM 外的所有 S7-400 模板。

（4）中央 CR3 机架　CR3（6ES7 401-2DA01-0AA0）机架用于在标准系统中（非故障容错系统）的 CR 的安装。CR3 有一个 I/O 总线和一个通信总线。在 CR3 机架上可以使用除接收 IM 外的所有 S7-400 模块，但在单独运行时只能使用 CPU414-4H 和 CPU417-4H。

（5）扩展机架 ER1 和 ER2　ER1（6ES7 403-1TA01-0AA0）和 ER2（6ES7 403-1JA01-0AA0）机架用于安装扩展机架。ER1 和 ER2 机架只有一个 I/O 总线机架。

因为未提供中断线，所以从 ER1 和 ER2 中的模块来的中断不起作用。同时，ER1 或 ER2 中的模块没有 24V 供电，需要 24V 供电的模块不可用于 ER1 和 ER2。因为 ER1 和 ER2 中的模块既不能用电源模块中的电池后备，也不能用从外部为 CPU 或接收 IM 供电的电源后备，因此，使用 ER1 和 ER2 中电源模块的后备电池没有优势。当电源故障以及后备电源故障时不对 CPU 报告。插入 ER1 和 ER2 中的电源模块的电池监视功能总是断开的。

在 ER1 和 ER2 机架中可使用所有的电源模块、接收 IM、所有符合上述限制条件的信号模块，但是，电源模块不可与 IM461-1 接收 IM 一起使用。

1.2　S7-400 的通信功能

S7-400 有很强的通信功能，CPU 模块集成有 MPI 和 DP 通信接口，有 PRO-FIBUS-DP 和工业以太网的通信模块，以及点对点通信模块。通过 PROFIBUS-DP 或 AS-I 现场总线，可以周期性地自动交换 I/O 模块的数据（过程映像数据交换）。在自动化系统之间，PLC 与计算机和 HMI（人机接口）站之间，均可以交换数据。数据通信可以周期性地自动进行或基于事件驱动，由用户程序块调用。

S7/C7 通信对象的通信服务通过集成在系统中的功能块来进行，可提供的通信服务有：使用 MPI 的标准 S7 通信；使用 MPI、C 总线、PROFIBUS-DP 和工业以太网的 S7 通信，S7-300 只能作为服务器；与 S5 通信对象和第三方设备的通信，可用非常驻的块来建立。这些服务包括通过 PROFIBUS-DP 和工业以太网的 S5 兼容通信和标准通信（第三方系统）。

S7-400 的通信功能，通信模块，通信的设置与编程的详细情况见第 6 章。

1.3　S7-400 CPU 模块

S7-400 系列 PLC 有 7 种 CPU，此外 S7-400H 还有两种 CPU。

CPU412-1 是廉价的，低档项目使用的 CPU，适用于中等性能范围。用于 I/O 数量有限的较小系统的安装。然而，组合的 MPI 接口允许 PROFIBUS-DP 总线操作。

CPU412-2 适用于中等性能范围的应用。它带有两个 PROFIBUS-DP 总线可以随时使用。

CPU412-2 和 CPU414-3 适用于中等性能应用范围中有较高要求的场合。它们满足对程序规模和指令处理速度的更高要求。集成的 PROFIBUS-DP 接口使它能够作为主站直接连接到 PROFIBUS-DP 现场总线。CPU414-3 有一条额外的 DP 线，可用 IF964-DP 接口子模块进行连接。

CPU416-2 和 CPU416-3 是功能强大的 SIMATIC S7-400 系列 PLC 的 CPU。集成的 PROFIBUS-DP 接口，使它能作为主站直接连接到 PROFIBUS-DP 现场总线。CPU416-3 有一条额外的 DP 线，可用 IF964-DP 接口子模块进行连接。

CPU417-4 是 SIMATIC S7-400 中央处理单元中功能最强大的。集成的 PROFIBUS-DP 接口，使它能作为主站直接连接到 PROFIBUS-DP 现场总线。通过 IF964-DP 接口子模块进一步连接两条 DP 线。

CPU414-4H 用于 SIMATIC S7-400H 和 S7-400F/FH，可配置为容错式 S7-400H 系统。连接上运行许可证后，可以作为安全型 S7-400F/FH 自动化系统使用。集成的 PROFIBUS-DP 接口能作为主站直接连接到 PROFIBUS-DP 现场总线。

CPU417-4H 是 SIMATIC S7-400H 和 S7-400F/FH 中功能最强的 CPU，可配置为容错式 S7-400H 系统。连接上运行许可证后，可以作为 S7-400F/FH 容错自动化系统使用。集成的 PROFIBUS-DP 接口能作为主站直接连接到 PROFIBUS-DP 现场总线。

(1) S7-400 CPU 模块的共同特性

① S7-400 有一个中央机架，可连接 21 个扩展机架，使用 UR1 和 UR2 机架的多 CPU 处理最多安装 4 个 CPU。每个中央机架最多使用 6 个 IM，通过适配器在中央机架上可以连接 6 块 S5 模块。

② 实时钟功能：CPU 有后备时钟、8 个小时计数器和 8 个时钟存储器位，有日期时间同步功能，同步时在 PLC 内和 MPI 上可以作为主站和从站。

③ S7-400 有 IEC 定时器/计数器（SFB 类型），每一优先级嵌套深度 24 级，在错误 OB 中附加 2 级。S7 指令功能可以处理诊断报文。

④ 测试功能：可以测试 I/O、位操作、DB（数据块）、分布式 I/O、定时器和计数器；可以强制 I/O、位操作和分布式 I/O。有状态和单步执行功能，调试程序可以设置断点。

⑤ FM 和 CP 的块数只受槽的数量和通信的连接量的限制。S7-400 可以与编程器和 OP（操作面板）通信，有全局数据通信功能。在 S7 通信中，可以作服务器和客户机，分别为 PG（编程器）和 OP 保留了一个连接。

⑥ CPU 模块内置的第一个通信接口的功能。第一个通信接口可以作为 MPI 和

DP 的主站。

作为 MPI 接口时，可以与编程器和 OP 通信，可以用作路由器。全局通信的 GD 数据包最大为 64KB。S7 标准通信每个作业的用户数据最大为 76B，S7 通信每个作业的用户数据最大为 64B。S7 标准通信每个作业的用户数据最大为 8KB。内置各通信接口最大传输速率为 12Mbit/s。

作为 DP 主站时，可以与编程器和 OP 通信，支持点对点通信功能，除了 S7-412 外，都具有全局通信，S7 基本通信功能。最多支持 32 个 DP 从站，最多支持 512 个插槽。最大地址区为 2KB，每个 DP 从站最大可用数据为 244B 输入和 244B 输出。

⑦ CPU 模块内置的第二个通信接口的功能。第二个通信模块接口可以用作 DP 主站和点对点连接。作为 DP 主站时，可以与编程器和 OP 通信，支持内部节点通信。每个 DP 从站最大可用数据为 244B 输入和 244B 输出。

（2）S7-400 CPU 模块技术参数　S7-400 CPU 模块技术参数如表 1-1 所示。

表 1-1　S7-400 CPU 模块技术参数

CPU 型号	CPU 412-1	CPU 412-2	CPU 414-2	CPU 414-3	CPU 416-2	CPU 416-3	CPU 417-4	CPU 414-4H	CPU 417-4H
计数器数量	256	256	256	256	512	512	512	512	512
计数器范围	C0~ C255	C0~ C255	C0~ C255	C0~ C255	C0~ C511	C0~ C511	C0~ C511	C0~ C511	C0~ C511
定时器数量	256	256	256	256	512	512	512	512	512
定时器范围	T0~ T255	T0~ T255	T0~ T255	T0~ T255	T0~ T511	T0~ T511	T0~ T511	T0~ T511	T0~ T511
块嵌套深度	24	24	24	24	24	24	24	24	24
FB 块数量/容量	256/ 48KB	256/ 64KB	2048/ 64KB	2048/ 64KB	2048/ 64KB	2048/ 64KB	6144/ 64KB	6144/ 64KB	2048/ 64KB
FC 块数量/容量	256/ 48KB	256/ 64KB	2048/ 64KB	2048/ 64KB	2048/ 64KB	2048/ 64KB	6144/ 64KB	2048/ 64KB	6144/ 64KB
中央控制器数量	1	1	1	1	1	1	1	1	1
扩展单元数量	21	21	21	21	21	21	21	21	20
IM 连接数量	6	6	6	6	6	6	6	6	6
DP 主站数量	1	2	2	2	2	2	2	2	2
第一接口 MPI 连接数量	16	16	32	32	44	44	44	44	32
第一接口传输速率/(Mbit/s)	12	12	12	12	12	12	12	12	12
第一接口 DP 从站数量	32	32	32	32	32	32	32	32	32
第二接口传输速率/(Mbit/s)	—	12	12	12	12	12	12	12	12
第二接口 DP 从站数量	—	64	96	96	96	125	125	125	96
第三接口供电电压(DC)/V	24	24	24	24	24	24	24	—	—
第三接口后备电流/μA	40	40	40	40	40	40	40	—	—
功耗/W	8	8	8	8	8	8	8	10	10

1.4 电源模块

S7-400 的电源模块的任务是通过背板总线，向机架上的其他模块提供工作电压。它们不为信号模块提供负载电压。

S7-400 的电源模块用于 S7-400 系统安装基板的封装设计，它通过自然对流冷却，带 AC-DC 编码的电源电压的插入式连接，具有短路保护功能。具有两个输出电压的监视，且两个输出电压（5V DC 和 24V DC）共地。如果其中一个电压故障，则向 CPU 发送故障信号。S7-400 的电源模块通过背板总线对 CPU 及可编程模块的参数设置和存储器内容（RAM）进行后备。此外，后备电池可以对 CPU 热启动。电源模块和后备模块都能监视电池电压。

（1）技术指标 电源模块技术参数如表 1-2 所示。

表 1-2 电源模块技术参数

项目	PS 407 4A (6ES7 407-0DA00-0AA0)	PS 407 4A (6ES7 407-0DA01-0AA0)	PS 407 10A(6ES7 407-0KA01-0AA0) PS 407 10A R(6ES7 407-0KR00-0AA0)
输入电压额定值	120/230V AC	110/230V DC 120/230V AC	110/230V DC 120/230V AC
输入电压允许值	85～132V DC 170～264V AC	88～230V DC 85～264V AC	88～230V DC 85～264V AC
系统频率额定值	50/60Hz	50/60Hz	50/60Hz
系统频率允许值	47～63Hz	47～63Hz	47～63Hz
额定输入电流	120V AC/0.55A 230V AC/0.31A	120V AC/0.38A 120V DC/0.37A 240V AC/0.22A 240V DC/0.19A	120V AC/1.2A 110V DC/1.2A 240V AC/0.6A 240V DC/0.6A
输出电压额定值	5.1/24V DC	5.1/24V DC	5.1/24V DC
输出电流额定值	5V DC/4A 24V DC/0.5A	5V DC/4A 24V DC/0.5A	5V DC/10A 24V DC/1A
功率/W	46.5	52	105
功耗/W	20	20	29.7

（2）冗余电源模块 如果使用两个型号为 PS 40710A R（6ES7 407-0KB00-0AA0，输入电压 85～264V AC 或 88～300V DC，输出电压 5V DC/10A 和 24V DC/1A）或 PS 405 10A R（6ES7 405-0KR00-0AA0，输入电压 19.2～72V DC，输出电压 5V DC/10A 和 24V DC/1A）的电源模块，可以在安装基板上安装冗余电源。如果需要提高 PLC 的可靠性，特别是工作在一个不可靠的电源系统中时，应进行冗余设计，建立一个冗余的电源时，可以将一个电源模块插入机架的插槽1和插槽3。可以插入尽量多的模块。但所有这些模块只能由一个电源模块供电，换句话说，在冗余运行状态下，所有模块只能消耗 10A 电流。

S7-400 的冗余电源具有以下特性。

● 电源模块提供一个符合 NAMUR 的接通闭合限制器。

● 当一个电源模块故障时，其他的每个电源模块均能向整个基板供电，因此不会停止工作。

● 整个系统工作时可以更换每个电源模块，当插拔模块时不会影响系统运行。

● 每个电源模块均具有监视功能，当发生故障时将发送故障信息。

● 一个电源模块的故障不会影响其他正常工作的电源模块的电压输出。

● 当每个电源模块有两个电池时，其中一个必须是冗余电池。如查每个电源模块只有一个电池，则不能进行冗余后备，因为冗余时需要两个电池都工作。

● 通过插拔中断登记电源模块的故障（默认值为 STOP），如果只在 CR2 的第二个段中使用，当电源模块故障时，不发送任何报告。

● 如果插入两个电源模块但只有一个上电，则上电时将发生 1min 的启动延时。

（3）后备电池　S7-400 的电源模块有一个电池盒，可以装 1～2 个后备电池。这些电池是选件。

如果已经装入后备电池，则在电源发生故障时，参数设置和存储器内容将通过背板总线备份到 CPU 和可编程模块中。电池电压必须在允许的范围内。此外，在上电后，后备电池可以对 CPU 执行重启动。电源模块和后备模块均可监视电池电压。

一些电源模块有容纳两个电池的电池盒。如果用两个电池，并将开关拨到 2BATT，则电源模块将两个电池中的一个定义为后备电池。当电池充足时该设置始终有效；当后备电池放完电后，则系统将另一个电池切换到后备方式。后备电池的状态也存储在电源故障的事件中。

后备电池的最长后备时间取决于后备电池的容量以及在基板上的后备电流。后备电流是指当电源关闭时，所插入的后备模块的电流及电源模块所需要的电流的总和。

【例 1-1】　计算对于一个具有 PS407 4A 和 CPU417-4 的中央机架的后备时间。

后备电池容量为 $1.9A \cdot h$，电源的最大后备电流（包括电源关闭时自己所需的电流）为 $100\mu A$，CPU417-4 典型的后备电流为 $75\mu A$，当计算后备时间时，因在电源打开时后备电池也会受影响，所以额定能力将低于 100%。

一个具有 63% 额定容量的电池具有：后备时间 $= 1.9A \cdot h \times 0.63 \div (100 + 75)\mu A = (1.197 \div 175) \times 1000000 = 6840h$，得出最大后备时间为 285 天。

BATT1F/BATT2F 指示灯（用于电池 1 和电池 2）激活。

电压选择开关：用来选择主要的工作电压（120V AC 或 230V AC），由其自身的外壳保护。

1.5　数字量模块

数字量模块将二进制过程信号连接到 S7-400，通过这些模块，能将数字传感器和执行器连接到 SIMATIC S7-400。使用数字量输入/输出模块可以提供用户优化的适配性能，模块的任意组合使任务恰好其分地适配输入/输出模块的数量，以避免多余的投资。

● 紧凑的设计。坚固的塑料外壳包括有绿色 LED 指示输出信号状态；一个红色 LED 指示内部和外部故障或出错；有内装的诊断能力；指示的故障如保险丝熔断和负载电压掉电等；标签条插入到前盖板内（增加标签条数量包括在供货内，根据使用手册复制）；覆盖薄膜可单独订购。

● 容易安装。将模块挂在机架上，拧紧螺钉安装，非常方便。

● 接线方便。模块通过插入前连接器接线，初次插入前连接器时，应嵌入一个编码元件，这样前连接器只能插入到有相同电压范围的模块中；更换模块时，前连接器能保持完整的接线状态，因此能用于相同类型的新模块。

（1）数字量输入模块　数字量输入模块将外部过程发送的数字信号电平转换成 S7-400 内部的信号电平。模块适合于连接开关或 2 线 BERO 接近开关。

数字量输入模块技术参数如表 1-3 所示。

表 1-3　数字量输入模块的技术参数

SM 421	输入点数	输入电压额定值	"1"输入电压范围	"0"输入电压范围	频率输入范围	隔离/分组数	功耗
6ES7 421-1BL00	32	24V DC	11～30V	−30～5V	—	√ /	6W
6ES7 421-1BL01	32	24V DC	11～30V	−30～5V	—	√ /	6W
6ES7 421-7BH00	16	24V DC	11～30V	−30～5V	—	√ /2	5W
6ES7 421-7BH01	16	24V DC	11～30V	−30～5V	—	√ /2	5W
6ES7 421-7DH00	16	24～60V UC	15～72V DC −15～−72V DC 15～60V AC	−6～+6V DC 0～5V AC	47～63Hz	√ /	8W
6ES7 421-5EH00	16	120V AC	72～132V AC	0～20V AC	47～63Hz	√ /	3W
6ES7 421-1FH00	16	120/230V UC 24～60V UC	79～264V AC 80～264V DC	0～50V UC	47～63Hz	√ /	3.5W
6ES7 421-1FH00	16	120/230V UC	74～264V AC 80～264V DC −80～−264V DC	0～40V AC −40～+40V DC	47～63Hz	√ /4	12W
6ES7 421-1EL00	32	120V UC	79～132V AC 80～132V DC	0～20V DC	47～63Hz	√ /	6.5W

（2）数字量输出模块　数字量输出模块将 S7-400 的内部信号电平转换成过程所需要的外部信号电平。模块适合于连接如电磁阀、接触器、小型电动机、灯和电机启动器等装置。

数字量模块的技术参数如表 1-4 所示。

表 1-4 数字量模块的技术参数

SM 422	6ES7 422-1BH10	6ES7 422-1BH11	6ES7 422-5FF00	6ES7 422-1FF00	6ES7 422-1HH00	6ES7 422-5EH00	6ES7 422-1BL00	6ES7 422-7BL00
输出点数	16	16	8	8	16	16	32	32
额定负载电压	24V DC	24V DC	20～125V DC	120/230V AC	30/230V UC	20～125V AC	24V DC	24V DC
总输出电流	2A	2A	5A	5A	5A	2A	0.5A	0.5A
最大灯负载	10W	10W	100W	100W	60W	50W	—	—
阻性负载输出开关频率	100Hz	100Hz	10Hz	10Hz	—	10Hz	100Hz	100Hz
感性负载输出开关频率	0.1Hz	0.1Hz	0.5Hz	0.5Hz	—	0.5Hz	0.5Hz	2Hz
功耗	5W	5W	16W	16W	4.5W	20W	4W	8W

1.6 模拟量模块

模拟量输入/输出模块包括用于 S7-400 的模拟量输入/输出。通过这些模块，能将模拟量传感器和执行器连接到 SIMATIC S7-400。使用模拟量输入/输出模块能给用户提供优化的适配性能，因此能连接各种不同类型的模拟量传感器和执行器。

模拟量输入/输出模块的机械结构有以下特点。

① 紧凑的设计。坚固的塑料外壳包括标签条可插入到前盖板内（根据使用手册复制），覆盖薄膜可单独订购。

② 容易安装。将模块挂在机架上，拧紧螺钉即可，安装方便。

③ 接线方便。模块通过前连接器接线。初次插入前连接器时，应嵌入一个编码元件，这样前连接器只能插入到有相同电压范围的模块中。更换模块时，前连接器能保持完整的接线状态，因此能用于相同类型的新模块。

（1）模拟量输入模块 模拟量输入模块将从过程来的模拟量信号转换成 S7-400 内部处理用的数字量信号。电压/电流传感器、热电偶、电阻器和热电阻可作为传感器连接到 S7-200。

模拟量输入模块的技术参数如表 1-5 所示。

表 1-5 模拟量输入模块的技术参数

SM 431	电压电流测量输入点数	电阻测量输入点数	测量原理	精度	转换时间	输入范围	功耗
6ES7 431-0HH00	16	—	积分式	13 位	55ms	±1V/10MΩ ±10V/100MΩ 1～5V/100MΩ ±20mA/50Ω 4～20mA/50Ω	2W

续表

SM 431	电压电流测量输入点数	电阻测量输入点数	测量原理	精度	转换时间	输入范围	功耗
6ES7 431-1KF00	8	4	积分式	13 位	23ms	1V/200kΩ ±10V/200kΩ 1～5V/200kΩ ±20mA/80Ω 4～20mA/80Ω 0～600Ω	1.8W
6ES7 431-1KF10	8	4	积分式	14 位	20ms	±80mV/1MΩ ±250mV/1MΩ ±500mV/1MΩ ±1V/1MΩ ±2.5V/1MΩ ±5V/1MΩ 1～5V/1MΩ ±10V/1MΩ 0～20mA/50Ω ±20mA/50Ω 4～20mA/50Ω 0～48Ω/1MΩ 0～150Ω/1MΩ 0～300Ω/1MΩ 0～600Ω/1MΩ 0～6000Ω/1MΩ B 型/1MΩ R 型/1MΩ S 型/1MΩ T 型/1MΩ E 型/1MΩ J 型/1MΩ U 型/1MΩ L 型/1MΩ N 型/1MΩ	3.5W
6ES7 431-1KF20	8	4	瞬时值编码	14 位	52μs	±1V/10MΩ ±10V/10MΩ 1～5V/10MΩ ±20mA/50Ω 4～20mA/50Ω 0～600Ω/10MΩ	4.9W
6ES7 431-7QH00	16	8	积分式	16 位	6ms	±25mV/1MΩ ±50mV/1MΩ ±80mV/1MΩ ±250mV/1MΩ ±500mV/1MΩ ±1V/1MΩ ±2.5V/1MΩ	4.5W

续表

SM 431	电压电流测量 输入点数	电阻测量 输入点数	测量原理	精度	转换时间	输入范围	功耗
6ES7 431-7QH00	16	8	积分式	16 位	6ms	±5V/1MΩ 1~5V/1MΩ ±10V/1MΩ 0~20mA/50Ω ±5mA/50Ω ±10mA/50Ω ±20mA/50Ω 4~20mA/50Ω 0~48Ω/1MΩ 0~150Ω/1MΩ 0~300Ω/1MΩ 0~600Ω/1MΩ 0~6000Ω/1MΩ B 型/1MΩ R 型/1MΩ S 型/1MΩ T 型/1MΩ E 型/1MΩ J 型/1MΩ U 型/1MΩ L 型/1MΩ N 型/1MΩ Pt 100/1MΩ Pt 200/1MΩ Pt 500/1MΩ Pt 1000/1MΩ Ni 100/1MΩ Ni 1000/1MΩ	4.5W
6ES7 431-7KF00	8	8	积分式	16 位	10ms	±25mV/2MΩ ±50mV/2MΩ ±80mV/2MΩ ±100mV/2MΩ ±250mV/2MΩ ±500mV/2MΩ ±1V/2MΩ ±2.5V/2MΩ ±5V/2MΩ ±10V/2MΩ ±25mV/50Ω B,N,E,R/2MΩ S,J,L,T,K,U	4.6W
6ES7 431-7KF10		8	积分式	16 位	22ms	Pt 100,Pt 200、 Pt 500,Pt 1000、 Ni 100,Ni 1000	3.3W

（2）模拟量输出模块　模拟量输出模块 SM432 只有一个型号（6ES7 432-IHF00-0AB0）。输出点数为 8，额定负载电压 24V DC，输出电压范围为 $-10\sim$ 10V，$0\sim10V$ 和 $1\sim5V$；输出电流范围为 $-20\sim20mA$。

1.7　其他模块

（1）FM453 定位模块　FM453 可以控制 3 个独立的伺服电动机或步进电动机，以高时钟频率控制机械运动，用于简单的点到点定位到对响应、精度和速度又极高要求的复杂运动控制。从增量式或绝对式编码器输入位置信号，步进电动机作为执行器时可以不用编码器。每个通道有 6 点数字量输入和 4 点数字量输出。FM453 具有长度测量、变化率限制、运行中设置实际值、通过高速度输入使定位运动启动或停止等特殊功能。

（2）FM458-1DP 应用模块　FM458-1DP 是自由组态闭环控制设计的，包含有 300 个功能块的库函数和 CFC 连续功能图图形化组态软件，带有 PROFIBUS-DP 接口。FM458-1DP 的基本模块可以执行计算、开环和闭环控制，通过扩展模块可以对 I/O 和通信进行扩展。

（3）S5 智能 I/O 模块　S5 智能 I/O 模块可以用于 S7-400，配置专门设计的适配器后，可以直接插入 S7-400。可以使用 IP242B 计数器模块，IP244 温度控制模块，WF705 位置解码器模块，WF706 定位及位置测量和计数器模块，WF707 凸轮控制器模块，WF721 和 WF723A、WF T23B、WF T23C 定位模块。

智能 I/O 模块的优点是能完全独立地执行实时任务，减轻了 CPU 的负担，使 CPU 能将精力完全集中于更高级的开环或闭环控制任务上。

1.8　冗余设计的容错自动化系统 S7-400H

（1）S7-400H 的使用场合　在许多生产领域中，要求容错和高度可靠性的应用越来越多，某些领域由于故障引起的停机将会带来重大的经济损失，西门子的高可靠性 S7-400H 容错 PLC 已有成千上万台在实际中使用，可以满足高度可靠性的要求。S7-400H 特别适合于在下列场合使用：

① 停机将会造成重大的经济损失；

② 过程控制系统发生故障后再启动的费用十分昂贵；

③ 某些使用贵重的原材料的过程控制（例如制药工业）会因突发的停机而产生废品；

④ 无人管理的场合或需要减少维修人员的场合。

西门子的 S7 Software Redundancy（软件冗余性）可选软件可以在 S7-300 和 S7-400 标准系统上运行。生产过程出现故障时，在几秒内切换到替代系统，可以用于水厂水处理系统或交通流量系统等场合。

S7-400H 是按冗余方式设计的，主要器件都是双重的，可以在事件发生后继续使用备用的器件。设计成双重器件的有中央处理器 CPU、电源模块以及连接两个中央处理器的硬件。用户可以自行决定系统中是否需要更多的双重器件，以增强设备的冗余性。

（2）S7-400H 的结构 S7-400H 由两个子系统组成，典型的结构是使用分为两个区（每个区 9 个槽）的机架 UR2H，每个区可以视为一个中央控制器，也可以使用两个独立的中央控制器（即中央机架）UR1/UR2。每个中央控制器有一块有容错功能的 CPU414-4H 或 CPU417-4H，一块 PS407 电源模块。

同步子模块用于连接两个中央处理器，它们放置在中央处理器内部，并由光缆互连。每个中央控制器上有 S7 I/O 模块，中央控制器也可以有扩展机架或 ET200M 分布式 I/O。中央功能总是冗余配置的，I/O 模块可以是常规配置、切换型配置或冗余配置。

若要提高供电的冗余能力，每个子系统可以采用冗余供电的方式。在这种情况下需使用 PS40710AR 电源模块，其额定电压为 AC 120/230V，输出电流为 10A。

SIMATIC S7 系统的有的 I/O 模块都可以在 S7-400H 中使用。I/O 模块可以插入到中央控制器、扩展机架或分布式 I/O 站。I/O 模块可按下列方式配置：

① 常规单通道单路 I/O 配置 两个子系统中只有一个有一套 I/O 模块（单通道），它们可以在一个中央控制器中，或者是分布式的 I/O 站。I/O 模块只能被该子系统访问，读出的 I/O 信息同时提供给两个中央控制器。如果出现故障，属于故障控制器的 I/O 模块退出运行。

② 单通道切换式配置 单通道切换式配置的 I/O 模块虽然是单通道设计，但是两个中央控制器都可以通过冗余的 PROFIBUS-DP 网络访问 I/O 模块，切换式 I/O 模块只能在 ET-200M 远程 I/O 站中。

③ 双通道 I/O 模块容错冗余配置 系统中有两套相同的容错冗余配置的 I/O 模块，每一个子系统都可以访问这两套 I/O 模块。

④ FM 和 CP 的冗余 功能模块（FM）和通信处理器（CP）有两种冗余配置方法：

a. 可切换的冗余配置：FM 和 CP 分别插到可切换的 ET200 中。

b. 双通道冗余配置：FM 和 CP 分别插到两个子单元或两个单元的扩展设备中。

⑤ 通信 S7-400H 可以使用系统总线（例如工业以太网）或点对点通信，从简单的线性网络结构到冗余式双光缆环路。S7 的通信功能完全支持 PROFIBUS 或工业以太网的容错通信。

出现通信故障时，通过最多 4 个冗余连接，使通信继续下去。切换过程不需要用户编程，冗余功能在参数设置时建立，用户的通信程序与标准通信程序一样。S7-400H 和 PC 支持冗余通信，PC 冗余需要有连接程序软件包。由于对冗余的要求不同，网络可以配置为冗余的或非冗余的总线，可以是总线型或环形结构。

（3）S7-400H 冗余控制 PLC 的工作原理　CPU417-H 的操作系统自动地执行 S7-400H 需要的附加功能，包括数据通信，故障响应（切换到备用控制器），两个子单元的同步和自检功能等。

S7-400H 采用"热备用"模式的主动冗余原理，在发生故障时，无扰动地自动切换。无故障时两个子单元都处于运行状态，如果发生故障，正常工作的子单元能独立完成整个过程的控制。

为了保证无扰动切换，必须实现中央控制器链路之间的快速度、可靠的数据交换。两个控制器必须使用相同的用户程序，自动地接收相同的数据块、过程映像和相同的内部数据，例如定时器、计数器、位存储器等。这样可以确保两个子控制器同步地更新内容，在任意一个子系统有故障时，另一个可以承担全部控制任务。

S7-400H 采用"事件驱动同步"，当两个子单元的内部状态不同时，例如在直接 I/O 访问、中断、报警和修改实时钟时，就会进行同步操作。通过通信功能修改数据，由操作系统自动执行同步功能，不需要用户编程。

S7-400H 对中央控制器之间的链接、CPU 模块、处理器/ASIC 和存储器进行自检。再启动后每个子单元完整地执行所有的测试功能。自检功能被分为几部分，每个周期只执行部分自检功能，以减轻 CPU 的负担。

（4）S7-400H 冗余控制 PLC 的编程与组态　容错式连接只需要进行组态，不需要其他专门的编程工作。从用户程序的观点看，S7-400H 的作用几乎和标准系统一样。运行容错功能所需的通信功能和同步功能都已经集成在容错 CPU 的操作系统中，通信连接的监视以及发生故障事件时的自动切换在后台自动运行。在用户程序中完全没有必要考虑这些功能。

S7-400H 用 STEP7 进行组态和编程，完成配置后可以把 S7-400H 看成一般的 S7-400 系统。冗余单元的工作由操作系统来监视，出现故障后可以独立地执行切换工作，用 STEP7 组态时已经将所需信息组态进去，并通知系统。

组态和编程需要可选的 H 软件包，能在 S7-400 系统上使用的所有的标准软件工具、工程用软件工具和运行软件工具都可以在 S7-400H 上使用。

适合标准 S7-400 系统设计的编程的规则同样适用于 S7-400H，用户程序以相同的形式存储在两个中央处理器中，并且被同时执行。

除了那些既可以在 S7-400 使用也可以在 S7-400H 上使用的功能块外，S7-400H 系列还提供了一些与冗余功能有关的组织块，例如 OB70（I/O 冗余故障）和 OB72（CPU 冗余故障）。使用系统功能 SFC90 "H-CTRL"，用户可以禁用或重新启用容错 CPU 的链接和刷新。

1.9　安全型自动化系统 S7-400F/FH

（1）S7-400F/FH 的应用场合　S7-400F/FH 安全型自动化系统（图 1-3）所

示适用于对安全性要求很高的工厂，控制过程（直接关闭某些输出）不会对人和环境产生危害。S7-400F/FH 有两种基本类型：

① S7-400F　安全型自动化系统，如果在系统中出现故障，生产过程转为安全状态，并执行中断。

② S7-400FH　安全及容错自动化系统，如果系统出现故障，冗余控制使生产过程能继续执行。

S7-400F/FH 可以使用标准模块和安全型模块，配置一个安全型集成控制系统，在无安全要求及有部分安全要求的工厂中使用，整个工厂可以用相同的标准工具软件来配置和编程。

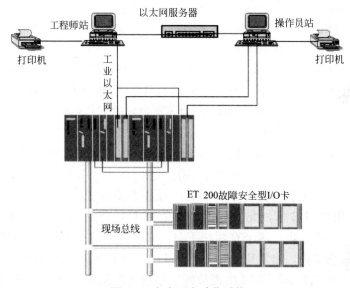

图 1-3　安全型自动化系统

（2）S7-400F/FH 的工作原理　S7-400F/FH 的安全性功能包含在 CPU 的 F 程序和安全型信号模块（F-SM）中。信号模板利用偏差分析和测试信号注入的方法来监视输入和输出的信号。

CPU 通过常规自检、结构检查，以及逻辑和顺序程序流程控制来检查 PLC 的有关操作和 I/O 模块的功能，如果发现故障，I/O 转为安全状态。

必须将 F 运行许可证安装到 S7-400F/FH 的 CPU147-4H 上，每个 CPU 需要一个许可证。

（3）S7-400F/FH 的编程　S7-400F/FH 的编程方法与其他 S7 系统的编程方法相同，无安全性要求的部分可以用 STEP7 来编写。编写有安全性要求的程序时需要"S7 F 系统"可选软件包，软件包包括用于生成 F 程序的所有功能和功能块。在计算机上应安装下列软件：STEP7 V5.1 或更高的版本；CFC V5.0 与 Service Pack3 或更高的版本；S7 SCL V5.0 或更高的版本；S7 F V5.1（对于 S7-400FH

为可选项）。

在带 CFC 的 F 库中调用特殊功能块，并从内部连接到含有安全功能的 F 程序中。CFC 的使用简化了设备的配置和编程工作，编程者可以将精力全部集中到安全性要求的应用问题。

（4）S7-400F/FH 的通信　中央控制器和 ET200M 之间的安全型通信和标准通信通过 PROFIBUS-DP 进行，由于 PRFI Safe PROFIBUS 规范的发展，允许安全型功能的数据和标准报文帧一起传送。

（5）S7-400F/FH 的结构

① 单通道单路 I/O 配置　设备需要带安全性保护的 PLC 来控制，不必是容错性的。配置如下：1 个带 F 运行许可证的 CPU417-4，1 条 PROFIBUS-DP 通信线，带 IM153-2FO 的 ET200M，和无冗余设计的安全型信息模块。出现故障时 I/O 停止工作，安全型信号模块被关闭。

② 单通道切换式 I/O 配置　设备需要带安全性保护的 PLC 来控制，CPU 一侧采用容错技术，配置如下：两个带 F 运行许可证的 CPU417-4H，两条 PROFI-BUS-DP 通信线，两个有两块 IM153-FO（冗余）的 ET200M，和无冗余设计的安全型信息模块。如果其中的 1 个 CPU417-4H、1 条 PROFIBUS-DP 通信线或 1 块 IM153-3FO 出现故障，系统还能继续工作。如果安全型信号模块或 ET200M 出现故障，I/O 停止工作，安全型模块被关闭。

③ S7-400FH 冗余切换式 I/O 配置　设备需要带安全性保护的 PLC 来控制，CPU 一侧采用容错技术，配置如下：两个带 F 运行许可证的 CPU417-4，两条 PROFIBUS-DP 通信线，两个有两块 IM153-2FO（冗余）的 ET200M，和冗余设计的安全型信息模块，如果其中的 1 个 CPU，1 条 PROFIBUS-DP 通信线，1 套安全型信号模块或 1 个 ET200M 出现故障，系统还能继续工作，在 S7-400F/FH 自动化系统中要使用标准模块，但是它们不能与 ET200M 一起使用。

1.10　多 CPU 处理

多 CPU 处理运行是指在 S7-400 中央机架上，最多 4 个具有多 CPU 处理能力的 CPU 同时运行。这些 CPU 自动地、同步地变换其运行模式。也就是说它们同时启动，同时进入 STOP 模式，这样可以同步地执行控制任务。

多 CPU 处理适用于以下情况：对于一个 CPU 来说用户程序太长，或者存储空间不够，需要将程序分配给多个 CPU 执行。如果整个系统由多个不同的部分组成，并且这些部分可以很容易地彼此拆开并可以单独控制，则各 CPU 分别处理不同的部分，每个 CPU 访问分配给它的模块。

通过通信总线，CPU 彼此互连。如果组态正确，通过编程软件可以访问 MPI 网络上的全部 CPU。

在启动时，多CPU运行的CPU将自动检查彼此间是否能同步。只有满足下列条件，才能同步：组态的所有CPU必须插好；已创建了正确的组态数据（SDB），并已下载到已插入的所有CPU中。如果有一条不满足，在诊断缓冲区中将出现错误信息。

退出STOP模式时，将比较RESTART/REBOOT启动类型。如果启动类型不同，CPU将不会进入RUN模式。

在多CPU处理运行时，每个CPU可以访问用STEP7为其组态分配的模块，模块的地址区总是单独分配给一个CPU。每个具有中断能力的模块被分配给一个CPU，这样的模块产生的中断不能被其他CPU接收。

过程中断和诊断中断只能发送给一个CPU，在模块有故障或插/拔某一模块时，通过在STEP7参数赋值时分配的CPU处理中断。有机架故障时，每个CPU调用OB86。

使用多CPU中断（OB860）可以在相应的CPU中同步地响应一个事件。与通过模块触发过程中断相比，通过调用SFC35"MP-ALM"触发的多CPU中断只能通过CPU输出。

分段的机架CR2属于物理分段，不是通过参数赋值分段，每段只能有一个CPU，它不是多CPU处理，每个分段的机架上的CPU构成一个独立的子系统，它们没有共享的逻辑地址区，多CPU处理不能在分段的机架上运行。

第2章 ◀◀◀

S7-400编程语言及指令

2.1 S7-400 的编程语言

2.1.1 PLC 编程语言的国际标准

IEC（国际电工委员会）是为电子技术的所有领域制定全球标准的世界性组织。IEC 61131 是 PLC 的国际标准，1979 年成立了 IEC 61131 工作组，1992～1995 年发布了 IEC 61131 标准中的 1～4 部分，我国在 1995 年 11 月发布了 GB/T 15969-1/2/3/4（等同于 IEC 61131-1/2/3/4）。

IEC 61131 由以下五部分组成：

（1）通用信息　定义 PLC 的术语，PLC 的主要功能和特点，包括典型的 PLC 中一般概念的定义和功能特征，例如用户程序的循环处理、输入输出过程映像，以及编程设备、PLC 和人机接口的分工。

（2）设备要求与测试　具体说明对 PLC 电气、机械和功能的要求，以及对产品的检验方法，对下述各项指标都作了要求：温度、湿度、供电范围、接口保护，数字量信号的工作范围，以及机械应力等。

（3）编程语言　通过对词汇、句法和语义的描述和例子，定义了 PLC 的软件模型，编程语言的标准和 5 种编程语言：梯形图、功能块图、指令表、顺序功能图和结构化文本。

（4）用户指南　作为一个指南，对从事自动项目的各阶段的用户提供帮助，从系统分析开始，到具体化阶段，例如 PLC 的选择与应用，安全和保护，安装与维护。

（5）通信服务规范　描述了不同厂商生产的 PLC 之间，PLC 与其他设备之间的通信，包括设备功能选择、数据交换、报警处理、访问控制与网络管理、通信模式、通信块、与 ISO 协议的对应关系等。

其中的第三部分（IEC 61131-3）是 PLC 的编程语言标准，它鼓励不同的 PLC 制造商提供在外观和操作上相似的指令。IEC 61131-3 标准使用户在使用新的 PLC 时可以减少重新培训的时间；对于生产厂家，使用标准将减少产品开发的时间，可以投入更多的精力去满足用户的特殊要求。

由于 IEC 61131-3 自动化编程语言的诸多优点，它已成为自动化工业中拥有广泛应用基础的国际标准，已有越来越多的 PLC 厂家提供符合 IEC 61131-3 标准的产品，世界上著名的自动化设备制造商，例如西门子、罗克威尔、ABB、施耐德、GE、三菱、富士等公司都推出了不同程序与 IEC 61131-3 兼容的产品，不仅限于 PLC，IEC 61131-3 还广泛地应用于集散控制系统（DCS）和工业控制计算机、在个人计算机上运行的软件 PLC 软件包、数控系统、远程终端单元等产品。

IEC 61131-3 包括以下内容：

① 编译为标准代码的规则：定义了 PLC 必须满足 IEC 61131 标准的哪些要求。在文献中必须包含一个符合标准的声明，或者系统必须生成一个这样的声明。

② 软件模型、通信模型和编程模型。

③ 可编程逻辑控制语言中的通用元件，例如数据类型和变量、功能和功能块、程序和任务。

④ 句法、语义和下述 5 种编程语言（见图 2-1）：

a. 指令表 IL（Instruction List）：语言语义的定义，这里只定义了 20 种基本操作。

b. 结构文本 ST（Structured Text）：西门子称为结构化控制语言（SCL）。

c. 梯形图 LD（Ladder Diagram）：西门子简称为 LAD。

d. 功能块图 FBD（Function Block Diagram）：标准中称为功能方框图语言。

e. 顺序功能图 SFC（Sequential Function Chart）：对应于西门子的 S7 Graph。

⑤ 附加的语法规则和编程实例。标准中有两种图形语言——梯形图和功能块图，还有两种文字语言——指令表和结构文本，可以认为顺序功能图是一种结构块控制程序流程图。

图 2-1　PLC 的编程语言

2.1.2　STEP7 中的编程语言

STEP7 是 S7-300/400 系列 PLC 的编程软件。梯形图、语句表（即指令表）和功能块图是标准的 STEP7 软件包配备的 3 种基本编程语言，这 3 种语言可以在 STEP7 中相互转换，STEP7 还有多种编程语言可供用户选用，但是在购买软件时对可选的部分需要附加的费用。

（1）顺序功能图（SFC）　这是一种位于其他编程语言之上的图形语言，用来编制顺序控制程序。

STEP7 中的 S7 Graph 顺序控制图形编程语言属于可选的软件包。在这种语言中，工艺过程被划分为若干个顺序出现的步，步中包含控制输出的动作，从一步到另一步的转换由转换条件控制，用 Graph 表达复杂的顺序控制过程非常清晰，用于编程及故障诊断更为有效，使 PLC 程序的结构更加易读，它特别适合于生产制造过程。S7 Graph 具有丰富的图形、窗口和缩放功能。系统化的结构和清晰的组织显示使 S7 Graph 对于顺序过程的控制更加有效。

（2）梯形图（LAD）　梯形图是使用得最多的 PLC 图形编程语言。梯形图与继电器电路图很相似，具有直观易懂的优点，很容易被工厂熟悉继电器控制的电气人员掌握，特别适合于数字量逻辑控制，有时把梯形图称为电路或程序。

梯形图由触点、线圈和用方框表示的指令框组成。触点代表逻辑输入条件，例如外部的开关、按钮和内部条件等。线圈通常代表逻辑运算的结果，常用来控制外部的指示灯、交流接触器和内部的标志位等。指令框用来表示定时器、计数器或者数学运算等附加指令。

使用编程软件可以直接生成和编辑梯形图，并将它下载到 PLC。

触点和线圈等组成的独立电路称为网络（Network），见图 2-2，编程软件自动为网络编号。

梯形图中的触点和线圈可以使用物理地址，例如 I0.2、Q1.3 等。如果在符号表中对某些地址定义了符号，例如令 I0.0 的符号为"启动"，在程序中可用符号地址"启动"来代替物理地址 I0.0，使程序易于阅读和理解。

用户可以在网络号的右边加上网络的标题，在网络号的下面为网络加上注释。还可以选择在梯形图下面自动加上该网络中使用的符号的信息（Symbol Information）。

如果将两块独立电路放在同一个网络内，将会出错。本书为节约篇幅，在插图中梯形图左右两侧垂直"电源线"之间有一个左正右负的直流电源电压，当图 2-2 网络 1 中 I0.0 与 I0.1 的触点同时接通，或 Q4.0 与 I0.1 的触点同时接通时，有一个假想的"能流"（Power Flow）流过 Q4.0 的线圈。利用能流这一概念，可以帮助我们更好地理解和分析梯形图，能流只能从左向右流动。

如果没有跳转指令，在网络中，程序中的逻辑运算按从左往右的方向执行，与能流的方向一致。网络之间按从上到下的顺序执行，执行完所有的网络后，下一次循环返回最上面的网络（网络 1）重新开始执行。

（3）语句表（STL）　S7 系列 PLC 将指令表称为语句表（Statement List），它是一种类似于微机的汇编语言中的文本语言，多条语句组成一个程序段。语句表比较适合经验丰富的程序员使用，可以实现某些不能用梯形图或功能块图表示的功能。

（4）功能块图（FBD）　功能块图（FBD）使用类似于布尔代数的图形逻辑符号来表示控制逻辑。一些复杂的功能（例如数学运算功能等）用指令框来表示，有数字电路基础的人很容易掌握。功能块图用类似于与门、或门的方框来表示逻辑运算关系，方框的左侧为逻辑运算的输入变量，右侧为输出变量，输入、输出端的小圆圈表示"非"运算，方框被导线连接在一起，信号自左向右流动。图2-4中的控制逻辑和图2-2的控制逻辑与图2-2和图2-3中的相同。西门子公司的"LOGO!"系列微型PLC使用功能块图编程，除此之外，国内很少有人使用功能块图语言。

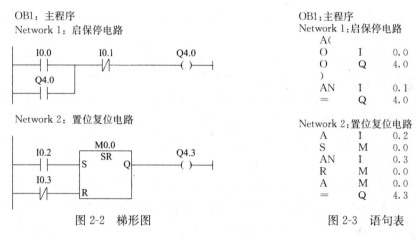

图 2-2　梯形图　　　　　　　　　　图 2-3　语句表

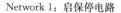
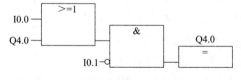

图 2-4　功能块图

（5）结构文本（ST）　结构文本（ST）是为 IEC 61131-3 标准创建的一种专用的高级编程语言。与梯形图相比，它能实现复杂的数学运算，编写的程序非常简洁和紧凑。

STEP7 的 S7 SCL（结构化控制语言）是符合 IEC 61131-3 标准的高级文本语

言。它的语言结构与编程语言 Pascal 和 C 相似，所以特别适合于习惯使用高级编程语言的人使用。

SCL 适合于复杂的公式计算和最优化算法，或管理大量的数据等。

（6）S7 HiGraph 图形编程语言 S7 HiGraph 属于可选软件包，它用状态图（State Graphs）来描述异步、非顺序过程的编程语言。系统被分解为几个功能单元，每个单元呈现不同的状态，各功能单元的同步信息可以在图形之间交换。需要为不同状态之间的切换定义转换条件，用类似于语句表的语言描述指定状态的动作和状态之间的转换条件。

（7）S7 CFC 编程语言 可选软件包 CFC（Continuous Function Chart，连续功能图）用图形方式连接程序库中的以块的形式提供的各种功能，包括从简单的逻辑操作到复杂的闭环和开环控制等领域。编程时将这些块复制到图中并用线连接起来即可。

不需要用户掌握详细的编程知识以及 PLC 的专门知识，只需要具有行业所必需的工艺技术方面的知识，就可以用 CFC 来编程。

（8）编程语言的相互转换与选用 在 STEP7 编程软件中，如果程序块没有错误，并且被正确地划分为网络，在梯形图、功能图和语句表之间可以转换，用语句表编写的程序不一定能转换为梯形图，不能转换的网络仍然保留语句表的形式，但是并不表示该网络有错误。

语句表可供习惯用汇编语言编程的用户使用，在运行时间和要求的存储空间方面最优。语句表的输入方便快捷，还可以在每条语句的后面加上注释，便于复杂程序的阅读和理解。在设计通信、数学运算等高级应用程序时建议使用语句表。

梯形图与继电器电路图的表达方式极为相似，适合于熟悉继电器电路的用户使用。语句表程序较难阅读，其中的逻辑关系很难一眼看出，在设计和阅读有复杂的触点电路的程序时最好使用梯形图语言。

功能块图适合于熟悉数字电路的用户使用。

S7 SCL 编程语言适合于熟悉高级编程语言（例如 Pascal 或 C 语言）的用户使用，合适于数据处理程序。

S7 Graph、HiGraph 和 CFC 可供有技术背景，但是没有 PLC 用户使用。S7Graph 对顺序控制过程的编程非常方便，HiGraph 适合于异步非顺序过程的编程，CFC 适合于连续过程控制的编程。

（9）S7-PLCSIM 仿真软件 即使没有 PLC 的硬件，使用 S7-PLCSIM 仿真软件也可以在计算机上对 SIMATIC S7 用户程序块进行功能测试，它对于用户程序的调试和 PLC 编程的学习是非常有用的。

它可以用于用下列语言编写的程序的仿真：LAD、FBD、STL、S7 Graph、S7 HiGraph、S7 SCL 和 CFC。

2.2 S7-400 CPU 的存储区

2.2.1 数制

（1）二进制数 二进制数的1位（bit）只能取0和1这两个不同的值，可以用来表示开关量（或称数字量）的两种不同的状态，例如触点的断开和接通，线圈的通电和断电等。如果该位为1，表示梯形图中对应的位编程元件（例如位存储器 M 和输出过程映像 Q）的线圈"通电"，其常开触点接通，常闭触点断开，以后称该编程元件为1状态，或称该编程元件 ON（接通）。如果该位为0，对应的编程元件的线圈和触点的状态与上述的相反，称该编程元件为0状态，或称该编程元件 OFF（断开），二进制常数用2#表示，例如2#1111_0110_1001_0001是16位二进制常数在编程手册和编程软件中，位编程元件的1状态和0状态常用 TURE 和 FALSE 来表示。

（2）十六进制数 十六进制的16个数字是0～9和A～F（对应于十进制数10～15），每个数字占二进制数的4位。B#16#、W#16#、DW#16#分别用来表示十六进制字节、字和双字常数，例如 W#16#13AF，在数字后面加"H"也可以表示十六进制数，例如16#13AF可以表示为13。

十六进制数的运算规则为逢16进1，例如B#16#3C=3×16+12=60。

（3）BCD 码 BCD 码用4位二进制数表示一位十进制数，例如十进制数9对应的二进制数为1001。4位二进制数共有16种组合，有6种（1010～1111）没有在 BCD 码中使用。

BCD 码的最高4位二进制数用来表示符号，16位 BCD 码字的范围为－999～＋999。32位 BCD 码双字的范围为－9999999～＋9999999。

BCD 码实际上是十六进制数，但是各位之间的关系是逢10进1。十进制数可以很方便地转换为 BCD 码，例如十进制数296对应的 BCD 码为 W#16#296，或2#0000 0001 0010 1000。

二进制整数2#0000 0001 0010 1000对应的十进制数也是296，因为它的第3位、第5位和第8位为1，对应的十进制数为$2^8+2^5=2^3=256+32+8=296$。

2.2.2 基本数据类型

STEP7 有3种数据类型：

① 基本数据类型；

② 用户通过组合基本数据类型生成的复合数据类型；

③ 可用来定义传送 FB（功能块）和 FC（功能）参数的参数类型。

下面介绍 STEP7 的基本数据类型：

（1）位（bit） 位数据的数据类型为BOOL（布尔）型，在编程软件中BOOL变量的值1和0常用英语单词TURE（真）和FALSE（假）来表示。

位存储单元的地址由字节地址和位地址组成，例如I3.2中的区域标识符"I"表示输入（Input），字节地址为3，位地址为2（见图2-5）。这种存取方式称为"字节.位"寻址方式。输入字节IB3（B是Byte的编写）由I3.0～I3.7这8位组成。

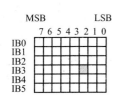

图2-5 位数据的存放

（2）字节（Byte） 8位二进制数组成1个字节（Byte，见图2-5），其中的第0位为最低位（LSB），第7位为最高位（MSB）。

（3）字（Word） 相邻的两个字节组成一个字，字用来表示无符号数。MW100是由MB100和MB101组成的1个字（见图2-6），MB100为高位字节。MW100中的M为区域标识符，W表示字，100为字的起始字节MB100的地址。字的取值范围为W♯16♯0000～W♯16♯FFFF。

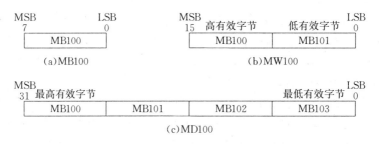

图2-6 字节、字和双字

（4）双字（Double Word） 两个字组成1个双字，双字用来表示无符号数。MD100是由MB100～MB103组成的1个双字（见图2-6），MB100为高位字节、D表示双字，100为双字的起始字节MB100的地址。双字的取值范围为DW♯16♯0000_0000～DW♯16♯FFFF_FFFF。

（5）16位整数（INT，Integer） 整数是有符号数，整的是高位为符号位，最高位为0时为正数，为1时为负数，取值范围为−32768～32767。整数用补码来表示，正数的补码就是它的本身，将一个正数对应的二进制数的各位求反后加1，可以得到绝对值与它相同的负数的补码。

（6）32位整数（DINT，Double Integer） 32位整数的是高位为符号位，取值范围为−2147483648～217483647。

（7）32位浮点数 浮点数又称实数（REAL），浮点数可以表示为$1.m×2^E$，例如123.4可表示为$1.234×10^2$。符合ANSI/IEEE 754—1985的基本格式的浮点数可表示为

$$浮点数 = 1.m×2^E$$

$e＝E＋127$ （$1\leqslant e\leqslant 254$），为 8 位整数。

ANSI/IEEE 标准浮点数格式如图 2-7 所示，共占用一个双字（32 位）。最高位（第 31 位）为浮点数的符号位，最高位为 0 时为正数，为 1 时为负数，8 位指数占 23～30 位；因为规定尾数的整数部分总是为 1，只保留了尾数的小数部分 m（0～22 位）。浮点数的表示范围为 $\pm 1.175495/10^{-38}\sim\pm 3.402823\times 10^{38}$。

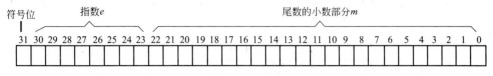

图 2-7　浮点数的结构

浮点数的优点是用很小的存储空间（4B）可以表示非常大和非常小的数。PLC 输入和输出的数值大多是整数（例如模拟量输入值和模拟量输出值），用浮点数来处理这些数据需要进行整数和浮点数之间的相互转换，浮点数的运算速度比整数运算的慢得多。

（8）常数的表示方法　常数值可以是字节、字或双字，CPU 以二进制方式存储常数，常数也可以用十进制、十六进制 ASCII 码或浮点数形式来表示。如表 2-1 所示。

表 2-1　常数

符号	说明
B#16#，W#16#，DW#16#	十六进制字节，字和双字常数
D#	IEC 日期常数
L#	32 位整数常数
P#	地址指针常数
S5T#	S5 时间常数 16 位
T#	IEC 时间常数
TOD#	实时时间常数(16 位/32 位)
C#	计数器常数
2#	二进制常数
B(b1,b2)B(b1,b2,b3,b4)	常数,2B 或 4B

B#16#，W#16#，DW#16# 分别用来表示十六进制字节、字和双字常数。2# 用来表示二进制常数，例如 2#1101　1010。

L# 为 32 位双整数常数，例如 L#+5。

P# 为地址指针常数，例如 P#M2.0 是 M2.0 的地址。

S5T# 是 16 位 S5 时间常数，格式为 S5T#aD_bH_cM_dS_eMS。其中 a，b，c，d，e 分别是日、小时、分、秒和毫秒的数值。输入时可以省掉下画线，例如 S5T#4S30MS=4s30ms，S5T#2H15M30S=2 小时 15 分 30 秒。

S5 时间常数的取值范围为 S5T#0H_0M_0MS_S5T#2H_46M_30S_0MS，时间增量为 10ms。

T＃为带符号的 32 位 IEC 时间常数，例如 T＃1D_12H_30M_0S_250MS，时间增量为 1ms，取值范围为 T＃24D_20H_31M_23S_648MS_T＃24D_20H_31M_23S_647MS。

DATE 是 IEC 日期常数，例如 D＃2004.1.15。取值范围为 D＃1990.1.1～D＃2168.12.31。

TOD＃是 32 位实时时间（Time of day）常数，时间增量为 1ms，例如 TOD＃23：50：45：300。

B（b1，b2）B（b1，b2，b3，b4）用来表示 2 个字节或 4 个字节常数。

C＃为计数器常数（BCD 码），例如 C＃250。

8 位 ASCII 字符用单引号表示，例如 'ABC'。

2.2.3 复合数据类型与参数类型

（1）复合数据类型　通过组合基本数据类型和复合数据类型可以生成下面的数据类型：

① 数组（ARRAY）将一组同一类型的数据组合在一起，形成一个单元。

② 结构（STRUCT）将一组不同类型的数据组合在一起，形成一个单元。

③ 字符串（STRING）是最多有 254 个字符（CHAR）的一维数组。

④ 日期和时间（DATE-AND-TIME）用于存储年、月、日、时、分、秒、毫秒和星期，占用 8 个字节，用 BCD 格式保存。星期天的代码为 1，星期一～星期六的代码为 2～7。

例如 DT＃2004-07-15-12：30：15.200 为 2004 年 7 月 15 日 12 时 30 分 15.2 秒。

⑤ 用户定义的数据类型 UDT（User-Defined Data Types）：由用户将基本数据类型和复合数据类型组合在一起，形成的新的数据类型。

可以在数据块 DB 和变量声明表中定义复合数据类型。

（2）参数类型　参数类型是为在逻辑块之间传递参数的形参（Formal Parameter，形式参数）定义的数据类型：

① TIMER（定时器）和 COUNTER（计数器）：指定执行逻辑块时要使用的定时器和计数器，对应的实参（Actual Parameter，实际参数）应为定时器或计数器的编号，例如 T3，C21。

② BLOCK（块）：指定一个块用作输入和输出，参数声明决定了使用的块的类型，例如 FB、FC、DB 等。块参数类型的实参应为同类型的块的绝对地址编号（例如 FB2）或符号名（例如 "motor"）。

③ POINTER（指针）：指针指向一个变量的地址，即用地址作为实参。例如 P＃50.0 是指向 M50.0 的双字地址指针。

④ ANY：用于实参的数据类型未知或实参可以使用任意数据类型的情况，

占 10B。

2.2.4 CPU 的存储区分布

S7 CPU 的存储器有 3 个基本区域（见图 2-8）。

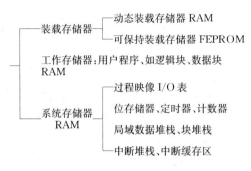

图 2-8 存储区分布

（1）装载存储器 装载存储器可能是 RAM 和 FEPROM，用于保存不包含符号地址和注释的用户程序和系统数据（组态，连接和模块参数等）。有的 CPU 有集成的装载存储器，有的可用微存储器卡（MMC）来扩展，CPU31XC 的用户程序只能装入插入式的 MMC。

断电时数据保存在 MMC 存储器中，因此数据块的内容基本上被永久保留。下载程序时，用户程序（逻辑块和数据块）被下载到 CPU 的装载存储器，CPU 把可执行部分复制到工作存储器，符号表和注释保存在编程设备中。

（2）工作存储器 它是集成的高速度存取的 RAM 存储器，用于存储 CPU 运行时的用户程序和数据，例如组织块、功能块、功能和数据块。为了保证程序执行的快速性和不过多地占用工作存储器，只有与程序执行有关的块被装入工作存储器。

STL 程序中的数据块可以被标识为"与执行无关"（UNLINKED），它们只是存储在装载存储器中。有必要时可以用 SFC20 "BLKMOV" 将它们复制到工作存储器。复位 CPU 的存储器时，RAM 中的程序被清除，FEPROM 中的程序不会被清除。

（3）系统存储器 系统存储器是 CPU 为用户程序提供的存储器组件，被划分为若干个地址区域。使用指令可以在相应的地址区内对数据直接进行寻址。系统存储器为不能扩展的 RAM，用于存放用户程序的操作数据，例如过程映像输入、过程映像输出、位存储器、定时器和计数器、块堆栈（B 堆栈）、中断堆栈（I 堆栈）和诊断缓冲区等。

系统存储器还提供临时存储器（局域数据堆栈，即 L 堆栈），用来存储程序块被调用时的临时数据。访问局域数据比访问数据块中的数据更快，用户生成块时，可以声明临时变量（TEMP），它们只在执行该块时有效，执行完后就被覆盖了。

（4）外设I/O存储区　通过外设I/O存储区（PI和PQ），用户可以不经过过程映像输入和过程映像输出，直接访问输入模块和输出模块。不能以位为单位访问外设I/O存储区，只能以字节、字和双字为单位访问。

2.2.5　系统存储器

（1）过程映像输入/输出（I/O）表　在扫描循环开始时，CPU读取数字量输入模块的输入信号的状态，并将它们存入过程映像输入表（Process Image Input，PII）中。

用户程序访问PLC的输入（I）和输出（Q）地址区时，不是去读写数字信号模块中的信号状态，而是访问CPU中的过程映像区。在扫描循环中，用户程序计算输出值，并将它们存入过程映像输出表（Process Image Output，PIQ）。在循环扫描开始时将过程映像输出表的内容写入数字量输出模块。

I和Q均可以按位、字节、字和双字来存取，例如I0.0、IB0、IW0和ID0。

与直接访问I/O模块相比，访问映像表可以保证在整个程序周期内，过程映像的状态始终一致。即使在程序执行过程中接在输入模块的外部信号状态发生了变化，过程映像表中的信号状态仍然保持不变，直到下一个循环被刷新。由于过程映像保存在CPU的系统存储器中，访问速度比直接访问信号模块快得多。见表2-2。

表2-2　系统存储区

存储区域	功能	运算单位	寻址范围	标识符
输入过程映像寄存器（又称输入继电器）（I）	在扫描循环的开始，操作系统从现场（又称过程）读取控制按钮、行程开关及各种传感器等送来的输入信号,并存入输入过程映像寄存器。其每一位对应数字量输入模块的一个输入端子	输入位	0.0～65535.7	I
		输入字节	0～65535	IB
		输入字	0～65534	IW
		输入双字	0～65532	ID
输出过程映像寄存器（又称输出继电器）（Q）	在扫描循环期间，逻辑运算的结果存入输出过程映像寄存器。在循环扫描结束前，操作系统从输出过程映像寄存器读出最终结果，并将其传送到数字量输出模块，直接控制PLC外部的指示灯、接触器、执行器等控制对象	输出位	0.0～65535.7	Q
		输出字节	0～65535	QB
		输出字	0～65534	QW
		输出双字	0～65532	QD
位存储器（又称辅助继电器）（M）	位存储器与PLC外部对象没有任何关系，其功能类似于继电器控制电路中的中间继电器，主要用来存储程序运算过程中的临时结果，可为编程提供无数量限制的触点，可以被驱动但不能直接驱动任何负载	存储位	0.0～255.7	M
		存储字节	0～255	MB
		存储字	0～254	MW
		存储双字	0～252	MD
外部输入寄存器（PI）	用户可以通过外部输入寄存器直接访问模拟量输入模块，以便接收来自现场的模拟量输入信号	外部输入字节	0～65535	PIB
		外部输入字	0～65534	PIW
		外部输入双字	0～65532	PID

续表

存储区域	功能	运算单位	寻址范围	标识符
外部输出寄存器 （PQ）	用户可以通过外部输出寄存器直接访问模拟量输出模块，以便将模拟量输出信号送给现场的控制执行器	外部输出字节	0～65535	PQB
		外部输出字	0～65534	PQW
		外部输出双字	0～65532	PQD
定时器 （T）	作为定时器指令使用，访问该存储区可获得定时器的剩余时间	定时器	0～255	T
计数器 （C）	作为计数器指令使用，访问该存储区可获得计数器的当前值	计数器	0～255	C
数据块寄存器 （DB）	数据块寄存器用于存储所有数据块的数据，最多可同时打开一个共享数据块DB和一个背景数据块DI。用"OPEN DB"指令可打开一个共享数据块DB；用"OPEN DI"指令可打开一个背景数据块DI	数据位	0.0～65535.7	DBX 或 DIX
		数据字节	0～65535	DBB 或 DIB
		数据字	0～65534	DBW 或 DIW
		数据双字	0～65532	DBD 或 DID
本地数据寄存器 （又称本地数据） （L）	本地数据寄存器用来存储逻辑块（OB、FB或FC）中所使用的临时数据，一般用作中间暂存器。因为这些数据实际存放在本地数据堆栈（又称L堆栈）中，所以当逻辑块执行结束时，数据自然丢失	本地数据位	0.0～65535.7	L
		本地数据字节	0～65535	LB
		本地数据字	0～65534	LW
		本地数据双字	0～65532	LD

输入过程映像在用户程序中的标识符为I，是PLC接收外部输入的数字量信号的窗口。输入端可以外接常开触点或常闭触点，也可以接多个触点组成的串并联电路。PLC将外部电路的通/断状态读入并存储在输入过程映像中，外部输入电路接通时，对应的输入过程映像为ON（1状态）；反之为OFF（0状态）。在梯形图中，可以多次使用输入过程映像的常开触点和常闭触点。

输出过程映像在用户程序中的标识符为Q，在循环周期开始时，CPU将输出过程映像的数据传送给输出模块，再由后者驱动外部负载。如果梯形图中Q0.0的线圈"通电"，继电器型输出模块中对应的硬件继电器的常开触点闭合，使接在Q0.0对应的输出端子的外部负载工作。输出模块中每一个硬件继电器仅有一对常开触点，但是在梯形图中，每一个输出位的常开触点和常闭触点都可以多次使用。

除了操作系统对过程映像的自动刷新外，S7-400 CPU可以将过程映像划分为最多15个区段，这意味着如果需要可以独立于循环，刷新过程映像表的某些区段，用STEP7指定的过程映像区段中的每一个I/O地址不再属于OB1过程映像输入/输出表。需要定义哪些I/O模块地址属于哪些过程映像区段。

可以在用户程序中用SFC（系统功能）刷新过程映像。SFC26"UPDAT-PI"用来刷新整个或部分过程映像输入表，SFC27"UPDAT-PQ"用来刷新整个或部分过程映像输出表。

某些CPU也可以调用OB（组织块）由系统自动地对指定的过程映像分区刷新。

（2）内部存储器标志位（M）存储器区　内部存储器标志位用来保存控制逻辑

的中间操作状态或其他控制信息。虽然名为"位存储器区",表示按位存取,但是也可以按字节、字或双字来存取。

(3) 定时器(T)存储器区 定时器相当于继电器系统中的时间继电器。给定时器分配的字用于存储时间基值和时间值(0~999)。时间值可以用二进制或 BCD 码方式读取。

(4) 计数器(C)存储器区 计数器用来累计其计数脉冲上升沿的次数,有加计数器、减计数器和加减计数器。给计数器分配的字用于存储计数当前值(0~999),计数值可以用二进制或 BCD 码方式读取。

(5) 数据块(DB)与背景数据块(DI) DB 为数据块,DBX 是数据块中的数据位,DBB、DBW 和 DBD 分别是数据块中的数据字节、数据字和数据双字。

DI 为背景数据块,DIX 是背景数据块中的数据位,DIB、DIW 和 DID 分别是背景数据块中的数据字节、数据字和数据双字。

(6) 外设 I/O 区(PI/PQ) 外设输入(PI)和外设输出(PQ)区允许直接访问本地的和分布式的输入模块和输出模块。可以按字节(PIB 或 PQB)、字(PIW 或 PQW)或双字(PID 或 PQD)存取,不能以位为单位存取 PI 和 PQ。

2.2.6 CPU 中的寄存器

(1) 累加器(ACCUX) 32 位累加器用于处理字节、字或双字的寄存器。S7-300 有两个累加器(ASCII 和 ACCU2),S7-400 有 4 个累加器(ACCU1~ACCU4)。可以把操作数送入累加器,并在累加器中进行运算和处理,保存在 AC-CU1 中的运算结果可以传送到存储区。处理 8 位或 16 位数据时,数据放在累加器的低端(右对齐)。

(2) 状态字寄存器(16 位) 状态字(见图 2-9)是一个 16 位的寄存器,用于存储 CPU 执行指令的状态。状态字中的某些位用于决定某些指令是否执行和以什么样的方式执行,执行指令时可能改变状态字中的某些位,用位逻辑指令和字逻辑指令可以访问和检测它们。

15			9	8	7	6	5	4	3	2	1	0
未用				BR	CC1	CC0	OS	OV	OR	STA	RLO	$\overline{FC}$

图 2-9 状态字的结构

① 首次检测位 状态字的第 0 位称为首次检测位(FC),若该位的状态为 0,则表明一个梯形逻辑网络的开始,或指令为逻辑串的第一条指令。CPU 对逻辑串第一条指令的检测(称为首次检测)产生的结果直接保存在状态字的 RLO 位中,经过首次检测存放在 RLO 中的 0 或 1 称为首次检测结果。该位在逻辑串的开始时总是 0,在逻辑串指令执行过程中该位为 1,指出指令或与逻辑运算有关的转移指令(表示一个逻辑串结束的指令)将该位清 0。

② 逻辑运算结果（RLO）　状态字的第 1 位称为逻辑运算结果 RLO（Result of Logic Operation）。该位用来存储执行位逻辑指令或比较指令的结果，RLO 的状态为 1，表示有能流流到梯形图中运算点处，为 0 则表示无能流流到该点。可以用 RLO 触发跳转指令。

③ 状态位（STA）　状态位的第 2 位称为状态位，执行位逻辑指令时，STA 总是与该位的值一致。

④ 或位（OR）　状态字的第 3 位称为或位（OR），在先逻辑"与"后逻辑"或"的逻辑运算中，OR 位暂存逻辑"与"的操作结果，以便进行后面的逻辑"或"运算。其他指令将 OR 位复位。

⑤ 溢出位（OV）　状态字的第 4 位称为溢出位，如果算术运算或浮点数比较指令执行时出现错误（例如溢出、非法操作和不规范的格式），溢出位被置 1。如果后面的同类指令执行结果正常，该位被清 0。

⑥ 溢出状态保持位（OS）　状态字的第 5 位称为溢出状态保持位，或称为存储溢出位。OV 位被置 1 时 OS 位也被置 1，OV 位被清 0 时 OS 仍保持，所以它保存了 OV 位，用于指明前面的指令执行过程中是否发生过错误。只有 JOS（OS＝1 时跳转）指令、块调用指令和块结束指令才能复位 OS 位。

⑦ 条件码 1（CC1）和条件码 0（CC0）　状态字的第 7 位和第 6 位称为条件码 1 和条件码 0。这两位综合起来用于表示在累加器 1 中产生的算术运算或逻辑运算的结果与 0 的大小关系、比较指令的执行结果或称位指令的移出位状态（见表 2-3 和表 2-4）。

表 2-3　算术运算后的 CC1 和 CC0

CC1	CC0	算术运算无溢出	整数算术运算有溢出	浮点数算术运算有溢出
0	0	结果＝0	整数相加下溢出（负数绝对值过大）	正负数绝对值过小
0	1	结果＜0	乘法下溢出；加减法上溢出（正数过大）	负数绝对值过大
1	0	结果＞0	乘除法上溢出，加减法下溢出	正数上溢出
1	1	—	除法或 MOD 指令的除数为 0	非法的浮点数

表 2-4　指令执行后的 CC1 和 CC0

CC1	CC0	比较指令	移位和循环移位指令	字逻辑指令
0	0	累加器 2＝累加器 1	移出位为 0	结果为 0
0	1	累加器 2＜累加器 1	—	—
1	0	累加器 2＞累加器 1	—	结果不为 0
1	1	非法的浮点数	移出位为 1	

⑧ 二进制结果位（BR）　状态字的第 8 位称为二进制结果位。它将字处理程序与位处理联系起来，在一段既有位操作又有字操作的程序中，用于表示字操作结果是否正确。将 BR 位加入程序后，无论字操作结果如何，都不会造成二进制逻辑链中断。在梯形图的方框指令中，BR 位与 ENO 有对应关系，用于表明方框指令是否被正确执行；如果执行出现了错误，BR 位为 0，ENO 也为 0；如果功能被正

确执行，BR 位为 1，ENO 也为 1。

在用户编写的 FB 和 FC 程序中，必须对 BR 位进行管理，功能块正确执行后，使 BR 位为 1，否则使其为 0。使用 SAVE 指令可将 RLO 存入 BR 中，从而达到管理 BR 位的目的。当 FB 或 FC 执行无错误时，使 RLO 为 1，并存入 BR；否则在 BR 中存入 0。状态字的 9～15 位未使用。

（3）数据块寄存器 DB 和 DI 寄存器分别用来保存打开的共享数据块和背景数据块的编号。

（4）诊断缓冲区 诊断缓冲区是系统状态列表的一部分，包括系统诊断事件和用户定义的诊断事件的信息。这些信息按它们出现的顺序排列，第一行中是最新的事件。

诊断事件包括模块的故障、写处理的错误、CPU 中的系统错误、CPU 的运行模式切换错误、用户程序中的错误和用户用系统功能 SFC 52 定义的诊断错误。

2.2.7 寻址方式

操作数是指令操作或运算的对象，寻址方式是指令取得操作数的方式，操作数可以直接给出或间接给出。

（1）立即寻址 立即寻址的操作数直接在指令中，有些指令的操作数是惟一的，为简化起见不在指令中写出。表 2-5 是立即寻址的示例。下面是使用立即寻址的程序实例：

```
SET             //把 LO 置 1
L  1352         //把常数 1352 装入累加器 1
AW W#16#3A12    //常数 16#3A12 与累加器 1 的低字相"与"，运算结果在累加器 1 的低
                  字中。
```

表 2-5 立即寻址举例

举例	说明
L ＋27	将 16 位整数常数"27"装入 ACCU1 中
L 1#－1	将 32 位整数常数"－1"装入 ACCU1 中
L 2#_1010_1010_1010_1010	将 16 位整数常数装入 ACCU1 中
L DW#16#A0F0_BCFD	将十六进制双字常数装入 ACCU1 中
L 'END'	将 ASCII 字符装入 ACCU1 中
L T#500MS	将时间值 500ms 装入 ACCU1 中
L C#100	将计数值装入 ACCU1 中
L B#(100.12)	装入 2 字节无符号常数
L B#(100.12.50.8)	装入 4 字节无符号常数
L P#I0.0	将内部区域指针装入 ACCU1 中
L P#Q20.6	将交叉区域指针装入 ACCU1 中
L －2.5	将实数(浮点数)装入 ACCU1 中
L D#1995-01-20	将日期装入 ACCU1 中
L TOD#13:20:33.125	将实时时间装入 ACCU1 中

（2）直接寻址　直接寻址在指令中直接给出存储器或寄存器的区域、长度和位置，例如用 MW200 指定位存储区中的字，地址为 200；MB100 表示以字节方式存取，MW100 表示存取 MB100、VB101 组成的字，MD100 表示存取 MB100～MB103 组成的双字。下面是直接寻址的程序实例：

```
A   Q0.5
L   MW4      //把 MW4 装入累加器 1
T   DHW2     //把累加器 1 低字中的内容传送给数据字 DBW2
```

直接寻址举例见表 2-6。

表 2-6　直接寻址举例

A I0.0	输入位 I0.0 的"与"(AND)操作
L IB2	将输入字节 IB2 装入 ACCU1 的低字节
L IW6	将输入字节 IW6 装入 ACCU1 的低字
L ID30	将输入双字 ID30 装入 ACCU1

（3）存储器间接寻址　在存储器间接寻址指令中，给出一个作地址指针的存储器，该存储器的内容是操作数所在存储单元的地址。使用存储器间接寻址可以改变操作数的地址，在循环程序中经常使用存储器间接寻址。

地址指针可以是字或双字，定时器（T）、计数器（C）、数据块（DB）、功能块（FB）和功能（FC）编号范围小于 65535，使用字指针就够了。

其他地址则要使用双字指针，如果要用双字格式的指针访问一个字、字节或双字存储器，必须保证指针的位编号为 0，例如 P♯Q20.0。双字指针区域的格式如图 2-10 所示；位 0～2 为被寻址地址中位的编号（0～7），位 3～18 为被寻址的字节的编号（0～65535）。只有双字 MD、LD、DBD 和 DID 能作地址指针。下面是存储器间接寻址的例子：

```
L   QB[DBD 10]    //将输出字节装入累加器 1，输出字节的地址指针在数据双字 DBD10
                  //  中，如果 DBD10 的值为 2♯0000 0000 0000 0000 0000 0010
                  //  0000，装入的是 QB4
A   M[LD4]        //对存储器位作"与"运算，地址指针在数据双字 LD4 中如果 LD4 的
                  //  值为 2♯0000 0000 0000 0000 0000 0000 0010 0011，则是对 M4.3
                  //  进行操作
```

（4）寄存器间接寻址　S7 中有两个地址寄存器 AR1 和 AR2，通过它们可以对各存储区的存储器内容作寄存器间接寻址。地址寄存器的内容加上偏移量形成地址指针，后者指向数值所在的存储单元。

地址寄存器存储的双字地址指针见图 2-11。其中第 0～2 位（xxx）为被寻址地址中位的编号（0～7），第 3～18 位（bbbb bbbb bbb bbbb）为被寻址地址的字节的编号（0～65535）。第 24～26 位（rrr）为被寻址地址的区域标识号，第 31 位 x＝0 为区域内的间接寻址，第 31 位 x＝1 为区域间的间接寻址。

位序	31	24	23	16	15	8	7	0
	0000 0000		0000 0bbb		bbbb bbbb		bbbb bxxx	

图 2-10　存储器间接寻址的双字指针格式

位序	31	24	23	16	15	8	7	0
	x000 0rrr		0000 0bbb		bbbb bbbb		bbbb bxxx	

图 2-11　寄存器间接寻址的双字指针格式

第一种地址指针格式包括被寻址数值所在存储单元地址的字节编号和位编号，存储区的类型在指令中给出，例如 L DBB［AR1，P♯6.0］，这种指针格式适用于在某一存储区内寻址，即区内寄存器间接寻址，第 24～26 位（rrr）应为 0。

第二种地址指针格式的第 24～26 位还包含了说明数值所在存储区的存储区域标识符的编号 rrr，用这几位可实现跨区寻址，这种指针格式用于区域间寄存器间接寻址。

区域间寄存器间接寻址的区域标识位如表 2-7 所示。

表 2-7　区域间寄存器间接寻址的区域标识位

区域标识符	存储区	位 26～24 的二进制数
P	外设输入输出	000
I	输入过程映像	001
Q	输出过程映像	010
M	位存储器	011
DBX	共享数据块	100
DLX	背景数据块	101
L	正在执行的块的局域数据	111

如果要用寄存器指针访问一个字节、字或双字，必须保证指针中的位地址编号为 0。

指针常数 ♯P5.0 对应的二进制数为 2♯0000 0000 0000 0000 0000 0000 0010 1000。下面是区内间接寻址的例子：

```
L    P♯5.0              //将间接寻址的指针装入累加器 1
LAR1                    //将累加器 1 中的内容送到地址寄存器 1
A    M［AR1，P♯2.3］      //AR1 中的 P♯5.0 加偏移量 P♯2.3，实际上是对 M7.3 进行
                         操作
=    Q［AR1，P♯0.2］      //逻辑运算的结果送 Q5.2
L    DBW［AR1，P♯18.0］   //将 DBW23 装入累加器 1
```

下面是区域间间接寻址的例子：

```
L    P♯6.0              //将存储器位 M6.0 的双字指针装入累加器 1
LAR1                    //将累加器 1 中的内容送到地址寄存器 1
T    W［AR1，P♯50.0］     //将累加器 1 的内容传送到存储器字 MW56
```

P♯M6.0 对应的二进制数为 2♯1000 0011 0000 0000 0000 0000 0011 0000。因为地址指针 P♯M6.0 中已经包含有区域信息，使用间接寻址的指令 TW［AR1，P♯50］中没有必要再用地址标识符 M。

2.3　位逻辑指令

位逻辑指令用于二进制数的逻辑运算，二进制数只有 0 和 1 这两个数，1 相当于编程元件的线圈通电，0 相当于线圈断电。位逻辑运算的结果（Result of Logic Operation）简称为 RLO。

2.3.1　触点指令

（1）触点线圈　在语句表中，用 A（AND，与）指令来表示串联的常开触点。用 O（OR，或）指令来表示并联的常开触点。触点指令中变量的数据类型为 BOOL（布尔）型。常开触点对应的地址位为 1 状态时，该触点闭合。

在语句表中，用 AN（AND NOT，与非）来表示串联的常闭触点，用 ON（OR NOT，或非）来表示并联的常闭触点，触点符号中间的"/"表示常闭，常闭触点对应的地址位为 0 状态时该触点闭合。

输出指令"＝"将 RLO 写入地址位、输出指令与线圈相对应。驱动线圈的电路接通时，有"能流"流过线圈，RLO=1，对应的地址位为 1 状态，反之则 RLO= 0，对应的地址位为 0 状态。线圈应放在梯形图的最右边。下面是图 2-12 对应的语句表，其中的 L20.0 是用来保存运算结果的局域变量，局域变量只能在程序所在的逻辑块中使用。将梯形图转换为语句表时，局域变量 L20.0 是自动分配的。

```
A (
A    I0.0
AN   I0.1
O    I0.2
)
A    I0.3
ON   C5
—    L20.0
A    L20.0
=    Q4.3
A    L20.0
=    Q4.4
A    L20.0
AN   I3.4
=    Q4.6
```

（2）取反触点 取反触点的中间有"NOT"，用来将它左边电路的逻辑运算结果 RLO 取反（见图 2-13），该运算结果若为 1 则变为 0，为 0 则变为 1，该指令没有操作数。换句话说，能流到达该触点时即停止流动；若能流未到达该触点，该触点给右侧供给能流。图 2-13 中左边的两个触点均闭合时，Q4.5 的线圈断电。

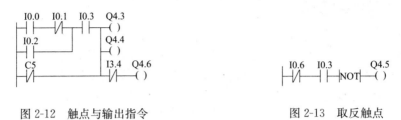

图 2-12 触点与输出指令   图 2-13 取反触点

（3）电路块的串联和并联 电路块的串、并联电路如图 2-14、图 2-15 所示。触点的串并联指令只能将单个触点与其他触点电路串并联。逻辑运算时采用先"与"（串联）后"或"（并联）的规则，例如（I0.0＋M3.3），（M0.0＋I0.2）。要想将图 2-14 中由 I0.5 和 I0.2 的触点组成的串联电路与它上面的电路并联，需要在两个串联电路块对应的指令之间使用没有地址的 O 指令。

图 2-14 电路块的并联   图 2-15 电路块的串联

将电路块串联时，应将需要串联的两个电路块用括号括起来，并在左括号之前使用 A 指令，就像对单独的触点使用 A 指令一样。电路块用括号括起来后，在括号之前还可以使用 AN、N、ON、X 和 XN 指令。

表 2-8 给出了位逻辑指令。

表 2-8 位逻辑指令

指令	说明
A	AND,逻辑与,电路或触点串联
AN	AND NOT,逻辑与非,常闭触点串联
O	OR,逻辑或,电路或触点并联
ON	OR NOT,逻辑或非,常闭触点并联
X	XOR,逻辑异或
XN	XOR NOT,逻辑异或非
A(	逻辑与加左括号
AN(	逻辑与非加左括号

续表

指令	说明
O(	逻辑或加左括号
ON(	逻辑或非加左括号
X(	逻辑异或加左括号
XN(	逻辑异或非加左括号
)	右括号
=	赋值
R	RESET,复位指定的位、计数器、定时器
S	SET,置位指定的位或设置计数器的预置值
NOT	将 RLO 取反
SET	将 RLO 置位为 1
CLR	将 RLO 清 0
SAVE	将状态字中的 RLO 保存到 BR 位
EN	下降沿检测
FP	上升沿检测

（4）中线输出指令　中线输出是一种中间赋值元件，用该元件指定的地址来保存它左边电路的逻辑运算结果（RLO 位，或能流的状态）。中间标有"#"号的中线输出线圈与其他触点串联，就像一个插入的触点一样，中线输出只能放在梯形图的中间，不能接在左侧的垂直"电源线上"，也不能放在电路最右端结束的位置，图 2-16(a) 可以用中线输出指令等效为图 2-16(b)。

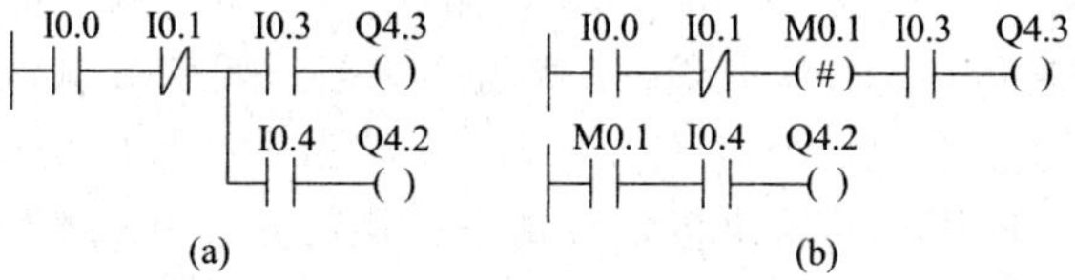

图 2-16　中线输出指令

如果该指令使用局域数据区（L 区）的地址，在逻辑块（FC、FB 和 OB）的变量声明表中，该地址应声明为"TEMP"类型。下面是图 2-16 中第一行对应的语句表。

```
A    I0.0
AN   I0.1
=    M0.1
A    M0.1
A    I0.3
=    Q4.3
```

（5）异或指令与同或指令　异或指令的助记符为 X，图 2-17 是异或指令的等效电路。图 2-17 中的 I0.0 和 I0.2 的状态不同时，运算结果 RLO 为 1，反之为 0。

同或指令的助记符为 XN，图 2-18 是同或指令的等效电路。图 2-18 中的 I0.0 和 I0.2 的状态相同时，运算结果 RLO 为 1，反之为 0。

图 2-17　异或　　　　　　　　　　　　图 2-18　同或

2.3.2　输出类指令

（1）赋值指令　赋值指令（＝）将逻辑运算结果 RLO 写入指定的地址位，对应于梯形图中的线圈。

（2）置位与复位

① S（SET 置位或置 1）指令：将指定的地址位置位（变为 1 并保持）。

② R（Recst，复位或置 0）指令：将指定的地址位复位（变为 0 并保持）。

如果图 2-19 中 I0.1 的常开触点接通，Q4.3 变为 1 并保持该状态，即使 I0.1 的常开触点断开，它也仍然保持 1 状态。I0.3 的常开触点闭合时，Q4.3 变为 0，并保持该状态，即使 I0.3 的常开触点断开，它也仍然保持 0 状态，如果被指定复位的是定时器（T）或计数器（C），将清除定时器和计数器的定时/计数当前值，并将它们的地址位复位。

（3）RS 触发器　如果图 2-20 左边的 R 输入 I0.4 为 1 且 S 输入 I0.6 为 0，RS 复位置位触发器被复位，M0.0 与 Q4.1 均为 0 状态。如果 S 输入法 I0.6 为 1 且 R 输入 I0.4 为 0，用被置位 M0.0 与 Q4.1 均为 1 状态，如果两个输入信号的状态均为 1，因为先执行复位指令，后执行置位指令，执行完后 RS 触发器被复位，M0.0 与 Q4.1 均为 1 状态。

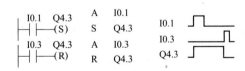

图 2-19　置位与复位

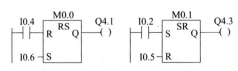

图 2-20　RS 触发器与 SR 触发器

（4）SR 触发器　如果图 2-20 右边的 S 输入 I0.2 为 1 且 R 输入 I0.5 为 0，SR 置位复位触发器被置位，M0.1 与 Q4.3 均为 1 状态。如果 R 输入 I0.5 为 1 且 S 输入 I0.2 为 0，则触发器被复位，M0.1 与 Q4.3 均为 0 状态，如果两个输入均为 1，因为先执行置位指令，后执行复位指令，执行完后 SR 触发器被复位，M0.1 与 Q4.3 均为 0 状态。

2.3.3　其他指令

（1）RLO 边沿检测指令　图 2-21 中的 I0.3 和 I0.0 组成的串联电路由断开变为接通时中间标有"P"的上升沿检测线圈左边的 RLO（逻辑运算结果）由 0 变为 1（即波形的上升沿），检测到一次正跳变，能流将在一个扫描周期内流过检测元件，Q4.5 的线圈仅在这一个扫描周期内"通电"。检测元件的地址（例如图 2-21 中的 M0.0 和 M0.1）为边沿存储位，用来储存上一次循环的 RLO。在波形图中，用高电平表示 1 状态。

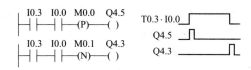

图 2-21　上升沿与下降沿检测

图 2-21 中的 I0.3 和 I0.0 组成的串联电路由接通变为断开时，中间标有"N"的检测元件左边的 RLO 由 1 变为 0（即波形的下降沿），检测到一次负跳变，能流将在一个扫描周期内流过检测元件，Q4.3 的线圈仅在这一个扫描周期内"通电"。

正/负跳变语句的助记符分别为 FP（Poritive RLO Edge，上升沿）和 FN（Negative RLO Edge，下降沿）。下面是图 2-21 对应的语句表程序：

Network1：　　　　　　　　　　　　Network2：

```
A    I0.3                          A    I0.3
A    I0.0                          A    I0.0
FP   M0.0                          FN   M0.1
=    Q4.5                          =    Q4.3
```

（2）信号边沿检测指令　ROS 是单个地址位提供的信号的上升沿检测（Positive RLO Edge Detection）指令，如果图 2-22 中 I0.1 的常开触点接通，且 I0.2 由 0 变为 1（即输入信号 I0.2 的上升沿），Q4.3 的线圈"通电"一个扫描周期，M0.0 为边沿存储位，用来存储上一次循环时 I0.2 的状态。

NEG 是单个地址位提供的信号的下降沿检测（Negative RLO Edge Detection）指令，如图 2-22 中 I0.3 的常开触点接通，且 I0.4 由 1 变为 0（即输入信号 I0.4 的下降沿），Q4.5 的线圈"通电"一个扫描周期，M0.1 为边沿存储位，用来存储上一次循环时 I0.4 的状态。

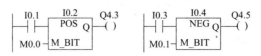

图 2-22　上升沿检测与下降沿检测

下面是图 2-22 中右图对应的语句表程序，其中的 BLD 指令与梯形图的显示有关。

```
A     I0.3
A (
A     I0.4
RLD   M0.0
FN    M0.1
)
=     Q4.3
```

【例 2-1】　设计故障信息显示电路，若故障信号 I0.0 为 1，使 Q4.0 控制的指示灯以 1Hz 的闪烁。操作人员按复位按钮 I0.1 后，如果故障已经消失，指示灯熄灭。如果没有消失，指示灯转为常亮，直到故障消失。

故障信息显示电路如图 2-23 所示，在设置 CPU 的属性时，令 M0.1 为时钟存储器字节，其中的 M1.5 提供周期为 1s 的时钟脉冲，出现故障时，将 I0.0 提供的故障信号用 M0.1 锁存起来，使 Q4.0 控制的指示灯以 1Hz 的频率闪烁。按复位按钮 I0.1 后，将故障锁存信号 M0.1 复位为 0 状态，如果这时故障已经消失，指示灯熄灭。如果没有消失，M0.1 的常闭触点与 I0.0 的常开触点组成的串联电路使指示灯转为常亮，直至故障消失，I0.0 变为 0 状态。

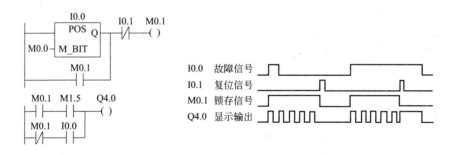

图 2-23　故障信息指示

（3）将 RLO 保存 R 寄存器　SAVE 指令（见图 2-24）将 RLO 保存到状态字的 BR 位，首次检查位 "/FC" 不会被复位，由于这个原因，在下一个网络中，BR 位的状态将参加 "与" 逻辑运算。

建议一般不要用 SAVE 指令保存 RLO，并在本逻辑块或下一个逻辑块中检查保存的 BR 位的值，因为在保存和检查操作之间，BR 的值可能已被很多指令修

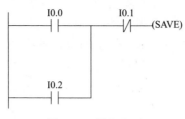

图 2-24 保存 RLO

改了。

但是在退出逻辑块之前可以使用 SAVE 指令，因为使能 ENO（即 BR 位）被设置为 RLO 位的值，要以用于块的错误检查。

（4）SET 与 CLR 指令 SET 与 CLR（Clear）指令将 RLO（逻辑运算结果）置位或复位，紧接在它们后面的赋值语句中的地址将变为 1 状态或 0 状态。

```
SET              //将 RLO 置位
=    M0.2        //M0.2 的线圈通电
CLR              //将 RLO 复位
=    Q4.7        //Q4.7 的线圈断电
```

2.4 定时器与计数器指令

2.4.1 定时器指令

（1）定时器的种类和存储区 定时器相当于继电器电路中的时间断电器，S7-300/400 的定时器分为脉冲定时器（SP）、扩展脉冲定时器（SE）、接通延时定时器（SD）、保持型接通延时定时器（SS）和断开延时定时器（SF）。图 2-25 中的"t"是定时器的时间设定值。

S5 是西门子 PLC 老产品的系列号，S5 定时器是 S5 系列 PLC 的定时器，在梯形图中用指令框（Box）的形式表示。此外每一个 S5 定时器都有功能相同的用线圈形式表示的定时器。

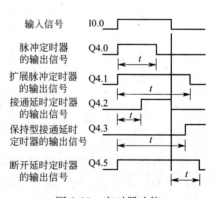

图 2-25 定时器功能

S7 CPU 为定时器保留了一片存储区域。每个定时器有一个 16 位的字和一个二进制位，定时器的字用来存放它当前的定时时间值，定时器触点的状态由它的位的状态来决定。用定时器地址（T 和定时器号，例如 T6）来存取它的时间值和定时器位，带位操作数的指令存取定时器位，带字操作数的指令存取定时器的时间值，不同的 CPU 支持 32～512 个定时器。

（2）定时器字的表示方法 用户使用的定时器字由 3 位 BCD 码时间值（0～999）和时基组成（见图 2-26），时基是时间基准的简称，时间值以指定的时基为单位。在 CPU 内部，时间值以二进制格式存放，占定时器字的 0～9 位。

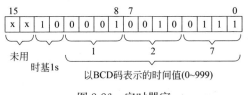

图 2-26 定时器字

可以按下列的形式将时间预置值装入累加器的低位字：

① 十六进制数 W♯16♯wxyz，其中的 w 是时间基准，xyz 是 BCD 码格式的时间值。

② S5T♯aH_bM_cS_dMS，其中 H 表示小时，M 为分钟，S 为秒，MS 为毫秒，a、b、c、d 为用户设置的值，可输入的最大时间值为 9999s，或 2H_46M_30S。例如 S5T♯1H_12M_18S 为 1H_12M_18S，S5T♯18S 为 18s，时基是 CPU 自动选择的，选择的原则是在满足定时器范围要求的条件下选择最小的时基。

定时器指令见表 2-9。

表 2-9 定时器指令

指令	说明
FR	允许定时器再启动
L	将定时器的二进制时间值装入累加器 1
LC	将定时器的 BCD 时间值装入累加器 1
R	复位定时器
SD	接通延时定时器
SE	扩展的脉冲定时器
SF	断开延时定时器
SP	脉冲定时器
SS	保持型接通延时定时器

（3）时基 定时器字的第 12 位和第 13 位用于时基（时间基准），时基代码为二进制数 00、01、10 和 11 时，对应的时基分别为 10ms、100ms、1s 和 10s。实际的定时时间等于时间值乘以时基值。例如定时器字为 W♯16♯3999 时，时基为 10s，定时时间为 9990s。时基反映了定时器的分辨率，时基越小分辨率越高，可定时的时间越短，时基越大分辨率越低，可定时的时间越长。

（4）接通延时定时器的定时过程 接通延时定时器的线圈通电，定时器被启动，操作系统自动地将累加器低字的内容（定时时间预置值）装入定时器。如果用语句表编程，在定时器启动之前建议用下面两条指令中的一条将定时器的预置值装入累加器：

```
L  W＃16＃wxyz        //w 和 xyz 均为十进制数，时基 w＝1～3，时间值 xyz＝1～999
L  S5T＃AH_BM_DMS     //ABCD 分别为小时、分、秒和毫秒，自动选择时基
```

S5 格式的时间预置值范围为 0s～2H_46M_30S（9990s），时间增量为 10ms。

定时器被启动后，从预置值开始，在每一个时间基准内，它的时间值减 1，直到减为 0，表示定时时间到，这时定时器位被置为 1，梯形图中该定时器的常开触点闭合，常闭触点断开。

（5）S5 脉冲定时器（Pulse S5 Timer）　脉冲定时器的功能类似于数字电路中上升沿触发的单稳态电路。图 2-29 左边的指令框中，S 为脉冲定时器的设置输入端，TV 为预置值输入端，R 为复位输入端；Q 为定时器位输出端，BI 输出十六进制格式的当前时间值，BCD 输出当前时间值的 BCD 码。

D I0.0 提供的启动输入信号 S 的上升沿，脉冲定时器开始定时，输 Q4.0 变为 1。定时器的当前时间值等于 TV 端输入的预置值（即初值）减去启动后的时间值。定时时间到时，当前时间值变为 0。Q 输出变为 0 状态。在定时期间，如果 I0.0 的常开触点断开，则停止定时，当前时间值变为 0，Q4.0 的线圈断电。图 2-28 中的 t 是定时器的预置值。

R 是复位输入端，在定时器输出为 1 时，如果复位输入 I0.1 由 0 变为 1，定时器被复位，复位后输出 Q4.0 变为 0 状态，当前时间值和时标被清 0。

BI 输出端输出不带时基的十六进整数格式的定时器当前值，BCD 输出端输出 BCD 码格式的当前时间值和时基。

定时器中的 S、R、Q 为 BOOL（位）变量，BI 和 BCD 为 WORD（字）变量，TV 为 S5TIME 变量，各变量均可以使用 I、Q、M、L、D 存储区，TV 也可以使用定时时间常数 S5T＃。

（6）脉冲定时器线圈（Pulse Timer Coil）　脉冲定时器线圈的功能与时序图和 S5 脉冲定时器的相同，定时器位为 1 时，定时器的常开触点闭合常闭触点断开。在图 2-27 中，当 I0.0 的常开触点由断开变为接通时（即逻辑运算结果 RLO 的上升沿），定时器开始定时，T0 的常开触点闭合。定时时间到时，T0 的常开触点断开。在定时期间，如果 I0.0 变为 0 状态，或者复位输入 I0.1 变为 1 状态，T0 的常开触点都将断开，定时器的当前值被清 0。

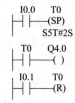

图 2-27　S5 脉冲定时器

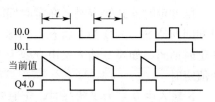

图 2-28　S5 脉冲定时器时序图

下面是语句表编写的脉冲定时器的程序。其中仅在语句表中使用的 FR 指令允许定时器再启动，即控制 FR 的 RLO（I1.2）由 0 变为 1 状态时，重新装入定时时间，定时器又从预置值开始定时。再启动只是在定时器的启动条件满足（图 2-30 中的 I0.0＝1）时起作用。该指令可以用于所有的定时器，但是它不是启动定时器定时的必要条件。

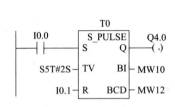

图 2-29　脉冲定时器

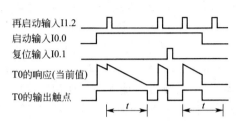

图 2-30　脉冲定时器的再启动时序图

A	I1.2	
FR	T0	//允许定时器 T1 再启动
A	I0.0	
L	SST♯2	//预置值 2 送入累加器 1
SP	T0	//启动 T0
A	I0.1	
R	T0	//复位 T0
L	T0	//将 T0 的十六进制时间当前值装入累加器 1
T	MW10	//将累加器 1 的内容传送到 MW10
LC	T0	//将 T0 的 BCD 时间当前值装入累加器 1
T	MW12	//将累加器 1 的内容传送到 MW12
A	T0	//检查 T0 的信号状态
＝	Q4.0	//T0 的定时器位为 1 时，Q4.0 的线圈通电

在语句表中，用装入指令（L）将不带时基的十六进制整数格式的当前值传送到累加器 1 的低字，用 LC 指令将 BCD 码格式的定时器当前值和时基装入累加器 1 的低字。

（7）S5 扩展脉冲定时器（Extended Pulse S5 Timer）　S5 扩展脉冲定时器（见图 2-31）各输入输出端的意义与 S5 脉冲定时器相同。在启动输入信号 S 的上升沿，脉冲定时器开始定时，在定时期间，Q 输出端为 1 状态，直到定时结束。在定时期间即使 S 输入变为 0 状态，仍继续定时，Q 输出端为 1 状态，直到定时结束。在定时期间，如果 S 输入又由 0 变为 1 状态，定时器被重新启动，开始以预置的时间值定时。

R 输入由 0 变为 1 状态时，定时器被复位，停止定时，复位后 Q 输出端变为 0 状态，当前时间和时标被清 0。如图 2-28 所示。

（8）扩展的脉冲定时器线圈　在图 2-32 中，当 I0.2 的常开触点由断开变为接通时（RLO 的上升沿），定时器 T1 开始定时，在定时期间，T1 的常开触点闭合，定时时间到时，T1 的常开触点断开。在定时期间，即使 I0.2 变为 0 状态，仍继续定时，定时期间如果 I0.2 又由 0 变为 1 状态，定时器被重新启动，复位输入 I0.3 由 0 变为 1 状态时，T1 被复位，其常开触点断开。下面是图 2-33 对应的指令表程序。

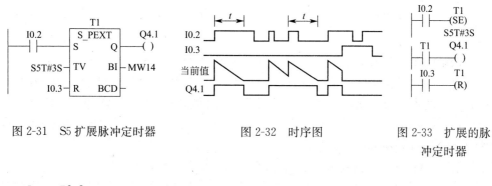

图 2-31　S5 扩展脉冲定时器　　　　图 2-32　时序图　　　　图 2-33　扩展的脉冲定时器

```
A    I0.2
L    S5T#3      //预置值 3 送入累加器 1
SE   T1         //启动 T1
A    T1         //检查 T1 的信号状态
=    Q4.1
A    I0.3
R    T1         //复位 T1
```

（9）S5 接通延时定时器（On-Delay S5 Timer）　接通延时定时器是使用得最多的定时器，有的厂家的 PLC 只有接通延时定时器，定时器各输入端和输出端的意义与 S5 脉冲定时器相同。在启动输入信号 S 的上升沿，定时器开始定时，定时器的当前时间值等于预置值（即初值）TV 减去启动后的时间值。如果定时 S 的状态一直为 1，定时时间到时，当前时间值为 0，Q 输出端变为 1 状态，使 Q4.2 的线圈通电。此后如果 A 输入由 1 变为 0，Q 输出端的信号状态也变为 0。

在定时期间，如果 S 输入由 1 变为 0，则停止定时，当前时间值保持不变。S 又变为 1 时，又从预置值开始定时（见图 2-35）。

R 是 O 复位输入信号，定时器的 S 输入为 1 时，不管定时时间是否已到，只要复制输出 R 由 0 变为 1，定时器都要被复位，复位后当前时间和时基被清 0。如果定时时间已到，复位后输出 Q 由 1 变为 0。

（10）接通延时定时器线圈（On-Delay Timer Coil）　在图 2-34、图 2-36 中，当 I0.4 的常开触点由断开变为接通时（RLO 的上升沿），定时器 T2 开始定时，如果 I0.4 一直为 1，定时时间到时，T2 的常开触点闭合。在定时期间如果 SD 的线圈断电，T2 的当前时间保持不变，线圈重新通电时，又从预置值开始定时。复位输入 I0.5 变为 1 时，T2 的常开触点断开，时间值被清 0。

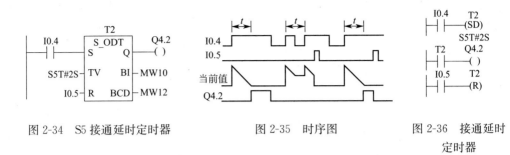

图 2-34　S5 接通延时定时器　　　图 2-35　时序图　　　图 2-36　接通延时定时器

【例 2-2】　用定时器设计延时接通延时断开电路。

图 2-37 中的电路用 I0.0 控制 Q4.6，I0.0 的常开触点接通后，T6 开始定时，4s 后 T6 的常开通，使断开延时定时器 T7 的线圈通电，T7 的常开触点接通，使 Q4.6 的线圈通电。I0.0 变为 0 状态后 T7 开始定时，3s 后 T7 的定时时间到，其常开触点断开，使 Q4.6 变为 0 状态。

【例 2-3】　用定时器设计周期和占空比可调的振荡电路。

图 2-38 中 I0.0 的常开触点接通后，T8 的线圈通电，开始定时。2s 后定时时间到，T8 的常开触点接通，使 Q4.7 变为 1 状态，同时 T9 开始定时。3s 后 T9 的定时时间到，它的常闭触点断开，使 T8 的线圈断电，T8 的常开触点断开，使 Q4.7 的线圈将这样周期性地通电和断电，直到 I0.0 变为 0 状态。Q4.7 线圈通电和断电的时间分别等于 T9 和 T8 的预置值。振荡正反馈。

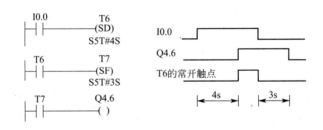

图 2-37　延时接通/断开电路

CPU 的时钟存储器字节中的各位输出周期为 0.1～2s 的时钟脉冲，它们输出高电平和低电平时间相等的方波信号，可以用它们的触点来控制需要闪烁的指示灯。

(11) S5 保持型接通延时定时器（Retentive On-Delay S5 Timer）　定时器各输入端和输出端的意义与 S5 接通延时定时器相同。在启动输入信号 S 的上升沿，定时器开始定时（见图 2-39、图 2-40），定时期间即使输入 S 变为 0，仍继续定时。定时时间到时，输出 Q 变为 1 并保持。在定时期间，如果输入 S 又由 0 变为 1，定时器被重新启动，又从预置开始定时。不管输入 S 是什么状态，只要复位输入 R 从 0 变为 1，定时器就被复位，输出 Q 变为 0。

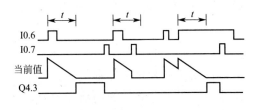

图 2-38　振荡电路　　　　　　　　　　图 2-39　保持型接通延时

（12）保持型接通延时定时器线圈（Retentive On-Delay Timer Coil）　在图 2-41 中，当 I0.6 的常开触点由断开变为接通时（RLO 的上升沿），定时器开始定时。定时期间即使 T3 电，仍继续定时，定时时间到，T3 的定时器位变为 1，其常开触点闭合。只有复位输入 I0.7 变为 1，才能使 T3 复位，复位后其定时器位变为 0，常开触点断开。在定时期间，I0.6 的常开触点如果断开后又变为接通，定时器将被重新启动，以设置的预置值重新开始定时。

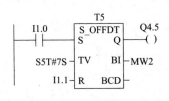

图 2-40　时序图　　　　　　　　　　图 2-41　S5 定时器

（13）S5 断开延时定时器（Off-Delay S5 Timer）　定时器各输入输出端的意义与 S5 脉冲延时定时器相同。在图 2-42、图 2-43 中，在启动输入信号 S 上升沿，定时器的 Q 输出 信号变为 1 状态，当前时间值为 0。在 S 下降沿，定时器开始定时。定时时间到时，输出 Q 变为 0 状态。

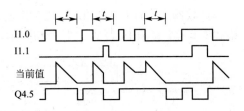

图 2-42　S5 断开延时定时器　　　　　图 2-43　时序图

正在定时的时候，如果 S 信号由 0 变为 Q，定时器的时间值保持不变，停止定时。如果输入 S 重新变为 0，定时器从预置值开始重新启动定时。

复位输入 I1.1 为 1 状态时，定时器被复位，时间值被清 0，输出 Q 变为 0 状态。

（14）断开延时定时器线圈（Off-Delay Timer Coil）　在图 2-44 中，当 I1.0 的常开触点由断开变为接通（RLO 的上升沿）时，T5 的输出变为 1，其常开触点闭合。在 I1.0 的下降沿，定时器开始定时。定时时间到时，T5 的时间值变为 0，其常开触点断开。

图 2-44　断开延时定时器

正在定时的时候，如果 I1.0 的常开触点由断开变为接通，定时器的时间值保持不变，停止定时。如果 I1.0 的常开触点重新断开，定时器预置值开始重新启动定时。

复位输入 I1.1 为 1 状态时，定时器被复位，时间值被清 0，Q4.5 的线圈断电。

2.4.2　计数器指令

（1）计数器的存储器区　S7 CPU 为计数器保留了一片计数器存储区。每个计数器有一个 16 位的字和一个二进制位，计数器的字用来存放它的当前计数值，计数器触点的状态由它的位的状态来决定。用计数器地址（C 和计数器号，如 C24）来存取当前计数值和计数器位，带位操作数的指令存取计数器位，带字操作数的指令存取计数器的计数值，不同的 CPU 支持 32~512 个计数器，只有计数器指令能访问计数器存储器区。

（2）计数值　计数器字的 0~11 位是计数值的 BCD 码，计数值的范围为 0~999。

计数器字的计数值为 BCD 码 127 时，计数器单元中的各位如图 2-45 所示，用格式 C#127 表示 BCD 码 127。二进制格式的计数值只有占用计数器字的 0~9 位。

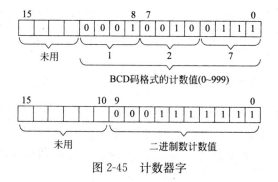

图 2-45　计数器字

（3）加计数器（S-CU）　图 2-46 左边的指令框中，S 为加计数器（Up Counter）的设置输入端，PV 为预置值输入端，CU 为加计数脉冲输入端，R 为复位输入端；Q 为计数器位输出端，CV 输出十六进制格式的当前计数值，CV_BCD 输出当前计数值的 BCD 码。见表 2-10。

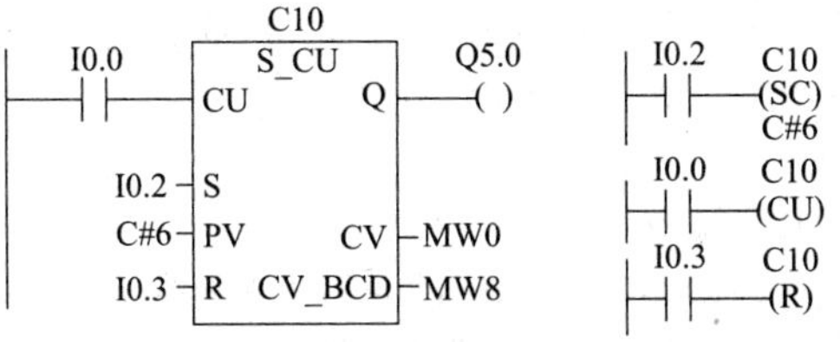

图 2-46　加计数器

在"设置"输入信号 I0.2 的上升沿，将预置值 PV 指定的值送入计数器字。在"加计数脉冲"输入信号 I0.0 的上升沿，如果计数值小于 999，计数值加 1。"复位"输入信号 I0.3 为 1 时，计数器被复位，计数值被清 0。计数值大于 0 时计数器位（即输出 Q）为 1；计数值为 0 时，计数器位也为 0。

表 2-10　计数器指令

指令	说明
FR	允许计数器再启动
L	将计数器的二进制计数值装入累加器 1
LC	将计数器的 BCD 计数值装入累加器 1
R	复位计数器
S	将计数器的预置值送入计数器字
CU	加计数器
CD	减计数器

如果在用"设置"输入 S 设置计数器时 CU 输入为 1，即使信号没有变化，下一扫描周期也会计数。计数器中的 CU、S、R、Q 为 BOOL（位）变量，PV、CV 和 CV，BCD 为 WORD（字）变量。各变量均可以使用 I、Q、M、L、D 存储区，PV 还可以使用计数器常数 C#。

（4）加计数器线圈（S_OU）　设置计数值线圈 SC 用来设置计数值，该指令仅在 RLO 的上升沿（由 0 变为 1）时执行，此时预置被送入指定的计数器，图 2-46 中 I0.2 的触点由断开变为接通时，预置值 6 被送入计数器 C10。

图中标有 CU 的线圈为加计数器线圈（Up Counter Coil）。在 I0.0 的上升沿，如果计数值小于 6，计数值加 1。复位输入 I0.3 为 1 时，计数器被复位，计数值被清 0。

装入指令（L）将计数器的当前值（整数）传送到累加器的低字。LC 指令将 BCD 码格式的计数器当前值装入累加器的低字。下面是图 2-46 中左边的电路对应的语句表：

```
A    I0.0    //在 I0.0 的上升沿
CU   C10     //加计数器 C10 的当前值加 1
BLD  I01
A    I0.2    //在 I0.2 的上升沿
L    C#6     //计数器的预置值 6 被装入累加器的低字
S    C10     //将预置值装入计数器 C10
A    I0.3    //如果 I0.3 为 1
R    C10     //复位 C10
L    C10     //将 C10 的二进制计数当前值装入累加器 1
T    MW0     //将累加器 1 的内容传送到 MW0
LC   C10     //将 C10 的 BCD 计数当前值装入累加器 1
T    MW8     //将累加器 1 的内容传送到 MW8
A    C10     //如果 C10 的当前值非 0
=    Q5.0    //Q5.0 为 1 状态
```

（5）减计数器（S_CD）　在图 2-47 中的设置输入 S 的上升沿，用 PV 指定的值预置减计数器（Down Counter）。在减计数输入信号 CD 的上升沿，如果计数值大于 0，计数值减 1。复位输入 R 为 1 时，计数器被复位，计数值被清 0。计数值大于 0 时计数器的输出 Q 为 1；计数值为 0 时，Q 也为 0。

如果在设置计数器时 CD 输入为 1，即使信号没有变化，下一扫描周期也会计数。

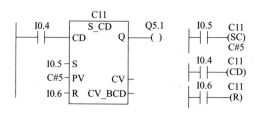

图 2-47　减计数器

（6）减计数器线圈（S_CU）　图 2-47 中标有 CD 的线圈为减计数线圈（Down Counter Coil），I0.5 的触点由断开变为接通时，预置值 5 被送入计数器 C11。在 I0.4 的上升沿，如果计数值大于 0，计数值减 1。计数值非 0 时，C11 的常开触点闭合，为 0 时 C11 的常开触点断开。复位输入 I0.6 为 1 时，计数器被复位，计数值被清 0。

为了使计数器能计预置值指定的脉冲数，可将预置值送入减计数器，其计数值减到 0 时，其常闭触点闭合，表示计了预置值指定的数。

【例 2-4】　用计数器扩展定时器的定时范围。

S7-300/400 的定时器的最长定时时间为 9990s，如果需要更长的定时时间，可以使用图 2-48 所示的电路。I0.0 为 0 状态时，计数器 C0 被复位。

I0.0变为1状态时，其常开触点接通，使T11和T12组成的振荡电路（见图2-48）开始工作，计数器的预置值999被送入计数器C0。I0.0的常闭触点断开，C0被解除复位。

振荡电路的振荡周期为T11和T12预置值之和，图中的振荡电路相当于周期为4h的时钟脉冲发生器。每隔4h，当T12的定时时间到，T11的常开触点由接通变为断开，其下降沿通过减计数线圈CD使C0的计数值减1。计满999个数（即3996h）后，C0的当前值减为0，它的常闭触点闭合，使Q5.4的线圈通电。总的定时时间等于振荡电路的振荡乘以C0的计数预置值。

（7）加减计数器（S_CUD）　在设置输入S的上升沿（见图2-49），用PV指定的预置值设置可逆计数器（Up Down Counter）。复位输入R为1时，计数器被复位，计数值被清0。在加计数输入信号CU的上升沿，如果计数器值小于999，计数器加1。在减计数输入信号CD的上升沿，如果计数值大于0，计数值减1。如果两个计数输入均为上升沿，两条指令均被执行，计数值保持不变。计数值大于0时输出信号Q为1，计数值为0时，Q也为0。

如果在设置计数器时CU或CD输入为1，即使信号没有变化，下一扫描周期也会计数。

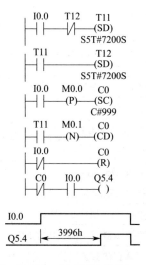

图 2-48　定时范围的扩展

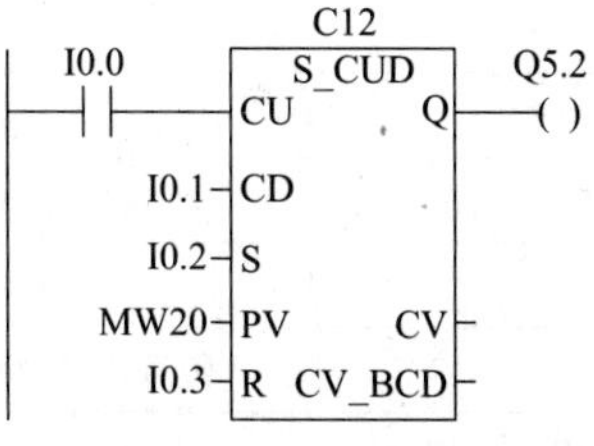

图 2-49　加减计数器

2.5　数据处理指令

S7可以按字节、字和双字访问存储区。数据处理指令包括装入和传送指令、比较指令和数据类型转换指令。

累加器是CPU中的专用寄存器，数据的传送与变换一般通过累加器进行，而不是直接在存储区进行。S7-300 的 CPU 有两个 32 位的累加器，即累加器 1 和累加器 2。S7-400 的 CPU 有 4 个累加器，即累加器 1～累加器 4。累加器 1 是主累加器，其余的是辅助累加器。与累加器 1 进行运算的数据存储在累加器 2 中。

2.5.1　装入指令与传送指令

装入（L，Load）指令和传送（T，Transfer）指令用于在存储区之间或存储区与过程输入、过程输出之间交换数据。

装入（L）指令将源操作数装入累加器 1，而累加器 1 原有的数据移入累加器 2。

装入指令可以对字节（8 位）、字（16 位）、双字（32 位）数据进行操作，数据长度小于 32 位时，数据在累加器中右对齐，即被操作的数据放在累加器的低端，其余的高位字节填 0。

传送（T）指令将累加器 1 中的内容写入的存储区中，累加器 1 的内容不变。被复制的累加器中的字节数取决于目的地址中表示的数据长度。数据从累加器 1 传送到直接 I/O 区（外设输出区 PQ）的同时，也被传送到相应的过程映像输出区（Q）。

装入指令与传送指令见表 2-11。

表 2-11　装入指令与传送指令

指令	说明
L＜地址＞	装入指令，将数据装入累加器 1，累加器 1 原有数据装入累加器 2
L STW	将状态字装入累加器 1
LAR1 AR2	将地址寄存器 2 的内容装入地址寄存器 1
LAR1 ＜D＞	将 32 位双字指针＜D＞装入地址寄存器 1
LAR2 ＜D＞	将 32 位双字指针＜D＞装入地址寄存器 2
LAR1	将累加器 1 的内容(32 位指针常数)装入地址寄存器 1
LAR2	将累加器 1 的内容(32 位指针常数)装入地址寄存器 2
T＜地址＞	传送指令，将累加器 1 的内容写入目的存储器，累计器 1 内容不变
T STW	将累加器 1 中的内容传送到状态字
TAR1 AR2	将地址寄存器 1 的内容装入地址寄存器 2
TAR1 ＜D＞	将地址寄存器 1 的内容传送到 32 位指针
TAR2 ＜D＞	将地址寄存器 2 的内容传送到 32 位指针
TAR1	将地址寄存器 1 的内容传送到累加器 1，累加器 1 的内容保存到累加器 2
TAR2	将地址寄存器 2 的内容传送到累加器 1，累加器 1 的内容保存到累加器 2
CAR	交换地址寄存器 1 和地址寄存器 2 中数据

L、T 指令的执行与状态位无关，也不会影响到状态位。S7-300 不能用 L

STW 指令装入状态字中的 FC、STA 和 OR 位。

可以不经过累加器 1，直接将操作数装入或传送出地址寄存器，或将两个地址寄存器的内容直接交换，指令 TAR1<D>和 TAR2<D>可能的目的区为双字 MD、LD、DBD 和 DID。

装入指令和传送指令有三种寻址方式：立即寻址、直接寻址和间接寻址。

（1）立即寻址的装入与传送指令　立即寻址的操作数直接在指令中，下面是使用立即寻址的装入指令的例子：

L	－35	//将 16 位十进制常数－35 装入累加器 1 的低字 ACCU1-L
L	L#5	//将 32 位常数 5 装入累加器 1
L	B#16#5A	//将 8 位十六进制常数装入累加器 1 最低的字节 ACCU10LL
L	W#16#3E4F	//将 16 位十六进制常数装入累加器 1 的低字 ACCU1-L
L	DW#16#567A3DC8	//将 32 位十六进制常数装入累加器 1
L	2#0001_1001_1110_0010	//将 16 位二进制常数装入累加器 1 的低字 ACCU1-L
L	2.538000E+001	//将 32 位浮点数常数（25.38）装入累加器 1
L	XY	//将两个字符装入累加器 1 的低字 ACCU1-L
L	ABCD	//将 4 个字符装入累加器 1
L	TOD#12：30：3.0	//将 32 位实时时间常数装入累加器 1
L	D#2004-2-3	//将 16 位日期常数装入累加器 1 的低字 ACCU1-L
L	C#50	//将 16 位计数器常数装入累加器 1 的低字 ACCU1-L
L	T#1M20S	//将 16 位定时器常数装入累加器 1 的低字 ACCU1-L
L	S5T#2S	//将 16 位定时器常数装入累加器 1 的低字 ACCU1-L
L	P#M5.6	//将指向 M5.6 的指针装入累加器 1

（2）直接寻址的装入与传送指令　直接寻址在指令中直接给出了存储器或寄存器的地址。下面是直接寻址的装入与传送指令的例子：

L	MB10	//将 8 位存储器字节装入累加器 1 最低的字节 ACCU10LL
L	DIW15	//将 16 位背景数据字装入累加器 1 的低字节 ACCU1-L
L	LD22	//将 32 位局域数据双字装入累加器 1
T	QB10	//将 ACCU1-LL 中的数据传送到过程映像输出字节 QB10
T	MW14	//将 ACCU1-L 中的数据传送到存储器字 MW14
T	DBD2	//将 ACCU1 中的数据传送到数据双字 DBD2

（3）间接寻址的装入与传送指令　在存储器间接寻址指令中，给出了一个存储器的地址，该存储器的内容是操作数所在存储单元的地址，该地址被称为地址指针，只有双字 MD、LD、DBD 和 DID 能作地址指针。

在寄存器间接寻址指令中，地址寄存器 AR1 或 AR2 的内容加上偏移量后形成地址指针，该指针指向数值所在的存储单元。

下面是间接寻址的装入指令与传送指令的例子：

L	QB [LD 10]	//将输出字节 QB 装入 ACCU1-LL，其地址在数据双字 LD10 中

L   DBW［AR2，P＃8.0］   //将 DBW 装入 ACCU1 L，其地址为 AR2 中的地址加上偏移量 P
                                ＃8.0

T   W［AR1，P＃5.0］   //累加器 1 的低字传送到字，其地址为 AR1 中的地址加上偏
                                移量

                                //P＃5.0 数据的类型由 AR1 中的地址标识符决定

装入时间值或计数值　可以用 L 指令将定时器字中的二进制剩余时间值装入累加器 1 的低字中，称为直接装载。也可以用 LC 指令以 BCD 码格式将剩余时间值装入累加器 1 的低字中。使用 LC 指令可以同时获得时间值和时基，时基与时间值相乘得到实际的定时剩余时间。

可以用 L 指令将二进制计数值装入累加器 1 的低字中，或用 LC 指令将 BCD 码各式的计数值装入累加器 1 的低字中。

L   T5   //将定时器 T5 中的二进制时间值装入累加器 1 的低字中

LC   T5   //将定时器 T5 中的 BCD 码格式的时间值装入累加器 1 低字中

L   C3   //将计数器 C3 中的二进制计数值装入累加器 1 的低字中

LC   C16   //将计数器 C16 中的 BCD 码格式的计数值装入累加器 1 的低字中

地址寄存器的装入与传送指令　可以不经过累加器 1，直接将操作数装入到地址寄存器 AR1 和 AR2，或从 AR1 和 AR2 将数据传送出来。下面是应用实例：

LAR1   DBD20   //将数据双字 DBD20 中的指针装入 AR1

LAR2   LD180   //将局域数据双字 LD180 中的指针装入 AR2

LAR1   P＃M10.2   //将带存储区标识符的 32 位指针常数装入 AR1

LAR2   P＃24.0   //将不带存储区标识的 32 位指针常数装入 AR2

LAR1   //将累加器 1 的内容（32 位指针常数）装入 AR1

LAR2   //将累加器 1 的内容（32 位指针常数）装入 AR2

CAR   //交换 AR1 和 AR2 的内容

TAR1   //将 AR1 的数据传送到累加器 1、累加器 1 中的数据保存到累加
                        器 2

TAR2   //将 AR2 的数据传送到累加器 1、累加器 1 中的数据保存到累加
                        器 2

TAR1   DBD20   //AR1 中的内容传送到数据双字 DBD20

TAR2   MD24   //AR2 中的内容传送到存储器双字 MD24

梯形图中的传送指令　在梯形图中，用指令框（BOX）表示某些指令。指令框的输入端均在左边，输出端均在右边。梯形图中有一条提供"能流"的左侧垂直"电源"线，图 2-50 中 I0.1 的常开触点接通时，能流流到左边指令框的使能输入端 EN（Enable），该输入端有能流时，指令框中的提令才能被执行。

如果指令框的 EN 输入有能流并且执行时无错误，则 ENO（Enable Output，使能输出）将能流传递给下一元件。如果执行过程中有错误，能流在出现错误的指令框终止。

ENO 可以与下一指令框的 EN 端相连，即几个指令框可以在一行中串联（见图 2-50），只能前一个指令框被正确执行，后一个才能被执行。EN 和 ENO 的操作

数均为能流，数据类型为 BOOL（布尔）型。

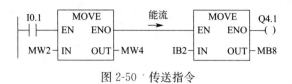

图 2-50 传送指令

方框传送（MOVE）指令为变量赋值，如果使能输入端 EN 为 1，执行传送操作，将输入 IN 指定的数据送入输出 OUT 指定的地址，并使 ENO 为 1，ENO 与 EN 的逻辑状态相同。

如果说 EN 为 0，不进行传送操作，并使 ENO 为 0。

使用 MOVE 方框指令，能传送数据长度为 8 位、16 位或 32 位的基本数据类型（包括常数）。如果要传送用户定义的数据类型，例如数组或结构，必须使用系统功能 BLKMOV（SFC20）。下面是图 2-50 中左边的传送指令框对应的语句表。

```
A     I1.0
INB   -001      //如果 I1.0=0，则跳转到标号码-001 处
L     MW2       //MW2 的值装入累加器 1 的低字
T     MW4       //累加器 1 低字的内容传送到 MW4
SET             //将 RLO 置为 1
SAVE            //将 RLO 保存到 BR 位
CLR             //将 RLO 置为 0
-001: A  BR
......
```

在梯形图的方框指令中，BR 位用于表明方框指令是否被正确执行；如果执行出现了错误，BR 位为 0，ENO 为 0；如果功能被正确执行，BR 位为 1，ENO 也为 1。

2.5.2 比较指令

比较指令用于比较累加器 1 与累加器 2 中的数据大小，被比较的两个数的数据类型应该相同，数据类型可以是整数、双整数或浮点数（即实数）。如果比较的条件满足，则 RLO 为 1，否则为 0。状态字中的 CC0 和 CC1 位用来表示两个数的大于、小于和等于关系。

比较指令影响状态字，用指令测试状态字的有关位，可以得到更多的信息。

整数比较指令用来比较两个整数字的大小，指令助记符中用 I 表示整数；双整数比较指令用来比较两个双字的大小，指令助记符中用 D 表示双整数；浮点数比较指令用来比较浮点数的大小，指令助记符中用 R 表示浮点数。表 2-12 中的"?"可取==、<>、>、<、>=和<=。

表 2-12　比较指令

语句表指令	梯形图中的符号	说明
? I	CMP ? I	比较累加器 2 和累加器 1 低字中的整数,如果条件满足,RLO＝1
? D	CMP ? D	比较累加器 2 和累加器 1 中的双整数,如果条件满足,RLO＝1
? R	CMP ? R	比较累加器 2 和累加器 1 中的浮点数,如果条件满足,RLO＝1

下面是比较两个整数的例子:

```
A    I0.6
A (
L    MW2              //MW2 装入累加器 1
L    MW4              //MW4 装入累加器 1, MW2 装入累加器 2
< ＝1                 //比较累加器 1 和累加器 2 的值
)
S    Q4.1             //如果 I0.6 为 1 状态, 且 MW2≤MW4, Q4.1 被置位为 1
```

下面是比较两个浮点数的例子:

```
L    MD4              //MD4 中的浮点数装入累加器 1
L    2.345E＋02       //浮点数常数装入累加器 1, MD4 装入累加器 2
> R                   //比较累加器 1 和累加器 2 的值
一    Q4.2            //如果 MD4＞2.345E＋02, 则 Q4.2 为 1
```

梯形图中的方框比较指令用来比较两个同类型的数,与语句表中的比较指令类似,可以比较整数(I)、双整数(D)和浮点数(R)。在使能输入信号为 1 时,比较 IN1 和 IN2 输入的两个操作数,方框比较指令在梯形图中相当于一个常开触点,可以与其他触点串联和并联。如果被比较的两个数满足指令指定的大于、等于、小于等条件,比较结果为"真",等效触点闭合,指令框有能流流过。图 2-51 给出了部分方框比较指令,图 2-52 是上面的用语句表编写的整数比较程序对应的梯形图。如果 I0.6 和 I0.3 的常开触点闭合,且 MW2＜MW4,Q4.1 被置位为 1。

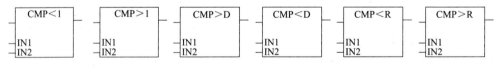

图 2-51　比较指令

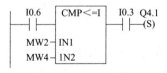

图 2-52　比较指令

梯形图中指令框的输入和输出均为 BOOL 变量,可以取 I、Q、M、L 和 D;被比较数 IN1 和 IN2 的数据长度与指令有关,可以取整数、双整数和浮点数。数据类型为 I、Q、M、L、D 或常数。

2.5.3 数据转换指令

数据转换指令将累加器 1 中的数据进行数据类型的转换，转换的结果仍然在累加器 1 中，数据转换指令见表 2-13。

(1) BCD 码的数据格式 在 STEP7 中，16 位格式的 BCD 码（3 位 BCD 码）的数值范围为 -999～+999，32 位格式的 BCD 码（7 位 BCD 码）的数值范围为 -9999999～+9999999（见图 2-53 和图 2-54）。二进制整数和双整数都是以补码的形式存储和处理。

表 2-13 数据转换指令

语句表	梯形图	说明
BTI	BCD_I	将累加器 1 中的 3 位 BCD 码转换成整数
ITB	I_BCD	将累加器 1 中的整数转换成 3 位 BCD 码
BTD	BCD_DI	将累加器 1 中的 7 位 BCD 码转换成双整数
DTB	DI_BCD	将累加器 1 中的双整数转换成 7 位 BCD 码
DTR	DI_R	将累加器 1 中的双整数转换成浮点数
ITD	I_DI	将累加器 1 中的整数转换成双整数
RND	ROUND	将浮点数转换为四舍五入的双整数
RND+	CEIL	将浮点数转换为大于等于它的最小双整数
RND-	FLOOR	将浮点数转换为小于等于它的最大双整数
TRUNC	TRUNC	将浮点数转换为截尾取整的双整数
CAW	—	交换累加器 1 低字中两个字节的位置
CAD	—	交换累加器 1 中 4 个字节的顺序

16 位格式的 BCD 码的第 0～11 位用来表示 3 位 BCD 码（见图 2-53），每 4 位二进制数用来表示 1 位 BCD 码，每位的数值范围为 2#0000～2#1001（对应于十进制数 0～9）。第 15 位用来表示 BCD 码的符号，正数为 0，负数为 1，第 12～14 位未用，一般取与符号位相同的数。图 2-53 中的 BCD 码为 -862。

32 位格式的 BCD 码的第 0～27 位用来表示 7 位 BCD 码（见图 2-54），每 4 位二进制数用来表示 1 位 BCD。第 31 位是 BCD 码的符号位；正数为 0、负数为 1。第 28～30 位未用，一般取与符号位相同的数。

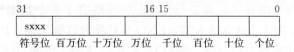

图 2-53 3 位 BCD 码的格式 　　　　　　图 2-54 7 位 BCD 码的格式

（2）BCD 码转换为整数　VTI 指令将累加器 1 低字中的 3 位 BCD 转换为 16 位整数，结果仍在累加器 1 的低字中，累加器 1 的高字不变。

BTD 指令将累加器 1 中的 7 位 BCD 码转换为 32 位整数，结果仍在累加器 1 中。

在执行上述指令时，如果 BCD 码的某位为无效数据（2♯1010～2♯1111，对应的十进制数为 10～15），将得不到正确的转换结果，会出现"BCDF"错误，在这种情况下，CPU 通常将进入 STOP 状态，"BCD 转换错误"信息被写入诊断缓冲区，用户可以在组织块 OB121 中编写错误响应程序，以处理这种同步编程错误。

（3）整数转换为 BCD 码　TTB 指令将累加器 1 低字中的 16 位整数转换为加 3 位 BCD 码，结果仍在累加器 1 的低字中，累加器 1 的高字不变。DTB 指令将累加器 1 中的 32 位双整数转换为 7 位 BCD 码，结果仍在累加器 1 中。

16 位整数的表示范围为 $-32768 \sim +32768$，而 3 位 BCD 码的表示范围为 $-999 \sim +999$。如果被转换的整数超出 BCD 码的允许范围，在累加器 1 的低字中得不到有效的转换结果，同时状态字中的溢出位（OV）和溢出保持位（OS）将被置 1。

在程序中，应根据状态位 OV 或 OS 判断转换后累加器 1 低字中的结果是否有效，以免造成进一步的运算错误。在执行 DTB 指令时，也有类似问题需要注意。

下面是双整数转换为 BCD 码的例子：

```
A    I0.2     //如果 I0.2 为 1
L    MD10     //将 MD10 中的双整数装入累加器 1
BTI           //将累加器 1 中的数据转换为 BCD 码，结果仍在累加器 1 中
JO   OVER     //如果运算结果超出允许范围（OV=1）则跳转到标号 OVER 处
T    MD20     //将转换结果传送到 MD20
A    M4.0
R    M4.0     //复位溢出标志
JU   NEXT     //无条件跳转到村号 NEXT 处
OVER: AN  M4.0
      S   M4.0   //置位溢出标志
NEXT: ……
```

输入语句表中的标号时不能使用汉字的冒号。

（4）整数转换为双整数　ITD 指令将累加器 1 低字中的 16 位整数转换成 32 位双整数，结果仍在累加器 1 中，符号位被扩展。

以上的语句表转换指令，都有对应的梯形图方框指令（见图 2-55 和图 2-56，各指令的意义见表 2-13）。图 2-56 给出了一个数据转换指令的应用实例。图中的 EN 为转换允许输入端，ENO 为转换允许输出端。IN 为被转换数的输入端，OUT 为转换结果输出端，如果 I2.6 为 1，MW2 中的 16 位整数被装入累加器 1 的低字，转换为 32 位双整数后传送到 MD6。如果转换成功执行，Q4.4 为 1 状态。

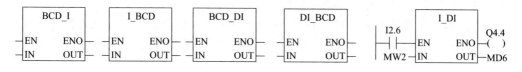

图 2-55 转换指令   图 2-56 转换指令

下面是图 2-56 对应的语句表程序：

```
A      I2.6
JNB    －001    //如果 I2.6＝0，则跳转到标号-001处
L      MW2     //MW2 的值装入累加器 1 的低字
TTD            //累加器 1 低字中的整数转换为双整数
T      MD6     //累加器 1 的内容传送到 MD6
SET            //将 RLO 置为 1
SAVE           //将 RLO 保存到 BR 位
CLR            //将 RLO 置为 0
－001: A  BR
=        Q4.4
```

（5）交换累加器 1 中字节的位置 CAW（Change Byte Sequence in ACCU1-L）指令交换累加器 1 低字中两个字节的位置，累加器 1 的高字不变。

CAD（Change Byte Sequence in ACCU1）指令交换累加器 1 中 4 个字节的顺序（见表 2-14）。

表 2-14 CAD 指令的功能

累加器的字节	ACCU1-HH	ACCU1-HL	ACCU1-LH	ACCU1-LL
CAD 指令交换前的内容	A	B	C	D
CAD 指令交换后的内容	D	C	B	A

（6）双整数与浮点数之间的转换

① 双整数转换为浮点数 DTR 指令将累加器 1 中的 32 位双整数转换为 32 位 IEEE 浮点数（实数），结果仍在累加器 1 中。因为 32 位双整数的精度比浮点数的高，指令将转换结果四舍五入。

② 浮点数转换为整数 RND（Round）指令将累加器 1 中的 IEEE 浮点数转换为 32 位双整数，结果仍在累加器 1 中，小数部分被舍去，得到的是最接近的整数（即四舍五入）。如果转换结果刚好在两个相邻的整数之间，则选择偶数为转换结果。

"RND＋"指令将累加器 1 中的浮点数转换为大于等于该浮点数的最小双整数，结果仍在累加器 1 中。"RND－"指令将累加器 1 中的浮点数转换为小于等于该浮点数的最大双整数，结果仍在累加器 1 中。

TRUNC 指令将 32 位浮点数转换为 EW 位带符号整数，结果仍在累加器 1 中，浮点数的整数部分被转换，小数部分被舍去。

上述的指令都是将累加器1中的浮点数转换为32位整数，因为化为整数的规则不同。在累加器1中得到的结果也不相同，表2-15给出了不同的取整格式的比较。

表2-15　不同的取整格式举例

指令	取整前	取整后	说明
RND	+100.5	+100	将浮点数转换为四舍五入的双整数
	-100.5	-100	
RND+	+100.5	+101	将浮点数转换为大于等于它最小的双整数
	-100.5	-100	
RND-	+100.5	+100	将浮点数转换为大于等于它最大的双整数
	-100.5	-101	
TRUNC	+100.5	+100	将浮点数转换为截尾取整的双整数
	-100.5	-100	

因为浮点数的数值范围远远大于32位整数，有的浮点数不能成功地转换为32位整数。如果被转换的浮点数超出了32位整数的表示范围，在累加器1中得不到有效的结果，此时状态字中的OV和OS位被置1。

【例2-5】　将101in（英寸）转换为以cm（厘米）为单位的整数，送到MW0中。

```
L    101     //将16位常数101（65H）装入累加器1
ITD          //转换为32位双整数
DTR          //转换为浮点数101.0
L    2.54    //浮点数常数2.54装入累加器1，累加器1的内容装入累加器2
*R           //101.0乘以2.54，转换为256.54cm
RND          //四舍五入转换为整数257（101H）
T    MW30    //
```

图2-57中是梯形图中的双整数与浮点数之间的转换指令。其中的DI R指令与语句表中的DTR指令相对应，CEIL和FLOOR指令分别与语句表中的RND＋和RND－指令相对应。

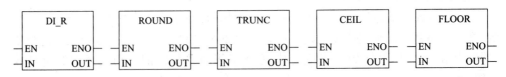

图2-57　双整数与浮点数转换指令

（7）取反与求补指令　取反与求补指令如表2-16所示。整数以反（求反码）指令INVI将累加器1低字中的16位整数逐位取反，即各位二进制数由0变1，由1变0（见表2-17），运算结果仍在累加器1的低字中。

表 2-16　取反与求补指令

语句表指令	梯形图指令	说明
INVI	INV_I	求累加器 1 低字中的 16 位整数的反码
INVD	INV_DI	求累加器 1 中的双整数的反码
NEGI	NEG_I	求累加器 1 低字中的 16 位整数的补码
NEGD	NEG_DI	求累加器 1 中的双整数的补码
NEGR	NEG_R	将累加器 1 中的浮点数的符号位取反

表 2-17　取反与求补

内容	累加器 1 的低字
变换前的数	0101 1101 0011 1000
取反的结果	1010 0010 1100 0111
求补的结果	1010 0010 1100 1000

双整数取反指令 INVD 将累加器 1 中的双整数逐位取反，结果仍在累加器 1 中。

整数求补指令 NEGI 将累加器 1 低字中的整数取反后再加 1，运算结果仍在累加器 1 的低字中，求补码相当于一个数的相反数，即将该数乘以 -1。

双整数求补指令 NEGD 将累加器 1 中的双整数取反后再加 1，运算结果仍在累加器 1 中。

浮点数取反指令 NEGR 将累加器 1 中的浮点数的符号位（第 31 位）取反，运算结果仍在累加器 1 中。下面的例子将 MD20 中的双整数求补后传送到 MD30 中：

```
L    MD20    //将 32 位双整数装入累加器 1
NEGD         //求补
T    MD30    //运算结果传送到 MD30
```

图 2-58 是梯形图中的取反与求补指令。

图 2-58　取反与求补指令

2.6　数学运算指令

数学运算指令包括整数运算指令、浮点数运算指令、循环移位指令和逻辑运算指令。

2.6.1 整数数学运算指令

整数数学运算指令对累加器 1 和累加器 2 中的整数进行运算，运算结果保存在累加器 1 中（见图 2-59）。对于有 4 个累加器的 CPU，累加器 3 的内容复制到累加器 2，累加器 4 的内容传送到累加器 3，累加器 4 原有的内容保持不变。

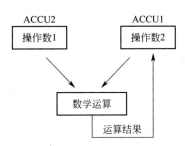

图 2-59 数学运算中的累加器

（1）整数数学运算结果对状态字的影响 表 2-18 给出了有效的运算结果对状态字的影响。表 2-19 给出了无效的运算结果对状态字的影响。

表 2-18 有效的运算结果对状态字的影响

运算结果	CC1	CC0	OV	OS
运算结果=0	0	0	0	无影响
−32768<=16 位运算结果<，或−2147 483 648<−32 位运算结果<0(负数)	0	1	0	无影响
32767>=16 位运算结果>0,或 2 147 483 647>=32 位运算结果>0(负数)	1	0	0	无影响

表 2-19 无效的运算结果对状态字的影响

运算结果	CC1	CC0	OV	OS
加法下溢出:16 位运算结果=−65 536,或 32 位运算结果=−4 294 967 296	0	0	1	1
乘法下溢出:16 位运算结果<32 767,或 32 位运算结果<2 147 483 648(负数)	0	1	1	1
加减法溢出:16 位运算结果>32 767,或 32 位运算结果>2 147 483 648(正数)	0	1	1	1
乘除法溢出:16 位运算结果>32 767,或 32 位运算结果>2 147 483 648(正数)	1	0	1	1
加减法下溢出:16 位运算结果<−32 767,或 32 位运算结果<−2 147 483 648(负数)	1	0	1	1
双字加法的运算结果=−4 294 967 296	0	0	1	1
除法指令或 MOD 指令的除数为 0	1	1	1	1

（2）整数运算指令 整数加法指令"+1"将累加器 1、2 低字中的 16 位整数相加，16 位整数运算结果在累加器 1 的低字中，指令的执行与 RLO 无关，也不对 RLO 产生影响。下面是整数加法运算的例子：

```
L    IW10        //IW10 的内容装入累加器 1 有低字
L    MW14        //累加器 1 的内容装入累加器 2，MW14 的值装入累加器 1 的低字
+1               //累加器 1 与累加器 2 低字的值相加，结果储存在累加器 1 的低字
```

```
T    DB31.DBW25    //累加器1低字中的运算结果传送到数据块DB1的DBW25中
```

【例2-6】 编写实现整数双字运算 MD20＋MD24－200 的程序，运算结果送 MD28。

```
L    MD20         //MD20的内容装入累加器1
L    MD24         //累加器1的内容装入累加器2，MD24的值装入累加器1
＋D                //累加器1、2的值相加，结果存放在累加器1中
＋    L#-200       //累加器1的值减去200，结果储存在累加器1中
T    MD28         //累加器1的运算结果传送到MD28中
```

双整数乘法指令"＊D"将累加器1、2中的32位双整数相乘，32位运算结果在累加器1中。

双整数除法指令"/D"将累加器2中的双整数除以累加器1中的双整数，32位商在累加器1中，余数被丢掉。可以用下面的MOD指令求双整数除法的余数。

指令"MOD"将累加器2中的双整数除以累加器1中的双整数，32位余数在累加器1中，可以用指令"/D"来求双整数除法的商。

图2-60和图2-62给出了梯形图中整数数学运算的方框指令，图中的EN为使能输入端ENO为使能输出端。IN1和IN2为操作数输入端，OUT为运算结果输出端。

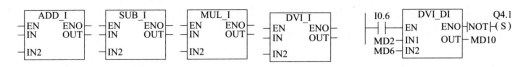

图2-60 整数算术运算指令   图2-61 整数除法指令

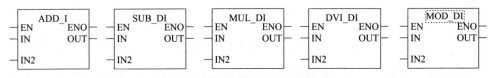

图2-62 双字算术运算指令

ADD、SUB、MUL和DIV分别表示加、减、乘、除，I表示16位整数运算，DI表示32位整数运算，MOD为求余数的运算。

在加减法指令中，IN1+IN2=OUT，IN1-IN2=OUT

在乘除法指令中，IN1＊IN2=OUT，IN1/IN2=OUT。

在图2-61中，如果I0.6为1，MD2中的双整数除以MD6中的双整数，运算结果传送到MD10。如果运算未能成功地完成，则状态字的OV和OS位为1，且使ENO为0，Q4.1为1状态；若运算成功地完成，则状态字的OV被清0，OS位保持原状态不变，且使RLO为1。下面是图2-61对应的语句表程序：

```
A(
A    I0.6
```

```
JNB   ─O02
L     MD2        //MD2 的内容装入累加器 1
L     MD6        //累加器 1 的内容装入累加器 2，MD6 的值装入累加器 1
/D               //累加器 2 的值除以累加器 1 的值，商在累加器 1 中
T     MD10       //累加器 1 的运算结果传送到 MD10
AN    OV
SAVE
CLR
002：A   BR
)
NOT
S     Q4.1
```

【例 2-7】 压力变送器的量程为 0～10MPa，输出信号为 4～20mA，S7-300 的模拟量输入模块的量程为 4～20mA，转换后的数字量为 0～27648，设转换后的数字为 N，试求以 kPa 为单位的压力值。

解：0～10MPa（0～10000kPa）对应于转换后的数字 0～27648，转换公式为

$$P = (10000N)/27648 \text{kPa}$$

值得注意的是在运算时一定要先乘后除，否则会损失原始数据的精度。假设 A/D 转换后的数据 N 在 MD6 中，以 kPa 为单位的运算结果在 MW10 中。图 2-63 是实现式中的运算的梯形图程序。

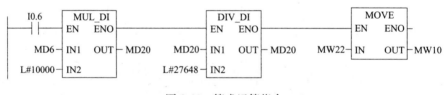

图 2-63　算术运算指令

如果某一方框指令的运算结果超出了整数运算指令的允许范围，状态位 OV 和 OS 将为 1，使能输入 ENO 为 0，不会执行在该方框指令右边的指令。

值得注意的是语句表中的指令"＊1"的运算结果为 32 位整数，梯形图中的 MUL-I 指令的运算结果为 16 位整数。A/D 转换后的最大数字为 27648，乘以 10000 以后可能超过 16 位整数的允许范围，所以需要使用双字乘法指令 MUL_DI。双字除法指令 DIV_DI 的运算结果双字，但是由式可知运算结果实际上不会超过 16 位整数的最大值（32767），所以可以用 MOVE 指令将 MD20 的低字 MW22 中的 16 位整数运算结果传送到 MW10 中。

2.6.2　浮点数数学运算指令

浮点数（实数）数学运算指令对累加器 1 和累加器 2 中的 32 位 IEEE 格式的

浮点数进行运算，运算结果在累加器1中，在双累加器的CPU中，浮点数数学运算不会改变累加器2的值，对于有4个累加器的CPU，累加器3的内容复制到累加器2，累加器4的内容传送到累加器3，累加器4原有的内容保持不变。

32位IEEE格式的浮点数的数据类型为REAL，浮点数数学指令如表2-20所示。

表 2-20　浮点数数学指令

语句表	梯形图	描述
+R	ADD_R	将累加器1、2中的浮点数相加,浮点数运算结果在累加器1中
−R	SUB_R	
*R	MUL_R	累加器2中的浮点数减去累加器1中的浮点数,运算结果在累加器1中
/R	DIV_R	
ABS	ABS	将累加器1、2中的浮点数相乘,浮点数乘积在累加器1中
SQR	SQR	
SQRT	SQRT	累加器2中的浮点数除以累加器1中的浮点数,商在累加器1,余数丢掉
EXP	EXP	
LN	LN	取累加器1中的浮点数的绝对值
SIN	SIN	求浮点数的平方
COS	COS	求浮点数的平方根
TAN	TAN	求浮点数的自然指数
ASIN	ASIN	求浮点数的自然对数
ACOS	ACOS	求浮点数的正弦函数
ATAN	ATAN	求浮点数的余弦函数
		求浮点数的正切函数
		求浮点数的反正弦函数
		求浮点数的反余弦函数
		求浮点数的反正切函数

（1）浮点数数学运算指令对状态字的影响　表2-21给出了运算结果在有效范围内时对状态字的影响，表2-22给出了运算结果在无效范围内时对状态字的影响。

表 2-21　运算结果在有效范围内对状态字的影响

运算结果	CC1	CC0	OV	OS
运算结果为+0或−0(Null)	0	0	0	无影响
−3.402 823E+38<运算结果<−1.175 494E−38(负数)	0	1	0	无影响
+1.175 494E−38<运算结果<3.402 824E+38(正数)	1	0	0	无影响

（2）浮点数基本数学指令　浮点数（即实数）加法指令"+R"将累加器1、2中的32位IEEE浮点数相加，运算结果在累加器1中。指令的执行与RLO无关，也不会对RLO产生影响。作为指令功能的一部分，指令执行后会影响状态字中的

CC1、CC2、OV 和 OS 位（见表 2-21 和表 2-22），下面是浮点数加法运算的例子：

表 2-22　运算结果在无效范围内对状态字的影响

运算结果	CC1	CC0	OV	OS
负数下溢出：$-1.175\ 494E-38<$运算结果$<-1.401\ 298E-45$	0	0	1	1
正数下溢出：$+1.401\ 298E-45<$运算结果$<+1.175\ 494E-38$	0	0	1	1
溢出：运算结果$<-3.402\ 823E+38$（负数）	0	1	1	1
溢出：运算结果$>-3.402\ 823E+38$（正数）	1	0	1	1
不是有效的浮点数或非法的指令（输入值超出允许范围）	1	1	1	1

```
OPN    DB10      //打开数据块 DB10
L      MD10      //MD10 的内容装入累加器 1
L      MD14      //累加器 1 的内容装入累加器 2，MD14 的值装入累加器 1
+R               //累加器 1 和累加器 2 的值相加，运算结果在累加器 1
T      DBD25     //累加器 1 中的运算结果传送到数据块 DB10 的数据双字 DBD25 中
```

浮点数减法指令"−R"将累加器 2 中的 32 位浮点数减去累加器 1 中的 32 位浮点数，运算结果在累加器 1 中。

浮点数乘以指令"∗R"将累加器 1、2 中的 32 位浮点数相乘，运算结果在累加器 1 中。

浮点数除法指令"/R"用累加器 2 中的 32 位浮点数除以累加器 1 中的 32 位浮点数，运算结果（商）在累加器 1 中。

ABS（Absolute Value）指令求累加器 1 中的 32 位 IEEE 浮点数的绝对值，运算结果在累加器 1 中。下面是求浮点数的绝对值的例子：

```
L      MD8      //将 MD8 的内容装入累加器 1（例如 MD8＝1.5E＋02）
ABS             //求累加器 1 中的浮点数的绝对值，结果仍在累加器 1 中
T      MD14     //累加器 1 中的运算结果（1.5E＋02）传送到 MD14
```

（3）梯形图中浮点数数学运算指令　图 2-64 和图 2-65 给出了梯形图中浮点数算术运算的方框指令，图中的 EN 为使能输入端，ENO 为使能输出端。IN1 和 IN2 为操作数输入端，OUT 为运算结果输出端。

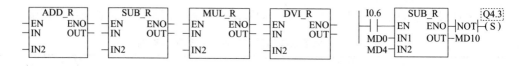

图 2-64　浮点数算术的运算指令　　　　　图 2-65　浮点数减法指令

ADD_R，SUB_R，MUL_R 和 DIV_R 分别为浮点数加、减、乘、除法运算指令。

在加减法指令中，IN1＋IN2＝OUT，IN1−IN2＝OUT。

在乘除法指令中，IN1∗IN2＝OUT，IN1/IN2＝OUT。

在图 2-65 中，如果 I0.6 为 1，MD0 中的浮点数减去 MD4 中的浮点数，运算结果传送到 MD8。如果运算结果超出浮点数的允许范围，或指令没有成功地执行，则 ENO 为 0，Q4.3 被置位。下面是图 2-65 对应的语句表程序：

```
A (
A      I0.6
JNB    —001
L      MD0      //MD0 的内容装入累加器 1
L      MD4      //累加器 1 的内容装入累加器 2，MD4 的值装入累加器 1
—R              //累加器 2 的值减去累加器 1 的值，商在累加器 1 中
T      MD10     //累加器 1 中的运算结果传送到 MD10
AN     OV
SAVE
CLR
—001: A   BR
)
NOT
S      Q4.3
```

① 浮点数平方指令与平方根指令　浮点数平方指令 SQR（Generate the Sqrare）求累加器 1 中的 32 位浮点数的平方，得到的浮点数运算结果在累加器 1 中。下面的指令用来求 DB17、DBD0 的平方，如果运算没有出错，结果存在 DB17、DBD4 中。

```
OPN    DB17     //打开数据块 DB17
L      DBD0     //数据块 DB17 的 DBD0 中的浮点数装入累加器 1
SQR             //求累加器 1 中的浮点数的平方，运算结果在累加器 1 中
AN     OV       //结果运算时没有出错
JC     OK       //跳转到标号 OK 处
EBU             //如果运算时出错，功能块无条件结束
OK: T  DBD4     //累加器 1 中的运算结果传送到数据块 DB17 的 DBD4 中
```

浮点数开平方指令 SQRT（Generate the Square Root）将累加器 1 中的 32 位浮点数开平方，得到的浮点数运算结果在累加器 1 中。输入值应大于等于 0，运算结果为正数或 0。

② 浮点数自然指数指令　浮点数自然指数指令 EXP（Natural Exponential）求累加器 1 中的 32 位浮点数的自然指数（底数 e＝2.71828），得到的运算结果在累加器 1 中。

③ 浮点数自然对数指令　浮点数自然对数指令 LN（Natural Logarithm）求累加器 1 中的 32 位浮点数的自然对数，得到的运算结果在累加器 1 中。

求以 10 为底的对数时，需将自然对数值除以 2.302585（10 的自然对数值）。例如

lg100＝ln100/2.302585＝4.605170/2.302585＝2

【例 2-8】 用浮点数对数指令和指数指令求 5 的立方。计算公式为

$$5^3 = EXP(3 * LN(5)) = 125$$

下面是对应的程序

```
L       L#5
DTR
LN
L       3.0
*R
EXP
RND
T       MW40
```

RND 是将浮点数四舍五入转换为整数的指令。

④ 浮点数三角函数指令 浮点数正弦函数指令 SIN 求累加器 1 中的浮点数的正弦值，浮点数余弦函数指令 COS 求累加器 1 中的浮点数的余弦值，浮点数正切函数指令 TAN 求累加器 1 中的浮点数的正切值，得到的浮点数运算结果在累加器 1 中。

输入值如果是以角度为单位的浮点数，求三角函数前应先将角度值乘以 $\pi/180$，转换为弧度值。

⑤ 浮点数反三角函数指令 浮点数反三角函数指令 ASIN 求累加器 1 中的浮点数的正弦值，浮点数反余弦函数指令 ACOS 求累加器 1 中的浮点数的反余弦值，得到的以弧率为单位的浮点数运算结果在累加器 1 中。$-1 \leqslant$ 输入值 $\leqslant +1$，$-\pi/2 \leqslant$ 运算结果 $\leqslant +\pi/2$。

浮点数反正弦函数指令 ATAN 求累加器 1 中的浮点数的反正切值，得到的以弧度为单位的浮点数运算结果在累计加器 1 中。$-\pi/2 \leqslant$ 运算结果 $\leqslant +\pi/2$。

(4) 梯形图中扩展的浮点数数学指令 图 2-66 给出了梯形图中扩展的浮点数数学运算的方框指令，图中的 EN 为使能输入端，ENO 为使能输出端，IN 为操作数输入端，OUT 为运算结果输出端。方框指令中的指令助记符与语句表中的相同。

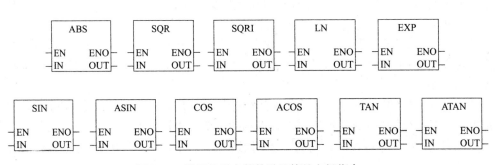

图 2-66 扩展的浮点数数学运算的方框指令

2.6.3　移位指令

移位指令将累加器 1 的低字或累加器 1 的全部内容左移或右移若干位（见表 2-23）。左移 n 位相当于乘以 2。例如将十进制数 3 对应的二进制数 2#左移 2 位，相当于乘以 4，左移后得到的二进制数 2#1100 对应于十进制数 12。右移 n 位相当于除以 2，例如将十进制数 24 对应的二进制数 2#11000 右移 3 位，相当于除以 8，右移后得到二进制数 2#11 对应于十进制数 3。

表 2-23　移位指令

语句表	梯形图	描述
SSI	SHR_I	将累加器 1 低字中的有符号整数逐位右移,空出的位添上与符号位相同的数
SSD	SHR_DI	将累加器 1 中的有符号双整数逐位右移,空出的位添上与符号位相同的数
SLW	SHL_W	将累加器 1 低字中的 16 位字逐位左移,空出的位添 0
SRW	SHR_W	将累加器 1 低字中的 16 位字逐位右移,空出的位添 0
SLD	SHL_DW	将累加器 1 中的双字逐位左移,空出的位添 0
SRD	SHR_DW	将累加器 1 中的双字逐位右移,空出的位添 0

无符号数（字或双字）移位后空出来的位填以 0，有符号数（整数或双整数）右移后空出来的位填以符号位对应的二进制数（正数的符号位为 0，负数的符号位为 1）。最后移出的位被装入状态字的 CC1 位。

移位的位数可以用下面的两种方法来指定：

① 用指令中的参数<number>来指定移位位数，16 位移位指令的允许值为 0～15，32 位移位指令的允许值为 0～32。如果<number>大于 0，状态字的 CC0 和 OV 被清 0；如果<number>等于 0，移位指令被当作 NOP（空操作）指令来处理。

② 指令没有参数<number>，移位位数放在累加器 2 的最低字节中，移位位数的允许值为 0～255。如果移位位数等于 0，移位指令被当作 NOP（空操作）指令来处理。

（1）有符号数数右移　有符号整数右移指令 SSI〈number〉（Shift Right With Sign Integer）将累加器 1 低字中的内容逐位右移，移位空出的位用符号位（第 15 位）来填充，即负数移位时用 1 来填充，正数移位时用 0 来填充。最后移出的位装入状态字中的 CCI 位。

下面的有符号数右移指令用指令中的<number>来指定移位位数：

```
L    MW4      //将 MW4 的内容装入累加器 1 的低字
SSI  6        //累加器 1 低字中的有符号数右移 6 位,结果仍在累加器 1 的低字中
T    MW8      //累加器 1 低字中的运算结果传送到 MW8 中
```

表 2-24 给出了移位前后累加器 1 中的二进制数的值，应注意两个问题：

① 累加器低字中的数字为负数，右移位后低字的高位添了 6 个 1。

② 移位前后累加器 1 的高字没有变化。

表 2-24 整数右移 6 位前后的数据

内容	累加器 1 的高字	累加器 1 的低字
移位前	0101 1111 0110 0100	1001 1101 0011 1011
右移 6 位后	0001 1111 0110 0100	1111 1110 0111 0100

在下面的例子中，移位位数（3）放在累加器 2 的最低字节中。移位位数的允许值为 0～255。移位位数＞16 时，总是产生同样的结果，即 ACCU1-1＝16♯0000，CC1＝0，或 ACCU1-PL＝16♯FFFF，CC1＝1。换句话说，因为移位次数超过被移位数的位数，移位后被移位的数的各位全部变成了符号位。如果 0＜移位位数≤16，状态字的 CC0 和 OV 被清 0；移位位数等于 0 时移位指令被当作 NOP（空操作）指令来处理。

下面是移位位数在累加器 2 的最低字节中的例子：

```
L      ＋3         //将＋3 装入累加器 1
L      MW20        //将累加器 1 的内容装入累加器 2,MW20 的内容装入累加器 1
SSI                //累加器 1 低字中有符号数右移,移位位数在累加器 2 的最低字节中
                     右移
                   //位,空出来用累加器 1 低字的符号位来填充
JP     NEXT        //如果最后移入 CC1 的位为 1,跳转到标号 NEXT 处
```

（2）有符号双整数右移 在符号双整数右移指令 SSD＜number＞（Shift Sign Double Integer）将累加器 1 中的内容逐位右移，移位后高端空出的位用符号位（第 31 位）来填充，即负数移位时用 1 来填充，正数移位时用 0 来填充。最后移出的位装入状态字中的 CC1 位。移位位数 number 的允许值为 0～32。移位位数也可以放在累加器 2 的最低字节中，允许值为 0～255，这时 SSD 指令不带移位位数 number。移位位数＞32 时，移位后累加器 1 所有的位和 CC1 取符号位的值。

（3）16 位字移位指令 16 位字左移指令 SLW＜number＞（Shift Left Word）将累加器 1 低字中的内容逐位左移，移位后低端空出来的位用 0 来填充，最后移出的位装入状态字中的 CC1 位。

16 位字右移指令 SRW＜number＞（Shift Right Word）将累加器 1 低字中的内容逐位右移，移位后高端空出的位用 0 来填充，最后移出的位装入状态字中的 CC1 位。

移位位数可以用指令中的＜number＞来设置，设置的方法与 SSI 指令的相同。

表 2-25 给出了字左移 5 位前后累加器 1 的二进制数的值，注意移位前后累加器 1 的高字没有变化。

表 2-25　字左移 5 位移位前后的数据

内容	累加器 1 的高字	累加器 1 的低字
移位前	0101 1111 0110 0100	0101 1101 0011 1011
左移 5 位后	0101 1111 0110 0100	1010 0111 0110 0000

表 2-26 给出了字右移 6 位前后累加器 1 的二进制数的值，注意移位前后累加器 1 的高字没有变化。

表 2-26　字右移 6 位移位前后的数据

内容	累加器 1 的高字	累加器 1 的低字
移位前	0101 1111 0110 0100	0101 1101 0011 1011
左移 6 位后	0101 1111 0110 0100	0000 0001 0111 0100

移位位数可以放在累加器 2 的最低字节中，允许值为 0～255。移位位数＞16 时，因为数据中各位被全部移出去后添上了 0，指令执行后 ACCU1-L、CCI、CC0 和 OV 均为 0。如果 0＜移位位数≤16，状态字的 CC0 和 OV 被清 0；移位位数等于 0 时移位指令被 WT（空操作）指令来处理。

（4）双字移位指令　双字左移指令 SLD＜number＞（Shift Left Double Word）将加器 1 中的内容逐位左移，移位后低端空出的位用 0 来填充。最后移出的位装入状态字中的 CC1 位。

双字右移指令 SRD＜number＞（Shift Right Double Word）将累加器 1 中的内容逐位右移，移位后高端空出的位用 0 来填充，最后移出的位装入状态字中的 CC1 位。

移位位数可以用指令中的参数 number（0～15）来设置，也可以放在累加器 2 的最低字节中，允许值为 0～255。移位位数＞32 时，指令执行后 ACCU10L、CC1、CC0 和 OV 均为 0。如果 0＜移位位数≤32，状态字的 CC0 和 OV 被清 0；移位位数等于 0 时移位指令被当作 NOP（空操作）指令来处理。

（5）梯形图中的移位指令　图 2-67 是有符号整数右移指令 SHRI（Shift Right Integer）的方框指令，图 2-68 是梯形图中移位操作的方框指令。方框中的 EN 为使能输入端，ENO 为使能输出端，IN 为操作数输入端，OUT 为运算结果输出端，N 输入端指定移位的位数，IN 和 OUT 为 16 位整数，N 为 WORD 变量。

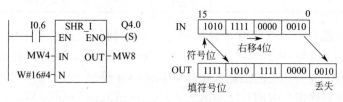

图 2-67　有符号数右移指令

下面是图 2-67 中的梯形图对应的语句表程序，移位位数为 4，图 2-67 给出了移位的效果。

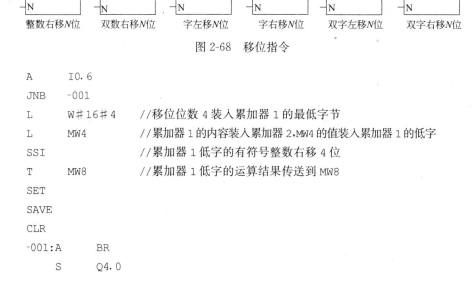

图 2-68　移位指令

```
A      I0.6
JNB    -001
L      W#16#4      //移位位数 4 装入累加器 1 的最低字节
L      MW4         //累加器 1 的内容装入累加器 2，MW4 的值装入累加器 1 的低字
SSI                //累加器 1 低字的有符号整数右移 4 位
T      MW8         //累加器 1 低字的运算结果传送到 MW8
SET
SAVE
CLR
-001:A    BR
     S    Q4.0
```

2.6.4　循环移位指令

（1）循环移位指令概述　循环移位指令将累加器 1 的整个内容逐位循环左移或循环右移若干位（见表 2-27），即从累加器 1 移出来的位又送入累加器 1 另一端空出来的位。

循环移位的位数可以用指令中的参数<number>来指定，移位位数也可以放在累加器 2 的最低字节中。移位位数等于 0 时，循环移位指令被当作 NOP（空操作）指令来处理。

表 2-27　循环移位指令

语句表	梯形图	描述
RLD	ROL_DW	累加器 1 中的双字循环左移
RRD	ROR_DW	累加器 1 中的双字循环右移
RLDA	—	累加器 1 中的双字通过 CC1 循环左移
RRDA	—	累加器 1 中的双字通过 CC1 循环右移

（2）累加器 1 中的双字循环移位指令　双字循环左移指令 RLD<number>（Rotate Left Double Word）将累加器 1 的内容逐位左移，移出来的最高位返回空出来的最低位，最后移出的位装入状态字中的 CC1 位。

双字循环右移指令 RRD<number>（Rotate Right Double Word）将累加器 1 的内容逐位右移，移出来的最低位返回空出来的最高位，最后移出的位装入状态字中的 CC1 位。

循环移位的位数可以用指令中的无符号整数<number>来指定，移位位数的允许值为 0～32。循环移位的位数也可以放在累加器 2 的最低字节中，允许值为 0～255。如果移位位数大于 0，状态字的 CC0 和 OV 被清 0；如果等于 0，移位指令被当作 NOP（空操作）指令来处理。

表 2-28 给出了双字循环左移 4 位，移位前后累加器 1 中的二进制数的值。

表 2-28　循环左移 4 位前后累加器中的数据

内容	累加器 1 的高字	累加器 1 的低字
移位前	0101 1111 0110 0100	0101 1101 0011 1011
右移 4 位后	1111 0110 0100 0101	1101 0011 1011 0101

（3）累加器 1 中的双字通过 CC1 循环移位指令　双字通过 CC1 循环左移指令 <number>（Rotate Left Double Word via CC1）将累加器 1 中的整个内容逐位左移 1 位，移出来的最高位装入 CC1，CC1 原有的内容装入累加器 1 的最低位。

双字通过 CC1 循环右移指令 <number>（Rotate Right Double Word via CC1）将累加器 1 中的整个内容逐位右移 1 位，移出来的最低位数装入 CC1，CC1 原有的内容装入累加器 1 最高位。

RLDA 和 RRDA 实际是一种 33 位（累加器 1 的 32 位加状态字的 CC1）的循环移位，累加器中移出来的位装入状态字的 CC1 位，状态字的 CC0 和 OV 被复位为 0。

表 2-29 给出了循环左移 1 位，移位前后累加器 1 中的二进制数的值。表中的 X=0 或 1，是 CC1 在循环移位之前的值。

表 2-29　通过 CC1 循环左移 1 位前后累加器中的数据

内容	CC1	累加器 1 的高字	累加器 1 的低字
移位前	X	0101 1111 0110 0100	0101 1101 0011 1011
左移后	0	1011 1110 1100 1000	1011 1010 0111 011X

（4）梯形图中的循环移位指令　图 2-69 是双字循环左移的方框指令，方框中的 EN 为使能输入端，ENO 为使能输出端，IN 为操作数输入端，OUT 为运算结果输出端，N 输入端指定的 MW4 中的移位的位数。IN 和 OUT 为双字变量 N 为 16 位字变量。

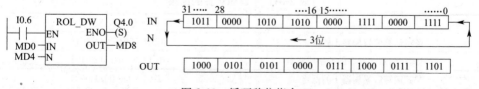

图 2-69　循环移位指令

假设 MW4 中的数字为 3，当 I0.6 为 1 时，MD0 中的双整数被循环左移 3 位，移位后的结果写入 MD8。如果循环移位指令被成功地执行，Q4.0 被置位为 1。下面是图 2-69 中的梯形图对应的语句表程序：

```
A    I0.6
JNB  -001
L    MW4          //MW4 的内容装入累加器 1 的低字
L    MD0          //累加器 1 中的内容装入累加器 2，MD0 的值装入累加器 1
RLD              //累加器 1 中的双整数循环左移
T    MD8          //累加器 1 的运算结果传送到 MD8
SET
SAVE
CLR
-001:A  BR
     S  Q4.0
```

2.6.5 字逻辑运算指令

字逻辑运算指令（见表 2-30）对两个 16 位或 32 位双字逐位进行逻辑运算，一个操作数在累加器 1 中，另一个操作数在累加器 2 中，或在指令中用立即数的形式给出。字逻辑运算的结果在累加器 1 的低字中，双字逻辑运算的结果在累加器 1 中。

表 2-30　字逻辑运算指令

语句表	梯形图	描述	语句表	梯形图	描述
AW	WAND_W	字与	AD	WAND_DW	双字与
OW	WOR_W	字或	OD	WOR_DW	双字或
XOW	WXOR_W	字异或	XOD	WXOR_DW	双字异或

如果字逻辑运算的结果为 0，状态字的 CC1 位为 1，反之为 0。在任何情况下，状态字中的 CC0 和 OV 位都被清 0。

（1）字逻辑运算指令　字与指令 AW（And Word）将两个输入字的对应位相"与"，两个输入字的同一位均为 1 时，运算结果的对应位为 1，否则为 0（见表 2-31）。

表 2-31　字逻辑运算的结果

位	15　　　　　　　　　　　　　0
逻辑运算前累加器 1 的低字	0101 1001 0011 1011
逻辑运算前累加器 2 的低字或常数	1111 0110 1011 0101
"与"运算后累加器 1 的低字	0101 0000 0011 0001
"或"运算后累加器 1 的低字	1111 1011 1011 1111
"异或"运算后累加器 1 低字	1010 1111 1000 1110

字或指令 OW（Or Word）将两个输入字的对应位相"或"，两个输入字的同

一位均为 0 时，运算结果的对应位为 0，否则为 1。

字异或指令 XOW（Exclusive Or Word）将两个输入字的对应位相"异或"。两个输入字的同一位不同时，运算结果的对应位为 1，否则为 0。

字逻辑运算的一个输入字在累加器 1 的低字中，另一个输入字在累加器 2 的低字中，或者是指令中的常数，得到的一个字的结果装入累加器 1 的低字，下面是用语句表编写的实现字逻辑或运算的程序，该操作将 QW10 中的低 4 位置为 1，其余各位保持不变。

```
L    QW10          //QW10的内容装入累加器1的低字
L    W#16#000F      //累加器1的内容装入累加器2,常数W#16#000F装入累加器1的
                    //低字
OW                  //累加器1低字的内容与W#16#000F逐位相或,结果在累加器1
                    //的低字中
T    QW10          //累加器1低字中的运算结果传送到QW10
```

下面是累加器 1 低字的内容与字逻辑和指令中的立即数逐位作"与"运算的程序，该操作将 IW20 中高 4 位去掉，只保留低 12 位的数据。

```
L    IW20          //IW20的内容装入累加器1的低字
AWW#16#000F         //累加器1低字的内容与W#16#000F逐位相与,结果在累加器1
                    //的低字中
JP   NEXT          //如果运算结果非0(CC1-1)跳转到标号NEXT处
```

（2）双字逻辑运算指令　双字指令 AD（AND Double Word）将两个输入双字的对应位相"与"，两个输入双字的同一位均为 1 时，运算结果的对应位为 1，否则为 0。

双字或指令 OD（Or Double Word）将两个输入双字的对应位相"或"，两个输入双字的同一位均为 0 时，运算结果的对应位为 0，否则为 1。

双字异或指令 XOD（Exclusive Or Double Word）将两个输入双字的对应位相"异或"。两个输入双字的同一位不同时，运算结果的对应位为 1，否则为 0。

（3）梯形图中的字逻辑运算方框指令　图 2-70 是梯形图中的字逻辑运算指令方框中的 EN 为使能输入端，ENO 为使能输出端。IN1 和 IN2 为两个操作数的输入端。OUT 为运算结果输出端，各方框指令的意义见表 2-30。

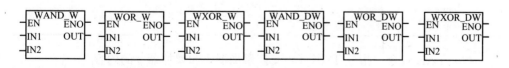

图 2-70　字逻辑运算指令

（4）立即读入与立即写出　图 2-71 中的字逻辑与指令 WAND，W 用来立即（Immediate）读取 I0.1 和 I0.2。通过字逻辑与指令和访问外设输入区 P1，CPU 直接读取输入模块上的物理输入点，而不是读取输入映像存储区（I）中的数据。因

为输入映像存储区的数据是在一次扫描循环的开始将输入信号成批读入的，从外设输入区读取的数据更为及时，外设输入区只能按字节、字和双字来读取，不能按位（bit）来立即读取单个数字量输入。因此在读出包括 16 位输入点的外设输入字 PIW0 之后，用字与指保留 I0.1 和 I0.2 的值，将它们存放在 MW8 中。MB9 是 MW8 中的低字节，M9.1 和 M9.2 对应于输入信号 I0.1 和 I0.2。

图 2-72 中用 MOVE 指令将过程映像输出 Q5.0 新的值通过外设输出 PQB5 立即写到对应的模块。PQ 只能按字节、字和双字来写出，不能按（bit）立即写单个数字量输出。

图 2-71　立即读入　　　　　　　　图 2-72　立即写出

2.6.6　累加器指令

语句表中的累加器指令用于处理单个或多个累加器的内容（见表 2-32）。指令的执行与 RLO（逻辑运算结果）无关，也不会对 RLO 产生影响。对于有 4 个累加器的 CPU，累加器 3、4 的内容保持不变。

表 2-32　累加器指令

语句表	描　　　述
TAK	交换累加器 1、2 的内容
PUSH	入栈
POP	出栈
ENT	进入 ACCU 堆栈
LEAVE	离开 ACCU 堆栈
INC	累加器 1 最低字节加上 8 位常数
DEC	累加器 1 最低字节减去 8 位常数
+AR1	AR1 的内容加上地址偏移量
+AR2	AR2 的内容加上地址偏移量
BLD	程序显示指令（空指令）
NOP 0	空操作指令
NOP 1	空操作指令

（1）TAK 指令　指令 TAK（）交换累加器 1 和累加器 2 的内容。

【例 2-9】　下面的程序用 MW10 和 MW12 中较大的数减去较小的数，运算结果存放在 MW14 中。

```
L  MW10     //MW10 的内容装入累加器 1 的低字
L  MW12     //累加器 1 的内容装入累加器 2,MW12 的值装入累加器 1 的低字
>I          //如果 MW10>MW12,RLO＝1
```

```
JC NEX1        //跳转到标号 NEX1 处
TAK            //交换累加器 1、2 低字的内容
NEX1:-I        //累加器 2 低字的内容减去累加器 1 低字的内容
T  MW14        //运算结果传送到 MW14
```

（2）堆栈指令　S7-300 的 CPU 有两个累加器，S7-400 的 CPU 有 4 个累加器，CPU 中的累加器组成了一个堆栈，堆栈用来存放需要快速存取的数据，堆栈中的数据按"先进后出"的原则存取。堆栈指令是否执行与状态字无关，也不会影响状态字。

对于只有两个累加器的 CPU 来说，PUSH（入栈）指令将累加器 1 的内容复制到累加器 2，累加器 1 的内容不变。POP（出栈）指令将累加器 2 的内容复制到累加器 1，累加器 2 的内容不变。

对于有 4 个累加器的 CPU 来说，PUSH（入栈）指令使堆栈中各层原有的数据依次向下移动一层，栈底（累加器 4）的值被推出丢失（见图 2-73）。栈顶（累加器 1）的值保持不变。即累加器 3 的内容复制到累加器 4，累加器 2 的内容复制到累加器 3，累加器 1 的内容复制到累加器 2，累加器 1 的内容不变。

POP（出栈）指令使堆栈中各层原有的数据向上移动一层（见图 2-74），原来第 2 层（累加器 2）中的数据成为堆栈新的栈顶值，原来栈顶（累加器 1）中的数据从栈内消失。即累加器 2 的内容复制到累加器 1，累加器 3 的内容复制到累加器 2，累加器 4 的内容复制到累加器 3，累加器 4 的内容不变。

图 2-73　入栈指令执行前后　　　　　图 2-74　出栈指令执行前后

"进入累加器堆栈"指令 ENT（Enter Accumulator Stack）将累加器 3 的内容复制到累加器 4，累加器 2 的内容复制到累加器 3，使用 ENT 指令可以在累加器 3 中保存中间结果。

"离开累加器堆栈"指令 LEAVE（Leave Accumulator Stack）将累加器 3 的内容复制到累加器 2，累加器 4 的内容复制到累加器 3，累加器 1、4 保持不变。

【例 2-10】　用语句表程序实现浮点数运算（DBD0＋DBD4）/（DBD8－DBD12）。

```
L  DBD0        //DBD0 中的浮点数装入累加器 1
L  DBD4        //累加器 1 的内容装入累加器 2,DBD4 中的浮点数装入累加器 1
＋R            //累加器 1、2 中的浮点数相加,结果保存在累加器 1 中
L  DBD8        //累加器 1 的内容装入累加器 2,DBD8 中的浮点数装入累加器 1
ENT            //累加器 3 的内容装入累加器 4,累加器 2 的中间结果装入累加器 3
L  DBD12       //累加器 1 的内容装入累加器 2,DBD12 中的浮点数装入累加器 1
```

```
-R          //累加器 2 的内容减去累加器 1 的内容,结果保存在累加器 1 中
LEAVE       //累加器 3 的内容装入累加器 2,累加器 4 的中间结果装入累加器 3
/R          //累加器 2 的内容(DBD0+DBD4)除以累加器 1 的内容(DBD8- DBD12)
T DBD16     //累加器 1 中的运算结果传送到 DBD16
```

（3）加、减 8 位整数指令　字节加指令 INC（Increment ACCU1-LL）和字节减指令 DEC（Decrement ACCU1-LL）将累加器 1 的最低字节（ACCU1-LL）的内容加上或减去指令中的 8 位常数（0~255），运算结果仍在累加器的最低字节中。累加器 1 的其他 3 个字节不变。

这些指令并不适合于 16 位或 32 位算术运算，因为累加器 1 的最低字节和它的相邻字节之间没有进位产生，16 位或 32 位算术运算可以分别使用 INC 和 DEC指令。

```
L MB4       //MB4 的内容装入累加器 1 的最低字节
INC1        //累加器 1 最低字节的内容加 1,结果存放在累加器 1 的最低字节
T MB4       //运算结果传回 MB4
```

（4）地址寄存器指令　+AR1（Add to AR1）指令将地址寄存器 AR1 的内容加上作为地址偏移量的累加器 1 中低字的内容，或加上指令中的 16 位常数（-32768~+32767），结果在 AR1 中。

+AR2（Add to AR2）指令将地址寄存器 AR2 的内容加上作为地址偏移量的累加器 1 中低字的内容，或加上指令中的 16 位常数，结果在 AR2 中。

16 位有符号整数首先被扩充为 24 位，其符号位不变，然后与 AR1 中的低24 位有效数字相加。地址寄存器中的存储区域标识符（第 24~26 位）保持不变。

```
L  +300     //常数“+300”装入累加器 1 的低字
+AR1        //AR1 与累加器 1 的低字中的内容相加,运算结果送 AR1
+AR2P♯300.0 //AR2 的内容加上地址偏移量 300.0,运算结果送 AR2
```

（5）空操作指令　BLD<number>（程序显示指令，空指令）并不执行什么功能，也不会影响状态位。该指令只是用于编程设备的图形显示，在 STEP7 中将梯形图或功能块图转换为语句表时，将会自动生成 BLD 指令。指令中的<number>是编程设备自动生成的。

NOP0 和 NOP1 指令并不执行什么功能，也不会影响状态位，它们的指令代码中分别由 16 个 0 或 16 个 1 组成，其作用与 BLD 指令类似。

2.7　逻辑控制指令

2.7.1　跳转指令

逻辑控制指令是逻辑块内的跳转和循环指令，在没有执行跳转和循环指令时，

各条语句按从上到下的先后顺序逐条执行，这种执行方式称为线性扫描。逻辑控制指令中断程序的线性扫描，跳转到指令中的地址标号所在的目的地址。跳转时不执行跳转指令与标号之间的程序，跳到目的地址后，程序继续按线性扫描的方式执行，跳转可以是从上往下的，也可以是从下往上的。

逻辑控制指令与状态位触点指令见表 2-33。

表 2-33　逻辑控制指令与状态位触点指令

语句表中的逻辑控制指令	梯形图中的状态位触点指令	说　　明
JU	—	无条件跳转
JL	—	多分支跳转
JC	—	RLO=1 时跳转
JCN	—	RLO=0 时跳转
JCB	—	RLO=1 且 BR=1 时跳转
JNB	—	RLO=0 且 BR=1 时跳转
JBI	BR	BR=1 时跳转
JNBI	—	BR=0 时跳转
JO	OV	OV=1 时跳转
JOS	OS	OS=1 时跳转
JZ	==0	运算结果为 0 时跳转
JN	<>0	运算结果非 0 时跳转
JP	>0	运算结果为正时跳转
JM	<0	运算结果为负时跳转
JPZ	>=0	运算结果大于等于 0 时跳转
JMZ	<=0	运算结果小于等于 0 时跳转
JUO	UO	指令出错时跳转
LOOP	—	循环指令

只能在同一逻辑块内跳转，即跳转指令与对应的跳转目的地址应在同一逻辑块中，在一个块中，同一个跳转目的地址只能出现一次。最长的跳转距离为程序代码中的 -32768 或 $+32767$ 个字。实际可以跳转的最大语句条数与每条语句的长度（$1\sim3$ 个字）有关。跳转指令只能在 FB、FC 和 OB 内部使用，即不能跳转到别的 FB、FC 和 OB 中去。

跳转或循环指令的操作数为地址标号，标号由最多 4 个字符组成，第一个字符必须是字母，其余的可以是字母或数字。在语句表中，目标标号与目标指令用冒号分隔。在梯形图中，目标标号必须是一个网络的开始。

（1）无条件跳转指令　无条件跳转（Jump Unconditional）指令的格式为 JU ＜跳转标号＞，JU 指令中断程序的线性扫描，跳转到标号所在的目的地址，无条件跳转与状态字的内容无关。

（2）多分支跳转指令　多分支跳转指令 JL（Jump Via jump to List）必须与无条件跳转指令 JU 一起使用，指令格式为 JL＜跳转标号＞，多分支的路径参数在累加器 1 中。跳步目标表最多 255 个入口通道，从 JL 指令的下一行开始，在 JL 指令中指定的跳步标号之前结束，每个跳步目标由一条 JU 指令和一个标号组成。跳步目标号在累加器 1 的最低字节 ACCU1-LL 中。

当累加器 1 最低字节 ACCU1-LL 中的跳步目标号小于 JL 指令和它给出的标号之间的 JU 指令的条数时，执行 JL 指令后将根据跳步目标号跳到对应的 JU 指令指定的标号，ACCU1-LL＝0 时跳转到第一条 JU 指令指定的标号，ACCU1-LL＝1 时跳转到第二条 JU 指令指定的标号⋯⋯如果跳步目标号过大，JL 指令将跳到跳步目标表中最后一条 JU 指令后面的第一条指令。

跳步目标表必须由在 JL 指令中的跳步标号之前的 JU 指令组成，其他任何指令非法的，图 2-75 给出了下面的程序执行的情况。

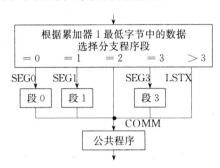

图 2-75　多分支跳转指令

```
L   MB0        //MB0 的跳步目标号装入 ACCU1-LL(累加器 1 的最低字节)
JL  LSTX       //如果 ACU1-LL＞3,则跳转到标号 LSTX 处
JU  SEG0       //如果 ACCU1-LL＝0,则跳转到标号 SEG0 处
JU  SEG1       //如果 ACCU1-LL＝1,则跳转到标号 SEG1 处
JU  COMM       //如果 ACCU1-LL＝2,则跳转到标号 COMM 处
JU  SEG3       //如果 ACCU1-LL＝3,则跳转到标号 SEG3 处
LSTX:JU    COMM
SEG0:……     //程序段 0
     ……
     JU   COMM
SEG1:……     //程序段 1
     ……
     JU       COMM
SEG3:……     //程序段 3
     ……
     JU   COMM
COMM:……     //公用程序
     ……
```

（3）与 RLO 和 BR 有关的跳转指令　这些指令检查前一条指令执行后 RLO（逻辑运算结果）和 BR（二进制结果位）的状态，满足条件时则中断程序的线性扫描，跳转到标号所在的目的地址，不满足条件时不跳转。

如果逻辑运算结果 RLO＝1，跳转指令 JC 将跳转到标号所在的目的地址。

如果逻辑运算结果 RLO＝0，跳转指令 JCN 将跳转到标号所在的目的地址。

如果逻辑运算结果 RLO＝1，且 BR＝1，跳转指令 JCB 将跳转到标号所在的目的地址。

如果逻辑运算结果 RLO＝0，且 BR＝1，跳转指令 JNB 将跳转到标号所在的目的地址。

（4）与信号状态位有关的跳转指令　这些指令检查前一条指令执行后信号状态位 BR（二进制结果位）、OV（溢出位）和 OS（溢出状态保持位）的状态，满足条件时则中断程序的线性扫描，跳转到标号所在的目的地址，不满足条件时不跳转。

如果 BR＝1，跳转指令 JBJ 将跳转到标号所在的目的地址。

如果 BR＝0，跳转指令 JNB1 将跳转到标号所在的目的地址。

如果 OV＝1，跳转指令 JO 将跳转到标号所在的目的地址。

如果 OS＝1，跳转指令 JOS 将跳转到标号所在的目的地址。

（5）与条件码 CC0 和 CC1 有关的跳转指令　这些指令根据前一条指令执行后与运算结果有关的条件码 CC0 和 CC1 的状态，确定是否中断程序的线性扫描，跳转到标号所在的目的地址。

如果运算结果为 0（CC0＝0，CC1＝0），跳转指令 JZ 将跳转到标号所在的目的地址。

如果运算结果非 0（CC1＝0/CC0＝1 或 CC1＝1/CC0＝0），跳转指令 JN 将跳转到标号所在目的地址。

如果运算结果为正（CC1＝1 与 CC0＝0），跳转指令 JP 将跳转到标号所在的目的地址。

如果运算结果为负（CC1＝0 与 CC0＝1），跳转指令 JM 将跳转到标号所在的目的地址。

如果运算结果大于等于 0（CC1＝0/CC0＝0 或 CC1＝1/C0＝0），跳转指令 JPZ 将跳转到标号所在的目的地址。

如果运算结果大于等于 0（CC1＝0/CC0＝0 或 CC1＝1/C0＝0），跳转指令 JMZ 将跳转到标号所在的目的地址。

如果 CC0＝CC1＝1，表示指令出错（除数为 0；使用了非法的指令；浮点数比较时使用了非法的格式），跳转指令 JUO 将跳转到标号所在的目的地址。

【例 2-11】　TW8 与 MW12 的异或结果如果为 0，将 M4.0 复位，非 0 则将 M4.0 置位。

下面是实现要求的程序，图 2-76 给出了程序的流程图。

```
L   TW8      //TW8 的内容装入累加器 1 的低字
```

```
L  MW12     //累加器 1 的内容装入累加器 2,MW12 的内容装入累加器 1 的低字
XOW         //累加器 1、2 低字的内容逐位异或
JN NOZE     //如果累加器 1 的内容非 0,则跳转到标号 NOZE 处
R  M4.0
JU NEXT
NOZE:AN M4.0
     S  M4.0
NEXT:NOP0
```

(6)梯形图中的跳转指令   梯形图中有 3 条用线圈表示的跳转指令(见图 2-77),无条件跳转(Unconditional Jump)指令与条件跳转(Conditional Jump)指令的助记符均为 JMP(Jump),其区别在于跳转指令是否受触点电路的控制。

无条件跳转指令直接与右边的垂直电源线相连,执行无条件跳转指令后马上跳转到指令给出的标号处。

条件跳转指令的线圈受触点电路的控制,它前面的逻辑运算结果 RLO＝1 时,跳转线圈"通电",跳转到指令给出的标号处。

JMP(Jump-If-Not)指令在它右边的电路断开(RLO＝0)时跳转(见图 2-78)。

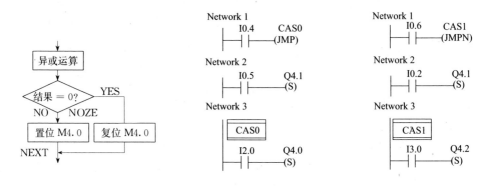

图 2-76　跳转指令　　　　图 2-77　条件跳转指令　　　　图 2-78　JMP 跳转指令

标号用于指示跳转指令的目的地址,它最多由 4 个字符组成,第一个字符必须是字母或下划线。标号必须放在一个网络开始的地方。可以向前跳,也可以向后跳。双击梯形图编辑器右边的指令浏览器窗口中的"Jumps"文件夹中的"LABEL"图标,一个空的标号框将出现在梯形图编辑区光标所在的地方,也可以用鼠标左键按住 LEBEL 图标,将它"拖"到梯形图中。

2.7.2　梯形图中的状态位触点指令

梯形图中的状态位指令以常开触点或常闭触点的形式出现。这些触点的通断取决于状态字中的状态位 BR、OV、OS、CC0 和 CC1(见表 2-33)。数学运算的结果

等于 0、不等于 0、大于 0、小于 0、大于等于 0、小于等于 0 都有对应的状态位常开触点和常闭触点。CC0 和 CC1 均为 1 时，表示数学运算指令有错误，UO 常开触点闭合。

以标有 OV 的触点为例，OV（溢出位）为 1 时，标有 OV 的常开触点闭合，常闭触点断开。

图 2-79 中的 I0.6 为 1 时，执行整数减法指令 SUB_I，如果运算结果有溢出（超出允许的范围），状态位 OV 为 1，梯形图中 OV 的常开触点闭合。若 I0.2 的常开触点也闭合，Q4.0 被置位。

在梯形图中，状态位触点可以与别的触点串并联。

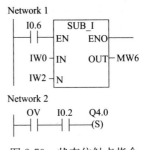

图 2-79　状态位触点指令

2.7.3　循环指令

如果需要重复地执行若干次同样的任务，可以使用循环指令。循环指令 LOOP<jump label>用 ACCU1-L 作循环计数器，每次执行 LOOP 指令时 ACCU1-L 的值减 1，若减 1 后 ACCU1-L 非 0，将跳转到<jump label>指定的标号处，在跳步目标处又恢复线性程序扫描。可以往前跳，也可以往后跳，跳步目标号应是惟一的，跳步只能在同一个逻辑块内进行。

【例 2-12】　用循环指令求 5!（5 的阶乘）。

```
L   L#1              //32 位参数常数装入累加器 1,置阶乘的初值
T   MD20             //累加器 1 的内容传送到 MD20,保存阶乘的初值
L   5                //循环次数装入累加器的低字
BACK:T  MW10         //累加器 1 低字的内容保存到循环计数器 MW10
    L   MD20         //取阶乘值
    *D               //MD20 与 MW10 的内容相乘
    T   MD20         //乘积送 MD20
    L   MW10         //循环计数器内容装入累加器 1
    LOOP BACK        //累加器 1 低字内容减 1,如果减 1 后大于 0,跳转到标号 BACK 处
    ……              //循环结束后,恢复线性扫描
```

2.8　程序控制指令

2.8.1　逻辑块指令

逻辑块包括功能、功能块、系统功能和系统功能块。程序控制指令包括逻辑块结束指令、逻辑块调用指令、主控继电器指令和操作数据块的指令。程序控制指令见表 2-34。

表 2-34　程序控制指令

语句表指令	梯形图指令	描述
BE	—	块结束
BEU	—	块无条件结束
BEC	—	块条件结束
CALL FCn	—	调用功能
CALL SFCn	—	调用系统功能
CALL FBn1,DBn2	—	调用功能块
CALL SFBn1,DBn2	—	调用系统功能块
CC FCn 或 SFCn	CALL	RLO=1 时条件调用
UC FCn 或 SFCn	CALL	无条件调用
RET	RET	条件返回
MCRA	MCRA	启动主控继电器功能
MCRD	MCRD	取消主控继电器功能
MCR(	MCR<	打开主控继电器区
)MCR	MCR>	关闭主控继电器区

（1）逻辑块结束指令　逻辑块结束指令包括块无条件结束指令 BEU（Block End Unconditional）和块结束指令 BE，以及块条件结束指令 BEC（Block End Conditional）。

执行块结束指令时，将中止当前块的程序扫描，返回调用它的块。BEU 和 BE 是无条件执行的，而 BEC 只是在 RLO=1 时执行。

假设在逻辑块 A 中调用逻辑块 B，执行逻辑块 B 中的无条件结束指令 BEU 或在条件满足时执行 BEC 指令，将会中止逻辑块 B（当前块）的程序扫描，返回逻辑块 A 中的调用逻辑块 B 的调用（CALL）指令下面一条指令，继续程序扫描。逻辑块 B 结束后，它的数据区被释放出来，调用它的块 A 的局域数据区变为当前局域数据区。在块 A 调用块 B 时打开的数据块被重新打开。块 A 的主控继电器（MCR）被恢复，RLO 从块 B 被带到块 A。

BEU 指令的执行不需要任何条件，但是如果 BEU 指令被跳转指令跳过，当前程序扫描不会结束，在块内的跳转目标处，程序将被继续启动。

使用 S7 系列 PLC 的硬件时，块结束指令 BE（Block End）与 BEU 的功能相同。

下面是使用 BEC 的程序：

```
A    I0.1      //刷新 RLO
BEC            //如果 RLO=1,结束块
L    IW4       //如果 RLO=0,不执行 BEC,继续程序扫描
    T    MW10
```

（2）逻辑块调用指令　块调用指令（CALL）用来调用功能块（FB）、功能（FC）、系统功能块（SFB）或系统功能（SFC），或调用西门子预先编好的其他标

准块。

在 CALL 指令中，FC、SFC、FB 和 SFB 是用作地址输入的，逻辑块的地址可以是绝对地址或符号地址。CALL 指令与 RLO 和其他任何条件无关。在调用 FB 和 SFB 时，应提供与它们配套的背景数据块（Instance DB）。调用 FC 和 SFC 时，不需要背景数据块。处理完被调用的块后，调用它的程序继续其逻辑处理。在调用 SFB 和 SFC 后，寄存器的内容被恢复。

使用 CALL 指令时，应将实参（Actual Parameter）赋给被调用的功能块中的形参（Formal Parameter），并保证实参与形参的数据类型一致。

使用语句表编程时，CALL 指令中被调用的块应是已经存在的块，其符号名也应该是已经定义过的。

在调用块时可以通过变量表交换参数，用编程软件编写语句表程序时，如果被调用的逻辑块的变量声明表中的 IN、OUT 和 IN_OUT 类型的变量，输入 CALL 指令后编程软件会自动打开变量表，只需对各形参填写对应的实参就可以了。

在调用 FC 和 SFC 时，必须为所有的形参指定实参。调用 FB 和 SFB 时，只需指定上次调用后必须改变的实参。因为 FB 被处理后，实参储存在背景数据块中。如果实参是数据块中的地址，必须指定完整的绝对地址，例如 DB1、DBW2。

逻辑块的 IN（输入）参数可以指定为常数、绝对地址或符号地址。OUT（输出）和 IN_OUT（输入-输出）参数必须指定为绝对地址或符号地址。

CALL 指令保存被停止执行的块的编号和返回地址，以及当时打开的数据块的编号。此外，CALL 指令关闭 MCR 区，生成被调用的块的数据区。

在下面的例子中，功能块 FB1 的前景数据块是 DB1，"：＝"前面是用符号地址表示的形参"：＝"后面是实参。

```
CALL     FB1     DB1
Switch_On          :＝I20.0    //将实参 I20.0 赋给形参 Switch-On
Switch_Off         :＝I20.1
Failure            :＝I20.2
Actenl_Spertl      :＝MW2
Engine_On          :Q5.0
Presct_Speed Reoched:＝Q5.1
CALL         43             //调用 SFC43,重新触发监控定时器(无参数)
```

每一个 FB 和 SFB 都必须有一个背景数据块，上例中在调用 FB1 之前，FB1 和背景数据块 DB1 必须是已经存在的。

无条件调用指令 UC（Unconditional Block Call）和条件调用指令 CC（Conditional Block Call）用于调用没有参数的 FC 和 SFC。其使用方法与 CALL 指令相同，只是在调用时不能传递参数。CC 指令在逻辑运算结果 RLO＝1 时才调用块。用 CC 指令和 UC 指令调用块时，不能使用背景数据块。下面是使用 CC 指令和 UC 指令的例子：

```
A    I0.1   //刷新 RLO
CC   FC6    //如果 RLO＝1,调用没有参数的功能 FC6
L    IW4    //从 FC6 返回后执行,或在 I0.1＝0 时不调用 FC6,直接执行本指令
UC   FC2    //无条件调用没有参数的功能 FC2
```

（3）梯形图中的逻辑块调用指令　梯形图中的 CALL 线圈可以调用功能 FC 或系统功能 SFC,调用时不能传递参数,调用可以是无条件的,CALL 线圈直接与左侧垂直线相连,相当于语句表中的 UC 指令,也可以是有条件的。条件由控制 CALL 线圈的触点电路提供,相当于语句表中的 CC 指令。

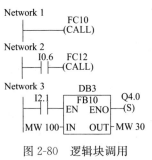

图 2-80　逻辑块调用

调用逻辑块时如果需要传递参数,可以用方框指令来调用功能块。图 2-80 方框中的 FB10 是被调用的功能块,DB3 是调用 FB10 时的背景数据块。

条件返回指令 RET（Return）以线圈的形式出现,用于有条件地离开逻辑块,条件由控制它的触点电路提供,RET 线圈不能直接连接在左侧垂直"电源线"上。如果是无条件地返回调用它的块,在块结束时并不需要使用 RET 指令。

2.8.2　主控继电器指令

主控继电器（Master Control Relay）简称为 MCR。主控继电器指令用来控制 MCR 区内的指令是否被正常执行,相当于一个用来接通和断开"能流"的主令开关。

MCRA 为激活 MCR 区（Activate MCR Area）指令,表明按 MCR 方式操作的区域的开始;MCRD 为取消 MCR 区（Deactivate MCR Area）指令,表示按 MCR 方式操作的区域的结束。MCRA 和 MCRD 指令应成对使用,这两指令之间的程序执行与否与 MCR 位的状态有关,MCR 区之外的指令不受 MCR 位的影响。

打开主控继电器区指令"MCR"（Open a Master Control Relay zone）在 MCR 堆栈中保存该指令之前的逻辑运算结果 RLO（即 MCR 位）。MCR 指令可以嵌套使用,即 MCR 区可以在另一个 MCR 区之内。MCR 堆栈是一种后进先出的堆栈,允许的最大嵌套深度为 8 级。如果堆栈已经装满,该指令将产生"MCRF"（MCR 堆栈故障）信息。

"MCR"（与）MCR 指令必须成对使用,以表示受控临时"电源线"的形成与终止。

若在 MCRA 和 MCRD 之间有块结束指令 BEU,CPU 执行 BEU 的同时也会结束 MCR 区。如果在 MCR 区内有块调用指令。MCR 的激活状态不能继承到被调用的块中,必须在被调用的块内重激活新的 MCR 区。

在图2-81中，为了节省版面，没有标出各网络（Network）的标号，用左侧垂直电源线的中断表示两个相邻网络的交界处。

在梯形图中，上述4条与MCR有关的指令用线圈的形式表示，语句表中的"MCR"（与）MCR指令分别用线圈中的"MCR＜"和"MCR＞"来表示。在图2-81中，MCR位受到I0.2的控制，I0.2为1时，MCR堆栈中的MCR位为1，I0.2为0时，MCR位也为0。MCR控制区内的Q4.0的线圈和MOVE指令的执行与否都与MCR位的状态有关。

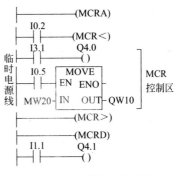

图2-81　主控继电路指令

打开MCR区后，如果保存在MCR堆栈中的MCR位的状态为1，可以视为受它的控制左侧的临时"电源线"通电，MCR区内的程序正常执行。

如果SCR位的状态为0，临时"电源线"断电，程序按下面的方式处理：

"＝"指令（输出线圈、中间输出线圈）中的存储位被写入0，即线圈断电；被置位和复位（S，R）的存储位保持当前状态不变；传送或赋值指令（T）中的地址被写入0。

```
Network1:
    MCRA      //激活 MCR 区
Network2:
    A  I0.2
    MCR(      //RLO 保存到 MCR 堆栈,打开 MCR 区,I0.2＝1时 MCFR 位为1,反之均为0
Network3:
    A  I3.1
    =  Q4.0 //如果 MCR 位为0状态,不管 I3.1的状态如何,Q4.0被置为0
Network4:
    A  I0.5
    JNB-001
    L  MW20
    T  QW10 //如果 MCR 位为0状态,0送入 QW10
-001: NOP 0
Network5:
    )MCR      //结束 MCR 控制区
Network6:
    MCRD      //关闭 MCR 区
Network7:
    A   I1.1
    =Q4.1   //这两条指令在 MCR 区外,不受 MCR 位的控制
```

2.8.3 数据块指令

数据块指令见表2-35。

表 2-35 数据块指令

指令	描述
OPN	打开数据块
CDB	交换共享数据块和背景数据
L DBLG	共享数据块的长度装入累加器1
L DBNO	共享数据块的编号装入累加器1
L DILG	背景数据块的长度装入累加器1
L DINO	背景数据块的编号装入累加器1

在语句表中，OPN（Open a Data Block）指令用来打开共享数据块和背景数据块。同时只能打开一个共享数据块和一个背景数据块，访问已经打开的数据块内的存储单元时，其地址中不必指明是哪一个数据块的数据单元。例如在打开 DB10 后，DB10、DBW35 可简写为 DBW35。

```
OPN    DB10      //打开数据块 DB10 作为共享数据块
L      DBW35     //将打开的 DB10 中的数据字 DBW35 装入累加器 1 的低字
T      MW12      //累加器 1 低字的内容装入 MW12
OPN    D120      //打开作为背景数据块的数据块 DB20
L      DIB35     //将打开的背景数据块 DB20 中的数据字节 DIB35 装入累加器 1 的最
                 //低字节
T      DBB27     //累加器 1 最低字节传送到被打开的共享数据块 DB10 的数据字
                 //节 DBB27
```

CDB 指令交换两个数据块寄存器的内容，即交换共享数据块和背景数据块，使共享数据块变为背景数据块，背景数据块变为共享数据块。两次使用 CDB 指令，使两个数据块还原。

L DBLG(Load Length of Shared Data Block)指令将共享数据块的长度装入累加器 1

L DBNO(Load Number of Shared Data Block)指令将共享数据块的编号装入累加器 1。

L DILG(Load Length of Instance Data Block)指令将背景数据块的长度装入累加器 1。

L DINO(Load Numbe of Instance Data Block)指令将背景数据块的编号装入累加器 1。

在梯形图中，与数据块操作有关的只有一条无条件打开共享数据块或背景数据块的指令（见图 2-82）。在网络 2 中，因为数据块 DB10 已经被打开，其中的数据位 DBX1.0 相当于 DB10.DBX1.0。

2.8.4 梯形图的编程规则

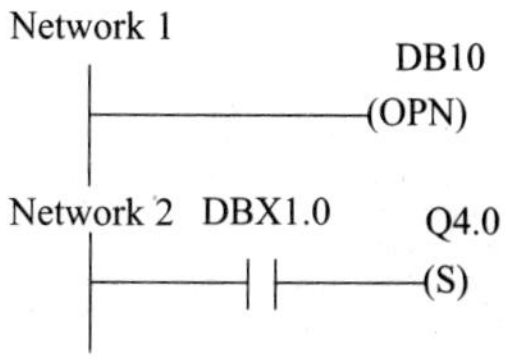

下面是梯形图编程时应遵守的一些规则：

① 每个梯形图程序段都必须以输出线圈或指令框（BOX）结束，比较指令框（相当于触点）、中线输出线圈和上升沿、下降沿线圈不能用于程序段结束。

② 指令框的使能输出端"ENO"可以和右边的指令框的使能输入端"EN"连接（见图 2-50）。

③ 下列线圈要求布尔逻辑，即必须用触点电路控制它们，它们不能与左侧垂直"电源线"直接相连：输出线圈、置位（S）、复位（R）线圈；中线输出线圈和上升沿、下降沿线圈；计数器和定时器线圈；逻辑非跳转（JMPN）；主控继电器接通（MCR<）；将 RLO 存入 BR 存储器（SAVE）和返回线圈（RET）。

下面的线圈不允许布尔逻辑，即这些线圈必须与左侧垂直"电源线"直接相连：主控继电器激活（MCRA），主控继电器关闭（MCRD）和打开数据块（OPN）。

其他线圈既可以用布尔逻辑操作也可以不用。

④ 下列线圈不能用于并联输出：逻辑非跳转（JMPN），跳转（JMP），调用（CALL）和返回（RET）。

⑤ 如果分支中只有一个元件，删除这个元件时，整个分支也同时被删掉。删除一个指令框时，该指令框除主分支外所有的布尔输入分支都将同时被删除。

⑥ 能流只能从左到右流动，不允许生成使能流流向相反方向的分支。例如图 2-83 中的 I0.3 的常开触点断开时，能流流过 I0.4 的方向是从右到左，这是不允许的。从本质上来说，该电路不能用触点的串、并联指令来表示。

⑦ 不允许生成引起短路的分支。

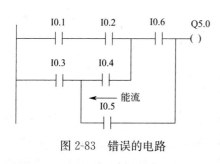

图 2-83 错误的电路

图 2-82 打开数据块

第3章 ≪≪≪

软件使用基础

3.1 STEP7 编程软件

3.1.1 STEP7 的功能与使用条件

STEP7 编程软件用于 SIMATIC S7、M7、C7 和基于 PC 的 WinAC，是供它们编程、监控和参数设置的标准工具。本书对 STEP7 操作的描述，都是基于 STEP7 V5.2 版的。

为了在个人计算机上使用 STEP7，应配置 MPI 通信卡或 PC/MPI 通信适配器，将计算机连接到 MPI 或 PROFIBUS 网络，来下载和上传 PLC 的用户程序和组态数据。STEP7 允许两个或多个用户同时处理一个工程项目，但是禁止两个或多个同时访问。

STEP7 具有以下功能：硬件配置和参数设置、通信组态、编程、测试、启动和维护、文件建档、运行和诊断功能等。STEP7 的所有功能均有大量的在线帮助，用鼠标打开或选中某一对象，按"F1"键可以得到该对象的在线帮助。

在 STEP7 中，用项目来管理一个自动化系统的硬件和软件，STEP7 用 SI-MATIC 管理器对项目进行集中管理，它可以方便地浏览 SIMATIC S7、M7、C7 和 WinAC 的数据。实现 STEP7 各种功能所需的 SIMATIC 软件工具都集成在 STEP7 中。STEP7 中的转换程序可以转换在 STEP5 或 TISOFT 中生成的程序。

STEP7 软件适用于 S7-300/400 系列 PLC，下面软件使用 S7-300 PLC 作为典型示范，S7-400 PLC 与之操作方法相同。

3.1.2 STEP7 的硬件接口

PC/MPI 适配器用于连接安装了 STEP7 的计算机的 RS-232C 接口和 PLC 的 MPI 接口。计算机一侧的通信速率为 19.2kbit/s 或 38.4kbit/s，PLC 一侧的通信速率为 19.2kbit/s～1.5Mbit/s。除了 PLC 适配器，还需要一根标准的 RS-232C 通信电缆。

使用计算机的通信卡 CP5611（PCI 卡），CP5511 或 CP5512（PCMCIA 卡），可以将计算机连接到 MPI 或 PROFIBUS 网络，通过网络实现同计算机与 PLC 的通信。

在计算机上安装好 STEP7 后，在管理器中执行菜单命令 "Option"—"Setting the PG/PC Interface"，打开 "Setting PG/PC Interface" 对话框：在中间的选择框中，选择实际使用的硬件接口，单击 "Select……" 按钮，打开 "Install/Remove Interfaces" 对话框，可以安装上述选择框中没有列出的硬件接口的驱动程序。单击 "Proporties……" 按钮，可以设置计算机与 PLC 通信的参数。

3.1.3 STEP7 的授权

使用 STEP7 编程软件时需要产品的特别授权（用户权），STEP7 与可选的软件包需要不同的授权。

STEP7 的授权存放在一张只读的授权软盘中，STEP7 的光盘上的程序 AuthorsW 用于显示、安装和取出授权，每安装一个授权，授权磁盘上的计数器减 1，当计数器数值为 0 时，将不能使用这张磁盘再安装授权。没有授权也可以使用 STEP7，以便熟悉用户接口和功能，但是在使用一段时间后，将会搜索授权，并提醒使用者安装授权，只有安装了授权才能有效地使 STEP7 工作。

如果因为磁盘故障而丢失授权，可以使用授权盘上的紧急授权，它允许 STEP7 继续运行一段有限的时间，在此期间应与当地西门子代表处联系，以替换丢失的授权。

单击工具栏上有问号和箭头的图标，出现带问号的光标，用它单击画面上的对象时，将会进入相应的帮助窗口。

3.1.4 STEP7 的硬件组态与诊断功能

（1）硬件组态 英语单词 "configuring"（配置、设置）一般被翻译为 "组态"。硬件组态工具用于对自动化工程中使用的硬件进行配置和参数设置。

① 系统组态：从目录中选择硬件机架，并将所选模块分配给机架中希望的插槽。分布式 I/O 的配置与集中式 I/O 的配置方式相同。

② CPU 的参数设置：可以设置 CPU 模块的多种属性，例如启动特性、扫描监视时间等，输入的数据存储在 CPU 的系统数据块中。

③ 模块的参数设置：用户可以在屏幕上定义所有硬件模块的可调整参数，包括功能模块（FM0）与通信处理器（CP），不必通过 DIP 开关来设置。

在参数设置屏幕中，有的参数由系统提供若干个选项，有的参数只能在允许的范围输入，因此可以防止输入错误的数据。

（2）通信组态　通信的组态包括：

① 连接的组态和显示。

② 设置用 MPI 或 PROFIBUS-DP 连接的设备之间的周期性数据传送的参数，选择通信的参与者，在表中输入数据源和数据目的地后，通信过程中数据的生成和传送均是自动完成的。

③ 设置用 MPI、PROFIBUS 或工业以太网实现的事件驱动的数据传输，包括定久通信链路。从集成块库中选择通信块（CFB），用通用的编程语言（例如梯形图）对所选的通信块进行参数设置。

（3）系统诊断　系统诊断为用户提供自动化系统的状态，可以通过两种方式显示：

① 快速浏览 CPU 的数据和用户编写的程序在运行中的故障原因。

② 用图形方式显示硬件配置，例如显示模块的一般信息和模块的状态；显示模块故障，例如集中 I/O 和 DP 子站的通道故障；显示诊断缓冲区的信息等。

CPU 可以显示更多的信息，例如显示循环周期；显示已占用和未用的存储区；显示 MPI 通信的容量和利用率；显示性能数据，例如可能的输入/输出点数、位存储器、计数器、定时器和块的数量等。

3.2　硬件组态与参数设置

3.2.1　项目的创建与项目的结构

（1）项目的创建　创建项目时，首先双击桌面上的 STEP7 图标，进入 SIMATIC Manager（管理器）窗口；并弹出标题为"STEP7Wizart：New Project"（新项目向导）的小窗口。

单击"NEXT"按钮，在新项目中选择 CPU 模块的型号为 CPU315。

单击"NEXT"按钮，选择需要生成的逻辑块，至少需要生成作为主程序的组织块 CBI。

单击"NEXT"按钮，输入项目的名称"星三角启动"。生成的项目如图 3-1 所示。

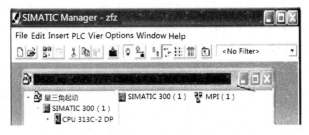

图 3-1　SIMATIC 管理器中项目的结构

生成项目后，可以先组态硬件，然后生成软件程序。也可以在没有组态硬件的情况下，首先生成软件。

下面用一个简单的例子来介绍在 STEP7 中生成项目和组态硬件的方法，以及项目的结构和符号表在程序设计中的应用。

图 3-2 是异步电动机星形-三角形降压启动的主电路和 PLC 的外部接线图，图 3-3 是 OBI 中的梯形图程序。主电路中的接触器 KM1 和 KM2 动作时，异步电动机运行在星形接线方式；KM1 和 KM3 动作时，运行在三角形接线方式。

按下启动按钮，KM1 和 KM2 同时动作，电动机按星形接线方式运行，定时器 T0 的线圈通电。9s 后 T0 的常闭触点断开，通过 Q4.1 使 KM2 的线圈断电，T0 的常开触点闭合，通过 Q4.2 使 KM3 的线圈通电，电动机改为三角形接线方式运行。按下停车按钮，I0.1 的常闭触点断开，使 KM1 和 KM3 的线圈断电，电动机停止运行。

如果 KM2 和 KM3 同时动作，将会造成三相电源相间短路。图 3-3 中控制 KM2、KM3 的 Q4.1 和 Q4.2 的线圈串联了对方的常闭触点，实现了软件互锁。实践表明因 KM2 和 KM3 的状态几乎是同时切换，如果没有 PLC 外部的硬件互锁，将会造成三相电源瞬间短路，使熔断器熔断。

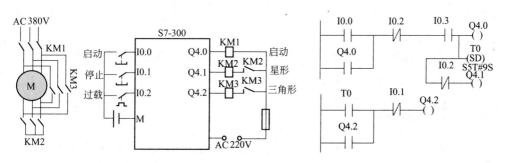

图 3-2　PLC 的外部接线图　　　　　图 3-3　梯形图

为了解决这一问题，在 PLC 外部用 KM2 和 KM3 的常闭触点设置硬件互锁（见图 3-2），只有当 KM2 的主触点断开，它的辅助常闭触点闭合后，KM3 的线圈才能通电，电动机才能改接为三角形接线方法。

（2）项目的分层结构　在项目中，数据在分层结构中以对象的形式保存，右边窗口内的树（Tree）显示项目的结构（见图 3-1），第一层为项目，第二层为站（Station），站是组态硬件的起点。S7 Program 是文件夹中编写程序的起点，所有的软件均存放在该文件夹中。

用鼠标选中图 3-1 中某一层的对象，在管理器右边的工作区将显示所选文件夹内的对象和下一级的文件夹。双击工作区中的图标，可以打开并编辑对象。

项目对象中包含站对象和 MPI 对象，站（Station）对象包含硬件（Hardware）和 CPU，CPU 对象包含 S7 程序（S7 Program）和连接

(Connection) 对象，S7 Program 对象包含源文件（Source）、块（Block）和符号表（Symbols），生成程序时会自动生成一个空的符号表。

Blocks（块）对象包含程序块（Blocks）、用户定义的数据类型（UDT）、系统数据（System data）和调试程序用的变量表（VAT），程序块包括逻辑块（OB、FB、FC）和数据块（DB），需要把它们下载到 CPU 中，用于执行自动控制任务，符号表、变量表和 UDT 不用下载到 CPU。项目时会在块文件夹中自动生成一个空的组织块 OBI。

在用户程序中可以调用系统功能（SFC）和系统功能块（SFB），但是用户不能编写或修改 SFC 和 SFB。

选中最上层的项目图标后，用菜单命令"Insert"—"Station"插入新的站，用类似的方法插入程序和逻辑块等。也可以用鼠标右键单击项目图标，在弹出的菜单中选择插入站。

STEP7 的鼠标右键功能是很强的，用单键单击图 3-1 中的某一对象，在弹出的菜单中选择某一菜单项，可以执行相应的操作。建议在使用软件的过程中逐渐熟悉右键功能，并充分利用它。

用户生成的变量表（VAT）在调试用户程序时用于监视和修改变量。系统数据块（SDB）中的系统数据含有系统组态和系统参数的信息，它是用户进行硬件组态时提供的数据自动生成的。

除了系统数据块，用户程序中其他的块都需要用相应的编辑器进行编辑。这些编辑器在双击相应的块时启动打开。

3.2.2 硬件组态

（1）硬件组态的任务　在 PLC 控制系统设计的初期，首先应根据系统的输入、输出信号的性质和点数，以及对控制系统的功能要求，确定系统的硬件配置，例如 CPU 模块与电源模块的型号，需要哪些输入/输出模块（即信号模块 SM）、功能模块（FM）和通信处理器模块（CP），各种模块的型号和每种型号的块数等。对于 S7-300 来说，如果 SM、FM 和 CP 的块数超过 8 块，除了中央机架外还需要配置扩展机架和接口模块（IM）。确定了系统的硬件组成后，需要在 STEP7 中完成硬件配置工作。

硬件组态的任务就是在 STEP7 中生成一个与实际的硬件系统完全相同的系统，例如要生成网络，网络中各个站的机架和模块，以及设置各硬件组成部分的参数，即参数赋值。所有模块的参数都是用编程软件来设置的，完全取消了过去用来设置参数的硬件 DIP 开关。硬件组态确定了 PLC 输入/输出量的地址，为设计用户程序打下了基础。

组态时设置的 CPU 的参数保存在系统数据块 SDB 中，其他模块的参数保存在 CPU 中，在 PLC 启动时 CPU 自动地向其他模块传送设置的参数，因此在更换

CPU 之外的模块后不需要重新对它们赋值。

PLC 在启动时，将 STEP7 中生成的硬件设置与实际的硬件配置进行比较，如果二者不符，将立即产生错误报告。

模块在出厂时带有预置的参数，或称为默认的参数，一般可以采用这些预置的参数。通过多项选择和限制输入的数据，系统可以防止不正确的输入。

对于网络系统，需要对以太网、PROFIBUS-DP 和 MPI 等网络的结构和通信参数进行组态，将分布式 I/O 连接到主站。例如可以将 MPI（多点接口）通信组态为时间驱动的循环数据传送或事件驱动的数据传送。

对于硬件已经装配好的系统，用 STEP7 建立网络中各个站对象后，可以通过通信从 CPU 中读出实际的组态和参数。

（2）硬件组态的步骤

① 生成站，双击"Hardware"图标，进入硬件组态窗口；

② 生成机架，在机架中放置模块；

③ 双击模块，在打开的对话框中设置模块的参数，包括模块的属性和 DP 主站和从站的参数；

④ 保存硬件设置，并将它下载到 PLC 中去。

在项目管理器左边的树中选择 SIMATIC 300 Station（站）对象（见图 3-1），双击工作区中的"Hardware"（硬件）图标，进入"HW Config"（硬件组态）窗口（见图 3-4）。

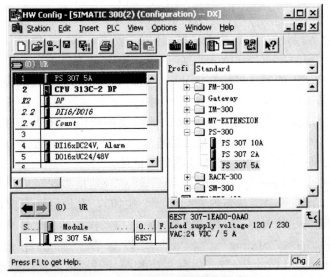

图 3-4　S7-300/400 的硬件组态窗口

图 3-4 左上部的窗口是一个组态简表，它下面的窗口列出了各模块详细的信息，例如订货号、MPI 地址和 I/O 地址等。右边是硬件目录窗口，可以用菜单命令"View"—"Catalog"打开或关闭它。左下角的窗口中向左和向右的箭头用来切

换机架。

组态时用组态表来表示机架，可以用鼠标右边硬件目录中的元件"拖放"到组态表的某一行中，就好像将真正的模块插入机架上的某个槽位一样。也可以双击硬件目录中选择的硬件，它将被放置到组态表中预先被鼠标选中的槽位上。

用鼠标右键单击某一 I/O 模块，在出现的菜单中选择"Edit Symbolic names"，可以打开和编辑该模块的 I/O 元件的符号表。

(3) 硬件组态举例　对站对象组态时，首先从硬件目录窗口中选择一个机架，S7-300 应选硬件目录窗口文件夹"SIMATIC 300 \ RACK-300"中的导轨（Rail）。在硬件目录中选择需要的模块，将它们安排在机架中指定的槽位上。

S7-300 中央机架（SLOT0）的电源模块占用 1 号槽，CPU 模块占用 2 号槽，3 号槽用于接口模块（或不用），4～11 号槽用于其他模块。

以在 1 号槽配置电源模块为例，首先选中 1 号槽，即用鼠标单击左边 0 号中央机架 UC 的 1 号槽（表格中的第 1 行），使该行的显示内容反色，背景变为深蓝色。然后在右边硬件目录窗口中选择"SIMATIC 300 \ PS300"，目录窗口下面的灰色小窗口中将会出现选中的电源模块的订货号和详细的信息。

用鼠标双击目录窗口中的"PS 307 5A"1 号槽所在的行将会出现"PS 307 5A"，该电源模块就被配置到 1 号槽了。也可以用鼠标左键单击并按住右边硬件目录窗口中选中的模块，将它"拖"到左边窗口中指定的行，然后放开鼠标左键，该模块就被配置到指定的槽了。

用同样的方法，在文件夹"SIMATIC 300 \ CPU-300"中选择 CPU 313C-2DP 模块，并将后者配置到 2 号槽，因为没有接口模块，3 号槽空置。4 号槽配置 16 点 DC-24V 数字输入模块（DI），在 5 号槽配置 16 点继电器输出模块（DO）。它们属于硬件目录的"SIMATIC 300 \ SM-300"子目录中 S7-300 的信号模块（SM）。

双击左边机架中的某一模块，打开该模块的属性窗口后，可以设置该模块的属性，硬件设置结束后应保存和下载到 CPU 中。

STEP7 根据模块在组态表中的位置（即模块的槽位）自动地安排模块的默认地址，例如图 3-4 中的数字量输入模块的地址为 IB0 和 IV1，数字量输出模块的地址为 QB4 和 QB5。用户可以修改模块默认的地址。

执行菜单命令"View"—"Address Overview"（地址概况）或单击工具条中的地址概况按钮（图 3-4 中工具条内右起第 3 个按钮），在地址概况窗口中将会列出各 I/O 模块所在的机架号（R）和插槽号（S），以及模块的起始地址和结束地址。

执行菜单命令"Station"—"Save"可以保存当前的组态，菜单命令"Station"—"Save and Compile"在保存组态和编译的同时，把组态和设置的参数自动保存到生成的系统数据块（SDB）中。

3.2.3　CPU 模块的参数设置

S7-300/400 各种模块的参数用 STEP7 编程软件来设置。在 STEP7 的

SIMATIC 管理器中单击"Hardware"（硬件）图标，进入"HW Config"（硬件组态）画面中，双击 CPU 模块所在的行，在弹出的"Properties"（属性）窗口中单击某一选项卡，便可以设置相应的属性。下面以 S7 313-2DP 为例，介绍 CPU 主要参数的设置方法。

（1）启动特性参数　在"Properties"窗口中单击"Startup"（启动）选项卡（见图 3-5），设置启动特性。

用鼠标单击某小正方形的检查框，框中出现一个"√"，表示选中（激活）了该选项，再单击一下，"√"消失，表示没有选中该选项，该选项被禁止。

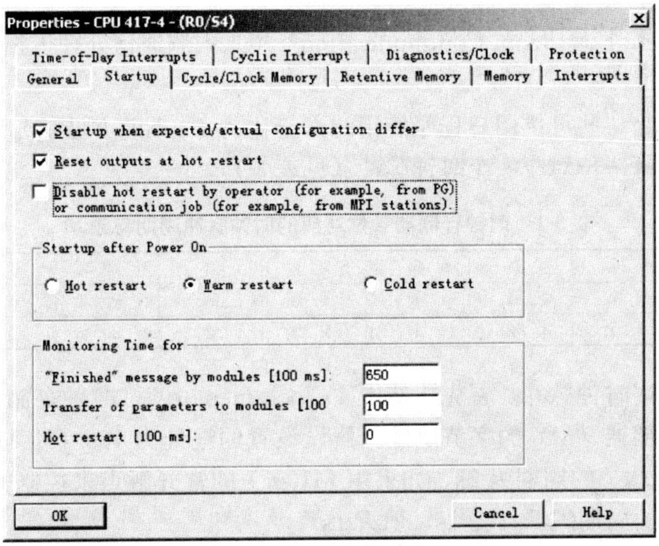

图 3-5　CPU 属性设置对话框

如果没有选中检查框"Startup if preset configuration not equal to actual configuration"（预设置的组态不等于实际的组态时启动），并且至少一个模块没有插在组态时指定的槽位，或者某个槽插入的不是组态的模块，CPU 将进入 STOP 状态。

如果选择了该检查框，即使有上述的问题，CPU 也会启动，除了 PROFIBUS-DP 接口模块外，CPU 不会检查 I/O 组态。

检查框"Reset outputs on hot restart"（热启动时复位输出）和"Disable hot restart by operator…"（禁止操作员热启动）仅用于 S7-400。

在"Startup after Power On"（接通电源后的启动）区，可以选择单选框"Hot restart"（热启动），"Warm restart"（暖启动）和"Cold restart"（冷启动）。

电源接通后，CPU 等待所有被组态的模块发出"完成信息"的时间如果超过"Finished message from modules（100ms）"选项设置的时间，表明实际的组态不等于预置的组态。该时间的设置范围为 1～650，单位为 100ms，默认值为 650。

"Transfer of parameters to modules（100ms）"（参数传送到模块）是 CPU 将参数传送给模块的最大时间，单位为 100ms，对于有 DP 主站接口的 CPU，可以用这个参数来设置 DP 从站启动的监视时间。如果超过了上述的设置时间，CPU 按 "Startup if preset configuration not equal to actual configuration" 的设置进行处理。

（2）时钟存储器　"Properties" 窗口中单击 "Cycle/Clock Memory"（循环/时钟存储器）选项卡，可以设置 "Scan cycle moritoring time"（以 ms 为单位的扫描循环监视时间），默认值为 150ms。如果实际的循环扫描时间超过设定的值，CPU 将进入 STOP 模式。

"Scan Cycle Load from Communication" 用来限制通信处理占扫描周期的百分比，默认值为 20％。

时钟脉冲是一些可供用户程序使用的占空比为 1∶1 的方波信号，一个字节的时间存储器的每一位对应一个时钟脉冲（见表 3-1）。

表 3-1　时钟存储器各位对应的时钟脉冲周期与频率

位	7	5	5	4	3	2	1	0
周期/s	2	1.4	1	0.8	0.5	0.4	0.2	0.1
频率/Hz	0.5	0.625	1	1.25	2	2.5	5	10

如果要使用时钟脉冲，首先应选中 "Clock memory"（时钟存储器）选项，然后设置时钟存储器（M）的字节地址。假设设置的地址为 100（即 MB100），由表 3-1 可知，M100.7 的周期为 2s，如果用 M100.7 的常开触点来控制 Q0.0 的线圈，Q0.0 将以 2s 的周期闪烁（亮 1s，熄灭 1s）。

"OB85-Call up at I/O access error" 用来预设置 CPU 对系统修改过程映像时发生的 I/O 访问错误的响应，如果希望在出现错误时调用 OB85，建议选择 "Only for incoming and outgoing errors"（仅在错误产生和消失），相对于 "On each individual accers"（每次单独的访问），不会增加扫描循环时间。

（3）系统诊断参数与时钟的设置　系统诊断是指对系统中出现的故障进行识别，评估和作出相应的响应，并保存诊断的结果，通过系统诊断可以发现用户程序的错误、模块的故障和传感器、执行器的故障等。

在 "Properties" 窗口中单击 "Diagnostics/Clock"（诊断与时钟）选项卡，可以选择 "Reportcaues of STOP"（报告引起 STOP 的原因）等选项。

在某些大系统（例如电力系统）中，某一设备的故障引起连锁反应，相继发生一系列事件，为了分析故障的起因，需要查出故障发生的顺序。为了准确地记录故障顺序，系统中各计算机的实时钟必须定期作同步调整。

可以用下面 3 种方法使实时钟同步（见图 3-6）："In the PLC"（在 PLC 内部）、"On MPI"（通过 MPI 接口）和 "On MFI"（通过第二个接口）。每个设置方法有 3 个选项，"As Master" 是指用该 CPU 模块的实时钟作为标准时钟，去同步别的时钟;"As Slave"是指该时钟被别的时钟同步,"None"为不同步。

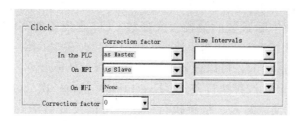

图 3-6 时钟同步的设置

"Time Intervals"是时钟同步的周期,从 1s～24h,一共有 7 个选项可供选择。

"Correction factor"是对每 24h 时钟误差时间的补偿(以 ms 为单位),可以指定补偿值为正或为负。例如当实时钟每 24h 慢 3s 时,校正因子应为＋3000ms。

(4)保持区的参数设置 在电源掉电或 CPU 从 RUN 模式进入 STOP 模式后,其内容保持不变的存储区称为保持存储区。CPU 安装了后备电池后,用户程序中的数据块总是被保护的。

Retentivity Memory(保持存储器)页面的"Number of memory bytes from MB0","Number of S7 timers from T0"和"Number of S7 counters from C0"分别用来设置从 MB0、T0 和 C0 开始的需要断电保持的存储器字节数、定时器和计数器的数量,设置的范围与 CPU 的型号有关,如果超出允许的范围,将会给出提示。没有电池后备的 S7-300 可以在数据块中设置保持区域。

(5)保护级别的选择 在"Protection"(保护)页面的"Protection Level"(保护级别)框中,可以选择 3 个保护级别:

● 保护级别 1 是默认的设置,没有口令。CPU 的钥匙开关(工作模式选择开关)在 RUN_P 和 STOP 位置时钟对操作没有限制,在 RUN 位置只允许读操作。S7-31XC 系列 CPU 没有钥匙开关,运行方式开关只有 RUN 和 STOP 两个位置。

● 被授权(知道口令)的用户可以进行读写访问,与钥匙开关的位置和保护级别无关。

● 对于不知道口令的人员,保护级别 2 只能读访问,保护级别 3 不能读写,均与钥匙开关的位置无关。

在执行在线功能之前,用户必须先输入口令:

① 在 SIMATIC 管理器中选择被保护的模块或安装的 S7 程序。

② 选择菜单命令"PLC"—"Access Rights"—"Setup",在对话框中输入口令。输入口令后,在退出用户程序之前,或取消访问权利之前,访问权一直有效。

(6)运行方式的选择 在"Protection"(保护)页面的"Process Mode"(处理模式)区中,可以选择:

① Operation(运行模式):测试功能(例如程序状态和监视/修改变量)是被限制的,不允许断点和单步方式。

② Test（测试模式）：允许通过编程软件执行所有的测试功能，这可能引起扫描循环时间显著的增加。

（7）日期-时间中断参数的设置 大多数 CPU 有内置的实时钟，可以产生日期-时间中断，中断产生时调用组织块 OB10～OB17。在"Time-Of-day Interrupts"（日期-时间中断）选项卡，可以设置中断的优先级（Priority），通过"Active"选项决定是否激活中断，选择执行方式（Execution）执行一次（Once），每分钟、每小时、每天、每星期、每月、每年执行一次。可以设置启动的日期（Start date）和时间（Time of），以及要处理的过程映像分区（仅用于 S7-400）。

（8）循环中断参数的设置 在"Cylic Interrupts"页面，可以设置循环执行组织块 OB30～OB38 的参数，包括中断的优先级（Priority）。执行的时间间隔（Execution，以 ms 为单位）和相位偏移（Phase offset，仅用于 S7-400）。相位偏移用于将几个中断程序错开来处理。

（9）中断参数的设置 在"Interrupts"页面，可以设置硬件中断（Hardware Interrupts）、延迟中断（Time-Delay Interrupts）、DPVI（PROFIBUS-DP）中断和异步错误中断（Asynchrorous Error Interrupts）的参数。

S7-300 不能修改当前默认的中断优先级。S7-400 根据处理的硬件中断 OB 可以定义中断的优先级。默认的情况下，所有的硬件中断都由 OB40 来处理。可以用优先级（0）删掉中断。

PROFIBUS-DPV1 从站可以产生一个中断请求，以保证主站 CPU 处理中断触发的事件。

（10）通信参数的设置 在"Communication"（通信）选项卡中，需要设置 PG（编程器或计算机）通信，OP（操作员面板）通信和 S7 standard（标准 S7）通信使用的连接的个数。至少应该为 PG 和 OP 分别保留 1 个连接。

（11）DP 参数的设置 对于有 PROFIBUS-DP 通信接口的 CPU 模块，例如 CPU 313C-2DP，双击图 3-4 中左边窗口内 DP 所在行（第 3 行），在弹出的 DP 属性窗口中的"General"（常规）选项卡（见图 3-7）中单击"Interface"栏中的"Properties"按钮，可以设置站地址或 DP 子网络的属性，生成或选择其他子网络。

在"Addresses"（地址）选项卡中，可以设置 DP 接口诊断缓冲区的地址，如果选择"System selection"，由系统自动指定地址。

在"Operation Mode"选项卡中，可以选择 DP 接口作 DP 主站（master）或 DP 从站（slave）。

在"Configuration"选项卡中，可以组态主-从通信（Master Slave，MS）方式或直接数据交换（Direct Data Exchange，DX）方式，详细的设置方法将在第 7 章中介绍。

（12）集成 I/O 参数的设置 CPU313-2DP 有集成的 16DI（数字量输入），16DO（数字量输出）。双击图 3-4 左边窗口第 4 行中的"DI16/DO16"，可以设置集成 DI 和集成 DO 的参数，设置的方法与普通的 DI、DO 的设置方法基本上相同。

在"Addresses"（地址）选项卡中，集成 DI 的默认地址为 IB124 和 IB125，集成 DO 的默认地址为 QB124 和 QB125，用户可以修改它们的地址。

单击"Input"选项卡，可以设置是否允许各集成的 DI 点产生硬件中断（Hardware Interrupt）。可以逐点选择上升沿中断（rising edge）或下降沿中断（falling edge）。

输入延迟时间可以抑制输入触点接通或断开时的抖动的不良影响。可以按每 4 点一组设置各组的输入延迟时间（Input delay，以 ms 单位）。单击某一组的延迟时间输入框，在弹出的菜单中选择延迟时间。

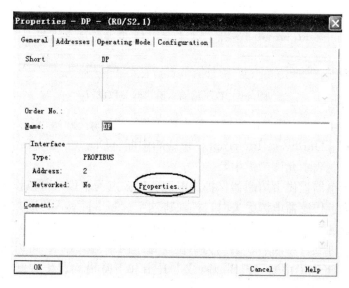

图 3-7　DP 接口属性设置

3.2.4　数字量输入模块的参数设置

输入/输出模块的参数在 STEP7 中设置，参数设置必须在 CPU 处于 STOP 模式下进行。设置完所有的参数后，应将参数下载到 CPU 中。当 CPU 从 STOP 模式转换为 RUN 模式时，CPU 将参数传送到每个模块。

参数分为静态参数和动态参数，可以在 STOP 模式下设置动态参数和静态参数，通过系统功能 SFC，可以修改当前用户程序中的动态参数。但是在 CPU 由 RUN 模式进入 STOP 模式，然后又返回 RUN 模式后，将重新使用 STEP7 设定的参数。

在 STEP7 的 SIMATIC 管理器中单击"Hardware"（硬件）图标，进入"HW Config"（硬件组态）画面（见图 3-4）。双击图中左边机架 4 号槽中的"DI16×DC 24V"（6ES7 321-1BI00-0AB0），出现图 3-8 所示的属性（Properties）窗口。单击"Addresses"（地址）选项卡，可以设置模块的起始字节地址。

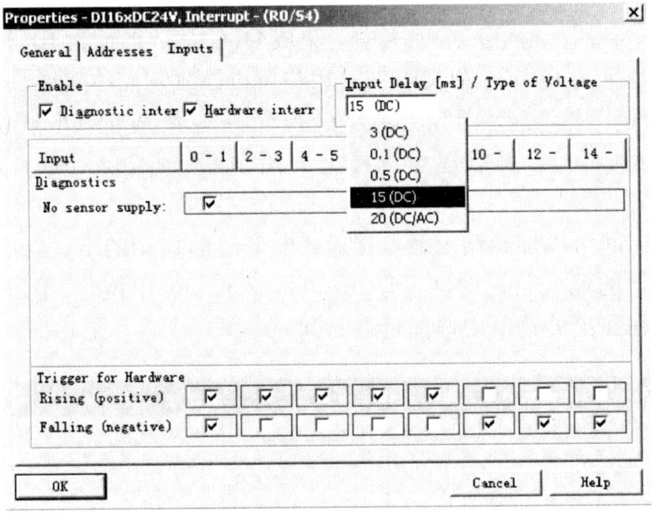

图 3-8　数字量输入模块的参数设置

单击"Inputs"选项卡，用鼠标单击检查框（check box），可以设置是否允许产生硬件中断（Hardware Interrupt）和诊断中断（Diagn ostics Interrupt）。检查框内出现"√"表示允许产生中断。

模块给传感器提供带熔断器保护的电源。以 8 点为单位，可以设置是否诊断传感器电源丢失。传感器电源丢失时，模块将这个诊断事件写入诊断数据区，用户程序可以用系统功能 SFC51 读取系统状态表中的诊断信息。

选择了允许硬件中断后，以组为单位（每组两个输入点），可以选择上升沿中断（Rising）、下降沿中断（Falling）或上升沿和下降沿均产生中断。出现硬件中断时，CPU 的操作系统将调用组织块 OB40。

单击"Input Delay"（输入延迟）输入框，在弹出的菜单中选择以 ms 为单位的整个模块的输入延迟时间，有的模块可以分组设置延迟时间。

3.2.5　数字量输出模块的参数设置

双击图 3-4 左边 5 号槽中的"DO16×UC 24/48V"（订货号为 6ES7 322-5GH00-0AB0），出现图 3-9 所示的属性（Properties）窗口。单击"Outputs"选项卡，用鼠标单击检查框以设置是否允许产生诊断中断（Diagnostics Interrupt）。

"Reaction to CPU STOP"选择框用来选择 CPU 进入 STOP 模式时模块各输出点的处理方式。如果选择"Keep last valid value"，CPU 进入 STOP 模式后，模块将保持最后的输出值。

如果选择"Substitute a value"（替代值），CPU 进入 STOP 模式后，可以使各输出点分别输出"0"或"1"。窗口中间的"Substitute""1"所在行中某一输出点对应的检查框如果被选中，进入 STOP 模式后该输出点将输出"1"，反之输出"0"。

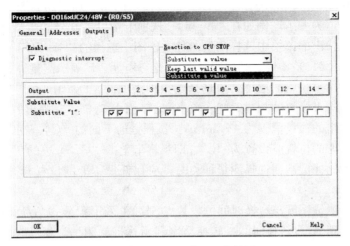

图 3-9 数字量输出模块的参数设置

3.2.6 模拟量输入模块的参数设置

（1）模块诊断与中断的设置 图 3-10 是 8 通道 12 位模拟量输入模块（订货号为 6ES7 311-7KF02-0AB0）的参数设置对话框。单击"Inputs"（输入）选项卡，要以设置是否允许诊断中断和模拟值超过限制值的硬件中断，有的模块还可以设置模拟量转换的循环结束时的硬件中断和断线检查。如果选择了超限中断，窗口下面的"High limit"（上限）和"Low limit"（下限）由灰变白，可以设置通道 0 和通道 1 产生超限中断的上限值和下限值。每两个通道为一组，可以设置是否对各组进行诊断。

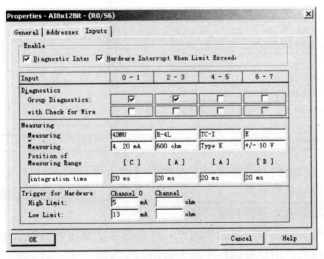

图 3-10 模拟量输入模块的参数设置

（2）模块测量范围的选择　可以分别对模块的每一通道组选择允许的任意量程，每两个通道为一组。例如在"Inputs"选项卡中单击 0 号和 1 号通道的测量种类输入框，在弹出的菜单中选择测量的种类，图中选择的"4DMU"是 4 线式传感器电流测量；R-4L 是 4 线式热电阻；TC-I 是热电偶，E 表示测量种类为电压。

如果未使用某一组的通道，应选择测量种类中的"Deactivated"（禁止使用），以减小模拟量输入模块的扫描时间。单击测量范围输入框，在弹出的菜单中选择量程，图中第一组的测量范围为 4～20mA。量程框的下面的［C］表示 0 号和 1 号通道对应的量程卡的位置应设置为"C"，即量程卡上的"C"旁边的三角形箭头应对准输入模块上的标记。在选择测量种类时，应保证量程卡的位置与 STEP7 中的设置一致。

（3）模块测量精度与转换时间的设置　SN331 采用积分式 A/D 转换器，积分时间直接影响到 A/D 转换时间、转换精度和干扰抑制频率。积分时间越长，精度越高，快速性越差。积分时间与干扰抑制频率互为倒数。在积分时间为 20ms 时，对 50Hz 的干扰噪声有很强的抑制作用。为了抑制工频频率，一般选用 20ms 的积分时间。

SM331 的转换时间由积分时间、电阻测量的附加时间（1ms）和断线监视的附加时间（10ms）组成。以上均为每一通道的处理时间，如果一块模块中使用了 N 个通道，总的转换时间（称为循环时间）为各个通道的转换时间之和。

模拟量输入模块 6ES7 331-7KF02 的积分时间、干扰抑制频率、转换时间和负精度的关系如表 3-2 所示。单击图 3-10 中"积分时间"所在行最右边的"integration time"（积分时间）所在的方框，在弹出的菜单内选择按积分时间设置或按干扰抑制频率来设置参数。单击某一组的积分时间设置框后，在弹出的菜单内选择需要的参数。

表 3-2　6ES7 331-7KF02 模拟量输入模块的参数关系

积分时间/ms	2.5	16.7	20	100
基本转换时间（包括积分时间）/ms	3	17	22	102
附加测量电阻时间/ms	1	1	1	1
附加开路监控转换时间/ms	10	10	10	10
附加测量电阻和开路监控转换时间/ms	16	16	16	16
精度（包括符号位）/bit	9	12	12	14
干扰抑制频率/Hz	400	60	50	10
模块的基本响应时间（所有通道使能）/ms	24	136	176	816

（4）设置模拟值的平滑等级　有些模拟量输入模块用 STEP7 设置模拟值的平滑等级。模拟值的平滑处理可以保证得到稳定的模拟信号。这对于缓慢变化的模拟值（例如温度测量值）是很有意义的。

平滑处理用平均值数字滤波来实现，即根据系统规定的转换次数来计算转换后的模拟值的平均值，用户可以在平滑参数的四个等级（无、低、平均、高）中进行选择。这四个等级决定了用于计算平均值的模拟信号数量。所选的平滑等级越高，平滑后的模拟值越稳定，但是测量的快速性越差。随书光盘中的 S7-300 模板规范参考手册给出了模拟量四个平滑的阶跃响应曲线。

3.2.7 模拟量输出模块的参数设置

模拟量输出模块的设置与模拟量输入模块的设置有很多类似的地方。模拟量输出模块可能需要设置下列参数：

（1）确定每一通道是否允许诊断中断。

（2）选择每一通道的输出类型为"Deactivated"（关闭）、电压输出或电流输出，选定输出类型后，再选择输出信号的量程。

（3）CPU 进入 STOP 时的响应，可以选择不输出电流电压（0CV），保持最后的输出值（KLV）和采用替代值（SV）。

3.3 符号表与逻辑块

3.3.1 符号表

（1）符号地址　在程序中可以用绝对地址（例如 I0.3）访问变量，但是使用符号地址可使程序更容易阅读和理解。共享符号（全局符号）在符号表中定义，可供程序中所有的块使用。

在符号表中定义了符号地址后，STEP7 可以自动地将绝对地址转换为符号地址。例如在符号表中定义 I1.0 为"启动汽油机"，在程序中就可以用"启动汽油机"来代替地址 I1.0。可以设置在输入地址时自动启动一个弹出式的地址表，在地址表中选择要输入的地址，双击它就可以完成该地址的输入，也可以直接输入符号地址或绝对地址，如果选择了显示符号地址，输入绝对地址后，将自动地转换为符号地址。

在梯形图、功能块图及语句表这三种编程语言中，都可以使用绝对地址或符号来输入地址、参数和块。

（2）生成与编辑符号表　单击管理器左边的"S7 Program"图标，右边的工作区将出现"Symbols"（符号表）图标，双击它后进入符号表窗口（见图 3-11）。CPU 将自动地为程序中的全局符号加双引号，在局部变量的前面自动加"#"号。生成符号表和块的局域变量表时用户不用为变量添加引号和"#"号。打开某个块后，可以用菜单命令"View"—"Display with"—"Symbolic Representation"选择显示符号地址或显示绝对地址。

在符号表中需要输入符号（Symbol）和地址（Address），符号不能多于 24 个字符。

数据块中的地址（DBD）、DBW、DBB 和 DBX 不能在符号表中定义。它们的

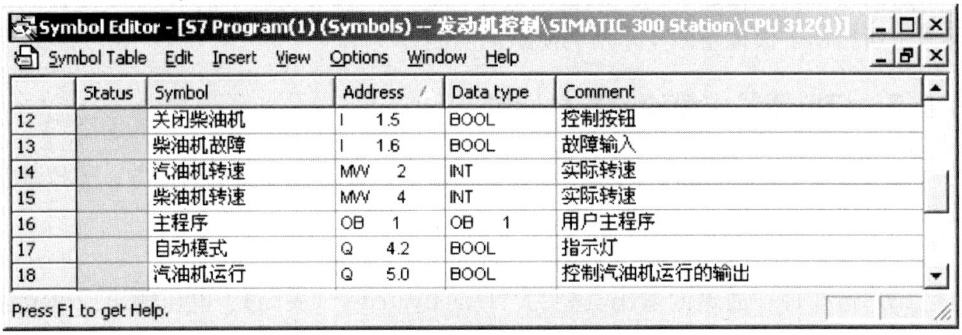

	Status	Symbol	Address /	Data type	Comment
12		关闭柴油机	I 1.5	BOOL	控制按钮
13		柴油机故障	I 1.6	BOOL	故障输入
14		汽油机转速	MW 2	INT	实际转速
15		柴油机转速	MW 4	INT	实际转速
16		主程序	OB 1	OB 1	用户主程序
17		自动模式	Q 4.2	BOOL	指示灯
18		汽油机运行	Q 5.0	BOOL	控制汽油机运行的输出

图 3-11   符号表

名字应在数据块的声明表中定义。

组织块（OB）、系统功能块（SFB）和系统功能（SFC）已预先被赋予了符号名，编辑符号表时可以引用这些符号名。

输入地址后，软件将自动添加数据类型（Data type），用户也可以修改它。如果所作的修改不适合该地址或存在语法错误，在退出该区域时会显示一条错误信息。

注释"Comment"是可选的输入项，简短的符号名与更详细的注释混合使用，使程序更易于理解，注释最长 80 个字符。输入完后需保存符号表。

用菜单命令"View"—"Columns"，R，O，M，C，CC 可以选择是否显示表中的"R，O，M，C，CC"列，它们分别表示监视属性，在 WinCC 里是否被控制和监视、信息属性、通信属性和触点控制。用菜单命令"Edit"—"Special Object Properties"选择打开或关闭某一对象属性。

各种块的名称可以在符号表中定义，也可以在生成块时定义。在符号表中，用菜单命令"View"—"Filter"可以筛选符号显示的内容。

可以用菜单命令"View"—"Sort"选择符号表中变量的排序方法。

用菜单命令"Symbol Table"—"Import/Export"（导入/导出），可将当前符号表存入文本文件，用文本编辑器进行编辑，可以导出整个符号表或导出选择的若干行，也可将其他应用程序生成的符号表导入当前的符号表。

在管理器中选择块文件夹，执行"Edit"—"Object Properties"菜单命令，在"Address Prority"选项卡中，可以选择符号（Symbolic）优先或绝对地址（Absolute）优先。如果选择符号优先，修改了符号表中某个变量的地址后，变量保持其符号不变。

用下述方法可以在编程时输入单个共享符号：在程序中选中使用绝对地址的某元件，用菜单"Edit"—"Symbolic"编辑它，新变量会自动进入总的符号表。

（3）共享符号与局域符号

① 共享符号   共享符号可以被所有的块使用，在所有的块中的含义是一样的。

在整个用户程序中，同一个共享符号不能定义两次或多次。共享符号由字母、数字及特殊字符组成，可以用汉字来表示共享符号。可以为 I、Q、PI、PQ、M、T、C、FB、FC、SFB、SFC、DB、UDT（用户定义的数据类型）和 VAT（变量表）定义符号。

② 局域符号 局域符号在某个块的变量声明表中定义，局域符号只在定义它的块中有效，同一个符号名可以在不同的块中用于不同的局域变量。局域符号只能使用字母、数字和下画线，不能使用汉字，可以为块参数（输入、输出及输入/输出参数）、块的静态数据（STAT）和块的临时数据（TEMP）定义局域符号。

（4）过滤器（Filter） 过滤器用来有选择地显示部分符号。在符号表中执行菜单命令"View"—"Filter"，在打开的对话框中，可以按以下标准进行过滤：

① 按符号名称、地址、数据类型和注释进行过滤。例如在"Address"（地址）属性中，"I+"表示是所有的输入，"I∗-"表示所有的输入位，"I2，∗"表示 IB2 中的位等。

② 对具有某些属性的符号进行过滤。例如对监控、操作员控制及通信、报文（Message）用的符号进行过滤，选择"∗"、"YES"和"NO"可以选择显示所有的符号、显示符号条件的符号和显示不符合条件的符号。

③ "Valid"和"Invalid"分别只显示有效的符号或无效的符号（不是唯一的、不完整的符号）。只有满足条件的数据才能出现在过滤后的符号表中，几种过滤条件可以结合起来同时使用。

3.3.2 逻辑块

（1）逻辑块的组成 逻辑块包括组织块 OB、功能块 FB 和功能 FC，逻辑块由变量声明表、程序指令和属性组成。

① 变量声明表：在变量声明表中，用户可以设置变量的各种参数，例如变量的名称、数据类型、地址和注释等。

② 程序指令：在程序指令部分，用户编写能被 PLC 执行的指令代码，可以用梯形图（LAD）、功能块图（FBD）或语句表（STL）来生成程序指令。

③ 块属性：块属性中有块的信息，例如由系统自动输入的时间标记和存放块的路径。此外用户可以输入块名、系列名、版本号和块的作者等。

（2）选择程序的输入方式 根据生成程序时选用的编程语言，可以用增量输入方式或源代码方式（或称文本方式、自动由编辑方式）输入程序。

① 增量编辑器 编辑器适用于梯形图、功能图、语句表以及 S7Graph 等编程语言，这种编程方式适合于初学者。编辑器对输入的每一行或每个元素立即进行句法检查。只有改正了指出的错误才能完成当前的输入，检查通过的输入经过自动编译后保存到用户程序中。

必须事先定义用于语句中的符号，如果在程序块中使用没有定义的符号，该块不能完全编译，但是可以在计算机中保存。

② 源代码（文本）编辑器　源代码（文本）编辑器适用于语句表，S7 SCL、S7 HiGraph编程语言，用源文件（文本文件）的形式生成和编辑用户程序，再将该文件编译成各种程序块。这种编辑方式又称为自由编辑方式，可以快速输入程序。

文本文件（源文件）存放在项目中"S7 Program"对象下的"Source File"文件夹中，一个源文件可以包含一个块或多个块的程序代码。用文本编辑器和STL和SCL来编程，生成OB、FB、FC、DB及UDT（用户定义数据类型）的代码，或生成整个用户程序。CPU的所有程序（即所有的块）可以包含在一个文本文件中。

在文件中使用的符号必须在编译之前加以定义，在编译过程中编译器将报告错误。只有将源文件编译成程序块后，才能执行语法检查功能。

（3）选择编程语言　可以选择3种基本编程语言：梯形图（LAD）、语句表（STL）和功能块图（FBD），程序没有错误时，可以用"View"菜单中的命令菜单中的命令切换这3种语言，STL编写的某个网络不能切换为LAD和FBD时，仍然用语句表表示。此外还有4种作为可选软件包的编程语言：S7 SCL（结构化控制）语言、S7 Graph（顺序语言）、S7 HiGraph（状态图形）编程语言和S7 CFC（连续功能图）编程语言。

（4）用STL和增量式输入方式生成逻辑块的步骤

① 在SIMATIC管理器中止成逻辑块（FB、FC或OB）。

② 编辑块的变量声明表，这部分的内容将在第5章介绍。

③ 编辑块的程序指令部分。

④ 编辑块的属性。

⑤ 用菜单命令"File"—"Save"保存块。

（5）生成逻辑块　在SIMATIC管理器中用菜单命令"Inset"—"S7 Block"生成逻辑块，也可以用右键单击管理器中右边的块工作区，在弹出的菜单中选择命令"Insert New Object"（插入新的对象），生成新的块。双击工作区中的某一个块，将进入程序编辑器。

程序指令部分（见图3-12右下部分的窗口）以块标题和块注释开始。在程序指令部分的代码区，用户通过输入STL的语句或图形编程语言中的元素来组成逻辑块中的程序。输入一条语句或一个图形元素后，编辑器立即启动语法检查，发现的错误用红色斜体字符显示。

用菜单命令"View"—"Toolbar"以打开或关闭工具条。单击工具条上的触点图标，将在光标所在的位置放置一个触点，放置线圈的方法与此相同，单击触点或线圈上面的红色问号"??"，输入元件的绝对地址或符号地址。单击工具条上中间有两个问号的指令框图标。在出现的下拉式菜单中选择需要输入的指令，也可以在最上面的文本输入框内直接输入指令助记符。放置指令框后，单击同时出现的红色问号"??"，输入绝对地址、符号地址或其他参数。单击带箭头的转折线，可以生成分支电路或并联电路。

用菜单命令"View"—"Overview"可以打开或关闭指令的分类目录（见图 3-12 右边的窗口），可以直接使用目录中的指令。例如在"Timer"（定时器）文件夹中找到 SD 线圈（接通延时定时器线圈）后，用鼠标左键双击它，就可以将它放置在梯形图内光标所在的位置。也可以用鼠标"拖放"的方法将它"拖"到梯形图中某个地方，即使用左键单击并按住它，将它"拖"到需要的地方后再放开它，如果元件被放置到错误的位置，将会给出提示信息。

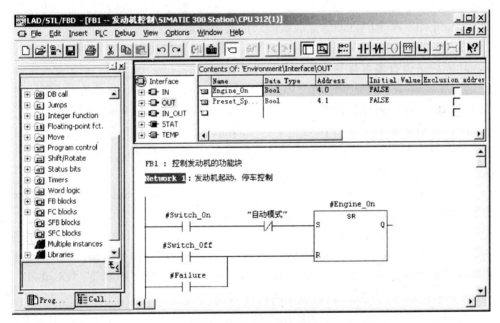

图 3-12　梯形图编辑器

（6）网络　程序被划分为若干个网络（Network），在梯形图中，每块独立电路就是一个网络，每个网络都有网络编号。如果在一个网络中放置一个以上的独立电路，编译时将会出错。

执行菜单命令"Insert"—"Network"，或双击工具条中的"New Network"图标，可以在用鼠标选中的当前下面生成一个新的网络。

每个网络由网络编号（例如 Network1）开始，网络标题在网络编号的右边，网络注释在网络标题的下面。网络注释下面的语句或图形是网络的主体。

单击网络标题域或网络注释域，打开文字输入框，可以输入标题或注释，标题最多由 64 个字符组成。可以用菜单命令"View"—"Display"—"Comments"来激活或取消块注释和网络注释。

可以用剪贴板在块内部和块之间复制和粘贴网络，按住"Ctrl"键，用鼠标可以选中多个需要同时复制的网络。

（7）打开和编辑块的属性　可以在生成块时编辑块的属性，生成块后可以在块编辑器中用菜单命令"File"—"Properties"来查看和编辑块属性。块属性使用户更容易识别生成的各程序块，还可以对程序块加以保护，防止非法修改。

（8）程序编辑器的设置　进入程序编辑器后用菜单命令"Option"—"Gustomize"打开对话框，可以进行下列设置：

① 在"General"选项卡的"Font"窗口单击按钮"Select"，设置编辑器使用的字体和字符的大小。

② 在"STL"（语句表）选项卡和"LAD/FDB"（梯形图/功能块图）选项卡中选择这些程序编辑器的显示特性。在梯形图编辑器中还可以设置地址域的宽度（Address Field Width），即触点或线圈所占的字符数。

③ 在"Block"（块）选项卡中，可以选择生成功能块时是否同时生成参考数据、功能块是否有多重背景功能，还可以选择编程语言。

④ 在"View"选项卡中的"View after Open Block"区，选择在块刚刚被打开时显示的方式，例如是否需要显示符号信息，是否需要显示符号地址等。

（9）显示方式的设置　执行"View"菜单中的"Zoom In"和"Zoom Out"命令，可以放大、缩小梯形图或功能块图的显示比例，"Zoom　Factor…"命令可以任意设置显示比例。

使用菜单命令"View"—"Display"—"Symbolic Representation"，可以在绝对值地址和符号地址两种显示方式之间进行切换。

为了方便程序的编写和阅读，可以用符号信息（Symbol Information）来说明网络中使用的符号的绝对地址和符号的注释，但是不能编辑符号信息，对符号信息的修改需要在符号表或块的变量声明表中进行。菜单命令"View"—"Dispbol"—"Symbol infomation"用来打开或关闭符号信息。

在梯形图的下面显示网络中使用的符号信息（见图3-13）。在指令表中每条语句的右边显示在该语句中使用的符号信息。

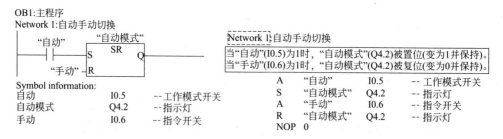

图 3-13　符号信息的显示

在输入指令中的地址时，用右键单击要输入地址的位置，在弹出的窗口中执行命令"Insert Symbol"，将弹出包括共享符号和变量声明表中的符号的表，选中并双击表中的某一符号，该符号将会自动写入指令中。可以用菜单命令"View"—

"Dispbol"—"Symbol infomation"来触发用梯形图和功能块图输入地址时，是否自动显示已定义的符号。

3.4 S7-PLCSIM 仿真软件在程序调试中的应用

设计好 PLC 的用户程序后，需要对程序进行调试，一般用 PLC 的硬件来调试程序。在以下情况下需要对程序进行仿真调试：

① 设计好程序后，PLC 的硬件尚未购回；

② 控制设备不在本地，设计者需要对程序进行修改和调试；

③ PLC 已经在现场安装好了，但是在实际系统中进行某些调节有一定的风险。

为了解决这些问题，西门子公司提供了用来代替 PLC 硬件调试用户程序的仿真软件 S7-PLCSIM，西门子的"LOGO"可编辑逻辑模块的编程软件也有仿真功能。

S7-PLCSIM 是一个功能非常强大的仿真软件，它与 STEP7 编程软件集成在一起，用于在计算机上模拟 S7-300 和 S7-400 CPU 的功能，可以在开发阶段发现和排除错误，从而提高用户程序的质量和降低调试的费用。

因为 S7-300/400 的硬件价格较高，一般的单位和个人都很难配备较为齐全的实验装置，所以 S7-PLCSIM 也是学习 S7-300/400 编程、程序调试和故障诊断的有力工具。

3.4.1 S7-PLCSIM 的主要功能

STEP7 专业版包含 S7-PLCSIM，安装 STEP7 的同时也安装了 S7-PLCSIM。对于标准版的 STEP7，在安装好 STEP7 后再安装 S7-PLCSIM，S7-PLCSIM 将自动嵌入 STEP7。

在 STEP7 的 SIMATIC 管理器窗口中，执行菜单命令"Options"—"Simulate Modes"或直接单击仿真图标"Simulation On/Off"，都能打开如图 3-15 所示的 S7-PLCSIM 仿真窗口。

S7-PLCSIM 可以在计算机上对 S7-300/400 PLC 的用户程序进行离线仿真与调试，因为 S7-PLCSIM 与 STEP7 是集成在一起的，仿真时计算机不需要连接任何 PLC 的硬件。

S7-PLCSIM 提供了用于监视和修改程序中使用的各种参数的简单的接口，例如使输入变量变为 ON 或 OFF。和实际 PLC 一样，在运行仿真 PLC 时可以使用变量表和程序状态等方法来监视和修改变量。

S7-PLCSIM 可以模拟 PLC 的输入/输出存储器区，通过在仿真窗口中改变输入变量的 ON/OFF 状态，来控制程序的运行，通过观察有关输出变量的状态来监视程序运行的结果。

S7-PLCSIM 可以实现定时器和计数器的监视和修改，通过程序使定时器自动运行，或者手动对定时器复位。

S7-PLCSIM 还可以模拟对下列地址的读写操作：位存储器（M）、外设输入（PI）变量区和外设输出（PQ）变量区，以及存储在数据块中的数据。

除了可以对数字量控制程序仿真外，还可以对大部分组织块（OB）、系统功能块（SFB）和系统功能（SFC）仿真，包括对许多中断事件和错误事件仿真。可以对语句表、梯形图、功能块图和 S7 Graph（顺序功能图），S7 HiGraph，S7-SCL和 CFC 等语言编写的程序仿真。

此外，S7-PLCSIM 中以在仿真 PLC 中使用中断组织块测试的特性，从而自动测试程序。

3.4.2 快速入门

S7-PLCSIM 用仿真 PLC 来模拟实际 PLC 的运行，用户程序的调试是通过视图对象（View Objects）来进行的。S7-PLCSIM 提供了多种视图对象，用它们可以实现对仿真 PLC 内的各种变量、计数器和定时器的监视与修改。

（1）使用 S7-PLCSIM 仿真软件调试程序的步骤

① 在 STEP7 编程软件中生成项目，编写用户程序。

② 单击 STEP7 的 SIMATIC 管理器工具条中的"Simulation on/off"按钮，或执行菜单命令"Options"—"Simulate Modules"，打开 S7-PLCSIM 窗口（见图3-15），窗口中自动出现 CPU 视图对象。与此同时，自动建立了 STEP7 与仿真CPU 的连接。

③ 在 S7-PLCSIM 窗口中用菜单命令"PLC"—"Power On"接通仿真 PLC 的电源，在 CPU 视图对象中单击 STOP 小框，令仿真 PLC 处于 STOP 模式。执行命令"Execute"—"Scan Mode"—"Continuous Scan"或单击"Continuous Scan"按钮，令仿真 PLC 的扫描方式为连续扫描。

④ 在 SIMATIC 管理器中打开要仿真的用户项目，选中"块"对象，单击工具条中的"下载"按钮，或执行菜单命令"PLC"—"Download"，将块对象下载到仿真 PLC 中。

对于下载时的提问"Do you want to load the system data?"（你想要下载系统数据吗?）一般应回："Yes"。

⑤ 单击 S7-PLCSIM 工具条中标有"1"的按钮，或执行菜单命令"Insert"—"Input Variable"（插入输入变量），创建输入 IB 字节的视图对象。用类似的方法生成输出字节 QB、位存储器 M、定时器和计数器的视图对象，输入和输出一般以字节中的位的形式显示（见图 3-15），根据被监视变量的情况确定 M 视图对象的显示格式。

⑥ 用视图对象来模拟实际 PLC 的输入/输出信号，用它来产生 PLC 的输入信

号，或通过它来观察 PLC 的输出信号和内部元件的变化情况汇报，检查下载的用户程序的执行是否能得到正确的结果。

⑦ 退出仿真软件时，可以保存仿真时生成的 LAY 文件及 PLC 文件，以便于下次仿真时直接使用本次的各种设置。

（2）应用举例　下面以调试电动机的控制程序（见图 3-14）为例，介绍用 S7-PLCSIM 进行仿真的步骤。

OB1 中的控制程序实现下述功能：按下开机按钮 I1.0，Q4.0 变为 1 状态，电动机串电阻降压启动，同时定时器 T1 开始定时。9s 后定时时间到，Q4.1 变为 1 状态，启动电阻被短接，电动机全压运行。MW2 中电动机的实际转速与程序中预置的转速（本例中为 1400r/min）进行比较，超速时发出报警信息 Q4.2；按下停机按钮 I1.1，Q4.0 和 Q4.1 变为 0 状态，电动机停止运行，输入完程序后，将它下载到仿真 PLC。

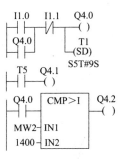

图 3-14　梯形图

在 PLCSIM 中创建字节 IB1、输出字节 QB4、位存储器 MW2 和定时器 T1 的视图对象（见图 3-15），IB1 和 QB4 以位的形式显示，MW2 以十进制形式显示。单击 CPU 视图对象中标有 RUN 或 RUN-P 的小框，将仿真 PLC 的 CPU 置于运行模式。

① 开机控制　给 IB1 的第 0 位（I1.0）施加一个脉冲，模拟按下启动按钮，即用鼠标单击 IB1 视图对象中第 0 位的单选框，出现符号"√"，IB1.0 变为 ON；再单击一次"√"消失，IB1.0 变为 OFF，相当于放开启动按钮。

IB1.0 变为 ON 后，观察到视图对象 QB4 中的第 0 位的小框内出现符号"√"，表示 Q4.0 变为 ON，即电动机开始降压启动。与此同时，视图对象 T1 的时间值由 0 变为 900（因为此时系统自动选择的时间分辨率为 10ms，900 相当于 9s），并不断减少。9s 后减为 0，定时时间到，T1 的常开触点接通，视图对象 QB4 中的第 1 位（即 Q4.1）ON，电动机全压运行。

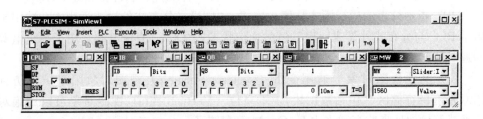

图 3-15　S7-PLCSIM 仿真窗口

② 速度监视　Q4.0 变为 ON 后，为了模拟采集到的实际转速，在 MW2 视图对象中分别输入十进制数 1399、1400 和 1401（电动机的实际转速分别低于、等于和高于预置转速），观察到 Q4.2 的状态分别为 OFF、OFF 和

ON，说明超速报警功能正常。在 MW2 视图对象中输入数据后，需要按"Enter"键确认。

③ 停机控制 给 I1.1 施加一个脉冲，观察到 Q4.0～Q4.2 立即变为 OFF，表示电动机停止运行。在用 S7-PLCSIM 进行仿真时，可以同时打开 OB1 中的梯形图程序。用菜单命令"Debug"—"Monitor"在梯形图中监视程序的运行状态。

3.4.3 视图对象

（1）插入视图对象 使用"Insert"（插入）菜单或工具条上相应的按钮，可以在 PLCSIM 窗口中生成下列元件的视图对象，输入变量（I）、输出变量（Q）、位存储器（M）、定时器（T）、计数器（C）、通用变量、累加器与状态字、块寄存器、嵌套堆栈（Nesting Stacks）、垂直位变量等。它们用于访问和监视相应的数据区，可选的数据格式有位、二进制、十进制、十六进制 BCD 码、S5Time、日期时间（DATA-AND-TIME，简写为 DT）、S7 格式（例如 W♯16♯0）、字符和字符串。

视图对象 MW2 上的"Value"选择框用来设置变量的值（Value）、最大值（Max）或最小值（Min）。用鼠标拖动滑动条（Slider）上的滑动块，可以快速地设置这些值。

字节变量只能用滑动条设置十进制数（Dec），字变量可以用滑动条设置十进制数和整数（Int），双字变量可以用滑动条设置十进制数、整数和实数（Real）。

（2）CPU 视图对象 图 3-15 中标有"CPU"的小窗口是 CPU 视图对象。开始新的仿真时，将自动出现 CPU 视图对象，用户可以用单选框来选择运行（RUN），停止（STOP）和暂停（RUN-P）模式。

选择菜单命令"PLC"—"Clear/Reset"或单击 CPU 视图对象中的"MRES"按钮，可以复位仿真 PLC 的存储器，删除程序块和硬件组态信息，CPU 将自动进入 STOP 模式。

CPU 视图对象中的 LED 指示灯"SF"表示有硬件、软件错误；"RUN"与"STOP"指示灯表示运行模式与停止模式；"DP"（分布式外设或远程 I/O）用于指示 PLC 与分布式外设或远程 I/O 的通信状态；"DC"（直流电源）用于指示电源的通断情况。用"PLC"菜单命令可以接通或断开仿真 PLC 的电源。

（3）其他视图对象 通用变量（Generic Variable）视图对象用于访问仿真 PLC 所有的存储区（包括数据块）。垂直位（Vertical Bits）视图对象可以用绝对地址或符号地址来监视和修改 I、Q、M 等存储区。

累加器与状态字视图对象用来监视 CPU 中的累加器，状态字用于间接寻址的地址寄存器 AR1 和 AR2，S7-300 有两个累加器，S7-400 有 4 个累加器。

块寄存器视图对象用来监视数据块地址寄存器的内容，也可以显示当前和上一次打开的逻辑块的编号，以及块中的步地址计数器 SAC 的值。

嵌套堆栈（Nesting Stacks）视图对象用来监视嵌套堆栈和 MCR（主控继电器）堆栈。嵌套堆栈 7 个项，用来保存嵌套高台用逻辑块时状态字中的 RLO（逻辑运算结果）和 OR 位。每一项用于逻辑串起始指令（A、AN、O、ON、X、XN），MCR 堆栈最多可以保存 8 级嵌套的 MCR 指令的 RLO 位。

定时器视图对象和计数器视图对象用于监视和修改它们的实际值，在定时器视图对象中可以设置定时器的时间基准。视图对象和工具条内标有"T＝0"的按钮分别用来复位指定的定时器或所有的定时器。可以在"Execute"菜单中设置定时器为自动方式或手动方式。

手动方式允许修改定时器的时间值或将定时器复位，自动方式时定时器受用户程序的控制。

3.4.4 仿真软件的设置与存档

（1）设置扫描方式 S7-PLCSIM 可以用两种方式执行仿真程序：

① 单次扫描：每次扫描包括读外设输入、执行程序和将结果写到外设输出。CPU 执行一次扫描后处于等待状态，可以用"Execute"—"Next Scan"菜单命令执行下一次扫描。通过单次扫描可以观察每次扫描后各变量的变化。

② 连续扫描：这种运行方式与实际的 CPU 执行用户程序相同，CPU 执行一次扫描后又开始下一次扫描。可以用工具条中的按钮或用"Execute"菜单中的命令选择扫描方式。

（2）符号地址 为了在仿真软件中使用符号地址，使用菜单命令"Tools"—"Options"—"Attach Symbols…"，在出现的"Open"对话框的项目中找到并双击符号表（Symbols）图标。

使用菜单命令"Tools"—"Options"—"Show Symbols"，可以显示或隐蔽符号地址，垂直位视图对象可以显示每一位的符号地址，其他视图对象在地址或显示符号地址。

（3）组态 MPI 地址 使用菜单命令"PLC"—"MPI Address…"，可以设置仿真 PLC 在指定的网络中的节点地址，用菜单命令"Save PLC"或"Save PLC As…"保存新地址。

（4）LAY 文件和 PLC 文件 用 S7-PLCSIM 仿真时自动生成 LAY 文件和 PLC 文件，退出仿真软件时将会询问是否保存 LAY 文件或 PLC 文件。LAY 文件用于保存仿真时各视图对象的信息，例如各视图对象选择的数据格式等；PLC 文件用于保存上次仿真运行时设置的数据和动作等，包括程序、硬件组态、CPU 工作方式的选择。运行模式（单周期运行模式或连续运行模式）的选择，I/O 状态、定时器的值，符号地址、电源的通/断等。下一次仿真时，不需要重复上次的操作，可以直接调用这两个文件。

3.5 程序的下载与上传

3.5.1 装载存储器与工作存储器

用户程序被编译后，逻辑块、数据块、符号表和注释（见图 3-16）保存在计算机的硬盘中。在完成组态、参数赋值、程序创建和建立在线连接后，可以将整个用户程序或个别的块下载到 PLC。系统数据（System Data）包括硬件组态、网络组态和连接表，也应下载到 CPU。

CPU 中的装载存储器用来存储没有符号表和注释的完整的用户程序，这些符号和注释保存在计算机的存储器中。为了保证快速地执行用户程序。CPU 只是将块中与程序执行有关的部分装入 RAM 组成的工作存储器。

在源程序中用 STL 生成的数据块可以标记为"与执行无关"，其关键字为"UNLINKED"它们被下载到 CPU 时只是保存在装载存储器中。如果需要，可以用 SFC20 "BLKMOV" 复制到工作存储器中，这样处理可以节省存储空间。

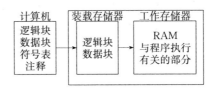

图 3-16 装载存储器与工作存储器

（1）装载存储器 装载存储器可以用存储器卡来扩展。在 S7-300 CPU 中，装载存储器可能是集成的 EPROM 或集成的 RAM。

在 S7-400 中，用一个存储卡（RAM 或 EPROM）来扩展装载存储器。集成的装载存储器主要用来重新装载或修改块，新的 S7-400 附加的工作存储器也是插入式的。

装载存储器为 RAM 时，可以下载和删除单个的块，下载和删除整个用户程序，以及重新装入单个的块。

装载存储器如果是集成的（仅 S7-300）或外插的 EPROM 时，只能下载整个用户程序。

（2）工作存储器 工作存储器是集成的 RAM，用来存储程序处理需要的那一部分用户程序。复位 CPU 中的存储器时，存储在 RAM 中的程序丢失。虽然没有后备电池，保存在 EPROM 存储器卡中的程序不会因为复位 CPU 的存储器擦除。

现在的装载存储器卡使用的都是 Flash EPROM（快闪存储器，简称为 FEPROM），下载的用户程序保存在 FERPOM 中，断电时其中的信息也不会丢失，在硬件组态时可以定义断电保持区。取下或插入存储器卡时，CPU 要求存储器复位，插入 RAM 卡时，用户程序必须从编程器装入。插入 FEPROM 卡时，复位存储器后，用户程序从 FEPROM 卡拷入工作存储器。

上传的是工作存储器中的内容，要保存修改后的程序块，应将它保存到硬盘上，或保存到 EEPROM 中。使用菜单命令 "PLC"—"Download to EPROM Memory Card on CPU" 可以直接下载到 CPU 的存储器卡中，存储器卡的内容必须先擦除。

在 PLC 中，没有电池后备的 RAM 在掉电时保存在它里面的数据将会丢失，存储卡是便携式记录媒体，用编程设备来写入，块或用户程序被保存在 EEPROM 存储卡中，后者插在 CPU 的一个插槽里，电源关断和 CPU 复位时，存储器卡内的数据不会丢失。在 CPU 存储器复位且电源掉电之后，电源又重新恢复时，EPROM 中的内容被重新复制到 CPU 存储器的 RAM 区。

（3）系统存储器　系统存储器包括下列的存储器区域：过程映像输入/输出表（PII、PIQ）、位存储器（M）、定时器、计数器和局域堆栈（L）。

3.5.2　在线连接的建立与在线操作

打开 STEP7 的 SIMATIC 管理器时，建立的是离线窗口，看到的是计算机硬盘上的项目信息。BLOCK（块）文件夹中包含硬件组态时产生的系统数据和程序编辑器生成的块。

STEP7 与 CPU 成功地建立起连接后，将会自动生成在线窗口，该窗口中显示的是通过通信得到的 CPU 中的项目结构。块文件夹中包含系统数据块、用户生成的块（OB、FB 和 FC）以及 CPU 中的系统块（SFB 和 SFC），用菜单命令 "View"—"Online"、"View"—"Offline" 或相应的工具条中的按钮，可以切换在线窗口和离线窗口。用管理器的 "Windows" 菜单命令可同时显示在线窗口和离线窗口。

（1）建立在线连接　下面的操作需要在编程设备和 PLC 之间建立在线连接：下载 S7 用户程序或块，从 PLC 上传程序到计算机，测试用户程序；比较在线和离线的块，显示和改变 CPU 的操作模式；为 CPU 设置时间和日期，显示模块信息和硬件诊断。

为了建立在线连接，计算机和 PLC 必须通过硬件接口（例如多点接口 MPI）连接，然后通过在线的项目窗口或 "Accessible Nodes（可访问站）" 窗口访问 PLC。

① 通过在线的项目窗口建立在线连接　如果在 STEP7 的项目中有已经组态的 PLC，可以选择这种方法。

在 SIMATIC 管理器中的菜单命令 "View"—"Online" 进入在线（Online）状态，执行菜单命令 "View"—"Offline" 进入离线（Offline）状态。也可以用管理器工具条中的 "Online" 和 "Offline" 图标来切换两种状态。在线状态意味着

STEP7 与 CPU 成功地建立了连接。

使用菜单命令"View"—"Online"打开一个在线窗口，该窗口最上面的标题栏中的背景变为浅蓝色。在块工作区出现了 CPU 中大量的系统功能块 SFB、系统功能 SFC 和已下载到 CPU 用户编写的块。SFB 和 SFC 在 CPU 的操作系统中无需下载，也不能用编程软件删除。在线窗口显示的是 PLC 中的内容，而离线窗口显示的是计算机中的内容。

SIMATIC 管理器的"PLC"菜单中的某些功能只能在在线窗口中激活，不能在离线窗口中使用。

② 通过"Accessible Nodes"窗口建立在线连接　在 SIMATIC 管理器中用菜单命令"PLC"—"Display Accessible Nodes"，打开"Accessible Nodes"（可访问的站）窗口，用"Accessible Nodes"对象显示网络中所有可访问的可编程模块。如果编程设备中没有关于 PLC 的项目数据，可以选择这种方式。那些不能用 STEP7 编程的站（例如编程设备或操作面板）也能显示出来。

如果 PLC 与 STEP7 中的程序和组态数据是一致的，在线窗口显示的是 PLC 与 STEP7 中的数据的组合，例如在在线项目中打开一个 S7 块，将显示来自 PLC 的 CPU 中的块的指令代码部分，以及来自编程设备数据库中的注释和符号。

如果没有通过项目结构，而是直接打开连接的 CPU 中的块，显示的程序没有符号和注释。因为在下载时没有下载符号和注释。

（2）访问 PLC 的口令保护　使用口令可以保护 CPU 中的用户程序和数据，未经授权不能改变它们（有写保护），还可以用"读保护"来保护用户程序中的编程专利，对在线功能的保护可以防止可能对控制过程的人为的干扰。保护级别和口令可以在设置 CPU 属性的"Protection"选项卡中设置，需将它们下载到 CPU 模块。

设置了口令后，执行在线功能时，会显示出"Enter Password"对话框。若输入的口令正确。就可以访问该模块，此时可以与被保护的模块建立在线连接，并执行属于指定的保护级别的在线功能。

执行菜单命令"PLC"—"Access Rights"—"Setup"，在出现的"Enter Password"对话框中输入口令，以后在线访问时，将不再询问。输入的口令将一直有效，直到 SIMATIC 管理器被关闭，或使用菜单命令"PLC"—"Access Rights"—"Cancel"取消口令。

（3）处理模式与测试模式　可以在设置 CPU 属性的对话框中的"Protection"（保护）选项卡选择处理（Process）模式或测试（Test）模式，这两种模式与 S7-400 和 CPU318-2 无关。

在处理模式，为了保证不超过在"Protection"选项卡中设置的循环扫描时间的增量，像程序状态或监视/修改变量这样的测试功能是受到限制的。因此在处理模式中不能使用断点测试和程序的单步执行功能。

在测试模式，所有的测试功能都可以不受限制地使用，即使这些功能可能会使循环扫描时间显著地增加。

（4）刷新窗口内容 用户操作（例如下载或删除块）对在线的项目窗口的修改不会在已打开的"Accessible Nodes"（可访问的站）窗口自动刷新。要刷新一个打开的窗口，必须使用菜单命令"View"—"Update View"（刷次显示）或用功能键将该窗口刷新。

（5）显示和改变 CPU 的运行模式 进入在线状态后，在项目管理器左边的树形结构中选择某一个站，然后执行菜单命令"PLC"—"Diagnostics/Settings"—"Operating Mode"，打开的对话框显示当前的最近一次运行模式以及在 CPU 模块当前的模式选择开关的位置。对于那些无法显示其当前开关位置的模块，将显示文本"Undefined"。

可以用对话框中的启动按钮和停止按钮改变 CPU 的模式。只有当这些按钮是激活的（按钮上的字是黑色的），才能在当前运行模式使用。

（6）显示与设置时间和日期 显示与设置时间和日期的操作条件与显示和改变运行模式的相同，执行菜单命令"PLC"—"Diagnostics/Settings"—"Set Time of Day"，在打开的对话模式中将显示 CPU 和编程设备/计算机（PG/PC）中当前的日期和时间。

可以在"Date"（日期）和"Time"（时间）栏中输入新的值，或者用默认选项接收 PC 的时间和日期。

如果 CPU 模块没有实时时钟，对话框的时间显示为"00：00：00"，日期显示为"00：00：00"。

（7）压缩用户存储器（RAM） 删除或重装块之后，用户存储器（装载存储器和工作存储器）内将出现块与块之间的"间隙"，减少了可用的存储区。用压缩功能可以将现有的块在用户存储器中无间隙地重新排列，同时产生一个连续的空的存储区间。

在 STOP 模式下压缩存储器才能去掉所在的时隙。在 RUN-P 模式时因为当前正在处理的块被打开而不能在存储器中移动。RUN 模式有写保护功能，不能执行压缩功能。

有两种压缩用户存储器的方法：

① 向 PLC 下载程序时，如果没有足够的存储空间，将会出现一个对话框报告这个错误。可以单击对话框中的"Compress"按钮压缩存储器。

② 进入在线状态后，打开"HW Config"（硬件组态）窗口，双击 CPU 模块，打开 CPU 模块的"模块信息"对话框，选择"Memory"选项卡，单击压缩存储器的"Compress"按钮。

3.5.3 下载与上传

（1）下载的准备工作

① 计算机与 CPU 之间必须建立起连接，编程软件可以访问 PLC；

② 要下载的程序已编译好；

③ CPU 处在允许下载的工作模式下（STOP 或 RUN-P）。

在 RUN-P 模式一次只能下载一个块，这种改写程序的方式可能会出现块与块之间的时间冲突或不一致性，运行时 CPU 会进入 STOP 模式，因此建议在 STOP 模式下载。

在保存块或下载块时，STEP7 首先进行语法检查。错误种类、出错的原因和错误在程序中的位置都显示在对话框中，在下载或保存块之前应改正这些错误。如果没有发现语法错误，块将被编译成机器码并保存或下载。建议在下载块之前，一定要先保存块（将块存盘）。

下载前用编程电缆连接 PC（个人计算机）和 PLC，接通 PLC 的电源，将CPU 模块上的模式选择开关扳到 STOP 位置，STOP LED 亮。

下载用户程序之前应将 CPU 中的用户存储器复位，以保证 CPU 内没有旧的程序。存储器复位完成以下的工作，删除所有的用户数据（不包括 MPI 参数分配），进行硬件测试与初始化；如果有插入的 EPROM 存储器卡，存储器复位后CPU 将 EPROM 卡中的用户程序和 MPI 地址拷贝到 ROM 存储区。如果没有插存储器卡，保持设置的 MPI 地址。复位时诊断缓冲区的内容保持不变。复位后块工作区只有 SDB、SFC 和 SFB。

将模式选择开关从 STOP 位置扳到 MRES 位置，STOP LED 慢速度闪烁两次后松开模式开关，它自动回到 STOP 位置。再将模式开关扳到 STOP 位置，"STOP" LED 快速闪动时，CPU 已被复位。复位完成后将模式开关重新置于"STOP" 位置。

也可以用 STEP7 复位存储器，将模式开关置于 RUN-P 位置，执行菜单命令"PLC"—"Diagnostic/Settings"—"Operation Mode"，使 CPU 进入 STOP 模式，再执行菜单命令 "PLC"—"Clear/Reset"，单击 "OK" 按钮确认存储器复位。

（2）下载方法

① 在离线模式和 SIMATIC 管理器窗口中下载　在块工作区选择块，可用"Ctrl"键和"Shift"键选择多个块，用菜单命令 "PLC"—"Download" 将被选择的块下载到 CPU。

也可以在管理器左边的目录窗口中选择对象（包括所有的块和系统数据），用菜单命令 "PLC"—"Download" 下载它们。

② 在离线模式和其他窗口下载　对块编程或组态硬件和网络时，可以在当时的应用程序的主窗口中，用菜单命令 "PLC"—"Download" 下载当前正在编辑的对象。

③ 在线模式下载　在菜单命令 "View"—"Online" 或 "PLC"—"Display Accessible Nodes" 打开一个在线窗口查看 PLC，在 "Windows" 菜单中可以看到这时有一个在线的管理器，还有一个离线的管理器，可以用 "Windows" 菜单同时打开和显示这两个窗口。用鼠标按住离线窗口中的块（即 STEP7 中的块），将它 "拖

放"到在线窗口中去,就完成了下载任务。可以一次下载所有的块,也可以只下载部分块。应先下载子程序块,再下载高一级的块。如果顺序相反,将进入 STOP模式。

下载完成后,将 CPU 的运行模式选择开关扳到 RUN-P 位置,绿色的"RUN"LED 亮,开始运行程序。

④ 上传程序 可以用装载功能从 CPU 的 RAM 装载存储器中,把块的当前内容上传到计算机编程软件打开的项目中,该项目原来的内容将被覆盖。

⑤ 在线编程 在调试程序时,可能需要修改已下载的块,可以在在线窗口中双击要修改的块的图标,然后进行修改。编完的块会立即在 CPU 中起作用。

(3) 删除 CPU 内的 S7 块 在 CPU 程序的测试阶段,可能需要删除 CPU 内单个的块。块被保存在 CPU 用户存储器的 EPROM 中或 RAM 中。RAM 中的块可以被直接删除,装载存储器或工作存储器被占据的空间将会空出来供重新使用。

CPU 存储器被复位后,集成 EPROM 中的块被复制到 RAM 区。RAM 中的备份可以直接删除,被删除的块在 EPROM 中被标记为无效,在下一次存储器复位或没有后备电池的 RAM 电源掉电时,"删除"的块从 EPROM 被复制到 RAM,又会起作用。

3.6 用变量表调试程序

3.6.1 系统调试的基本步骤

(1) 硬件调试 可以用变量表来测试硬件,通过观察 CPU 模块上的故障指示灯,或使用 3.8 节介绍的故障诊断工具来诊断故障。

(2) 下载用高性能程序 下载程序之前应将 CPU 的存储器复位,将 CPU切换到 STOP 模式,下载用户程序时应同时下载硬件组态数据。

(3) 排除停机错误 启动时程序中的错误可能导致 CPU 停机,可以使用3.8.2 中的"模块信息"工具诊断和排除编程错误。

(4) 调试用户程序 通过执行用户程序来检查系统的功能,如果用户程序

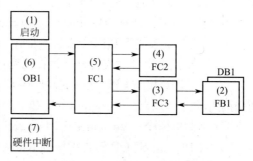

图 3-17 程序调试的顺序

是结构化程序,可以在组织块 OB1 中逐一调用各程序块,一步一步地调试程序,在调试时应记录对程序的修改。调试结束后,保存调试好的程序。

在调试时,最先调试启动组织块 OB100,然后调试 FB 和 FC,应先测试嵌套

调用最深的块，例如首先调试图 3-17 中的 FB1。图中括号内的数字为调试的顺序，例如调试好 FB1 后调试调用 FB1 的 FC3 等。调试时可以在完整的 OB1 的中间临时插入 BEU（块无条件结束）指令，只执行 BEU 指令之前的部分，调试好后将它删除掉。

最后调试不影响 OB1 的循环执行的中断处理程序，或者在调试 OB1 时调试它们。

3.6.2 变量表的基本功能

使用下一节将要介绍的程序状态功能，可以在梯形图、功能块图或语句表程序编辑器中形象直观地监视程序的执行情况，找出程序设计中存在的问题。但是程序状态功能只能在屏幕上显示一小块程序，在调试较大的程序时，往往不能同时显示和调试某一部分程序所需的全部变量。

变量表可以有效地解决上述问题，使用变量表可以在一个画面中同时监视、修改和强制用户感兴趣的全部变量，一个项目可以生成多个变量表，以满足不同的调试要求。

在变量表中可以赋值或显示的变量包括输入、输出、位存储器、定时器、计数器、数据块内的存储器和外设 I/O。

（1）变量表的功能

① 监视（Monitor）变量：在编程设备或 PC（计算机）上显示用户程序中或 CPU 中每个变量的当前值。

② 修改（Modify）变量：将固定值赋给用户程序或 CPU 中的变量。

③ 对外设输出赋值：允许在停机状态下将固定值赋给 CPU 中的每个输出点 Q。

④ 强制变量：给用户程序或 CPU 中的某个变量赋予一个固定值，用户程序的执行不会影响被强制的变量的值。

⑤ 定义变量被监视或赋予新值的触发点和触发条件。

（2）用变量表监视和修改的基本步骤

① 生成新的变量表或打开已存在的变量表，编辑和检查变量表的内容。

② 建立计算机与 CPU 之间的硬件连接，将用户程序下载到 PLC。在变量表窗口中用菜单命令"PLC"—"Connect to"建立当前变量表与 CPU 之间的在线连接。

③ 用菜单命令"Variable"—"Trigger"选择合适的触发点和触发条件。

④ 将 PLC 由 STOP 模式切换到 RUN-P 模式。

⑤ 用菜单命令"Variable"—"Monitor"或"Variable"—"Modify"激活监视或修改功能。

3.6.3 变量表的生成

（1）生成变量表的几种方法

① 在 SIMATIC 管理器中用菜单命令 "Insert"—"S7 Block"—"VariableTable" 生成新的变量表。或者用鼠标右键单击 SIMATIC 管理器的块工作区，在弹出的菜单中选择 "Insert New Object"—"Variable Table" 命令来生成新的变量表。在出现的对话框中，可以给变量表取一个符号名，一个变量表最多有 1024 行。

② 在 SIMATIC 管理器中用菜单命令 "View"—"Online"，进入在线状态；选择块文件夹；或用 "PLC"—"Display Accessible Nodes" 命令，在可访问站（Accessible Nodes）窗口中选择块文件夹，用菜单命令 "PLC"—"Monitor/Modify Variables"（监视/修改变量）生成一个无名的在线变量表。

③ 在变量表编辑器中，用菜单命令 "Table"—"New" 生成一个新的变量表。可以用菜单命令 "Table"—"Open" 打开已存在的表，也可以在工具栏中用相应的图标来生成或打开变量表。

像其他文件一样，可以通过剪贴板复制、剪切和粘贴来复制和移动变量表，目标程序的符号表中已有的符号将被修改，在移动变量表时，源程序符号表中相应的符号也被移动到目标程序的符号中。

如果需要监视的变量很多，可以为一个用户程序生成几个变量表。

（2）在变量表中输入变量　图 3-18 是测试某电动机控制系统时使用的变量表的一部分。在输入变量时应将逻辑块中有关联的变量放在一起。

可以在 "符号"（Symbol）栏输入在符号表中定义过的符号，在地址栏将会自动出现该符号的地址。也可以在 "地址"（Address）栏输入地址，如果该地址已在符号表中定义了符号，将会在符号栏自动地出现它的符号。符号名中如果含有特殊的字符，必须用引号括起来，例如 "Motor, off" 和 "Motor-off" 等。

在变量表编辑器中使用菜单命令 "Options"—"Symbol Table"，可以打开符号表，定义新的符号。可以从符号表中复制地址，将它粘贴到变量表。

可以在变量表的显示格式（Display format）栏直接输入格式，也可以执行菜单命令 "View"—"Select Display Format"，或用右键单击该列，在弹出的格式菜单中选择需要的格式。图 3-18 的变量表中最后一行的 IW2 用二进制数（Binary，简写 BIN）显示，可以同时显示和分部修改 I2.0~I3.7 这 16 点数字量输入变量。这一方法用于 I、Q 和 M，可以用字节（8 位）、字（16 位）或双字（32 位）来监视和修改位变量。

在变量表中输入变量时，每行输入结束时都要执行语法检查，不正确的输入被标为红色。如果把光标放在红色的行上，可以从状态栏读到错误的原因。按 "F1" 键可以得到纠正错误的信息。变量表每行最多 255 个字符，不能用 "Enter" 键进入第二行。

通过 "View" 菜单最上面一组中的 9 条命令，可以打开或关闭变量表中对应的显示对象。

如果想使某个变量的 "修改值"（Modify Value）列中的数据无效，可以使用菜单命令 "Variable"—"Modify/Force Value as Comment"，在变量的修改值或强

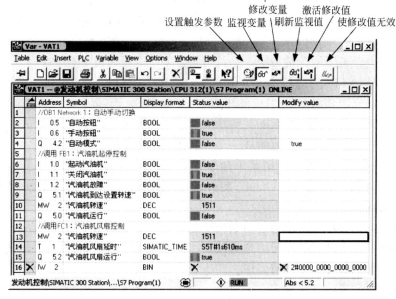

图 3-18　变量表

制值前将会自动加上注释符号"//"，表示它已经无效，变为注释了。在"Modify Value"列的修改值或强制值前用键盘加上注释符号"//"，其作用与菜单命令相同，再次执行命令或用键盘删除"Modify Value"列的注释符号，可以使修改值重新有效。

3.6.4　变量表的使用

（1）建立与CPU的连接　为了监视或修改在当前变量表（VAT）中输入的变量，必须与要监视的CPU建立连接。

可以在变量表中用菜单命令"PLC"—"Connect To"—"……"来建立与CPU的连接，以便进行变量监视或修改，也可以单击工具栏中相应的按钮。

菜单命令"PLC"—"Connect To"—"Configured"用于建立被激活的变量表与CPU的在线连接。如果同时已经建立了与另一个CPU的连接，这个连接被视为"Configured"（组态）的CPU，直到变量表关闭。

菜单命令"PLC"—"Connect To"—"Direct CPU"用于建立被激活的变量表与直接连接的CPU之间的在线连接，例如"MPI＝2（directly）"。直接连接的CPU是指与计算机用编程电缆连接的CPU，在"Accessible Nodes"（可访问的站）窗口中被标记为"（directly）"。

菜单命令"PLC"—"Connect To"—"Accessible CPU"用于建立被激活的变量表与可以选择的CPU之间的在线连接。如果用户程序已经与一个CPU连接了，可以用这个命令来打开一个对话框，在对话框中选择另外一个想建立连接的CPU。

使用菜单命令"PLC"—"Disconnect",可以断开变量表和 CPU 的连接。

如果建立了在线连接,变量表窗口标题栏中将显示"ONLINE"(在线)。变量表下面的状态栏显示 PLC 的运行模式和连接状态。

(2)定义变量表的触发方式 用菜单命令"Variable"—"Trigger"打开图 3-19 所示的对话框,选择在程序处理过程中的某一特定点(触发点)来监视或修改变量,变量表显示的是被监视的变量在触发点的数值。触发点可以选择循环开始、循环结束和从 RUN 转换到 STOP。触发条件可以选择触发一次或在定义的触发点每个循环触发一次,如果设置为触发一次,单击一次图 3-18 中的监视变量或修改变量的按钮,执行一次相应的操作。

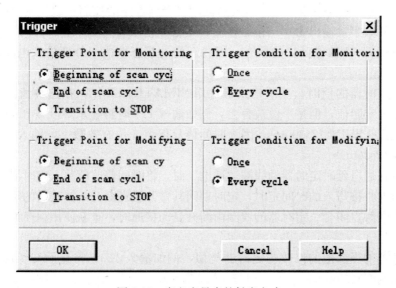

图 3-19 定义变量表的触发方式

(3)监视变量 将 CPU 的模式开关扳到 RUN-P 位置,执行菜单命令"Variable"—"Monitor"或单击标有眼镜的图标,启动监视功能。变量表中的状态值(Status Value)按设定的触发点和触发条件显示在变量表中。如果触发条件设为"Every Cycle"(每一循环),用菜单命令"Variable"—"Monitor"可以关闭监视功能。

可以用菜单命令"Variable"—"Update Monitor Values",对所选变量的数值作一次立即刷新,该功能主要用于停机模式下的监视和修改。

如果在监视功能被激活的状态下按"Esc"键,不经询问就会退出监视功能。

(4)修改变量 可以用下述方法修改变量表中的变量:

首先在要修改的变量的"Modify Value"栏输入变量新的值,显示格式为 BOOL 的数字量输入 0 或 1,输入后自动变为"false"或"true"。按工具栏中的激活修改值按钮或用菜单命令"Variable"—"Activate Modify Values",将修改值立即送入 CPU。执行修改功能后不能用"Edit"—"Undo"命令取消。

在程序运行时如果修改变量值出错，可能导致人身或财产的损害。在执行修改功能前，要确认不会有危险情况出现。

如果在执行"Modifying"（修改）过程中按了"Esc"键，不经询问就会退出修改功能。

在 STOP 模式修改变量时，因为没有执行用户程序，各变量的状态是独立的，不会互相影响。I、Q、M 这些数字量都可以任意地设置为 1 状态或 0 状态，并且有保持功能，相当于对它们置位和复位。STOP 模式的这种变量修改功能常用来测试数字量输出点的硬件功能是否正常，例如将某个输出点置位后，观察相应的执行机构是否动作。

在 RUN 模式修改变量时，各变量同时又受到程序的控制。假设用户程序运行的结果使某数字量输出为 0，用变量表不可能将它修改为 1。在 RUN 模式不能改变数字量输入（I 映像区）的状态，因为它们的状态取决于外部输入电路的通/断状态。

修改定时器的值时，显示格式最好用 SIMATIC-TIME，在这种情况下以 ms 为单位输入定时值，但是个位被舍去，例如输入 123 时将显示 S5T#120ms。输入 12345 将显示 S5T#12s300ms，因为时间值只保留 3 位有效数字，输入 12.3 将显示 S5T#12s300ms。

只有在通电延时定时器的线圈"通电"时，将时间修改值写入定时器才会起作用，定时器将按写入的时间定时，定时期间其常开触点断开，修改后的定时时间到达时其常开触点闭合。定时器的线圈由断开变为接通时，重新使用程序设定的时间值定时。

计数器的当前值的修改与定时器类似，例如输入 123，将显示 C#123。输入值的上限为 C#999。

（5）强制变量　强制变量操作给用户程序中的变量赋一个固定的值，这个值不会因为用户程序的执行而改变。被强制的变量只能读取，不能用写访问来改变其强制值。这一功能只能用于某些 CPU。强制功能用于用户程序的调试，例如用来模拟输入信号的变化。

只有当"强制数值"（Force Values）窗口（图 3-20）处于激活状态，才能选择用于强制的菜单命令。用菜单命令"Variable"—"Display Force Values"打开该窗口，被强制的变量和它们的强制值都显示在窗口中。当前在线连接的 CPU 或网络中的站的名称显示在标题栏中。状态显示不从 CPU 读出的强制操作的日期和时间。如果没有已经激活的强制操作，该窗口是空的。

在"强制数值"窗口中显示的黑体字表示该变量在 CPU 中已被赋固定值；普通字体表示该变量正在被编辑；变为灰色的变量表示该变量在机架上不存在、未插入模块，或变量地址错误，将显示错误信息。

可以用菜单命令"Table"—"Save As"将"强制数值"窗口的内容存为一个变量表，或者选择菜单命令"Variable"—"Force"，将当前窗口的内容写到 CPU 中，

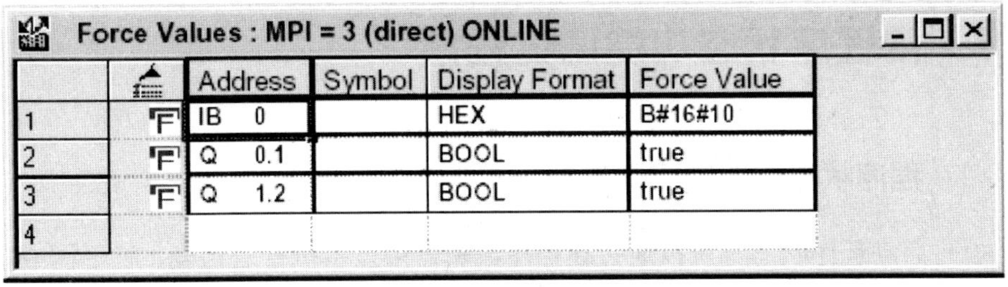

图 3-20　强制数值窗口

作为一个新的强制操作。

　　变量的监视和修改只能在变量表中进行，不能在"强制数值"窗口进行。使用菜单命令"Insert"—"Variable Table"，可以在一个强制数值窗口中重新插入已存储的内容。

　　使用"强制"功能时，任何不正确的操作都可能会危及人员的生命或健康，或者造成设备或整个工厂的损失。强制作业只能用菜单命令"Variable"—"Stop Forcing"来删除或终止，关闭强制数值窗口或退出"监视和修改变量"应用程序并不能删除强制作业。强制功能不能用菜单命令"Edit"—"Undo"取消。

　　如果用菜单命令"Variable"—"Enable Peripheral Output"（使能外设输出）解除输出封锁，所有被强制的输出模块输出它们的强制值。

　　强制与修改变量的区别见表 3-3。

表 3-3　强制与修改变量的区别

特点/功能	用 S7-400 强制	用 S7-300 强制	修改
位存储器（M）	Yes	—	Yes
定时器与计数器（T.C）	—	—	Yes
数据块（DB）	—	—	Yes
外设输入（PIB、PIW、PIT）	Yes	—	—
外设输出（PQB、PQW、PQD）	Yes	—	—
输入与输出（I/Q）	Yes	Yes	Yes
用户程序可以覆盖修改/强制值	—	Yes	Yes
无中断有效替换强指数值	Yes	Yes	—
应用程序退出时变量仍保持其数值	Yes	Yes	—
与 CPU 的连接断开后变量仍保持其数值	Yes	Yes	—
允许的寻址错误，如 IW1 修改/强制值为 1 或 0			最后的有效
设置触发	立即触发	立即触发	一次或每一次循环
功能只影响在激活的窗口可视区变量	影响所有的强制值	影响所有的强制值	Yes

3.7 用程序状态功能调试程序

3.7.1 程序状态功能的启动与显示

（1）启动程序状态　可以通过在程序编辑器中显示执行语句表、梯形图或功能块图程序时的状态（简称为程序状态，Program Status），来了解用户程序的执行情况，对程序进行调试。

进入程序状态之前，必须满足下列 3 个条件：

① 经过编译的程序下载到 CPU；

② 打开逻辑块，用菜单命令"Debug"—"Monitor"进入在线监控状态；

③ 将 CPU 切换到 RUN 或 RUN-P 模式。

如果在程序运行时测试程序出现功能错误或程序错误，将会对人员或财产造成严重损害，应确保不会出现这样的危险情况。

建议不要一下子调试整个程序，而是在 IB1 中一次调用一个块，单独地调试它们。

（2）语句表程序状态的显示　从光标选择的网络开始监视程序状态，程序状态的显示是循环刷新的。在图 3-21 所示的语句表编辑器中，右边窗口显示每条指令执行后的逻辑运算结果（RLO）和状态位 STA（Status）、累加器 1（STANDARD）、累加器 2（ACCU2）和状态字（STATUS…），以及其他内容。用菜单命令"Options"—"Customize"打开的对话框中，用 STL 选项卡选择需要监视的内容，用 LAD/FBD 选项卡可以设置梯形图（LAD）和功能块图（SFB）程序状态的显示方式。

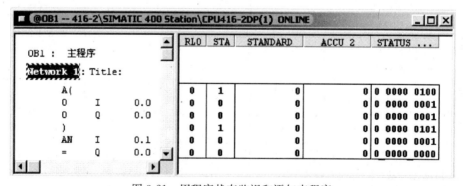

图 3-21　用程序状态监视和语句表程序

（3）梯形图程序状态的显示　LAD 和 FBD 中用绿色连续线来表示状态满足，即有"能流"流过，见图 3-22 左边的较粗较浅的线；用蓝色点状细线表示状态不满足，没有能流流过；用黑色连续线表示状态未知。

在梯形图或功能块图编辑器中执行菜单命令"Options"—"Customize"，在"LAD/FBD"选择卡中可以改变线型和颜色的设置。

进入程序状态之前，梯形图中的线和元件因为状态未知，全部为黑色。上述 3 个条件满足后，从梯形图左侧垂直的"电源"线开始的连线均为绿色（见图 3-22），表示有能流从"电源"线流出。有能流流过的处于闭合状态的触点、方框指令，线圈和"导线"均用绿色表示。

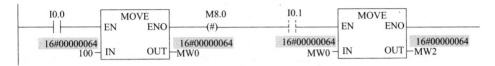

图 3-22　梯形图程序状态的显示

如果有能流流入指令框的使能输入端 EN，该指令被执行。如果指令框的使能输出 ENO 端接有后续元件，有能流从它的 ENO 端流到与它相连的元件，该指令框为绿色。如果 ENO 端未接后续元件，则该指令框和 ENO 输出线均为黑色。

如果 CALL 指令成功地调用了逻辑块，CALL 线圈为绿色。

如果跳转条件满足，跳转被执行，跳转线圈为绿色。被跳过的网络中的指令没有被执行，这些网络中的梯形图为黑色。

NOT 触点左侧和右侧能流的状态刚好相反，即 NOT 触点左侧有能流时，其右侧没有能流；左侧没有能流时，其右侧有能流。

梯形图中加粗的字体显示的参数值是当前值，细体字显示的参数值来自以前的循环，即该程序区在当前扫描循环中未被处理。

（4）使用程序状态功能监视数据块　数据块必须使用数据显示方式（Data View）在线查看数据块的内容，在线数值"Actrual Value"（实际数值）列中显示。程序状态被激活后，不能切换为声明显示（Declaration View）方式。

程序状态结束后，"Actrual Value"列将显示程序状态之前的有效内容，不能将刷新的在线数值传送至离线数据块。

复合数据类型 DATE-AND-TIME 和 STRING 不能刷新，在复合数据类型 ARRAY、STRUCT、UDT、FB 和 SFB 中，只能刷新基本数据类型元素。程序状态被激活时，包含没有刷新的数据的"Actrual Value"列中的区域将用灰色背景显示。

在背景数据块中的 IN_OUT 声明类型中，只显示复合数据类型的指针，不显示数据类型的元素，不刷新指针和参数类型。

3.7.2　单步与断点功能的使用

单步与断点是调试程序的有力工具，有单步与断点调试功能的 PLC 并不多见。允许设置的断点个数可以参考 CPU 的资料。

单步与断点功能在程序编辑器中设置与执行。单步模式不是连续执行指令，而是一次只执行一条指令，在用户程序中可以设置多个断点，进入 RUN 或 RUN-P 模式后将停留在第一个断点处，可以查看此时 CPU 内寄存器的状态。

"Debug"（调试）菜单中的命令用来设置、激活或删除断点。执行菜单命令"View"—"Breakpoint Bar"后，在工具条中将出现一组与断点有关的图标，可以用它们来执行与断点有关的命令。

（1）设置断点与进入单步模式的条件

① 只能在语句表中使用单步和断点功能，菜单命令"View"—"STL"将梯形图或功能块图转换为语句表。

② 设置断点前应在语句表编辑器中执行菜单命令"Options"—"Customize"，在对话框中选择 STL 标签页，激活"Activate new breakpoints immediately"（立即激活新断点）选项。

③ CPU 必须工作在测试（Test）模式，可以用菜单命令"Debug"—"Operation"选择测试模式。

④ 在 SIMATIC 管理器中进入在线模式，在线打开被调试的块，在调试过程中如果块被修改，需要重新下载它。

⑤ 设置断点时不能启动程序状态（Monitor）功能。

⑥ STL 程序中有断点的行，调用块的参数所在的行、空的行或注释行不能设置断点。

（2）设置断点与单步操作　满足上述条件时，在语句表中将光标放在要设置断点的指令所在的行。在 STOP 或 RUN-P 模式执行菜单命令"Debug"—"Set Breakpoint"，在选中的语句左边将出现一个紫色的小圆（见图 3-23），表示断点设置成功，同时会出现一个显示 CPU 内寄存器的可移动小窗口。执行菜单命令"View"—"PLC Registers"可以打开或关闭该窗口。执行菜单命令"Options"—"Customize"，在 STK 选项卡中可以设置该窗口中需要显示哪些内容。

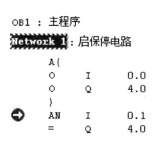
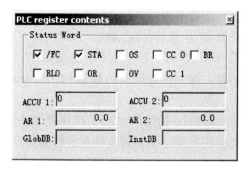

图 3-23　断点与断点处 CPU 寄存器和状态字的内容

如果在设置断点时启动了激活断点功能，即在菜单命令"Debug"—"Breakpoints Active"前有一个"√"（默认的状态），表示断点的小圆是实心的。

执行该菜单命令后"√"消失，表示断点的小圆变为空心的。要使断点起作用，应执行该命令，以激活断点。

将 CPU 切换到 RUN 或 RUN-P 模式，将在第一个表示断点的紫色圆球内出现一个向右的黄色的箭头（见图 3-23），CPU 进入 HOLD（保持）模式，同时小窗口中出现断点处的状态字、累加器、地址寄存器和块寄存器的值。

执行菜单命令"Debug"—"Execute Next Statement"，或单击工具条上对应的按钮，断点处小圆内的黄色箭头移动到下一条语句，表示用单步功能执行下一条语句。如果下一条语句是调用块的语句，执行块调用后将跳到块调用语句的下一条语句。执行菜单命令"Debug"—"Execute Call"（执行调用）将进入调用的块，在调用的块中可以使用单步模式，也可以用该块内预先设置的断点来进行调试，块结束时将返回块调用语句的下一条语句。

为使程序继续运行至下一个断点，执行菜单命令"Debug"—"Resume"（继续）。

将光标放在断点所在的行，用菜单命令"Debug"—"Delete Breakpoint"可以删除该断点，菜单命令"Debug"—"Delete All Breakpoint"用于删除所有的断点。

执行菜单命令"Show Next Breakpoint"，光标将跳到下一个断点。

（3）保持模式 在执行程序时遇到断点，PLC 进入保持（HOLD）模式，"RUN" LED 闪烁，"STOP" LED 亮。这时不执行用户程序，停止处理所有的定时器，但是实时时钟继续运行。由于安全的原因，在 HOLD 模式下输出总是被禁止的。

在 HOLD 模式，可以通过图 3-23 中的信息窗口，查看 CPU 内的寄存器的状态。

在 HOLD 模式下，有后备电池的 PLC 在电源掉电后又重新恢复供电时，进入 STOP 模式，CPU 不执行自动再启动，在 STOP 模式下用户可以决定处理的方式，如设置/清除断点，执行手动再启动等。

没有后备电池的 PLC 没有记忆功能，所以电源恢复后不考虑断点以前的操作模式，而是执行自动暖启动。

3.8 故障诊断

S7-300/400 有非常强大的故障诊断功能，通过 STEP7 编程软件可以获得大量的硬件故障与编程错误的信息，使用户能迅速地查找到故障。

诊断是指 S7-300/400 内部集成的错误识别和记录功能，错误信息在 CPU 的诊断缓冲区内。有错误或事件（例如模式转换）发生时，标有日期和时间的信息被保存到诊断缓冲区，时间保存到系统的状态表中，如果用户已对有关的错误处理组织块编程，CPU 将调用该组织块。

诊断功能可以识别 CPU 或其他模块中的系统错误或 CPU 中的程序错误。

3.8.1 故障诊断的基本方法

（1）诊断符号 诊断符号用来形象直观地表示模块的运行模式和模块的故障状态（见图 3-24）。如果模块有诊断信息，在模块符号上将会增加一个诊断符号，或者模块符号的对比度降低。

模块故障　当前组态与实际组态不匹配　无法诊断　　启动　　　停止　多机运行模式中被　运行　强制与运行　保持
　　　　　　　　　　　　　　　　　　　　　　　　　　　　　另一CPU触发停止

图 3-24　诊断符号

在下列窗口可以观察到诊断符号：在线的管理器窗口在线硬件诊断功能打开的快速视窗和在线的硬件组态窗口（诊断视窗）。

图 3-24 中的诊断符号"当前组态与实际组态不匹配"表示被组态的模块不存在，或者插入了与组态的模块的型号不同的模块。

诊断符号"模块故障"可能的原因：诊断中断，I/O 访问错误，或检测到故障 LED 亮。

诊断符号"无法诊断"表示无在线连接，或该模块不支持模块诊断信息，例如电源模块或子模块。

"强制"符号表示在该模块上有变量被强制，即在模块的用户程序中有变量被赋予一个固定值，该数据值不能被程序改变。强制符号可以与其他符号组合在一起显示，例如在图 3-24 中"强制与运行"符号的组合。

（2）故障诊断的基本方法 在管理器中用菜单命令"View"—"Online"打开在线窗口。打开所有的站，查看是否有 CPU 显示了指示错误或故障的诊断符号。可以用"F1"键打开解释诊断符号的帮助。

通过观察诊断符号，可以判断 CPU 模块的运行模式，是否有强制变量，CPU 模块和功能模块（FM）是否有故障（见图 3-24）。

打开在线窗口，在 SIMATIC 管理器中执行菜单命令"PLC"—"Diagnostic/Setting"—"Hardware Diagnostics"，将打开硬件诊断快速浏览窗口，在该窗口中显示 PLC 的状态，看到带诊断功能的模块的硬件故障，双击故障模块可以获得详细的故障信息。

3.8.2 模块信息在故障诊断中的应用

（1）打开模块信息窗口 建立与 PLC 的在线连接后因 SIMATIC 管理器中或在"Accessible Nodes"（可访问站）窗口中选择要检查的站，执行菜单命令

"PLC"—"Diagnostics/Settings"—"Module Information"，将打开模块信息窗口，
显示该站中CPU模块的信息。如图3-25所示。

在快速视窗口中使用"Module Information"按钮，或在硬件组态窗口双击
CPU模块，也可以打开模块信息窗口。

在模块信息窗口的诊断缓冲区（Diagnostic Buffer）选项卡中，给出了CPU中
发生的事件一览表，选中"Events"窗口中某一行的某一事件，下面灰色的
"Details on"窗口将显示所选事件的详细信息。使用诊断缓冲区可以对系统的错误
进行分析，查找停机原因，并对出现的诊断事件分类。

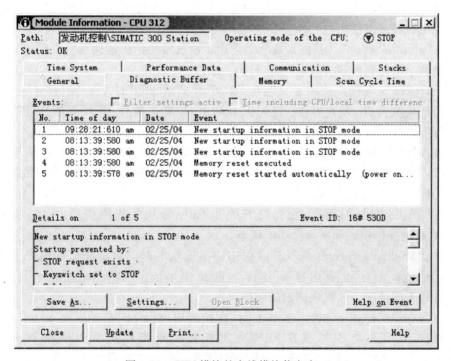

图 3-25　CPU 模块的在线模块信息窗口

诊断事件包括模块故障、过程写错误、CPU中的系统错误、CPU运行模式的
切换、用户程序的错误和用户用系统功能SFC52定义的诊断事件。

在模块信息窗口中，编号为1，位于最上面的事件是最近发生的事件。如果显
示因编程错误造成CPU进入STOP模式，选择该事件，并单击"Open Block"按
钮，将在程序编辑器中打开与错误有关的块，显示出错的程序段。

诊断中断和DP从站诊断信息用于查找模块和DP从站中的故障的原因。

"Memory"（存储器）选项卡给出了所选的CPU或M7功能模块的工作存储器
和装载存储器当前的使用情况，可以检查CPU或功能模块的装载存储器中是否有
足够的空间用来存储新的块。

"Scan Cycle Time"（扫描循环时间）选项卡用于显示所选CPU或M7功能模

块的最小循环时间、最大循环时间和当前循环时间。

如果最长循环时间接近组态的最大扫描循环时间，由于循环时间的波动可能产生的时间错误，此时应增大设置的用户程序最大循环时间（监控时间）。

如果循环时间小于设置的最小循环时间，CPU 自动延长循环至设置的最小循环时间。在这个延长时间内可以处理背景组织块（OB90）。组态硬件时可以设置最大和最小循环时间。

"Time System"（时间系统）选项卡显示当前的日期、时间、运行的小时数以及时钟同步的信息。

"Performance Data"（性能数据）选项卡给出了所选模块（CPU/FM）可以使用的地址区和可以使用的 OB、SFB 和 SFC。

"Communication"（通信）选项卡给出了所选模块的传输速率、可以建立的连接个数和通信处理占扫描周期的百分比。

"Stacks"（堆栈）选项卡只能在 STOP 模式或 HOLD（保持）模式下调用，显示所选模块的 B（块）堆栈。还可以显示 I（中断）堆栈、L（局域）堆栈以及嵌套深度堆栈。可以跳转到使块中断的故障点，判明引起停机的原因。

在模块信息窗口各选项卡的上面显示了附加的信息，例如所选模块的在线路径、CPU 的操作模式和状态（例如出错或 OK）、所选模块的操作模式，如果它有自己的操作模式的话（例如 CP342-5）。

从 "Accessible Modes" 窗口打开的非 CPU 模块的模块信息中，不能显示 CPU 本身的操作模式和所选模块的状态。

在 "Module Information" 对话框中切换选项卡时，数据都要从模块中读过来，但是显示某一页时其内容不再刷新。点击 "Update"（刷新）按钮，可以在不改变选项卡的情况下从模块读新的数据。

（2）在停机模式下诊断 如果 CPU 在处理用户程序时自动进入 STOP 模式，或下载程序后无法将 CPU 从 STOP 模式切换到 RUN-P 模式，可以在 STOP 状态建立与 CPU 的在线连接，打开模块信息对话框，根据诊断缓冲区中最上面一项判断停机的原因。

诊断缓冲区中的信息 "STOP because programming error OB not loaded" 表示 CPU 因为试图启动一个不存在的 OB 块去处理一个编程错误而停机，它前面一条信息指出了该编程错误。

选择描述编程错误的信息，单击 "Open Block"（打开块）按钮，将在程序编辑器中打开包含程序错误的块，出错的程序段被加亮。

（3）停机模式下堆栈的内容 在模块信对话框中选择 "Stacks"（堆栈）选项卡，通过诊断缓冲区和堆栈中的内容，可以判定用户程序执行过程中引起故障的原因。

例如由于编程错误或停机指令使 CPU 进入停机状态时，可以用 "I Stack"（中断堆栈）、"L Stacks"（堆栈）和 "Nesting Stack"（嵌套堆栈）按钮显示停机时这些堆栈中的内容。堆栈内容将提供哪个块中的条指令引起 CPU 进入停机的信息。B 堆栈（块堆栈）列出了所有停机前已经被调用但还未完全处理的块。

中断堆栈包含着中断时的数据或状态，例如累加器和寄存器的内容，打开的数据块及其大小，状态字的内容、优先级（嵌套层次）、中断的块和中断后程序将继续处理的块。

对于每个在 B 堆栈中列出的块，都可以通过选择该块并单击"L Stack"按钮显示相应的局域数据。它包含中断时用户程序正在处理的块的局域数据。

嵌套堆栈是逻辑操作"A（、AN（、O、ON（、（X、（XN（"使用的存储区域。如果中断时没有处理括号操作，该按钮为灰色（不能操作）。

3.8.3 用快速视窗和诊断视窗诊断故障

（1）用快速视窗诊断故障 在 SIMATIC 管理器中选择要检查的站，执行菜单命令"PLC"—"Diagnostics/Settings"—"Diagnose Hardware"，将打开 CPU 的硬件诊断快速视窗（Quick View），显示该站中的故障模块。执行菜单命令"Option"—"Customize"，在打开的对话框的"View"选项卡中，应激活"诊断时显示快速视窗"。在快速视窗中显示如图 3-26 所示信息。

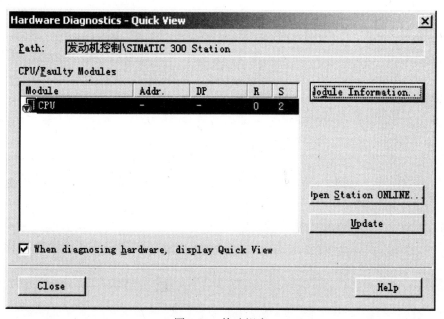

图 3-26　快速视窗

在线连接的 CPU 的数据和诊断符号，CPU 检查到故障的模块的诊断符号（例如诊断中断、I/O 访问错误），模块类型和地址（Addr），DP 主系统的站号（DP）、机架号（R）和槽号（S）。在快速视窗中选择故障模块后，单击"Module Information"（模块信息）按钮，可以获得该模块的信息。

（2）打开诊断视窗 诊断视窗实际上就是在线的硬件组态窗口。

① 在快速视窗中打开诊断视窗 在快速视窗中单击"Open Station Online"（在线打开站）按钮，将打开硬件组态的在线诊断视窗，它包含该站机架中所有的模块。

如果已经打开了离线的组态表，用菜单命令"Station"—"Open Online"也能打开诊断视窗。

② 在 SIMATIC 在线管理器中打开诊断视窗 在 SIMATIC 管理器中，使用菜单命令"View"—"Online"与 PLC 建立在线连接，双击打开一个站，然后打开其中的"Hardware"对象，也可以打开诊断视窗。

（3）诊断视窗的信息功能 与快速视窗相比，诊断视窗显示整个站在线的组态，包括机架组态和所有组态模块的诊断符号码，可以读取每个模块的状态以及CPU 模块的操作模式、模块类型、序列号和地址，以及有关组态的注释。用这种方法可以得到那些没有故障因而没有在快速视窗中显示的模块信息。在诊断视窗中选择一个模块，用菜单命令"PLC"—"Module Information"可以查看其模块状态的详细信息。

第4章 ‹‹‹

组态软件WinCC与PLC通信

4.1 组态软件概述

4.1.1 什么是组态软件

组态，其意义是指用应用软件中提供的工具、方法、完成某一工程任务的过程。"组态"的概念是伴随着集散型控制系统的出现才开始流行的。

组态软件是指一些数据采集与过程控制的专用软件，它们是在自动控制系统监控层一级的软件平台和开发环境，使用灵活的组态方式，为用户提供快速构建工业自动控制系统监控功能的通用层次的软件工具。组态软件也可称为人机界面(HMI)。组态软件主要基于PC技术，随着PC技术的发展，组态软件也被赋予新的内容。

4.1.2 组态软件的功能

组态软件的主要功能是提供了一个开发环境，用于生成用户定制的人机界面。人机界面广义上说是用户与机器间沟通、传达及接收信息的一个接口，通过这个接口，可以对控制对象进行控制并设定相应的控制参数。组态软件种类繁多，但其功能大体类似：一般采用类似资源浏览器的窗口结构，可对工业控制系统中的各种资源（设备、标签量、画面等）进行配置和编辑；能提供多种数据驱动程序；都使用脚本语言提供二次开发的功能；等等。

4.1.3 常用组态软件

目前，组态软件提供商很多，国外的组态软件因为发展较早，在市场上占主导地位，其技术也比较成熟。

（1）InTouch　Wonderware 公司的 InTouch 软件是最早进入我国的组态软件。早期的 InTouch 软件采用 DDE 方式与驱动程序通信，性能较差，最新的 InTouch7.0 版已经完全基于 32 位的 Windows 平台，并且提供了 OPC 支持。

（2）WinCC　西门子（Siemens）公司的 WinCC 也是一套完备的组态开发环境，但结构也相对复杂。西门子提供类 C 语言的脚本，包括一个调试环境。WinCC 内嵌 OPC 支持，并可对分布式系统进行组态。

（3）Fix　Intellution 公司是爱默生集团的全资子公司，Fix6.x 软件提供工控人员熟悉的概念和操作界面，并提供完备的驱动程序（需单独购买）。Intellution 将自己最新的产品系列命名为 iFiX，在 iFiX 中，Intellution 提供了强大的组态功能。

4.1.4　WinCC 组态软件及安装

SIMATIC WinCC（Windows Control Center）即西门子自动化视窗控制中心，它是德国西门子公司自动化领域的代表软件之一，是西门子公司在过程自动化领域的先进技术与微软公司强大软件功能相结合的产物。WinCC 1996 年进入世界工控组态软件市场就取得了巨大的成功，当年就被美国《Control Engineering》杂志评为最佳 HMI 软件，并以最短的时间发展成第三个在世界范围内成功的 SCADA 系统。

WinCC 是一款性能全面、技术先进、系统开放、方便灵活的 HMI/SCADA 软件。西门子公司与世界各大制造商都有着广泛的合作，产品兼容性很广，其通信驱动程序的种类还在不断地增加，通过 OPC（OLE for Produre Control）的方式，WinCC 还可以与更多的第三方控制器进行通信，极大地提高了程序通用性。

WinCC 最引人注目之处还是其广泛的应用范围，集生产自动化和过程自动化于一体，实现了相互之间的整合。现行的 WinCC V6.0 采用流行的标准 Microsoft SQL Server 数据库以实现数据归档，与 SIMATIC S5、S7 系列的 PLC 连接简单易行、通信高效，并在原有的版本上增强了 IT 功能及 Web 功能，其基本功能也有了进一步的完善。

（1）WinCC 的变量　WinCC 的变量（Tags）是 WinCC 系统的最基本组成元素，通过变量可以得知控制系统的参量变化，监控画面的变化只是 WinCC 的变量的直观显示。WinCC 的变量分为内部变量和过程变量（又称外部变量）。把与外部控制器没有过程连接的变量叫做内部变量，它是为了组态和编程方便而定义的中间变量，可以无限制地使用。与此相对应，与外部控制器（例如 PLC）具有过程连接的变量叫做过程变量。

授权变量（Power Tags）是指授权使用的过程变量，授权变量的多少直接决定了控制系统的大小。根据授权变量数量，WinCC完全版和运行版都有5种授权规格：128个、256个、1024个、8000个和65536个变量。也就是说，如果购买的WinCC具有1024个授权变量，那么WinCC项目在运行状态下，最多只能有1024个过程变量可连接到外部控制器，过程变量的数目和授权使用的过程变量的数目显示在WinCC项目管理器的状态栏中。

（2）WinCC系统构成　WinCC基本系统是很多应用程序的核心。它包含以下9大部件。

① 变量管理器　变量管理器（tag management）管理WinCC中所使用的外部变量、内部变量和通信驱动程序。

② 图形编辑器　图形编辑器（graphics designer）用于设计各种监控图表和画面。

③ 报警记录　报警记录（alarm logging）负责采集和归档报警消息。

④ 变量归档　变量归档（tag logging）负责处理测量值，并长期存储所记录的过程值。

⑤ 报表编辑器　报表编辑器（report designer）提供许多标准的报表，也可设计各种格式的报表，并可按照预定的时间进行打印。

⑥ 全局脚本　全局脚本（global script）是项目设计人员用ANSI-C及Visual Basic编写的代码，以扩展系统功能。

⑦ 文本库　文本库（text library）编辑不同语言版本下的文本消息。

⑧ 用户管理器　用户管理器（user administrator）用来分配、管理和监控用户对组态和运行系统的访问权限。

⑨ 交叉引用表　交叉引用表（cross-reference）负责搜索在画面、函数、归档和消息中所使用的变量、函数、OLE对象和ActiveX控件。

（3）WinCC选件　WinCC选件能满足用户的特殊需求，WinCC以开放式的组态接口为基础，目前已经开发了大量的WinCC选件和WinCC附加件。

① 服务器系统（Server）　服务器系统用来组态客户机、服务器系统。服务器与过程控制建立连接并存储过程数据，客户机显示过程画面并和服务器进行数据交换。

② 冗余系统（redundancy）　冗余系统即两台WinCC系统并行运行，并互相监视对方状态，当一台机器出现故障时，另一台机器可接管整个系统的控制。

③ Web浏览器　Web浏览器（Web navigator）可通过Internet/Intranet监控生产过程状况。

④ 用户归档　用户归档（User archive）给过程控制提供一整批数据，并将过程控制的技术数据连续存储在系统中。

⑤ 开放式工具包　开放式工具包（ODK）提供了一套API函数，使应用程序可与WinCC系统的各部件进行通信。

⑥ WinCC/Data Monitor　WinCC/Data Monitor 是通过网络显示和分析 WinCC 数据的一套工具。

⑦ WinCC、ProAgent　WinCC/ProAgent 能准确、快速地诊断由 SIMATIC S7 和 SIMATE WinCC 控制和监控的工厂和机器中的错误。

⑧ WinCC/Connectivity Pack　WinCC/Connectivity Pack 包括 OPC HDA，OPC A&E 以及 OPC XML 服务器，用来访问 WinCC 归档系统中的历史数据。采用 WinCC　OLE-DB 能直接访问 WinCC 存储在 Microsoft SQL Server 数据库内的归档数据。

⑨ WinCC/Industrial Data Bridge　WinCC/Industrial Data Bridge 工具软件利用标准接口实现自动化，并保证了双向的信息流。

⑩ WinCC/IndustrialX　WinCC/IndustrialX 可以开发和组态用户自定义的 ActiveX 对象。

⑪ SIMATIC WinBDE　SIMATIC WinBDE 能保证有效的机器数据管理（故障分析和机器特征数据）。其使用范围既可以是单台机器，也可以是整套生产设施。

4.1.5　WinCC 安装

（1）安装 WinCC 的硬件条件　运行 WinCC 应满足一定的硬件条件，这个硬件条件即为 WinCC 运行的最小硬件配置，一般情况下，用户的配置应稍优于这个硬件条件，尤其数据交换量比较大的用户，以保证 WinCC 运行的可靠和高效。见表 4-1。

表 4-1　WinCC 硬件配置需求

硬件		最低配置	推荐配置
CPU		客户机:Inter Pentium Ⅱ,300MHz 服务器:Inter Pentium Ⅲ,800MHz 集中归档服务器:Inter Pentium 4,2GHz	客户机:Inter Pentium Ⅲ,800MHz 服务器:Inter Pentium 4,1400MHz 集中归档服务器:Inter Pentium4,2.5GHz
主存储器/RAM		客户机:256MB 服务器:512MB 集中归档服务器:1GB	客户机:512MB 服务器:1GB 集中归档服务器≥1GB
硬盘剩余空间	用于安装	客户机:500MB 服务器:700MB	客户机:700MB 服务器:1GB
	用于使用	客户机:1GB 服务器:1.5GB 集中归档服务器:40GB	客户机:1.5GB 服务器:10GB 集中归档服务器 80GB
虚拟工作内存		1.5 倍速工作内存	1.5 倍速工作内存
用于 Windows 打印机假脱机程序的工作内存		100MB	>100MB
图形卡		16MB	32MB
颜色数量		256	真彩色
分辨率		800×600	1024×768

要注意如下几项：

① 安装程序至少需要 100MB 的可用存储器空间，用于安装操作系统的驱动器上的附加系统文件，通常操作系统位于驱动器"C"。

② 取决于项目大小及归档和数据包的大小。当激活项目时，至少应有额外的 100MB 可用空间。

③ 在区域"用于所有驱动器的交换文件总的大小"中为"指定驱动器的交换文件的大小"使用推荐的数据，请在"开始大小"域及"最大值"域中都输入推荐的数值。

④ WinCC 需要 Windows 打印机假脱机程序对打印机错误进行检测，因此，不能安装任何其他打印机假脱机程序。

（2）安装 WinCC 的软件要求　WinCC 的正确安装需要满足一定的先决条件，这个条件包括其他软件的安装及配置，在安装 WinCC 前应安装所需的软件并正确配置好。安装 WinCC 的机器上应安装 Microsoft 消息队列服务和 SQL Server 2000。

① 操作系统　所有服务器都必须运行于 Server 或 Windows 2000 Advanced Server。项目中的所有客户机既可运行于 Windows XP Professional，也可运行于 Windows 2000 Professional。此外 WinCC 服务器只能运行于 Windows 2000 服务器或 Windows 2000 Advanced Server 的 SP2 及 SP3 版本。

② Internet 浏览器　WinCC V6.0 要求安装 Mircorsoft Internet Explorer 6.0 （IE6.0）SP1 或以上版本。IE6.0 SP1 可随安装盘提供，或从网上直接下载安装包，安装时选择标准安装。如要使用 WinCC 的 HTML 帮助，则需对 IE 浏览器进行设置，开启 Internet 选项，设置 Jave 脚本为"允许"。

③ Microsoft 消息队列服务　安装 WinCC 前，必须安装 Microsoft 消息队列服务（Microsoft Message Queuing）。

④ Microsoft SQL Server2000　安装 WinCC 前，必须安装 SQL Server2000，SQL Server2000 数据库用来储存 WinCC 的组态数据和归档数据，其版本为 SP3。

（3）WinCC 的安装

① 消息队列的安装　Windows 2000 和 Windows XP Professional 系统都包含了消息队列服务，但没有设置此服务为默认安装。上面两个系统的消息队列安装方法相似，其步骤如下：

依次单击"开始"—"设置"—"控制面板"—"添加/删除程序"，打开"添加/删除程序"对话框；

在对话框左侧标签页中选择"添加/删除 Windows 组件"，打开"Windows 组件向导"对话框，如图 4-1 所示。

② SQL Server2000 的安装　Microsoft SQL Server2000 SP3 光盘随 WinCC V6.0 一起提供，在安装期间，可创建"WinCC"实例。本实例安装时总是使用英

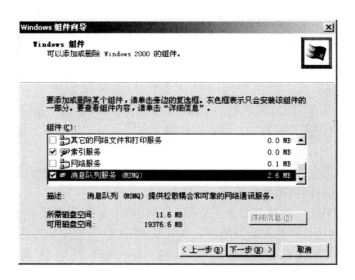

图 4-1　Windows XP 安装队列服务

文，使用的其他语言对已经安装的现有 SQL 服务器实例中将没有任何影响。安装按屏幕提示操作，如图 4-2 所示。

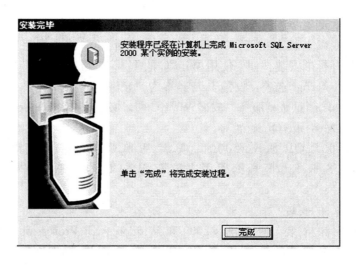

图 4-2　Microsoft SQL Server2000 SP3 安装

　　注意：即使已经安装了另一个 Microsoft SQL 服务器实例，也必须安装 WinCC 的 Microsoft SQL 服务器实例。

　　③ 安装 WinCC　WinCC 安装光盘提供了一个自启动程序，安装光盘放入光驱后，可自动运行安装程序，如不能自动运行，请直接运行光盘上的 start.exe 程序。程序运行后，出现如图 4-3 所示对话框。

图4-3 WinCC V6.0安装对话框

单击"安装 SIMATIC WinCC",开始 WinCC 的安装,如软件安装要求不满足,会出现提示对话框。

单击"下一步"对话框。

在"软件许可证协议"对话框中选择接受此协议,单击"是"。

在"用户信息对话框"中,输入相关信息,如图4-4所示,并单击"下一步"。

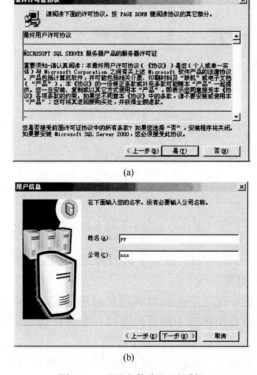

(a)

(b)

图4-4 "用户信息"对话框

在"安装路径"对话框中，可选择 WinCC 目标文件及其组件的安装路径。

用户可自定义安装路径，程序文件默认安装在"C：/Program Files \ Siemens \ WinCC"下，数据文件安装在"C：Program Files \ Common Files \ Siemens"下，如图 4-5 所示，选择了安装路径后单击"下一步"。

图 4-5　选择目标路径选择

在"安装类型"对话框中，用户可根据自己的需求进行类型选择，WinCC 提供了最小化安装、典型安装和自定义安装三种安装类型，如图 4-6 所示。

图 4-6　WinCC 安装类型选择

最小化安装（280～520MB）包括了运行系统、组态系统、SIMATIC 通信驱动程序、OPC Server 组件。

典型化安装包括最小化安装的内容和用户自定义安装中默认激活的组件。

自定义安装包括所有用户选中激活的组件，如用户想实现最大化安装，可选中并激活全部组件。

如选择"自定义安装"，则出现"选择组件"对话框，选择所需要安装的组件，如图 4-7 所示，并单击"下一步"。

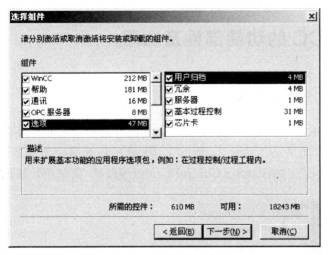

图 4-7 安装组件选择

WinCC 安装需要授权，选择了安装组件后打开了"授权"对话框，如图 4-8 所示。在对话中出现安装组件所需要授权的种类，授权可以在安装过程中执行，也可以在安装后执行，如没有授权，只能运行在演示方式下，并在 1h 后退出。

在安装进行之前，可以在"所选安装组态的概要"对话框中对所选的 WinCC 安装组件通过返回上面几个步骤进行更改，当单击"下一步"后，所选组件开始复制，不能再进行修改。

软件在安装完成后，提示重启计算机以完成整个安装，如果想即时完成安装过程则选择"是，我想现在重新启动计算机"。

图 4-8 WinCC"授权"对话框

重启后，在 Windows 任务栏中会出现 WinCC-MSSQL-Server 服务器标志，在默认情况下，WinCC 和 STEP7 是安装在一个目录下的。

4.2 WinCC 的功能部件及应用

4.2.1 WinCC 软件运行

（1）启动 WinCC　　WinCC 安装完成后，其图标会出现在系统菜单栏，可直接通过单击的方式启动 WinCC V6.0。WinCC V6.0 的打开路径为单击"开始"—"SIMATIC"—"WinCC"—"Windows Control Center V6.0"菜单项，如图 4-9 所示。

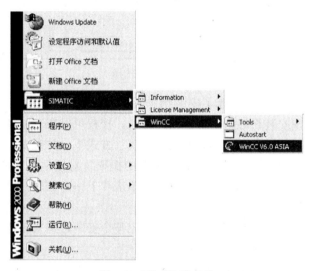

图 4-9　WinCC 的启动

首次运行 WinCC，将提示创建一个项目或打开一个已存在的项目。创建的项目可以是单用户、多用户或客户机项目，也可以直接选择"取消"而不创建项目。当再次启动 WinCC 时，上次打开的项目将被再次打开。当启动 WinCC 时，同时按下"Shift"键和"Alt"键，WinCC 项目管理器打开，但不打开项目。

（2）打开 WinCC 项目管理器　　当启动 WinCC 时，WinCC 项目管理器将正常打开，也可使用"WinCC Explorer. exe"启动文件来启动 WinCC，"WinCC Explorer. exe"位于 Windows 资源管理器中的安装路径"WinCC \ bin"中。在 Windows 资源管理器中，双击已存在的 WinCC 项目文件（如〈项目〉MCP），通过这个项目文件关联也可启动 WinCC 项目管理器。

注意：在计算机上只能启动 WinCC 一次，在 WinCC 项目管理器已经打开时，如果尝试再次将其打开。该操作将不会执行，且没有出错信息。可继续在所打开的 WinCC 项目管理器中正常工作。

当没有项目可打开时，WinCC 项目管理器呈空白状态。WinCC 项目可以在打开管理器时通过创建项目向导来创建，也可以打开项目管理器后通过"文件"—"新建"来创建，如图 4-10 所示，也可以不创建项目而直接打开原已存在的项目。本例将创建一个名称为 wincc-demo 的单用户项目，确定后会出现的"创建新项目"对话框，当指定了存放的文件夹后，项目管理器在默认情况下为项目创建一个与项目名称相同的子文件夹，如果用户不需要这个子文件夹，可以从文本框中直接清空，从而不创建这个子文件夹。

图 4-10　新项目的创建

wincc-demo 项目创建成功后，将会在项目管理器中打开显示，此时，项目 wincc-demo 还处于未激活状态，如图 4-11 所示。

由图 4-11 可见 WinCC 项目管理器结构可主要分为六部分：标题栏、状态栏、菜单栏、工具栏、浏览器和数据窗口。状态栏和标题栏包含与项目有关的常规信息以及编辑器中的设置；菜单栏包括 Windows 资源管理器中所使用的大多数命令，在当前情况下暂不能使用的命令均不激活（显示为灰色），某些命令只有在打开窗口元素中的右键快捷菜单时才可激活；使用工具栏中的按钮，可激活命令（工具栏可隐藏）；浏览窗口包含 WinCC 项目管理器中的编辑器和功能的列表；如果单击浏览窗口中的编辑器或文件夹，数据窗口将显示属于编辑器或文件夹的元素，所显示的信息将随编辑器的不同而变化，在浏览窗口和数据窗口中都可进行工作。

工具栏中的"运行"图标（黑三角）命令用于启动运行系统并激活项目，如果系统状态允许，所有已组态的过程均将启动和运行，在激活项目之前，可以设置 WinCC 运行系统的启动顺序及附加任务、应用程序。而"停止"（黑正方形）命令利用于取消项目激活，所有激活的过程均将停止。

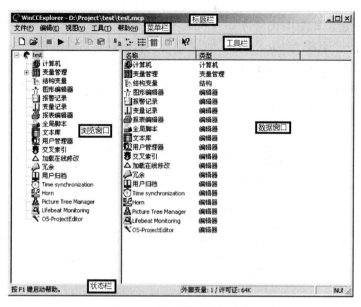

图 4-11　WinCC 项目管理器

右击"计算机"图标，在快捷菜单中打开"计算机的属性列表"对话框，通过它可打开工作计算机的"属性"对话框，它对本机系统的功能做总体性设置，如需要启动的子系统、时钟及热键、画面属性及系统运行时的外在特征等。

右击浏览窗口的项目名称"wincc-demo"，会出现"查找"和"属性"两个快捷命令选项，"查找"命令用于启动搜索功能，项目中可搜索的元素有：服务器计算机、客户机计算机、驱动程序连接、通道单元、连接、变量组和变量，它支持通配符"*"；"属性"命令可修改项目的类型、更新周期及热键设置等。

4.2.2　变量管理

过程控制系统中，设备运行状态和变化将实时地反映在变量之中，在组态软件运行状态下，通过对变量的显示和对变量数据的改变，可实现对控制系统的监控功能，变量管理器位于 WinCC 项目管理器的浏览窗口中。

WinCC 使用变量管理器来组态变量，变量管理器将对项目所使用的变量和通信驱动程序进行管理，变量用于完成 WinCC 工程与控制系统的数据交换，通信驱动程序用以实现 WinCC 与控制系统的通信。

（1）变量的类型　　变量按功能分为过程变量、内部变量、系统变量和脚本变量。

① 过程变量：俗称外部变量，它是用于 WinCC 和自动化系统之间的通信，其

值由外部过程提供的变量，过程变量的属性取决于所使用的通信驱动程序、通道单元及连接，过程变量的属性包括名称、数据类型、通道单元地址、初值、限制值、线性标定等。可用过程变量数目由授权的类型决定。

② 内部变量：内部变量指不需要和外部过程相连的变量，内部变量可作为中间变量，使用内部变量可对项目内的数据进行管理或将数据传送给归档，其属性有名称、数据类型、初值、限制值等，内部变量没有授权限制。

③ 系统变量：WinCC 提供了一些预定义的中间变量，称为系统变量，以"@"开头，以区别于其他变量，每个系统变量都有明确的意义，可提供特定的功能，主要用以表示系统的运行状态，系统变量由 WinCC 自动创建，不能自行创建，但可以在工程的脚本和画面中使用。

④ 脚本变量：即在脚本定义和使用的变量，类似于函数中的变量，其使用不能超出所规定的范围。WinCC 的脚本包括全局脚本和画面内各组件脚本。

WinCC 将通过以下两种其他的对象类型来简化变量的处理。

a. 变量组：可在变量管理器中将变量分成变量组。当在项目中创建大量的变量时，可根据主题将其组合成变量组，采取这种方式，WinCC 将使变量的分配和检索更容易，变量组的名称在整个项目中必须是唯一的，WinCC 将不区分名称中的大写和小写字符。

b. 结构类型：在 WinCC 中，将根据它来创建特定的变量组。结构类型至少包含一个结构元素。结构变量是通过结构类型所创建的一种变量。

（2）变量的数据类型 变量创建时，应给变量分配某种可能的数据类型，数据类型决定着变量的使用环境。WinCC 中的数据类型包括：二进制变量、有符号 8 位数、无符号 8 位数、有符号 16 位数、无符号 16 位数、有符号 32 位数、无符号 32 位数、32 位浮点数、64 位浮点数、8 位字符集文本变量、16 位字符集文本变量、原始数据类型变量、文本参考。

① 二进制变量（Binary Tag） 二进制变量可取为数值"TRUE"（或"0"）以及"FALSE"（或"1"），二进制变量占用 1 个字节的存储空间，以字节形式存储在系统中。

② 无符号 8 位数（Unsigned 8-bit value） 占用 1 字节的存储空间，且无符号，数值范围为 0~255。

③ 有符号 8 位数（Signed 8-bit value） 占用 1 字节的存储空间，且有符号（正号或负号），数值范围为 -128~+127。

④ 无符号 16 位数（Unsigned 16-bit value） 占用 2 字节的存储空间，且无符号，数值范围为 0~65535。

⑤ 有符号 16 位数（Signed 16-bit value） 占用 2 字节的存储空间，且有符号（正号或负号），数值范围为 -32768~+32767。

⑥ 无符号 32 位数（Unsigned 32-bit value） 占用 4 字节的存储空间，且无符号，数值范围为 0~4294967295。

⑦ 有符号 32 位数（Signed 32-bit value） 占用 4 字节的存储空间，且有符号（正号或负号），数值范围为－2147483648～＋2147483647。

⑧ 32 位数浮点数（Floating Point number 32-bit IEEE754） 占用 4 字节的存储空间，数值范围为±3.402823E＋38。

⑨ 64 位数浮点数（Floating Point number 64-bit IEEE754） 占用 8 字节的存储空间，数值范围为±1.79769313486231E＋308。

⑩ 8 位字符集文本变量（Text tag 8-bit character set） 用以表示 ASCII 字符集中的字符串，占用存储空间为 0～255 字节，每个 ASCII 字符占 1 字节的存储空间。

⑪ 16 位字符集文本变量（Text tag 16-bit character set） 用以表示 Unicode 字符集的文本变量，占用存储空间为 0～255 字节，每个 Unicode 字符占 2 字节的存储空间。

⑫ 原始数据类型变量（Raw Data Type） 外部和内部原始数据类型变量均可在 WinCC 管理器中创建，其格式和长度均不是固定的，其长度范围为 1～65535 个字节，原始数据类型变量的内容也是不固定的，只有发送者和接收者才能解释其内容含义，WinCC 不能对其进行解释、转换、显示。

⑬ 文本参考（Text reference） 文本参考数据类型的变量，指的是 WinCC 文本库中的条目。只可将文本参考组态为内部变量。例如，当希望交替显示不同文本块时，可使用文本参考，将文本库中条目的相应文本 ID 分配给变量。

（3）变量的创建 创建变量可分为创建内部变量、创建过程变量和创建结构变量、创建变量组。

① 创建内部变量 WinCC 使用内部变量来传送项目内的数据。在 WinCC 项目管理器的变量管理器中，打开"内部变量"目录，右击"内部变量"目录，选择"新建变量"选项，将打开"变量属性"对话框，在这里创建一个名为"water_level"（水位）的内部变量并进行设置，如图 4-12(a)、(b) 所示。

内部变量创建时，在"变量属性"框的名称栏内输入要创建变量的名称，这里为"water_level"，在"数据类型"的下拉菜单中选择想要的数据类型，这里选择"无符号 16 位数"，当数据类型选择后，可以看见其长度标识为 2（占两个字节），灰色（表示为可更改）。

在"变量属性"框的"限制报告"标签页，可以对所建变量的起始值、上下限进行设置。上下限可以避免变量的数值超出所设置的限制值。

② 创建过程变量 因为过程变量是用来传递外部过程数据，所以在创建过程变量之前，必须安装通信程序，并需创建相应的过程连接。

WinCC 连接对象为自动化系统的控制部件 PLC，WinCC 中的过程变量数值源自 PLC 中的变量数值，针对不同的 PLC 及其他设备，WinCC 有专门的驱动程序来进行通信，这些通信程序称为通道，WinCC 的通道包括针对西门子自动化系统 SIMATIC S5/S7 的专业通道及与制造商无关的扩展通道，如 OPC 及 PROFIBUS-DP。

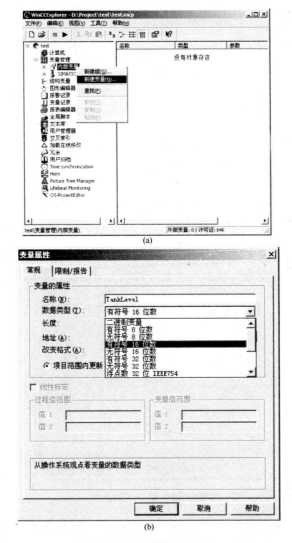

图 4-12 创建内部变量

在项目管理器中，右击"变量管理"图标并选择快捷菜单的"添加新的驱动程序"命令，打开"添加新的驱动程序"对话框，如图 4-13 所示，因为这里是和 S7 系列 PLC 通信，所以选择"SIMATIC S7 Protocol Suite. chn"通道，单击"打开"后，"SIMSTIC S7 Protocol Suite. chn"便成为"变量管理"的一个子目录。打开添加的驱动程序，将显示当前驱动程序所有可用的通道单元，这些通道单元可实现与不同自动化系统的逻辑连接。

右击下拉列表中的"MPI"图标并选择快捷菜单的"新驱动程序连接"命令，将打开"连接属性"对话框，如图 4-14 所示。这时，可以创建一个名字为"s7_1"的 MPI 连接，连接创建后，会出现在 MPI 图标的子目录中（点开 MPI 图标前的

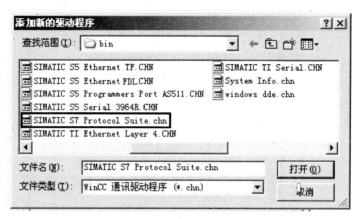

图 4-13　添加通信程序

"＋"号）。连接建立后，就可以创建过程变量或变量组，右击"s7_1"连接，在快捷菜单中单击"新建变量"将打开"变量属性"对话框，如图 4-15 所示。

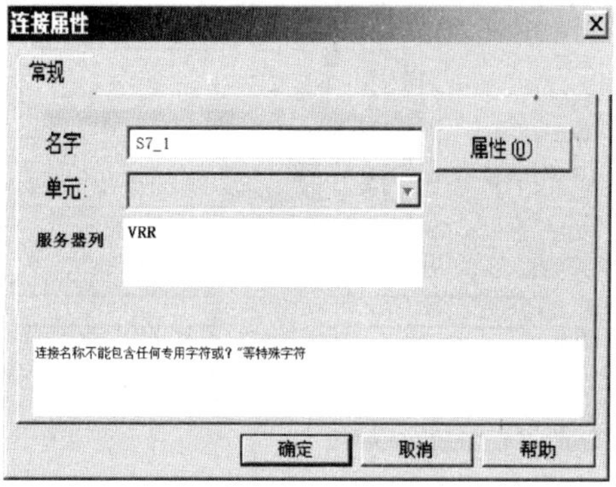

图 4-14　建立逻辑连接

　　这里，为新建变量命名为"int_water_level"（为了管理方便，变量的命名规则为数据类型加变量及其属性），在"变量属性"对话框中"数据类型"下拉框中可选择变量的数据类型，其长度由变量的数据类型确定，不可选，过程地址可通过单击"选择"按钮来配置，如图 4-15 所示，变量的地址可以是数据块（DB）、位内存、输入、输出等，如过程变量的过程值范围与变量值范围不一致，可按线性标定的比例进行转换。

　　"变量属性"的"限制报告"标签页可对过程变量的上下限、替换值等进行设置。替换指过程变量在得不到过程值（连接出错）、不存在有效值、过程值超过限定值时，可以采用的预先定义的替换值。

　　③ 创建结构变量　结构变量为复合型变量，创建结构变量前必须先创建结构类型，当创建结构类型时，将创建不同的结构元素，并为这些结构元素赋予不同的数据类型。右击"WinCC 项目管理器"中的"结构类型"，并从快捷菜单中选择选

项"新建结构类型"（结构变量不可选，因为此时还没有可供结构变量选择的结构类型），将打开"结构属性"对话框，如图 4-16 所示。

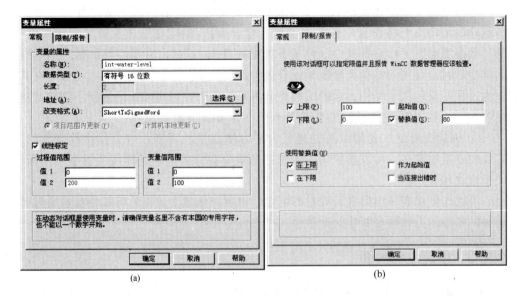

图 4-15 新建过程变量

图 4-16 新建结构类型

"结构属性"对话框打开后，会自动生成一个新结构类型"New Structure"，用户可以从快捷菜单中重命名这个结构类型，此处更名为"WaterLever_monitor"。单击"新建元素"按钮给它添加了两个结构元素"water level1"和"water level2"，并通过快捷菜单为这两个结构元素设置相应的数据类型及变量类型，其中"water level1"为内部变量，"water level2"为外部变量。

一种结构类型创建成功后，当需要新建变量时（包括内部变量或外部变量），所创建的结构类型将作为一种数据类型（复合型），出现在新建变量"变量属性"的"数据类型"下拉选择框中（位于下拉框底部）。不过，需要注意的是，当创建内部变量时，可用的结构类型就是没有包含过程变量的结构元素的那些类型。在其中为过程变量定义了结构元素的结构类型将只能用于在通道元素的连接下创建变量时，如图 4-16 中所建的结构类型"WaterLever_monitor"。

④ 创建变量组　变量组的创建是为了方便变量的管理，当工程比较庞大时，需要的变量比较多，可以参照功能实现把变量分为许多组，这样使项目显示清晰，便于修改和查询。

可以先创建变量组后进行变量的创建，也可以创建变量组后将其他变量通过剪切和粘账号的方式移至新建的变量组。

4.2.3　创建过程画面

WinCC 能提供良好的人机动态化界面，这个界面是通过图形编辑器来实现的。图形编辑器是用于创建过程画面并使其动态化的编辑器。图形编辑器只能在打开的 WinCC 项目管理器中启动。

使用图形编辑器时，WinCC 项目管理器提供下列功能和组态选件：启动图形编辑器、创建和重命名画面、组态对象库和 ActiveX 控件、从旧的程序版本转换库和画面、组态和启动运行系统。

（1）图形编辑器的快捷菜单

① 打开：图形编辑器启动，并新建一个画面，所有 WinCC 图形编辑器创建的画面都以 PDL 为扩展名。

② 新建画面：新建画面，但并不打开图形编辑器，编辑新建画面时需要打开图形编辑器。

③ 图形 OLL："对象 OLL"对话框打开，对话框指示哪个对象库可以用于图形编辑器。可以为前项目组态对象选择。例如，可以集成其他按钮或文本对象，然后在项目中使用。

④ 选择 ActiveX 控件："选择 OCX 控件"对话框打开，该对话框显示在操作系统中注册的所有 ActiveX 控件。红色复选标记指示这类控件，它们显示在图形编辑器的对象选项板中"控件"标签对话框下。其他控件也可为图形编辑器使用。例如，可以集成 Windows 控件或新控件，然后在项目中使用。

⑤ 转换画面：用旧版本的图形编辑器创建的画面必须转换成当前格式。一旦用"确定"确认转换画面，则属于该项目的所有画面都将转换。

⑥ 转换全局库：已经从旧 WinCC 版本导入的全局库的画面对象转换为当前格

式，利用该选件，转换全局库中所有画面对象。

⑦ 转换项目库：已经从旧 WinCC 版本导入的项目库的画面对象转换为当前格式，利用该选件，转换项目库中所有画面对象。

（2）图形编辑器的结构

当没有创建图界界面时，双击项目管理器浏览窗口的"图形编辑器"则打开画面"Newpdll"，如果此画面不存在，则在打开的过程中创建。

一般情况下，可通过"图形编辑器"的快捷菜单创建新的画面，当单击选择"图形编辑器"时，在对应"图形编辑器"的数据窗口，则可以看到所有的画面。这时，可以通过快捷方式对画面进行更改名称、删除、编辑等，当选择"编辑"命令时，则打开图形编辑器。

图形编辑器提供用于创建过程画面的对象和工具，它可以创建和动态修改画面，其界面风格类似于 Auto CAD 等图形绘制软件。图 4-17 所示为默认风格下的图形编辑器结构，它主要由以下元素构成。

图 4-17　图形编辑器结构

① 标题栏、菜单栏、工具栏、状态栏；这些区域的功能及操作方法与标准 Windows 及其他应用软件很相似。

② 调色板、缩放工具栏；调色板可以快速改变所选区域的填充颜色，缩放工具栏可以改变整个画面的显示比例，便于编辑者从整体和局部对图形进行设计。

③ 样式选项板：样式选项板中的对象和控件在过程画面的创建中使用最为频繁，样式选项板主要包括标准对象、智能对象和窗口对象三大类，它们提供图形设计所需要的基本 ActiveX 控件。

④ 对象选项板：对象选项板主要用来改变标准对象（如线条、矩形）的样式

155

及填充图案。例如，如果想绘制一条虚线，其做法是，先选择"标准对象"中的线，然后选中所绘制的线条，再单击"样式面板"中"线型"类下的"虚线"选项，则可实现虚线的绘制。

⑤ 动态向导：动态向导可提供大量预定义的 C 动作，以提高组态的效率，设计者可以依照自己的意图对动态向导每一步的主题进行选择。

图形画面创建后，可以在界面上添加各种图形，对象及控件以实现多样化的监控功能。画面的操作相对简单，它可以像普通文件一样被创建、复制、删除，而其特有的导入导出功能大大增加了画面的可移植性。

4.2.4　对象的使用

对象是过程画面的重要组成部分，它指在图形编辑器中能有效创建过程画面的预定义图形元素。图形编辑器中的对象选项板主要提供了三大类对象：标准对象、智能对象和窗口对象。

（1）对象的静态操作　对象从图形编辑器的对象选项板插入画面，在图形编辑器中，不同对象类型具有不同的默认属性，对象的静态操作包括对象的更名、选择、定位、缩放、旋转、复制、剪切等。

对象类型的默认属性可以根据要求修改，以方便建立所需类型的变量，对象的默认属性可在"对象选项板"中通过右击对象类型的快捷菜单打开"默认属性"对话框，从而对其进行修改。

当对象插入时，对象将导入默认属性（除单个几何属性外）。在插入后，对象属性也可用上述的方法进行修改。当插入对象时，系统会自动分配对象名，所以分配的对象名一般为连接了连续数字的对象类型名称，对象名中不使用特殊字符。

插入对象可分为以下几步：在"对象选项板"中选择要插入的对象类型，如选择矩形，然后定位对象的画面插入点，这时，鼠标指针会变成一个星号加圆圈的式样，单击选择矩形第一个顶点，然后通过拖动指针确定矩形的大小，对象名是按一定规则由系统自动分配的。为了使所用对象意义明晰，可以对其改名，右击对象打开"对象属性"对话框，双击"对象名称"即可对其进行更改，如图 4-18 所示。

（2）对象的动态操作　人机界面所引用的对象动态连接到工业过程可实现对工业过程的监控，动态操作的目的是制作对象的动态，它主要包括使属性动态化、组态事件。"对象属性"包括两个选项卡："属性"和"事件"，如图 4-19 所示。

在"属性"选项卡内，分格栏左边为分类属性集，分格栏右边为属性集的详细内容，其"属性"列表示对象属性的名称，如位置、宽度等；"静态"列表示静态的对象属性值，如对此属性没有进行动态组态，则表现为所定义的静态值；"动态"列，它定义对象的动态变化，对象允许其属性动态化。对象的动态属性可通过一链接来实现，在 WinCC 中提供了四种连接，分别是动态对话框、VBS 动作、C 动作或变量。通过这些连接，对象属性可动态适应要显示的过程的要求。

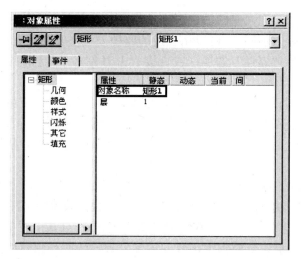

图 4-18　对象名称的更改

图 4-19　对象属性的动态化

当为某一属性创建了一个类型的动态连接时，动态列的灯泡图标会发生相应的改变。灯泡图标所表示的内容见表 4-2。

表 4-2　动态属性类型

动 态 图 标	动 态 类 型
白色灯泡	非动态
绿色灯泡	用变量实现的动态
红灯	通过动态对话框实现的动态
带"VB"缩写的绿灯	用 VBS 动作实现的动态
带"C"缩写的绿灯	用 C 动作实现的动态
带"C"缩写的黄灯	用未编译的 C 动作实现的动态

这里创建一个实例，使已创建矩形对象的高度发生变化（注意，如所选对象不同，属性集也可以不同），可以用上述的四种方法来实现。右击已创建的矩形，从快捷菜单中选择"属性"选项（或直接双击对象），可打开其"对象属性"对话框。

① 使用动态对话框　改变一个矩形的高度，可以直接改变静态值，如需要经常性地改变以表达某种变化，可以把矩形高度这个属性赋予一个变量值，当改变变量值时，就可以改变矩形的高度。动态对话框可以用来组态对象某属性与变量的连接。

在"对象属性"对话框，选择"属性"选项卡上的"几何"属性，并选择右窗口的"宽度"，右击此行"动态"列上的灯泡，在快捷菜单中选择"动态"对话框，将打开"动态范围值"对话框。在此对话框"表达式/公式"栏中，可单击栏中方形按钮以组态的变量、全局脚本函数和运算公式，从而得到属性的新数值。单击"检查"可检查公式是否有错，如图4-20所示。

图 4-20　用动态对话框组态属性

可以通过查找的方式为矩形的宽度属性创建与变量的连接，也可以直接在"表达式/公式"栏输入变量（变量须加单引号，也可以输入关于变量的函数如'rect_12'），单击"应用"按钮，如所输入变量未创建，系统会提示创建这个变量，单击"确定"键，将打开"变量"对话框，如图4-21所示。

在"变量"对话框可以直接选择其他已创建的变量，也可以单击其工具栏上的新建变量图标，打开"变量属性"对话框，继续创建变量"rect_width"。注意在创建前，需选中要创建变量的位置（这里选择建立内部变量）。变量建立后，在"变量"对话框会出现这个变量，选择确定后回到"动态值范围"对话框。因为是直接连接变量，所以数据类型单元中选择"直接（D）"选项，单击"应用"后就创建了变量的动态连接。这时，原来白色灯泡图标的位置被一个红色的闪电图标所代替。

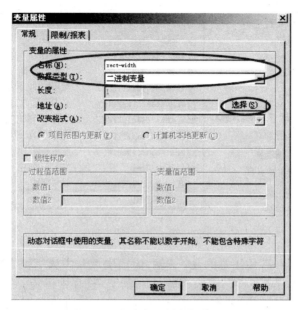

图 4-21　在动态对话中创建变量

也可以直接在"动态范围值"的"表达式/公式"栏的编辑框内输入已有的变量，或者单击栏中的方形按钮选择已存在的变量，单击此按钮也将打开"变量"对话框。

变量的值可以在变量管理器中进行设置，但这时不能看到实时效果。可以在图中插入个智能对象"输入/输出域"，用以控制变量的值。"输入/输出域"位于"对项选项板"中"智能对象"以下，其插入方法与其他对象相同，插入时，会打开一个"I/O域组态"对话框，这时可以对其进行变量选择，单击"变量"编辑框后黄色按钮，将打开"变量"对话框进行变量选择。这里选择上一步创建的变量"rect-width"，如图 4-22 所示。也可点"取消"，在对象插入完成后在快捷栏中选择命令进行组态，变量选择后，就可以对其进行更新周期、类型、字体等简易设置，这里都采用默认设置。

"输入/输出域"插入后，可右击打开"对象属性"对其进行完整的属性设置。这里，设置字体的字号为 24、X 对齐方式为居中、Y 对齐方式为居中、颜色为黄色、背景颜色改为深绿色。

组态全部完成时，单击图形编辑器工具栏上的存储按钮以存储画面，然后单击运行，wincc-demo 项目创建成功后，将会在项目管理器中打开显示，此时，项目wincc-demo 还处于未激活状态，如图 4-11 所示运行系统，其显示结果如图 4-23 所示，因为"输入/输出域"选择为双向口，既可以输入也可以输出，所以在窗口中会显示矩形的默认宽度 70，如图 4-23(a) 所示，在绿色的"输入/输出域"里面输入自己想要的宽度，按"Enter"键确定后，发现矩形的宽度发生了相应的改变，

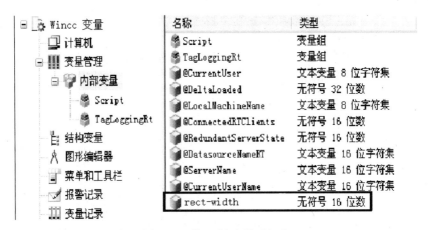

图 4-22　输入/输出域"组态

如图 4-23（b）所示，需要注意的是，"输入/输出域"中数字输出格式是可以改变的，它可以在其"对象属性"中的"输入、输出"选项中设置。

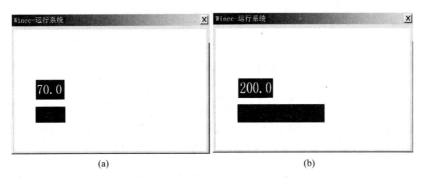

图 4-23　用"输入/输出域"改变矩形属性

② 使用 C 脚本　C 脚本的使用极大地丰富了 WinCC 的组态内容，强大的脚本语言 ANSI-C 几乎可以描述所有的动态选项（事件、属性），然而，所获得的运行系统性能低于用其他动态类型制作的效果，所在以使用 C 动作之前，应检查所需要的动态是否可以用其他动态类型执行。

使用 C 动作之前，必须删除前面组态的动态对话框连接或其他连接（可参考图 4-20），这时，图标由红色闪电变为白色灯泡。右击白色灯泡，在快捷菜单上选择"C"动作选项。

在打开的"编辑运作"对话框中输入"return GetTag Word（rect width）"，其意义为返回字变量 rect-width 的值。其中，"GetTag Word"也可在左侧函数列表框中查到，双击"GetTag Word"图标将打开"分配参数"对话框，然后再进行变量选择。

也可以右击"GetTag Word"图标，在其快捷菜单中选择"接受"，插入函数，再修改函数中的参数即可。

变量 rect width 和"输入/输出域"的连接与使用动态对话框中的示例相同，其执行结果也相同，如图 4-23 所示。

③ 使用 VBS 脚本　VBS 动作也可以用于制作属性和事件的动态，其动作的脚本语言是 Visual Basic。

使用 VBS 动作之前，必须删除前面组态的 C 动作或其他连接，图标由红色闪电变为白色灯泡，右击白色灯泡，在快捷菜单上选择"VBS 动作"选项。

"编辑 VB 动作"对话框打开后，在右边的编辑窗口的"Function Width - Trigger(By Val Item)"与"End Function"之间，输入下列语句。

```
Dim wid                              //定义一个变量 wid
Set wid_HMIRuntime.Tags("rect_width")  //建立 wid 与 WinCC 的变量 rect_width
                                          的连接
Wid.read()                           //读取变量 rect-width 的值
Width_Trigger_wid.value              //把变量的值赋予窗口的触发变量
```

如脚本正确，单击"确定"按钮后会生成一个带 VB 角标的蓝色闪电。

变量 rect-width 和"输入/输出域"的连接与使用动态对话框中的示例相同，其执行结果也相同，如图 4-23 所示。

④ 变量连接　使用变量连接之前，必须删除前面组态的 VBS 动作或其他连接，图标由蓝色闪电变为白色灯泡。右击白色灯泡，在快捷菜单上选择"变量"选项。

"变量选择"对话框打开后，选择变量 rect-width，并确定。在"当前"列在快捷菜单项中可选择其更新周期。

变量"rect-width"和"输入/输出域"的连接与使用动态对话框中的示例相同，其执行结果也相同，如图 4-23 所示。

（3）对象的事件　对象的事件是由系统或操作员针对对象的触发操作。如果对某个对象组态了一个直接连接、VBS 动作或 C 动作的连接，那么，通过对象的事件则可以触发所连接的动作。如图 4-24 所示。在这里用的是直接点击这个矩形触发动作，也可以组态一个按钮，用按钮来触发动作。

可以看出，组态对象事件的动作与组态动态属性很相似，多了"直接连接"项而少了"动态连接"项与"变量"项，"事件"标签"动作"列显示为所选择事件所组态的动作的类型，然后标记为下列图标之一，如表 4-3 所示。

表 4-3　事件的图标及类型

动　作　图　标	动　态　类　型
白灯	事件没有动作
蓝灯	事件具有通过直接连接的动作
带"VB"缩写的绿灯	事件具有 VBS 动作
带"C"缩写的绿灯	事件有 C 动作
带"C"缩写的黄灯	事件有未编译的 C 动作

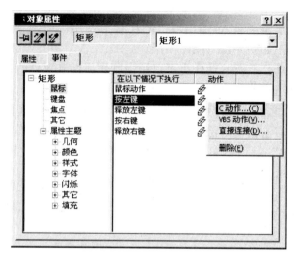

图 4-24　组态对象事件的动作

以下对事件各种动作的举例都采用图 4-23 所示的画面（包括一个矩形和一个输入/输出域），并给矩形宽度属性组态一个变量连接，连接变量为 rect-width，变量的初值设为 70；在变量管理器中新建一个内部变量，其名称为 set-width，类型为无符号 16 位整数，并和输入/输出域相连接。

① 事件组态为直接连接　事件需要触发器来支持，触发器可以用定时器来实现，也可以操作系统的各种动作来实现，如鼠标或键盘的动作，这里仍沿用上面的例子，让其宽度属性连接一个变量，输入/输出域连接另一个变量。当输入/输出域的变量值发生改变时，矩形的大小不会发生变化，因为此时和宽度属性连接的变量没有变化，这里组态一个事件动作，当单击矩形对象（也可以用其他的对象或控件）时，输入/输出域的变量与对象（矩形）属性的变量建立连接，从而使矩形宽度依据输入/输出域中数值的设定发生变化，有如下步骤。

a. 组态矩形事件的动作，打开矩形的"对象属性"对话框，选择"事件"选项卡，在左侧列表栏中选择"鼠标"，右击右列表栏中"按左键"行"动作"列的灯泡，并在打开的快捷菜单上选择"直接连接"选项。

b. 在对话框左边的"源"项单击"变量"编辑框后的黄色图标打开变量选择，如图 4-25 所示，选择新建的变量"rect-width"图标，同理，"目标"项选择变量"rect-width"，单击"确定"后灯泡变为蓝色闪电。运行画面，结果与图 4-20 相似，当在输入/输出域输入了数值之后按"Enter"键确定，将鼠标指针移到矩形对象上时，会出现一个绿色闪电，表示组态了一个事件动作，单击后，矩形的宽度变为输入/输入域所设数值。

c. 上述功能也有其他途径实现，当打开"直接连接"对话框，左边"源"连接仍连接变量"set-width"，在右边的"目标"项中选择"画面中的对象"，"对象"列表框中会出现对象列表，如图 4-26 所示。选择"该对象"（因为是关于矩形

图 4-25 事件的"直接连接"方法 1

图 4-26 事件的"直接连接"方法 2

事件的组态,而要改变的也是这个矩形的宽度),在属性列表框内选择"宽度",执行结果与上例相同。此时,可以把矩形的动态属性连接变量("rect-width")删除而不会影响执行结果。

② 事件组态为 C 动作

a. 打开矩形的"对象属性"对话框,删除原来组态的"直接连接",图标由蓝色闪电变为白色灯泡。右击白色灯泡,在快捷菜单上选择"C 动作"选项。

b. 在编辑窗口中输入如下语句:

Short tagvalue

Tagvalur-GetWord("set-width")

SetTagWord("rect-width",tagvalue)

单击"确认",保存并运行画面,其结果与事件的"直接连接"相同。

③ 事件组态为 VBS 动作 打开矩形的"对象属性"对话框,删除原来组态的

163

"C 动作"，图标由蓝色闪电变为白色灯泡。右击白色灯泡，在快捷菜单上选择"VBS 动作"选项。

在编辑窗口中输入如下语句：

```
Dim swid.rwid
Set rwid-HMRuntime.Tags("rect-width")
Set swid-HMRuntime.Tags("set-width")
Swid.Read
rwid.Value=swid.Valie
rwid.Write
```

单击"确认"，保存并运行画面，其结果与事件的"直接连接"相同。

（4）智能对象 智能对象提供各种动态选件，可用来创建复杂系统画面，其属性（包括默认属性）可修改。智能对象包括诸如各种窗口、域和棒图等条目，如下所述。

① 应用程序窗口是可以从全局脚本和记录系统的应用程序中提供的对象。

② 画面窗口提供显示其他在当前画面中用图形编辑器创建的画面的选件。

③ 控件对象提供将系统过程控件和监控单元集成到画面的选项。控件是预先处理过的对象，例如报警窗口、测量窗口、选择对话框或按钮。

④ 图形对象对话将在其他程序中创建的图形插入画面。

⑤ OLE 元素允许其他程序中创建的文件插入画面。因此所有在操作系统中注册的 OLE 元素可以被集成。

⑥ 棒图对象提供图形化显示数值的选项。

⑦ I/O 域可以定义为输入域、输出域或组合的输入/输出域。在之前的例子中已经涉及。

⑧ 状态显示提供显示对象几乎任何数量的不同状态的选项。

⑨ 文本例表提供分配指定值给文本的选项。

（5）控件的使用 单击"对象"窗口的"控件"页，则可以打开控件列表，各控件的描述见表 4-4。ActiveX 控件主要用于测量值和系统参数的监控与可视化。经过适当的动态化，它们可用作过程控制的控件单元。在操作系统中注册的所有 ActiveX 控件均可用于 WinCC。

4.3 过程及归档

4.3.1 过程值归档

过程值归档的目的是采集、处理及归档工业现场的过程数据，归档系统首先将过程值暂存于运行数据库，然后写到归档数据库中。所归档的过程值可以以表格或趋势的方式输出，也可以打印输出。

　　过程值的归档通过 WinCC 的 "变量记录" 组件来实现，通过它可选择要归档的过程值、归档方式（是否压缩）、归档的周期。

　　归档过程值的输出通过 WinCC Online table control 和 WinCC online trend control 两个控件来表现。WinCC 控件名称及功能见表 4-4。

表 4-4　WinCC 控件

名　　称	功　能　描　述
符号库(Siemens HMI symbol library)	符号库收集了用于过程画面中系统和系统组件显示的现有符号
报警控件(WinCC alarm control)	报警控件可用于运行期间显示消息
数字/模拟时钟控件(WinCC digital/analog clock control)	时钟控件可用于将时间显示集成到过程画面中
函数趋势控件(WinCC Function trend control)	趋势控件功能可用于显示随其他变量改变的变量数值，并将该趋势与设定值趋势进行比较
量表控件(WinCC gauge control)	量表控件以模拟测量时钟形式显示监控的测量值
在线表格控件(WinCC online table control)	在线表格控件可用于显示来自归档变量表单中的数值
在线趋势控件(WinCC online trend control)	在线趋势控件可用于将变量和归档变量的数值显示为趋势
按钮控件(WinCC push button control)	按钮可用于组态一个命令按钮,它与某个指定命令的执行相连接
滚动条控件(slider control)	滚动条控件可用于显示表现为滚动条形式的监控测量值
用户归档表格元素(user archive-table element)	用户归档表格元素提供对用户归档和用户归档视图进行访问的选项
磁盘空间控件(IXDiskSpace. DiskSpace)	磁盘空间控件将允许对存储介质上的可用容量进行监控

　　在运行系统中可用以下归档方法。

　　（1）周期性的过程值归档：连续的过程值归档（例如监控一个过程值）。

　　（2）周期的选择性过程值归档：由事件控制的连续的过程值归档，用于在指定的时间段内对过程值归档。

　　（3）非周期性的过程值归档：事件控制的过程值归档（例如，当超出临界限制值时，对当前过程值进行归档）。

　　（4）过程控制的过程值归档：对多个过程变量或快速变化的过程值进行归档。

　　（5）压缩归档：压缩各个归档变量或压缩整个过程值归档（例如，对每分钟归档的过程值在每小时求其平均值）。

　　一般情况下，将归档周期小于等于1min 的变量记录称为快速归档（压缩方式）；反之，则称为慢速归档（非压缩方式）。归档时，还可以对备份、路径等情况进行设定。

4.3.2　组态过程值归档

　　可在变量记录编辑器中组态过程值归档，过程值归档的组态总的来说分为两步。

　　① 组态过程值归档：使用 "归档向导" 在变量记录中创建过程值归档并选择过程变量；

　　② 创建归档变量：定义是否以及何时对某个归档变量归档。

　　（1）变量记录及定时器　变量记录可在 WinCC 项目管理器中双击 "变量记

录"或右击，从其快捷菜单中选择"打开"将其启动。

变量记录可分为导航窗口、数据窗口和表格窗口，如图 4-27 所示。导航窗口用于选择组态定时器或归档；在数据窗口中可编辑已存在的归档或定时，或者创建新的归档或定时；表格窗口是显示归档变量或压缩变量的地方，这些变量存储于在数据窗口中所选的归档中。

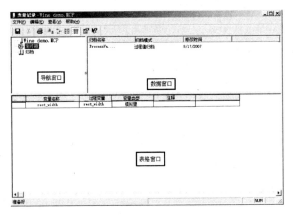

图 4-27　变量记录窗口

定时器用于采集周期和归档周期的定时。默认情况下，系统提供了五个定时器：500ms、1s、1min、1h 和 1d。用户也可以定义新的定时器。

定义新定时器的方法很简单，在"变量记录"里右击"定时器"，在快捷菜单中选择"新建"可打开"定时器属性"，如图 4-28 所示，此时可对各参数进行设定。总的定时时间为基准与系数之积。

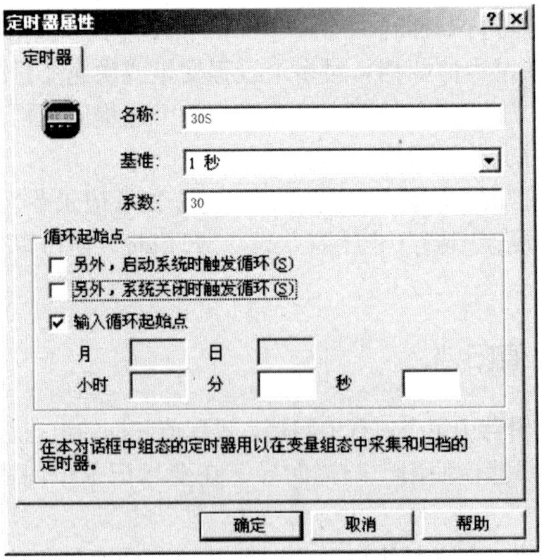

图 4-28　组态自定义定时器

（2）创建过程归档 在变量记录中，可通过向导来创建归档。

右击导航窗口中的"归档"，在快捷菜单中选择"归档向导"，然后逐步进行，在创建过程图4-29、图4-30中分别输入归档名称并选择归档变量，最后可生成一个名为"water_level1"的归档。

图 4-29 创建归档（1）

图 4-30 创建归档（2）

在创建归档的过程中，可以对归档类型进行选择。一个归档可以包括一个或一个以上的变量，这里，所建的归档包括两个变量water_level1与water_level2。还可以通一种方法对所建归档进行变量的添加，在变量记录的数据窗口右击所建归档可添加变量。

归档创建后，如图4-31所示。可在数据窗口对归档进行新建归档变量和删除变量的操作，还可以打开其"过程归档属性"对话框，从而对归档的名称、存储位置、记录编号等进行修改。

可在"变量记录"窗口中删除归档变量或对它进行属性设置。右击归档变量并

在快捷菜单中选择"属性"选项，则打开了"过程变量属性"对话框，如图 4-32
所示。

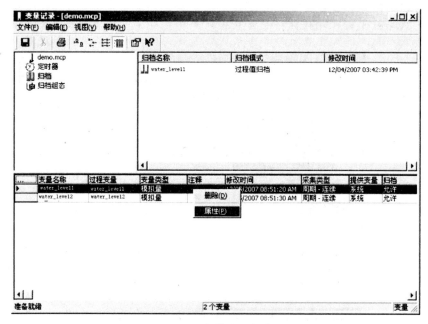

图 4-31　归档变量操作

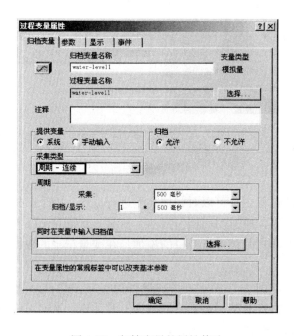

图 4-32　归档变量的属性修改

由图 4-32 可能看出，在此对话框中，可以修改过程归档的一般属性，如归档变量名称、过程变量名称、变量来源、采集周期、归档显示周期、采集类型等。归档变量名称和过程变量名称可以不一样。此外，在对话框的其他标签页，还可以对"参数"、"显示"等项进行设置，设置完成后，保存所建立过程归档。

4.3.3　过程值归档的显示

运行系统中，可以以表格形式或趋势的形式输出归档过程值和当前过程值。

（1）建立表格窗口　在要运行系统中以表格形式输出过程值，需要使用 WinCC 在线表格控件。WinCC 在线表格控件的特点是能够以表格形式读出变量值，这个变量值可以是当前或归档过程值。

打开图形编辑器，在"对象选项板"的"控件"选项卡上选择"WinCC online table control"控件，并拖放至合适的大小，此时，会打开"WinCC 在线表格控件的属性"对话框（表格插入后双击也可打此框），如图 4-33 所示。

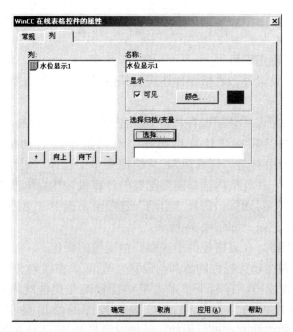

图 4-33　"WinCC 在线表格控件的属性"对话框

列（时间）的设置：选择"列"（最后一个）的选项卡，将"时间显示"栏上的"格式"列表框中的值改为"hh：mm：ss"，将"数据显示"栏上的"小数位"文本框改为 0。在"选择时间"栏中，选中"时间范围"复选框，将"系数"改为 10，"范围"改为"1 分钟"，如图 4-34 所示。

在"名称"栏，可进行名称的修改设置（默认为"列 1"），并选择其变量和进行颜色设置，当要添加另一个变量时，单击图上的十字形按钮，所组态的表格会

图 4-34 设置表格控件时间属性

添加另一列，最后确定即可。

除列（变量）设置外，表格控件还需要其他设置，比较重要的是列（时间）的设置，如图 4-34 所示。

表格控件组态完成后必须保存，但要想正常运行变量记录，还必须在 WinCC 系统中激活它，激活需在"计算机属性"对话框中的启动标签页中设置。在 WinCC 项目管理器中右击"计算机"，从快捷菜单中选择"属性"，打开"计算机列表属性"对话框，在此框内选择需要配置的计算机，然后单击"属性"按钮，可打开"计算机属性"对话框，选择"启动"选项卡，选中"变量记录运行系统"并确定即可激活变量记录。如图 4-35 所示。

运行图形编辑器，在表格控件中观察归档变量的变化。

（2）WinCC 在线趋势控件的添加与设置　WinCC 在线趋势控件的特点是能够将变量值作为趋势读出，有利于技术人员对变量的变化情况做出最直观的判断。WinCC 在线趋势控件的添加与 WinCC 表格控件的添加很相似，读者可参照 WinCC 表格控件的添加方式进行添加。添加时将打开 WinCC 在线趋势控件的属性对话框，如图 4-36 所示。

如果想要两个归档趋势共用坐标轴（以方便二者进行比较），可在图 4-36 的"常规"选项卡中选中"共用 X 轴"和"共用 Y 轴"复选框。单击"确定"，关闭趋势图创建。双击控件打开"WinCC 在线趋势控件的属性"对话框继续进行设置，其显示内容发生了变化，时间轴和数值的设置直接决定着控件的显示方式，可以对其范围、精度、格式等进行设置，如图 4-37、图 4-38 所示。

需要注意的是，设置时对每个变量趋势（如水位趋势 1 和水位趋势 2）要分别

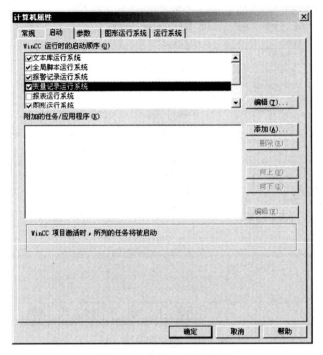

图 4-35　变量记录的激活

图 4-36　变量记录的曲线设置

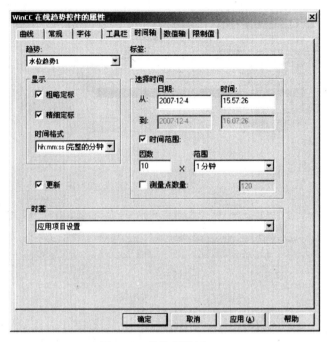

图 4-37　趋势图设置（1）

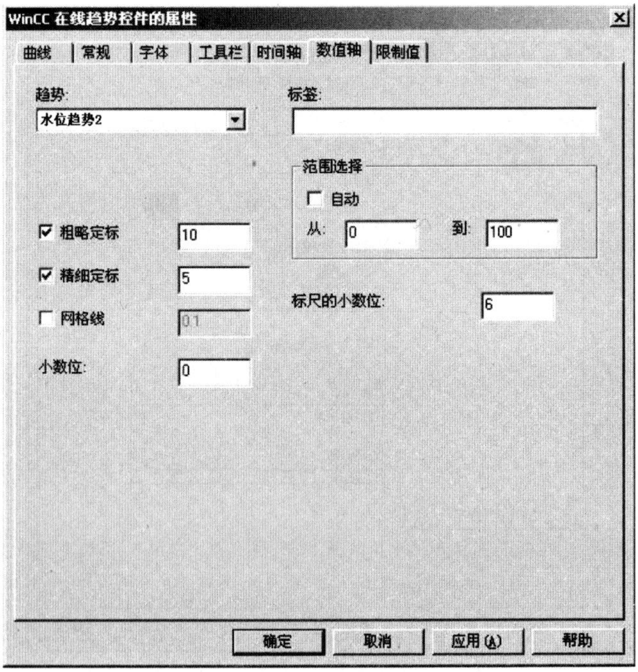

图 4-38　趋势图设置（2）

进行设置，为了显示方便，其范围选择也最好相近或一致。

（3）设置运行系统加载变量记录运行系统 在 WinCC 的项目管理器浏览窗口中，其打开步骤为单击"计算机"，右击右边数据窗口的计算机名称，选择"属性"，打开属性对话框，选择"启动"选项卡，激活"变量记录运行系统"复选框，如图 4-39 所示。

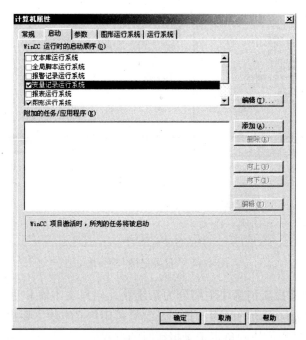

图 4-39 激活"变量记录运行系统"

4. 4 消息系统

消息是一个报告事件发生的通知，这个通知包括的内容是多方面的，报警记录编辑器负责消息采集和归档，并包含用于接受来自关于其处理、显示、确认和归档过程的消息的功能。

当相关事件发生时，例如出现错误或超出限制值，将在运行系统中输出报警记录中组态的消息。与消息有关的所有数据（包括组态数据）将程序在消息归档中，因此可从归档读出一条消息的所有属性，包括消息类型、时戳和文本等。

4. 4. 1 报警记录编辑器

报警记录编辑器用于组态报警消息，使报警消息以一定的方式和类型被记录和显示。在 WinCC 项目管理浏览窗口内右击"报警记录"，并在快捷菜单中单击"打开"即可打开"报警记录"对话框，如图 4-40 所示。与变量记录相类似，报警记录可分为导航窗口、数据窗口和表格窗口，导航窗口用于选择消息块、消息类型及归档组态；数据窗口对具体的各种内容组态；表格窗口显示具体的组态消息。

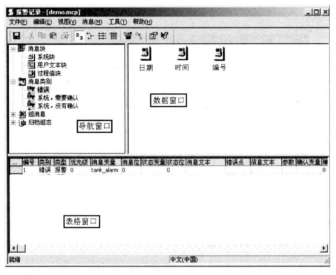

图 4-40 "报警记录"对话框

由图 4-40 可看出，消息块主要分为系统块、用户文本块和过程值块。默认的系统块主要包括消息记录的时间、日期及编号；用户文本块主要提供常规消息和综合消息的文本；过程值块则负责记录报警时的过程值。

消息类型用于表明报警的严重程度。系统预定义了三个消息类别，在实际中，WinCC 至多可以定义 16 个类型，每个类别下面又可以分为 16 个消息类型。

报警的归档可分为短期归档和长期归档。消息归档一般采用长期归档。而短期归档主要用来防止意外掉电事件，它最多可组态一万条记录。

此外，通过"报警记录"对话框，还可以进行导出、导入消息等多项操作。

4.4.2 报警记录的组态

（1）消息块的组态 报警记录可通过其编辑器中"文件"中的选项"选择向导"进行快速组态。在打开的"选择向导"对话框中选择"系统向导"并确定（或在报警记录工具栏中直接单击"向导"按钮），按向导指示逐步设置，首先会打开如图 4-41 所示界面。

参考图 4-41 中的选择，对系统块、用户文本块及过程值块进行设置。消息在消息窗口是以表格的形式显示，通过各个功能块的设置，就可以定义表中有哪些栏需要显示。单击"下一步"将打开如图 4-42 所示对话框。

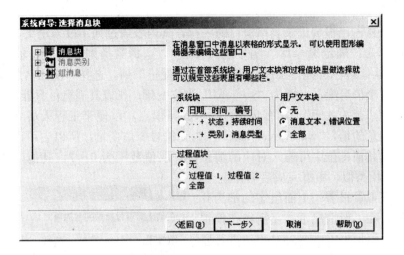

图 4-41　选择消息块

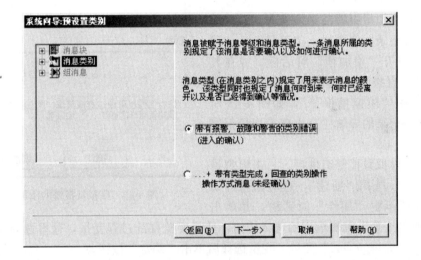

图 4-42　设置消息类别

图 4-42 用以选择消息的类型，消息类型规定了该消息是否要确认及其颜色等情况。在系统向导配置完成后，就可以对其各模块（如日期、消息文本、报警等）进行参数配置。配置的内容一般包括显示位置、字节长度等，还可以创建新的报警类型。

（2）开关量报警组态　报警消息的数量可通过报警记录表格窗口的行增删来实现（通过右键功能），对于类似消息还可以通过复制和添加复制行进行（在表格行单击右键就可进行相关操作）。这里，配置报警消息前，在变量管理中先创建两个变量"switch1"和"waterlevel_alarm"，它们的数据类型分别是二进制数和无符号8位数。

一条消息占用报警记录表格窗口的一行，其内容通过列字段来定义，组态消息的具体操作为：确定编号后（编号也可修改），选择其类别和类型，输入优先级（可使用默认值）；双击消息行所对应的"消息变量"列，选择对应的消息变量。这里组态了三个消息变量，因为"switch1"为位变量，所以其消息位只能为0，共消息文本设为"开关关闭"。如有必要可输入其错误点，以便于工程人员立即做出判断，需要注意的是，"waterlevel_alarm"为无符号8位变量，所以它可以定义8个位变量，在其消息位中可输入对应的消息位，取值范围为0～7，其他设置方法与"switch1"相类似，组态完成后需存盘。

（3）模拟量报警　上面组态的都为开关量报警，在一般情况下，还需组态模拟量报警。模拟量报警主要对过程值进行监控。当模拟量过程值超过预先设定的限制值时触发报警。因为模拟量报警组件不是默认的组件，在报警记录界面中没有显示，组态模拟量报警前必须先激活它。单击"报警记录"菜单栏上"工具"—"附加项"，打开"附加项"对话框（或在其工具栏中直接单击其按钮，按钮为盒子状），选中"模拟量报警"，如图4-43所示在报警记录的导航栏会出现模拟量报警组件。

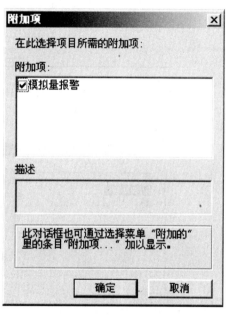

图 4-43　模拟量报警的添加

添加模拟量报警组件后，右击模拟量报警组件，选择"新建"，这时则打开如图4-44所示的"属性"对话框，并单击"要监视的变量"编辑框后的选择按钮，选择要监视的过程变量，这里选择原来的用过的"water_level2"变量。变量选择后单击"确定"按钮。

变量报警建立后，在导航栏和数据窗口，都会出现一个名称为"water_level2"的变量图标，右击其中任意一个图标并选择"新建"则打开此变量的"限制值"对话框，如图4-45所示。

图4-45中选择上限值为8，其消息编号为4，其他均采用默认设置，如上限值不固定，则选中"间接"复选框，并选择相关参考变量。同理，创建下限值2，消息号为5。创建成功后存盘，再次打开时表格窗口将添加4、5两条记录，并且，这两条记录的消息文本栏会自动写入"下限值"与"上限值"。在本例中，分别更改其内容为"水位2低水位"与"水位2高水位"，以便于识别。在记录中还可设置错误点等信息。如图4-46所示，如对所设报警上下限不满意，还可以进行修改

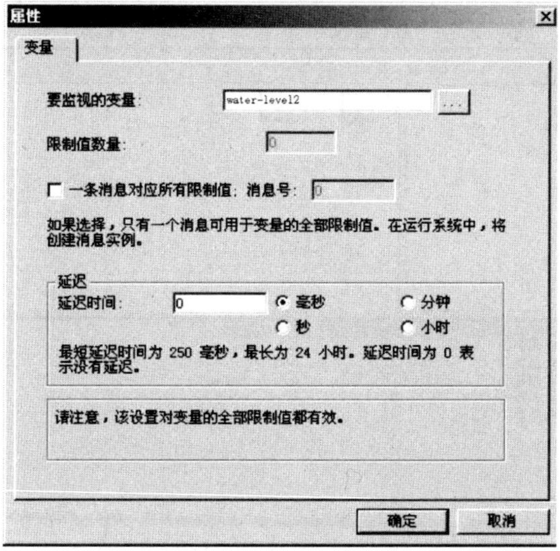

图 4-44 报警变量选择

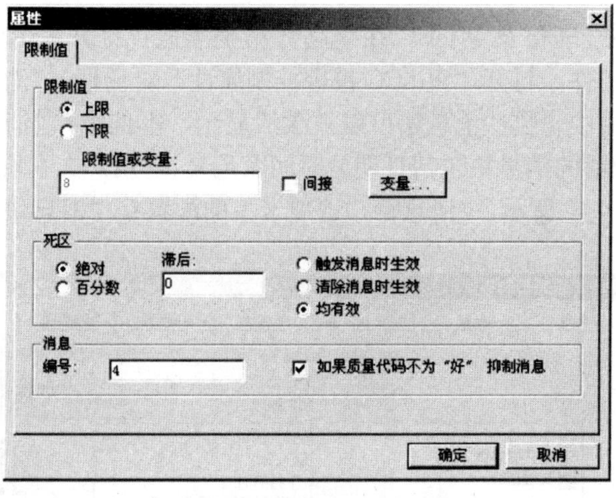

图 4-45 变量限制值的设置

或删除，确定后存盘。

4.4.3 报警消息输出

当组态一个报警信息后，就定义了这个报警信息写入到归档服务器的方式，报警信息需要显示出来才能发挥其作用，在运行系统中使用 WinCC 报警控件（WinCC Alarm Control），不仅可显示当前消息，而且还可以重新调用来自归档的消息。可在短期或长期归档窗口中显示来自归档的消息。

WinCC 报警控件位于图形编辑器中对象选项板的"控件"选项卡上，其操作

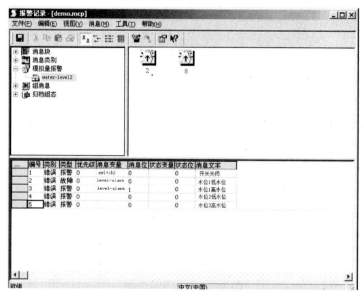

图 4-46　报警消息的组

方法与 WinCC 在线表格及 WinCC 在线趋势精确类似，打开图形编辑器并添加报警控件，双击该控件，打开"WinCC 报警控制属性"对话框，"消息块"选项卡决定了所组态的报警中，哪些消息块可以被激活显示，本例中，"消息块"选项卡的"系统块"选择激活的消息块包括日期、时间及编号，"用户文本块"只选择激活了消息文本。如图 4-47 所示。"消息行"选项卡上的配置在"消息块"配置的基础上

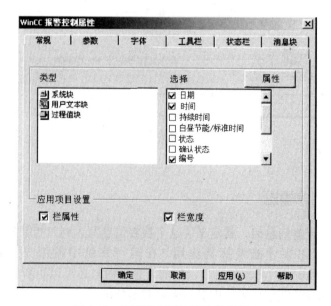

图 4-47　报警控制属性消息块的设置

完成，"消息行"选项卡决定了在激活内容的基础上，具体显示哪些内容，已激活的消息块显示在"已存在的块"的列表框中，而"消息行元素"列表框中为将要显示的消息块，可通过单击"添加"按钮（向右单箭头）把激活的消息块插入到要为显示的消息块列表框中；单击"全部添加"（向右双箭头）按钮则表示把全部激活的消息块插入到要显示的消息块列表框中，调节"向上"按钮则可以把所选消息块（本例中为消息文本）在报警控件表中移到比较靠前的位置，如图4-48所示。

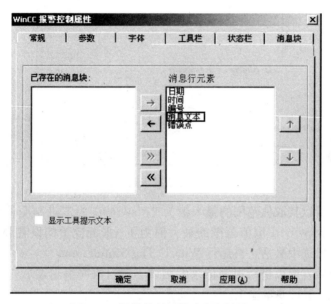

图4-48　报警控制属性消息行的设置

当报警控件设置完成后，保存图形编辑器画面。默认情况下，WinCC项目在运行状态时并不装载"报警记录运行系统"，如要进行报警记录的测试，需要在运行系统中激活它，激活通过修改计算机属性完成，如图4-49所示，对于激活的项目应先取消激活，设置完成计算机属性后再重启。

4.4.4　报警消息应用举例

报警的触发通过变量的改变来完成，本例中变量的改变通过WinCC Tag Simulation来实现，其中添加三个变量，即water_level2、waterlevel_alarm及switch1，其数据类型分别为无符号16位、无符号8位及二进制变量，其中water_level2模拟正弦输出，每个周期可变化20多次，它的基准值设为5，其振幅也设为5，所以其模拟值在0～10范围内变化；waterlevel_alarm及switch1都设为递增型变量，对于水位来说，它可以有三种状态，即高水位状态（waterlevel_alarm变量的1位）、正常态和低水位（waterlevel_alarm变量的0位），无符号数可看成有8个二进制变量，所以如果产生了高水位报警，这时waterlevel_alarm的值为

图 4-49　激活报警记录系统

"00000010"，所以其取值范围的最大值为 2；switch1 为二进制变量，其取值只能是 1 或 0，所以 switch1 取值范围的最大值为 1。报警变量的设置如图 4-50 所示。模拟设置完成后选中激活，再运行 WinCC Tag Simulation。

　　设置完成后就要以进行报警记录的测试，运行报警编辑器后，再运行 WinCC Tag Simulation 进行变量输出。

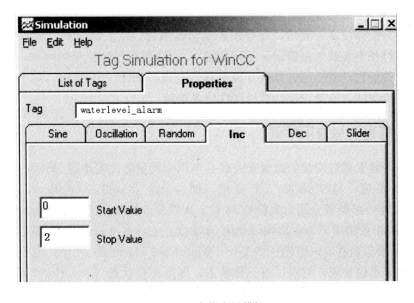

图 4-50　水位变量模拟

4.5 报表系统

4.5.1 页面布局编辑器

页面布局编辑器作为报表编辑器的组件，用于创建和动态化报表输出的页面布局，页面布局编辑器仅能用于在 WinCC 项目管理器中打开的当前项目。它可以输出项目文档报表（组态数据）及运行系统的数据报表（过程数据），项目文档的范围很广，它包括与项目有关的项目管理器、报警记录、变量记录、用户归档等，而这些项目文档可以被记录成一种或几种报表形式，如报警记录为消息报表、归档报表或消息顺序报表。

报表编辑器可分为布局和打印作业。报表编辑器的布局可分页面布局和行布局，它们分别用于页面布局编辑器与行布局编辑器，报表编辑器布局如图 4-51 所示。

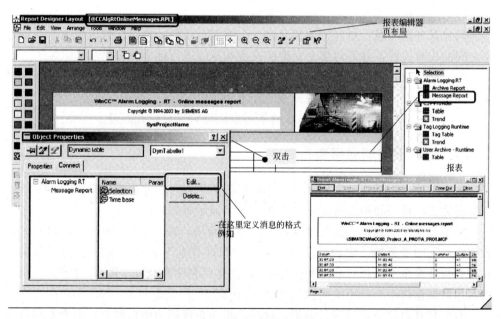

图 4-51　报表编辑器布局

打开页面布局编辑器有多种方式。选择报表编辑器条目，显示"布局"和"打印作业"子条目，双击浏览窗口中的"布局"条目或选择 WinCC 中的浏览或数据窗口中的"布局"。从右键快捷菜单中选择"打开页面布局"。页面布局编辑器启动后，将打开一个新的布局。

页面布局编辑器提供了许多用于创建页面布局的对象和工具，页面布局编辑器是根据 Windows 标准构建的。它具有工作区、工具栏、菜单栏、状态栏和各种不同的选项板。当打开页面布局编辑器时，将出现带默认设置的工作环境。可根据喜好移动、排列选项板和工具栏，并显示或隐藏它们。同时可以看出，当在项目管理器中选择了"布局"时，在项目管理器的数据窗口会出现系统许多自带的布局格式。

（1）工作区。页面的可打印区将显示在灰色区，而页面的其余部分将显示在白色区。工作区中的每个图像都代表一个布局，并将保存为独立的 RPL 文件。

（2）菜单栏。菜单栏始终可见，不同菜单上的功能是否激活取决于状况。

（3）工具栏。工具栏包含一些特别的菜单命令按钮，以便快捷使用页面布局编辑器。

（4）字体选项板：字体选项板用于改变文本对象的字体、大小和颜色。

（5）对象选项板：对象选项板包含标准对象、运行系统文档对象、COM 服务器对象以及项目文档对象，这些对象均可用于构建布局。

（6）样式选项板：样式选项板用于改变所选对象的外观。根据对象的不同，可改变线段类型、线条粗细或填充图案。

（7）调色板：调色板用于选择对象颜色。

（8）对齐选项板：对齐选项板允许一个或多个对象的绝对位置以及改变所选对象之间的相对位置，并可对多个对象的高度和宽度进行标准化。

（9）缩放选项板：缩放选项板提供了用于放大或缩小活动布局中对象的两个选项，使用带有默认缩放因子的按钮或使用滚动条。

（10）状态栏。状态栏位于屏幕的下边沿，可将其显示和隐藏。

4.5.2　组态报警消息报表布局

报表需要一定格式的数据支持，组态报警消息报表的前提条件是其消息系统已经组态完成，即已经组态好了记录和报警记录显示页面。

要组态报警消息报表前先要创建一个页面布局，在 WinCC 项目管理打开"报表编辑器"的子菜单，它包括"布局"和"打印作业"两个子项，右击"布局"，并在其快捷菜单中选择"新建页面布局"，创建后名称为"NewRPL0. RPL"，可以在右边数据窗口中为其更改名称为"alms. rpl."。

双击打开对这个布局进行编辑，这时，页面布局器为空白状态。页面布局可分为静态部分和动态部分，静态部分可组态页眉和页脚来输出报警名称、时间和页码等；动态部分按组态的方式来显示实际的报警记录内容。静态页面和动态页面的操作是分开的，通常可在"视图"菜单中选择"静态部分"或"动态部分"来对报表布局进行操作，也可直接在工具栏上单击其对应图标（蓝色及黄色文本图标）来进行动态部分和静态部分的切换。

需要注意的是，按钮静态部分所组态的对象必须位于图中浅色阴影部分（深色部分不属于组态页面），如静态对象组态到页面的白色部分（即动态部分），打印时将不予显示（但在报表布局器预览时可显示）。

本例中，报表的静态部分插入了静态文本（水位监控报警消息报表、时间、第页）、日期（Sys Time）及页码（Sys Page）。日期及页码位于报表编辑器"标准对象"的"系统对象"选项卡下，如图4-52所示。其插入方法是，打开想要在其中粘贴系统对象的布局（也可在报表编辑器工具栏中直接单击），在对象选项板中的"标准对象"标签上单击想要的系统对象，如日期、时间等，将鼠标指针放置在布局中想要粘贴系统对象的位置处，按住鼠标左键，并将对象拖动到需要的大小并释放鼠标左键。

在动态部分，需插入报警消息。在报表编辑器的"运行系统"选项卡中选择"消息报表"，如图4-53所示，拖动至报表编辑器页面布局的动态部分，并调整至合适的大小，组态好的报警消息页面布局如图4-54所示。

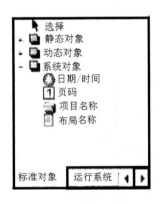

图4-52　系统对象

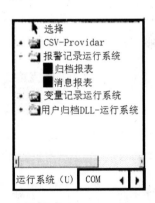

图4-53　消息报表布局

水位监控报警消息报表			
时间	Sys Time		第 Sys Page 页
报警记录运行系统	消息报表		

图4-54　报警消息报表

4.5.3　组态消息报表

页面布局确定后，可对具体显示的报警栏和列进行定义。选择报表的动态部分，双击插入的消息报表打开其"对象属性"对话框，选择"连接"选项卡，如图4-55所示。

在"对象属性"的右侧列表框双击"选择"，将打开"报警记录运行系统：报表-表格列选择"对话框，在对话框的"报表的列顺序"列表中列出了要显示和打印报表的列名称，可以对其增删和改变次序，对显示列的显示格式及长度可通过打开"属性"进行设置，以方便监控需求。如图 4-56 所示。

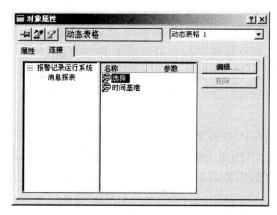

图 4-55　消息报表的"对象属性"对话框

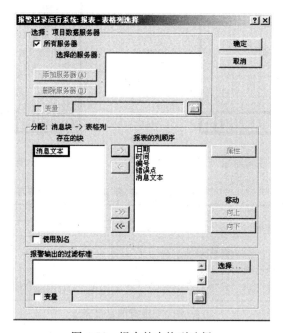

图 4-56　报表的表格列选择

　　表格列设置完成后，在"对象属性"对话框中选择"属性"选项卡，并单击对话框工具栏上针状按钮（右一位置），按钮图像变为图钉状，表示对话框体已被固定。这时，单击对话框外的空白处，将打开组态打印任务的"对象属性"，可对打印的大小、高度、宽度、边距等进行设置，本例中选择 A4 打印纸，如图 4-57 所示此时布局组态结束。

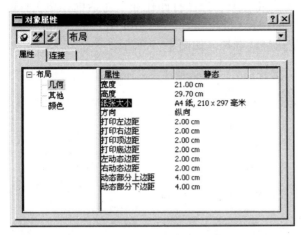

图 4-57 打印任务的对象属性

布局组态完成后，可进行打印任务的组态，在 WinCC 项目管理器中，单击"打印作业"，在窗口右栏，双击打开打印任务 Report Alerm Logging RT Message sequence 的"打印作业属性"，如图 4-58 所示，并在其下拉列表中选择前面建立的 alms. RPL 布局。如对话框中"行式打印机布局"被选中，单击去掉复选框，否则，下拉列表中只会出现组态好的行式布局，所组态的页面布局不会被选中。

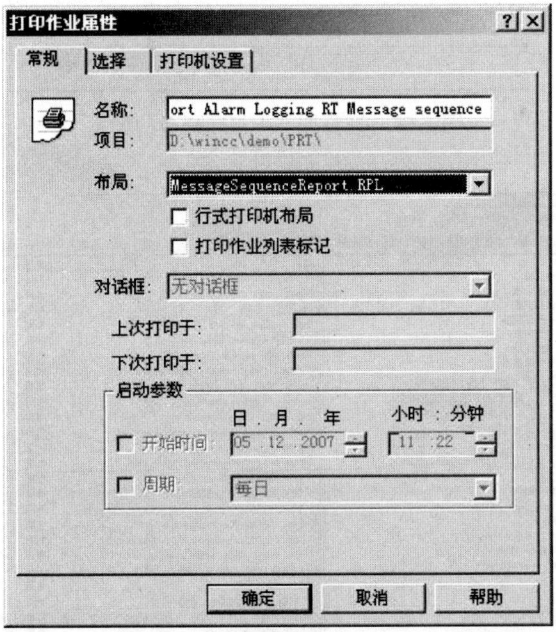

图 4-58 打印作业的布局选择

打印作业组态完成后，在图形编辑器中打开已组态的报警画面，双击组态好的 WinCC Alarm Control 控件，打开其"属性"对话框，在"常规"选项卡下，单击

"预览当前打印任务"将打开"选择打印作业"对话框，单击打印作业列表下拉列表，选择已组态好的"Report Alarm Logging RT Message sequence"作业选项，并单击"确定"按钮确认选择。如图 4-59 所示。

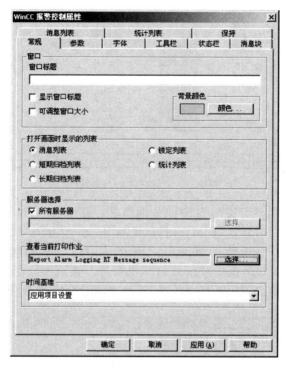

图 4-59　报警控件中打印任务的设置

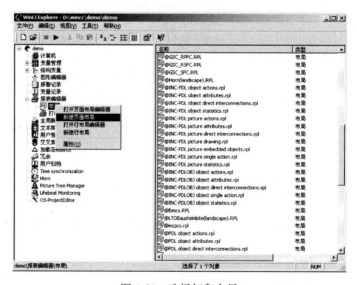

图 4-60　选择打印布局

报表激活才能运行，即 WinCC 资源管理器打开"计算机属性"对话框，在"启动"选项卡中选中激活"报表运行系统"，与激活变量记录类似。当所有的报表组态任务完成后，可以对组态的打印任务进行预览。在 WinCC 变量管理器中，单击"报表编辑器"前面的十字形图标，打开其列表并选择"打印作业"，在 WinCC 变量管理器的数据窗口中，右击"Report Alarm Logging RT Message sequence"打印作业，在其快捷菜单中选择"预览打印作业"，如图 4-60 所示。

这时，将打开如图 4-61 所示的窗口。可以对窗口进行浏览及打印操作，打印出的内容和行布局这里将不再赘述。

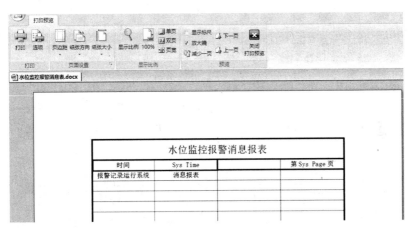

图 4-61 打印页预览

4.6 ANSI-C 脚本

WinCC 可以通过使用 ANSI-C 或 VB Script 函数和动作动态化 WinCC 项目中的过程，而 ANSI-C 或 VB Script 语言都可以对照行函数及动作的编写，本节主要对 ANSI-C 脚本作介绍，VBS 与 ANSI-C 很相似，读者可自行参考相关资料进行学习。

4.6.1 动作与函数

动作由触发器启动，也就是由初始事件启动。函数没有触发器，作为动作的组件使用，并用在动态对话框、变量记录和报警记录中。

触发器类型：触发器主要由定时器（时间）触发和变量触发，其类型如图4-62所示。

函数是一段可复用的代码，只能定义一次，函数不能由自己来执行。WinCC 包括许多函数。此外，用户还可以编写自己的函数和动作。动作也叫触发函数，可以调用函数，没有参数返回。函数和动作的分类如图 4-63 所示。动作多由人机界面触发，它独立于画面的后台任务，如打印日常报表、监控变量或执行计算等。

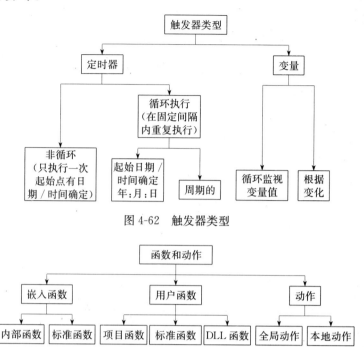

图 4-62　触发器类型

图 4-63　函数和动作分类

（1）函数和动作的应用　项目函数仅在项目内可识别，标准函数和内部函数可以应用于项目函数，内部函数不可更改，所有函数都可以应用于动作，全局动作可应用于所有项目计算机。

（2）创建编辑函数　如果在多个动作中必须执行同样的计算，而只是具有不同的起始值，则最好编写函数来执行该计算。然后，在动作中可以用当前参数方便调用该函数。

4.6.2　ANSI-C 脚本应用举例

这里创建一个关于工程值转换的函数，将以 0.1 的精度显示当前实际温度值。PLC 只处理数字量，实际温度首先被传感器或变送器转换为标准量程的电压或电流信号，如温度传感器测量温度范围为－20～80℃（满程测量），对应的输出信号为 4～20mA 的电流；模拟量模块再将 4～20mA 的电流转换为 0～27648 的数字量。

根据要求可知，4～20mA 模拟量对应的数字量为 0～27648，即温度－20～80℃对应的数字量为 0～27648，根据比例关系可知

$$\frac{实际温度值－温度下限}{AD\ 转换值} = \frac{温度上限值－温度下限值}{27648}$$

所以

$$实际温度值＝\frac{(温度上限值－温度下限值)\times AD 转换值}{27648}＋温度下限值$$

对于本例的计算公式可变为

$$实际温度值＝\frac{[80－(20)]\times AD 转换值}{27648}＋(-20)＝\frac{100\times AD 转换值}{27648}－20$$

设实际温度转换后的数值为 AD_Value，其上限为 Up Value，下限为 Down Value，实际温度为 T，现在创建一个函数，用于数值转换。

在 WinCC 项目管理器中，右击"全局脚本"，在快捷菜单中选择"打开 C 编辑器"从而打开"全局脚本 C"窗口，在窗口左边浏览树中右击出现快捷菜单，单击"新建为"，在右边打开的代码编辑窗口是中输入如下代码：

```
float ValueConversion(float Up Value,float Down Value,float AD_Value)
{float Temp;
Temp＝(UpValuq-DownValue)#AD_Value/27468＋DownValue;
Return Temp;}
```

有时出于工程需要，需对所编函数进行保护。单击脚本编辑器工具栏中触发器按钮（右六位置），将打开项目函数的"属性"对话框，选中"口令"复选框，输入口令并确认，如图 4-64 所示。完成后单击存盘按钮存盘，创建 C 动作，C 动作

图 4-64　为项目函数添加口令

可分为针对对象的 C 动作和全局性的 C 动作。

创建针对对象的 C 动作前必须选定触发对象，在实际应用中，温度转换这个过程必须时刻进行，而不是用局部动作（比如单击鼠标）去触发。本例将创建一个全局动作，通过调用刚才创建的项目函数以实现数值的转换。在创建全局动作前，先创建两个内部变量 Temp_AD 与 Temp_Dis，用于模拟输入量模块的输入值和实际温度的显示值，两变量的数据类型都设为 32 位浮点数，为了直观，可以在图形编辑器创建一个画面，在画面中添加两个输入/输出域并和这两个变量相连，每个输入/输出域名称用静态文本标标签标出。

创建全局脚本和创建项目函数一样，也使用"全局脚本 C"窗口，在此窗口的导航栏中右击"全局动作"，在快捷菜单中选择"新建"。动作编辑器打开后，显示了动作的基本框架。新创建的动作已经包含有说明 # include apdefap. h。所有函数（项目函数、标准函数和内部函数）都在该动作中注册。动作的代码从两部分开始。在第一部分中，必须声明所使用的全部变量；第二部分是所使用的全部画面名称。当动作创建时两部分都已经以注释的形式出现。头三行既不能被删除也不能被修改。也就是说，不需要用特殊的方法，就可以从每一个动作中调用任一函数，每个动作都具有类型为整型的返回值。动作的返回值可用于与 GSC 运行系统的连接，以便达到诊断目的。

在编辑窗口内输入以下代码：

```
# include apdefap. h
int gsc Action(void)
{
flost t,t1：
t1-GetTagFlpoat(Temp_AD)；
t-ValueConversion(80,20,t1)；
SetTagFloat(Temp_Dis,t)；
return 0；
}
```

代码输入后，编译并保存，其名称为 Dis-Convert. pas，将显示在浏览窗口中的"全局动作"下，动作必须组态一个触发器才能执行，单击"全局脚本 C"窗口工具栏上的触发器按钮（右六位置），打开"属性"对话框。

单击图中的"触发器"选项卡，可以看出触发器有定时器和变量两种形式，这里选择定时器触发方式里的周期触发，单击"添加"按钮，打开"添加触发器"对话框，这里时间选择"标准周期"，触发器名称设为 Temp-Trigger，周期为 2s。

全局脚本运行时，需先激活运行系统，在 WinCC 项目管理器中打开"计算机"属性对话框，激活全局脚本运行系统。

为了验证全局动作的正确性，用变量模拟器对变量 Tmp_AD（模拟量输入模块的输入）的变化进行模拟，Tmp_AD 选择正弦模拟，Amplitude 和 Zero Point 都设为 13824（27648/2），这里因为模拟量模块的输入为 27648，循环周期设为 100s，激活后运行图形编辑器，如周期设置得较短则可能出现运行系统的显示滞后于模拟器输出的情况。

通过全局脚本的测试，发现当模拟量输入变化时，对应的实际温度也发生了改变，只是在有些情况下有所延迟，但总体能反映输入量的变化。

第5章 <<<

S7-400用户程序结构

5.1 用户程序的基本结构

5.1.1 用户程序中的块

PLC 中的程序分为操作系统和用户程序，操作系统用来实现与特定的控制任务无关的功能，处理 PLC 的启动、刷新/输出过程映像表、调用用户程序、处理中断和错误、管理存储区和处理通信等。

用户程序由用户在 STEP7 中生成，然后将它下载到 CPU，用户程序包含处理用户特定的自动化任务所需要的所有功能，例如指定 CPU 暖启动或热启动的条件，处理过程数据，指定对中断的响应和处理程序正常运行中的干扰等。

STEP7 将用户编写的程序和程序所需的数据放置在块中，使单个的程序部件标准化。通过在块内或块之间类似子程序的调用，使用户程序结构化。可以简化程序组织，使程序易于修改、查错和调试，块结构显著地增加了 PLC 程序的组织透明性、可理解性和易维护性。各种块的简要说明见表 5-1。OB、FB、FC、SFB 和 SFC 都包含部分程序，统称为逻辑块。

表 5-1 用户程序中的块

块	描 述
组织块（OB）	操作系统与用户程序接口，决定用户的程序结构
系统功能块（SFB）	集成在 CPU 模块中，通过 SFB 调用一些重要的系统功能，有存储区
系统功能（SFC）	集成在 CPU 模块中，通过 SFC 调用一些重要的系统功能，无存储区
功能块（FB）	用户编写的包含经常使用的功能的子程序，有存储区
功能（FC）	用户编写的包含经常使用的功能的子程序，无存储区
背景数据块（DI）	调用 FB 和 SFB 时用于传递参数的数据块，在编译过程中自动生成数据
共享数据块（DB）	存储用户数据的数据区域，供所有的块共享

（1）组织块（OB）　组织块是操作系统与用户程序的接口，由操作系统调用，用于控制扫描循环和中断程序的执行、PLC的启动和错误处理等，有的CPU只能使用部分组织块。

① OB1　OB1用于循环处理，是用户程序中的主程序，操作系统在每一次循环中调用一次组织块OB1。一个循环周期分为输入、程序执行、输出和其他任务，例如下载、删除块、接收和发送全局数据等。

② 事件中断处理　如果出现一个中断事件，例如时间日期中断、硬件中断和错误处理中断等，当前正在执行的块在当前语句执行完后被停止执行（被中断），操作系统将会调用一个分配给该事件的组织块。该组织块执行完后，被中断的块将从断点处继续执行。

这意味着部分用户程序可以不必在每次循环中处理，而是在需要时才被及时地处理，用户程序可以分解为分布在不同的组织块中的"子程序"。如果用户程序是对一个重要事件的响应，并且这个事件出现的次数相对较少，例如液位达到了最大上限，处理中断事件的程序放在该事件驱动的OB中。

③ 中断的优先级　OB接触发事件分成几个级别，这些级别有不同的优先级，高优先级的OB可以中断低优先级OB。当OB启动时，提供触发它的初始化启动事件的详细信息，这些信息可以在用户程序中使用。

（2）临时局域数据　生成逻辑块（OB、FC、FB）时可以声明临时局域数据。这些数据是临时的，退出逻辑块时不保留临时局域数据，它们又是一些局域（Local，或称局部）数据，只能在生成它们的逻辑块内使用，CPU优先级划分局域数据区，同一优先级的块共用一片局域数据区。可以用STEP7改变S7-400每个优先级的局域数据的数量。

除了临时局域数据外，所有的逻辑块都可以使用共享数据块中的共享数据。

（3）功能（FC）　功能是用户编写的没有固定的存储区的块，其临时变量存储在局域数据堆栈中，功能执行结束后，这些数据就丢失了。可以用共享数据区来存储那些在功能执行结束后需要保存的数据，不能为功能的局域数据分配初始值。

调用功能和功能块时用实参（实际参数）代替形参（形式参数）。例如将实参"I3.6"赋值给形参"Start"。形参是实参在逻辑块中的名称，功能不需要背景数据块。功能和功能块用输入（IN0）、输出（OUT）和输入/输出（IN_OUT）参数做指针，指向调用它的逻辑块提供的实参。功能被调用后，可以为调用它的块提供一个数据类型为RETURN的返回值。

（4）功能块（FB）　功能块是用户编写的有自己的存储区（背景数据块）的块，每次调用功能块时需要提供各种类型的数据给功能块，功能块也要返回变量给调用它的块。这些数据以静态变量（STAT）的形式存放在指定的背景数据块（DI）中，临时变量存储在局域数据堆栈中。功能块执行完后，背景据块中的数据不会丢失，但是不会保存局域数据堆栈中的数据。

在编写调用FB或系统功能块（SFB）的程序时，必须指定DI的编号，调用时

DI 被自动打开。在编译 FB 或 SFB 时自动生成背景数据块中的数据。可以在用户程序中或通过 HMI（人机接口）访问这些背景数据。

一个功能块可以有多个背景数据块，使功能块用于不同的被控对象。

可以在 FB 的变量声明表中给形参赋初值，它们被自动写入相应的背景数据块中。在调用块时，CPU 将实参分配给形参的值存储在 DI 中。如果调用块时没有提供实参，将使用上一次存储在背景数据块中的参数。

（5）数据块 数据块（DB）是用于存放执行用户程序时所需的变量数据的数据区。与逻辑块不同，在数据块中没有 STEP7 的指令，STEP7 按数据生成的顺序自动地为数据块中的变量分配地址。数据分为共享数据块和背景数据块。数据块的最大允许容量与 CPU 的型号有关。

数据块中基本的数据类型有 BOOL（二进制位），REAL（实数或浮点数）和INTEGER（整数，简称为 INT）等。结构化数据类型（数组和结构）由基本数据类型组成。可以用符号表中定义的行号来代替数据块中的数据的地址，这样更便于程序的编写和阅读。

① 共享数据块（Share Block） 共享数据块存储的是全局数据，所有的 FB、FC 或 OB（统称为逻辑块）都可以从共享数据块中读取数据，或将数据写入共享数据块。CPU 可以同时打开一个共享数据块和一个背景数据块。如果某个逻辑块被调用，它可以使用它的临时局域数据区（即 L 堆栈）。逻辑块执行结束后，其局域数据区中的数据丢失，但是共享数据块中的数据不会被删除。

② 背景数据块（Instance Data Block） 背景数据块中的数据是自动生成的，它们是功能块的变量声明表中的数据（不包括临时变量 TEMP）。背景数据块用于传递参数，FB 的实参和静态数据存储在背景数据块中，调用功能块时，应同时指定背景数据块的编号或符号，背景数据块只能被指定的功能块访问。

应首先生成功能块，然后生成它的背景数据块，在生成背景数据块时，应指明它的类型为背景数据块（Instance），并指明它的功能块的编号，例如 FB2。

背景数据块的功能块被执行完后，背景数据块中存储的数据不会丢失。

在调用功能块时使用不同的背景数据块，可以控制多个同类的对象（如图 5-1所示）。

图 5-1 用于不同对象的背景数据块

（6）系统功能块（SFB） 系统功能块和系统功能是为用户提供已经编好程序的块，可以在用户程序中调用这些块，但是用户不能修改它们，它们作为操作系统的一部分，不占用程序空间，SFB 有存储功能，其变量保存在指定给它的背景数据块中。

（7）系统功能（SFC）　系统功能是集成在 S7 CPU 的操作系统中预先编好程序的逻辑块，例如时间功能和块传送功能等。SFC 属于操作系统的一部分，可以在用户程序中调用。与 SFB 相比，SFC 没有存储功能。S7 CPU 提供以下的 SFC：复制及块功能，检查程序，处理时钟和运行时间计数器，数据传送，在多 CPU 模式的 CPU 之间传送事件，处理日期时间中断和延时中断，处理同步错误、中断错误和异步错误，有关静态和动态系统数据的信息，过程映彩色电视刷新和位域处理，模块寻址，分布式 I/O，全局数据通信，非组态连接的通信，生成与块相关的信息等。

（8）系统数据块（SDB）　系统数据块是由 STEP7 产生的程序存储区，包含系统组态数据，例如硬件模块参数和通信连接参数等用于 CPU 操作系统的数据。

（9）块的调用　可以用 CALL 指令调用没有参数的 FC 和有参数的 FC 和 FB，用 CU（无条件调用）和 CC（RLO＝1 时调用）指令调用没有参数的 FC 和 FB。用 CALL 指令调用 FB 和 SFB 时必须指定背景数据块，静态变量和临时变量不能出现在调用指令中。

5.1.2　用户程序使用的堆栈

堆栈（如图 5-2 所示）是 CPU 中的一块特殊的存储区，它采用"先入后出"的规则存入和取出数据。堆栈中最上面的存储单元称为栈顶，要保存的数据从栈顶"压入"堆栈时，堆栈中原有的数据依次向下移动一个位置，最下面的存储单元中的数据丢失。在取出栈顶的数据后，堆栈中所有的数据依次向上移动一个位置。堆栈的这种"先入后出"的存取规则刚好满足块的调用（包括中断处理时块的调用）的要求，因此在计算机的程序设计中得到了广泛的应用。下面介绍 STEP7 中 3 种不同的堆栈。

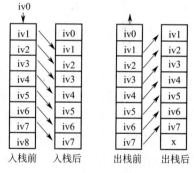

图 5-2　堆栈操作

（1）局域数据堆栈（L）　局域数据堆栈用来存储块的局域数据区的临时变量、组织块和启动信息、块传递参数的信息和梯形图程序的中间结果，局域数据可以按位、字节、字和双字来存放，例如 L0.0、LB9、LW4 和 LD52。

各逻辑块均有自己的局域变量表，局域变量仅在它被创建的逻辑块中有效。对组织块编程时，可以声明临时变量（TEMP）。临时变量仅在块被执行的时候使用，块执行完后将被别的数据覆盖。

在首次访问局域数据堆栈时，应对局域数据初始化。每个组织块需要 20B 的局域数据来存储它的启动信息。

CPU 分配给当前正在处理的块的临时变量（即局域数据）的存储器容量是有限的，这一存储区（即局域堆栈）的大小与 CPU 的型号有关，CPU 给每一优先级分配了相同数量的局域数据区，这可以保证不同优先级的 OB 都有它们可以使用的局域数据空间。

图 5-3 中的 FB1 调用功能 FC2，FC2 的执行被组织块 OB81 中断，图中给出了局域数据堆栈中局域数据的存放情况。

在局域数据堆栈中，并非所有的优先级都需要相同数量的存储区。通过在 STEP7 中设置参数，可以对 S7-400 CPU 和 CPU318 的每一优先级指定不同大小的局域数据区。其余的 S7-300 CPU 每一优先级的局域数据区的大小是固定的。

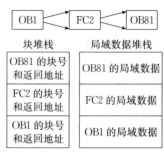

图 5-3　块堆栈与局域数据堆栈

（2）块堆栈（B 堆栈）　如果一个块的处理因为调用另外一个块，或被更高优先级的块中止，或者被对错误的服务中止，CPU 将在块堆栈中存储以下信息：

- 被中断的块的类型（OB、FB、FC、SFB、SFC）、编号和返回地址。
- 从 DB 和 DI 寄存器中获得的块被中断时打开的共享数据块和背景数据块的编号。
- 局域数据堆栈的指针。

利用这些数据，可以在中断它的任务处理完后恢复被中断的块的处理，在多重调用时，堆栈可以保存参与嵌套调用的几个块的信息。

CPU 处于 STOP 模式时，可以在 STEP7 中显示 B 堆栈中保存的在进入 STOP 模式时没有处理完的所有的块，在 B 堆栈中，块按照它们被处理的顺序排列（见图 5-3）。

每个中断优先级对应的块堆栈中可以储存的数据的字节数与 CPU 的型号有关。

（3）中断堆栈（I 堆栈）　如果程序的执行被优先级更高的 OB 中断，操作系统将保存下述寄存器的内容：当前的累加器和地址寄存器的内容、数据块寄存器 DB 和 DI 的内容、局域数据的指针、状态字、MCR（主控继电器）寄存器和 B 堆栈的指针。新的 OB 执行完后，操作系统从中断堆栈中读取信息，从被中断的块被中断的地方开始继续执行程序。

CPU 在 STOP 模式时，可以在 STEP7 中显示 I 堆栈中保存的数据，用户可以据此找出使 CPU 进入 STOP 模式的原因。

5.1.3　线性化编程与结构化编程

STEP7 有 3 种设计程序和方法，即线性化编程、模块化编程和结构化编程。

（1）线性化编程　线性化编程类似于硬件继电器控制电路，整个用户程序放在循环控制组织块 OB1（主程序）中，循环扫描时不断地依次执行 OB1 中的全部指令。这种方式的程序结构简单，不涉及功能块、功能、数据块、局域变量和中断等比较复杂的概念，容易入门。

由于所有的指令都在一个块中，即使程序中的某些部分在大多数时候并不需要执行，每个扫描周期都要执行所有的指令，因此没有有效地利用 CPU。此外如果要求多次执行相同或类似的操作，需要重复编写程序。

（2）模块化编程　程序被分为不同的逻辑块，每个块包含完在某些任务的逻辑指令。组织块 OB1（即主程序）中的指令决定在什么情况下调用哪一个块，功能和功能块（即子程序）用来完成不同的过程任务，被调用的块执行完后，返回到 OB1 中程序块的调用点，继续执行 OB1。

模块化编程的程序被划分为若干个块，易于几个同时对一个项目编程。由于只是在需要时才调用有关的程序块，因此提高了 CPU 的利用效率。

（3）结构化编程　结构化编程将复杂的自动化任务分解为能够反映过程的工艺、功能或可以反复使用的小任务，这些任务由相应的程序块（或称逻辑块）来表示，程序运行时所需的大量数据和变量存储在数据块中。某些程序块可以用来实现相同或相似的功能，这些程序块是相对独立的，它们被 OB1 或别的程序块调用。

在块调用中，调用者可以是各种逻辑块，包括用户编写的组织块（OB）、FB、FC 和系统提供的 SFB（系统功能块）及系统功能（SFC），被调用的块是 OB 之外的逻辑块，调用时需要为它指定一个背景数据块，后者随功能块的调用而打开，在调用结束时自动关闭。

在给功能块编程时使用的是"形参"（形式参数），调用它时需要将"实参"（实际参数）赋值给形参。在一个项目中，可以多次调用同一个块，例如在调用控制发动机的块时，将不同的实参赋值给形参，就可以实现对类似但是不完全相同的被控对象（例如汽油机和柴油机）的控制。

块调用即子程序调用，块可以嵌套调用，即被调用的块又可以调用别的块，允许嵌套调用的层数（嵌套深度）与 CPU 的型号有关。

块嵌套调用的层数还受到 L 堆栈大小的限制，每个 OB 需要至少 20B 的 L 内

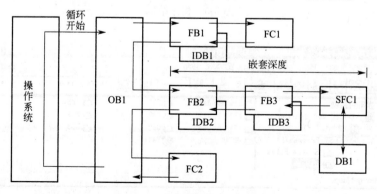

图 5-4　块调用的分层结构

容。当块 A 调用块 B 时，块 A 的临时变量将压入 L 堆栈。

在图 5-4 中，OB1 调用 FB1，FB1 调用 FC1，应按下面的顺序创建块：FC1、FB1 及其背景数据块 OB1，即编程时被调用的块应该是已经存在的。

5.2 功能块和功能的生成与调用

下面以发动机控制系统的用户程序为例，介绍生成和调用功能块与功能的方法。

5.2.1 项目的创建和用户程序结构

（1）项目的创建 在计算机的"桌面"上双击"SIMATIC Manager"图标，在弹出的新项目向导中单击"NEXT"按钮，依次选择 CPU 的型号和 MPI 站地址、需要编程的组织块和使用的编程语言等，最后设置项目的名称为"发动机控制"。

（2）用户程序结构 图 5-5 中的组织块 OB1 是主程序，用一个名为"发动机控制"的功能块 FB1 来分别控制汽油机和柴油机（见图 5-5），控制参数在背景数据块 DB1 和 DB2 中，控制汽油机时调用 FB1 和名为"汽油机数据"的背景数据块 DB1，控制柴油机时调用 FB1 和名为"柴油机数据"的背景数据块 DB2，此外控制汽油机和柴油机时还用不同的实参分别调用名为"风扇控制"的功能 FC1。图 5-6 是程序设计好后 SIMATIC 管理器中的块。

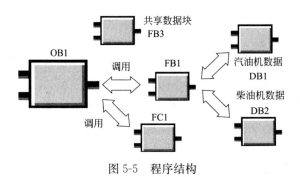

图 5-5 程序结构

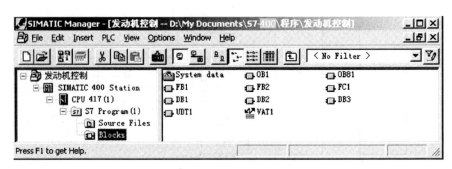

图 5-6 SIMATIC 管理器

5.2.2　符号表与变量声明表

（1）符号表　为了使程序易于理解，可以给变量指定符号。表 5-2 是发动机控制项目的符号表，符号表中定义的变量是全局变量，可供所有的逻辑块使用。

表 5-2　符号表

符号	地址	符号	地址	符号	地址	符号	地址
汽油机数据	DB1	启动汽油机	I1.0	柴油机转速	MW4	柴油机到达设置转速	Q5.5
柴油机数据	DB2	关闭汽油机	I1.1	主程序	OB1	柴油机风扇运行	Q5.6
共享数据	DB3	汽油机故障	I1.2	自动模式	Q4.2	汽油机风扇运行	T1
发动机控制	FB1	启动柴油机	I1.4	汽油机运行	Q5.0	柴油机风扇延时	T2
风扇控制	FC1	关闭柴油机	I1.5	汽油机达到设置转速	Q5.1		
自动按钮	I0.5	柴油机故障	I1.6	汽油机风扇运行	Q5.2		
手动按钮	I0.6	汽油机转速	MW2	柴油机运行	Q5.4		

（2）变量声明表　图 5-7 中的梯形图编辑器的右上半部分是变量声明表，右下半部是程序指令部分，左边是指令列表，用户在变量声明表中声明本块中专用的变量，即局域变量，包括块的形参（形式参数）和参数的属性，局域变量只是在它所在的块中有效。声明后在局域数据堆栈中为临时变量（TEMP）保存有效的存储空间。对于功能块，还要为配合使用的背景数据块的静态变量（STAT）保留空间。通过设置 IN（输入）、OUT（输出）和 IN_OUT（输入/输出）类型变量，声明块调用时的软件接口（即形参）。用户在功能块中声明变量时，除了临时变量外，它们将自动出现在功能块对应的背景数据块中。

如果在块中只使用局域变量，不使用绝对地址或全局符号，可以将块移植到别的项目。块中的局域变量名必须以字母开始，只能由英语字母、数字和下画线组成，不能使用汉字，但是在符号表中定义的共享数据的符号名可以使用其他字符（包括汉字）。在程序中，操作系统在局域变量前面自动加上"♯"号，共享变量名被自动加上双引号，共享变量可以在整个用户程序中使用。

在图 5-7 中，变量声明表的左边给出了该表的文本结构，单击某一变量类型，例如"OUT"，在表的右边将显示出该类型局域变量的详细情况。将图 5-7 中变量声明表与程序指令部分的水平分隔条拉至程序编辑器视窗的顶部，不再显示变量声明表，但它仍然存在。将分隔条下拉，将再次显示变量声明表。

（3）局域变量的类型　由图 5-7 可知，功能块的局域变量分为 5 种类型：

① IN（输入变量）：由调用它的块提供的输入参数。

② OUT（输出变量）：返回给调用它的块的输出参数。

③ IN_OUT（输入输出变量）：初值由调用它的块提供，被子程序修改后返回给调用它的块。

④ TEMP（临时变量）：暂时保存在局域数据区中的变量。只是在执行块时使

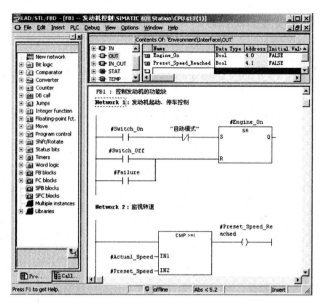

图 5-7　梯形图编辑器

用临时变量。执行完后，不再保存临时变量的数值。在 OB1 中，局域变量表只包含 TEMP 变量。

⑤ STAT（静态变量）：在功能块的背景数据块中使用，关闭功能块后，其静态数据保持不变。功能（FC）没有静态变量。

在变量声明表中赋值时，不需要指定存储器地址。根据各变量的数据类型，程序编辑器自动地为所有局域变量指定存储器地址。

表 5-3 给出了全局变量与局域变量。

表 5-3　全局变量与局域变量

全局变量(在整个程序中使用)	局域变量(只能在一个程序中使用)	
PII/PIQ、I/O、M/T/C、DB 区	临时变量:对应的块执行完后被删除,临时存储在 L 堆栈中,可以在 FB、FC 和 OB 中使用	静态变量:对应的块执行完成后永久保存在背景数据块中,只能用于 FB

在变量声明表中选择 ARRAY（数组）时，用鼠标单击相应行的地址单元，如果想选中一个结构（Structure），用鼠标选中结构的第一行或最后一行的地址单元。即有关键字 STRUCT 或 END_STRUCT 的那一行，若要选择结构中的某一参数，用鼠标单击该行的地址单元。

（4）FB1 中的局域变量　表 5-4 列出了发动机控制例程中 FB1 的局域变量，表中 Bool 变量（数字量）的初值（Initial Value）FALSE 即二进制数 0。预置转速是固定值。在变量声明表中作为静态参数（STAT）来存储，被称为"静态局域变量"。

表 5-4　FB 的变量声明表

Name	Data Type	Address	Declare	Initial Value	Comment
Switch_On	Bool	0. 0	IN	FALSE	启动按钮
Switch_Off	Bool	0. 1	IN	FALSE	停车按钮
Failure	Bool	0. 2	IN	FALSE	故障信号
Actual_Speed	Int	2. 0	IN	0	实际转速
Engine_On	Bool	4. 0	OUT	FALSE	控制发动机的输出信号
Preset_Speed_Reached	Bool	4. 1	OUT	FALSE	达到预置转速
Preset_Speed	Int	6. 0	STAT	1500	预置转速

（5）程序库　程序库用来存放可以多次使用的程序部件，可以从已有的项目中将它们复制到程序库，也可以在程序库中直接生成程序部件。用程序编辑器中的菜单命令"View"—"Overviews"可以显示或关闭图 5-7 右边的指令目录和程序库（Libraries）。

STEP7 标准软件包提供下列的标准程序库：

① 系统功能块（SFB）、系统功能（SFC）和标准组织块（OB）。

② S5-S7 转换块和 TI-S7 转换块，用于转换 STEP5 程序或 TI 程序。

③ IEC 功能块：处理时间和日期信息、比较操作、字符串处理与选择最大值和最小值等。

④ PID 控制块与通信块：用于 PID 控制和通信处理器（CP）。

⑤ 其他功能块（Miscellaneous Blocks）：例如用于时间标记和实时钟同步等的块，用户安装可选软件包后，还会增加其他的程序库。

5.2.3　功能块与功能

（1）功能块 FB1 的程序　图 5-7 的下半部分是 FB1 的梯形图程序，SR 指令块用来控制发动机的运行，输入变量 Switch_On 和 Switch_Off 分别是启动命令和停车命令。Failure（故障）信号在无故障时为 0，有故障时为 1。功能块的输出信号 Engine_On 为 1 时发动机运行，为 0 时发动机停车。

FB1 用比较指令来监视转速，检查实际速度是否大于等于预置转速。如果满足条件，输出信号♯Preset_Speed_Reached（达到预置速度）被置位为 1。

（2）功能的生成与编辑　如果控制功能不需要保存它自己的数据，可以用功能 FC 来编程。与功能块 FB 相比较，FC 不需要配套的背景数据块。

在功能的变量声明表中可以使用的参数类型有 IN、OUT、IN_OUT、TEMP 和 RETURN（返回参数），功能不能使用静态（STAT）局域数据。

在管理器中打开"Blook 文件夹"，鼠标右键单击右边的窗口，在弹出的菜单中选择"Insert New Object"—"Function"（插入一个功能）。表 5-5 是功能 1 中使用的变量，在变量声明表中不能用汉字作变量的名称。

表 5-5　FC1 的变量声明表

Name	Data Type	Declare	Comment
Engine_On	Bool	IN	输入信号，发动机运行
Timer_Function	Timer	IN	停机延时的定时器功能
Fan_On	Bool	OUT	控制风扇的输出信号

功能 FC1 用来控制发动机的风扇，要求在启动发动机的同时启动风扇，发动机停车后，风扇继续运行 4s 后关断。在 FC1 中，使用了延时断开定时器（S_OFFDT），在功能的变量声明表中定义了输入变量和输出变量，调用 FC1 时将延时断开定进器作为功能的输入变量，数据类型为 Timer，FC1 用于不同的发动机时指定不同的定时器，图 5-8 是 FC1 中的梯形图程序。

FC1:用于风扇控制的功能
Network 1 :风扇控制

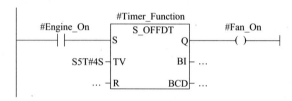

图 5-8　梯形图

5.2.4　功能块与功能的调用

组织块 OB1 是循环执行的主程序，生成项目时系统自动生成空的 OB1，在管理器中双击 OB1 图标后进入编辑器窗口，可以用"View"菜单命令选择编程语言。

在发动机控制程序中，OB1 用来实现自动/手动工作模式的切换，通过两次调用 FB1 和 FC1 实现对汽油机和柴油机的控制。图 5-9 只给出了控制汽油机的程序，控制柴油机的程序与之相似。

通过置位/复位指令 SR，用符号名分别为"自动"和"手动"的按钮来控制符号名为"自动模式"的输出量 Q4.2，符号名为"自动"和"手动"的参数不是某一发动机的属性，它用于整个程序，因此它不是块的参数，它是在共享符号表中定义的。

（1）功能块的调用　块调用分为条件调用和无条件调用。用梯形图调用块时，块的 EN（Enable 使能）输入端有能流流入时执行块，反之则不执行，条件调用时 EN 端受到触点电路的控制。块被正确执行时 ENO（Enable Output，使能输出端）为 1，反之为 0。

调用功能块之前，应为它生成一个背景数据块，调用时应指定背景数据块的名称。生成背景数据块时应选择数据块的类型为背景数据块，并设置调用它的功能块的名称。图 5-9 中的"汽油机数据"（DB1）是功能块"发动机控制"（FB1）的背景数据块。

调用功能块时应将实参赋值给形参，例如将符号名为"启动汽油机"的实参赋值给形参"Switch_On"，实参可以是绝对地址或符号地址，如果调用时没有给形参赋以实参，功能块就调用背景数据块中形参的数值。该数值可能是在功能块的变量声明表中设置的形参的初值，也可能是上一次调用时储存在背景数据块中的数值。

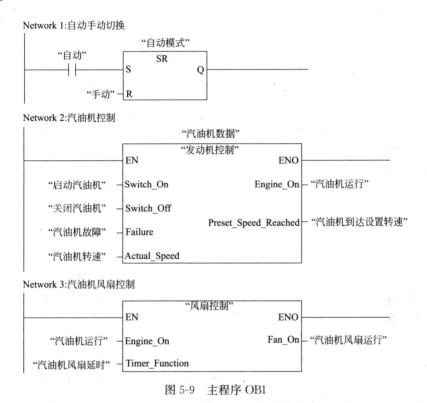

图 5-9　主程序 OB1

在 OB1 中，用 CALL 指令调用功能块 FB1，方框内的"发动机控制"是功能块 FB1 的符号名，方框上面的"汽油机数据"是对应的背景数据块 DB1 的符号名，方框内是功能块的形参，方框外是对应的实参。方框的左边是块的输入量，右边是块的输出量，功能块的符号名是在符号表中定义的。

两次调用功能块"发动机控制"时，功能块的输入变量和输出变量不同，除此之外，分别使用汽油机的背景数据块"汽油机数据"和柴油机的背景数据块"柴油机数据"，两个背景数据块中的变量相同，区别仅在于变量的实际参数（即实参）不同和静态参数（例如预置转速）的初值不同。

背景数据块中的变量与"发动机控制"功能块的变量声明表中的变量相同（不包括临时变量 TEMP）。

（2）功能的调用 功能 FC 没有背景数据块，不能为功能的局域变量分配初值，所以必须给功能分配实参。STEP7 为功能提供了一个特殊的输出参数——返回值（RET_VAL），调用功能时，可以指定一个地址作为实参来存储返回值。

方框"风扇控制"是控制风扇的功能 FC1，它用于在发动机停机后风扇继续运行 4s 后再停止运行。在符号表中定义了两次调用 FC1 时使用的定时器、用于启动风扇的 FC1 的输入变量和输出变量的符号，并定义了 FC1 的符号。

5.2.5 时间标记冲突与一致性检查

如果修改了块与块之间的软件接口（块内的输入/输出变量）或程序代码，可能会造成时间标记（Time Stamp）冲突，引起调用块和被调用块（基准块）之间的不一致，在打开调用块时，在块调用指令中被调用的有冲突的块将用红色标出。

块中包含一个代码（Code）时间标记和一个接口（Interface）时间标记，这些时间标记可以在块属性对话框中查看。STEP7 在进行时间标记比较时，如果发现下列问题，就会显示时间标记冲突。

① 被调用的块比调用它的块的时间标记更新。

② 用户定义数据类型（UDT）比使用它的块或使用它的用户数据的时间标记更新。

③ FB 比它的背景数据块的时间标记更新。

④ FB2 在 FB1 中被定义为多重背景，FB2 的时间标记比 FB1 的更新。

即使块与块之间的时间标记的关系是正确的，如果块的接口的定义与它被使用的区域中的定义不匹配（有接口冲突），也会出现不一致性。

如果用手工来消除块的不一致性，工作是很繁重的。可用下面的方法自动修改一致性错误：

① 在 SIMATIC 管理器的项目窗口中选择要检查的块文件夹，执行菜单命令"Edit"—"Check Blook Consistency"（检查块的一致性）。在出现的窗口中执行菜单命令"Program"—"Compile"（程序—编译），STEP7 将自动地识别有关块的编程语言，并打开相应的编辑器去进行修改。时间标记冲突和块的不一致性被自动地尽可能地消除，同时对块进行编译。将在输出窗口中显示不能自动消除的时间冲突和不一致性，所有的块被自动地重复进行上述处理。如果是用可选的软件包生成的块，可选软件包必须有一致性检查功能，才能作一致性检查。

② 如果在编译过程中不能自动消除所有的块的不一致性，在输出窗口中给出有错误的块的信息，用鼠标右键单击某一错误，调用弹出菜单中的错误显示，对应的错误被打开，程序将跳到被修改的位置，消除块中的不一致性后，保存并关闭块，对于所有标记为有错误的块，重复这一过程。

③ 重新执行步骤①和②，直到在信息窗口中不再显示错误信息。

5.3 数据块

5.3.1 数据块中的数据类型

（1）基本数据类型 基本数据类型包括位（Bool）、字节（Byte）、字（Word）、双字（Dword）、整数（INT）、双整数（DINT）和浮点数（Float，或称实数）等。

（2）复合数据类型 复合数类型包括日期和时间（DATE-AND-TIME），字符串（STRING）、数组（ARRAY）、结构（STRCT）和用户定义数据类型（UDT）。

（3）数组 数组（ARRAY）是同一类型的数据组合而成的一个单元。生成数组时，应指定数组的名称，例如 PRESS，声明数组的类型时要使用关键字 ARRAY，用下标（Inde）指定数线的维数和大小，数组的维数最多为 6 维。例如图 5-10 给出了一个二维数组 ARRAY[1,2,3,] 的结构，它共有 6 个整数元素，图中的每一小格为二进制的 1 位，每个元素占两行（两个字节）。方括号中的数字用来定义每一维的起始元素和结束元素在该维中的编号，可以取－32768～32767 之间的整数。各维之间的数字用逗号隔开，每一维开始和结束的编号用两个小数点隔开，如果某一维有 N 个元素，该维的起始元素和结束元素的编号一般采用 1 和 N，例如 ARRAY[1,2,3]。

如果数组 ARRAY 是数据块 TANK 的一部分，访问数组中的数据时，需要指出数据块和数组的名称，以及数组元素的下标，例如"TANT"，PRESS[2,1]，其中 TANK 是数据块的符号名，PRESS 是数组的名称，它们用英语的句号分开。方括号中是数组元素的下标，该元素是数组中的第 4 个元素（见图 5-10）。

如果在块的变量声明表中声明形参的类型为 ARRAY，可以将整个数组而不是某些元素作为参数来传递，在调用块时也可以将某个数组元素赋值给同一类型的参数。

将数组作为参数传递时，并不要求形参和实参的两个数组有相同的名称，但是它们应该有相同的结构，例如都是由整数组成的 2×3 格式的数组。

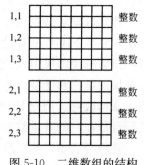

图 5-10 二维数组的结构

（4）结构 结构（STRUCT）是不同类型的数据的组合。可以用基本数据类型、复杂数据类型（包括数组和结构）和用户定义数据类型 UDT 作为结构中的元素，例如一个结构由数组和结构组成，结构可以嵌套 8 层。用户可以把过程控制中有关的数据统一组织在一个结构中，作为一个数据单元来使用，而不是使用大量的单个的元素，为统一处理不同类型的数据或参数提供了方便。

数组和结构可以在数据块中定义，也可以在逻辑块的变量声明表中定义。

将结构作为参数传递时，作为形参和实参的两个结构必须有相同的数据结构，即相同数据类型的结构元素和相同的排列顺序。

（5）用户定义数据类型　用户定义数据类型（UDT）是一种特殊的数据结构，由用户自己生成，定义好后可以在用户程序中多次使用。用户定义数据类型由基本数据类型或复杂数据类型组成。定义好后可以在符号表中为它指定一个符号名，使用 UDT 可以节约录入数据的时间。

使用用户定义数据类型时，只需要对它定义一次，就可以用它来产生大量的具有相同数据结构的数据块，可以用这些数据块来输入用于不同目的的实际数据。例如可以生成用于颜料混合配方的 UDT，然后用它生成用于不同颜色配方的数据组合。

5.3.2　数据块的生成与使用

数据块（DB）用来分类存储设备或生产线中变量的值，数据块也是用来实现各逻辑块之间的数据交换、数据传递和共享数据的重要途径。数据块丰富的数据结构便于提高程序的执行效率和进行数据管理。与逻辑块不同，数据块只有变量声明部分，没有程序指令部分。

不同的 CPU 允许建立的数据块的块数和每个数据块可以占用的最大字节数是不同的，具体的参数可以查看选型手册。

（1）数据块的类型　数据块分为共享数据块（DB）和背景数据块（DI）两种。

共享数据块又称为全局数据块，它不附属于任何逻辑块。在共享数据块中和全局符号表中声明的变量都是全局变量。用户程序中所有的逻辑块（FB、FC、OB 等）都可以使用共享数据块和全局符号表中的数据。

背景数据块是专用指定给某个功能块（FB）或系统功能块（SFB）使用的数据块，它是 FB 或 SFB 运行时的工作存储区。当用户将数据块与某一功能块相连时，该数据块即成为该功能块的背景数据块，功能块的变量声明表决定了它的背景数据块的结构和变量，不能直接修改背景数据块，只能通过对应的功能块的变量声明表来修改它。调用 FB 时，必须同时指定一个对应的背景数据块，只有 FB 才能访问存放在它的背景数据块中的数据。

在符号表中，共享数据块的数据类型是它本身，背景数据块的数据类型是对应的功能块。

（2）生成共享数据块　在 SIMATIC 管理器中用鼠标右键单击 SIMTIC 管理器的块工作区，在弹出的菜单中选择 "Insert New Object"—"Data Block" 命令，可以生成新的数据块。

数据块有两种显示方式，即声明表显示方式和数据显示方式，菜单命令

"View"—"Declaration View"和"View"—"Data View"分别用来指定这两种显示方式。

声明表显示状态用于定义和修改共享数据块中的变量，指定它们的名称、类型和初值，STEP7根据数据类型给出默认的初值，用户可以修改初值，可以用中文给每个变量加上注释，声明表中的名称只能使用字母、数字和下画线，地址是CPU自动指定的。

在数据显示状态，显示声明表中的全部信息和变量的实际值，用户只能改每个元素的实际值，复杂数据类型变量的元素（例如数组中的各元素）用全名列出。如果用户输入的实际值与变量的数据类型不符，将用红色显示错误的数据，在数据显示状态下，用菜单命令Edit"—"Initialize Block"可以恢复变量的初始值。

（3）生成背景数据块　要生成背景数据块，首先应生成对应的功能块（FB），然后生成背景数据块。

在SIMATIC管理器，用菜单命令"Insert"—"S7 Block"—"Data Block"生成数据块，在弹出的窗口中，选择数据块的类型为背景数据块（Instance），并输入对应的功能块的名称。操作系统在编译功能块时将自动生成功能块对应的背景数据块中的数据，其变量与对应的功能块的变量声明表中的变量相同，不能在背景数据块中增减变量，只能在数据显示（Data View）方式修改其实际值。在数据块编辑器的"View"菜单中选择是声明表显示方式还是数据显示方式。

（4）访问数据块　在访问数据块时，要指明被访问的是哪一个数据块，以及访问该数据块中的哪一个数据。有两种访问数据块中的数据的方法：

① 访问数据块中的数据时，需要用OPEN指令先打开它。

② 在指令中同时给出数据块的编号和数据地数据块中的地址，例如DB2.DBX2.0，可以直接访问数据块中的数据。DB2是数据块的名称，DBX2.0是数据块内第2个字节的第0位，这种访问方法不容易出错，建议尽量使用这种方法。

5.4　多重背景

在用户程序中使用多重背景可以减少背景数据块的数量，以发动机控制程序为例，原来用FB1控制汽油机和柴油机时，分别使用了背景数据块DB1和DB2。使用多重背景时只需要一个背景数据块（DB10），但是需要增加一个功能块FB10来调用作为"局域背景"的FB1，FB1的数据存储在FB10的背景数据块DB10中，DB10是自动生成的。不需要给FB1分配背景数据块，即原来的DB1和DB2被DB10代替，但是需要在FB10的变量声明表中声明静态局域数据（STAT）FB1。

多重背景的程序结构见图 5-11。

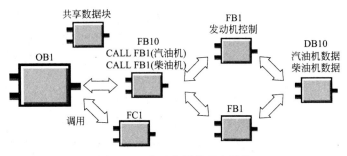

图 5-11 多重背景的程序结构

5.4.1 多重背景功能块与多重背景数据块

生成多重背景功能块 FB10 时，应激活 "Multiple Instance FB"（多重背景功能块）选项。

生成 FB10 时，应首先生成 FB1，为调用 FB1，在 FB10 的变量声明表中（见图 5-12），声明了两个名为 "Petrol_Engine"（汽油机）和 "Dresel_Engine"（柴油机）的静态变量（STAT），其数据类型为 FB1。图 5-12 中 "Petrol_Engine" 和 "Diesel_Engine" 下面的 7 个子变量来自 FB1 的变量声明表，不是用户输入的。生成 FB10 后，"Petrol_Engine" 和 "Diesel_Engine" 将出现在管理器编程元件目录的 "Multiple Instances"（多重背景）文件夹内，可以将它们 "施放" 到 FB10 中。然后指定它们的输入参数和输出参数。

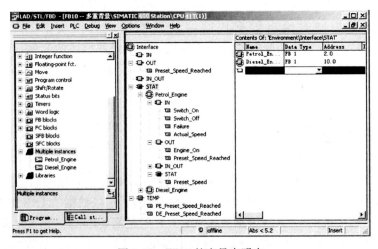

图 5-12 FB10 的变量声明表

图 5-13 是 FB10 中的梯形图程序。

汽油机和柴油机的数据均存储在多重背景数据块 DB10 中，DB10 代替了原有的背景数据块 DB1 和 DB2。生成 DB10 时，应将它设置为背景数据块，对应的功能块为 FB10、DB10 中的变量是自动生成的，与 FB10 的量声明表中的相同。

打开 DB10，执行菜单命令"View"—"Data View"。可以修改预置转速的实际值，FB1 中的变量仍保持它们的符号名，例如"Switch_On"，局域背景的名称"Petrol_Engine"和"Diesel_Engine"加在 FB1 的变量之前，例如"Petrol_Engine. Switch_On"。

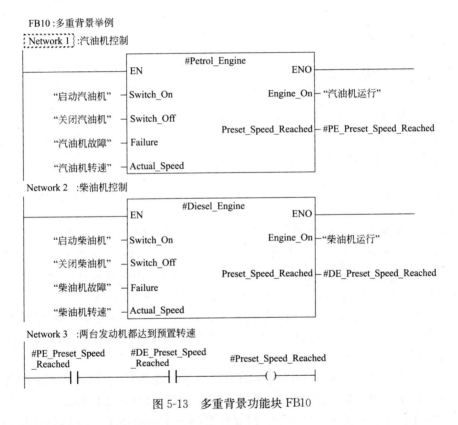

图 5-13　多重背景功能块 FB10

5.4.2　在 OB1 中调用多重背景

给 OB1 编程之前，打开符号表，输入 FB10 和 DB10 的符号名，保存后退出，前面的"发动机控制"项目中 OB1 对 FB1 的两次调用。被图 5-15 中 OB1 对 FB10（符号名为"发动机"）的调用代替，调用时还指定了背景数据块 DB10（符号名为"多重背景数据块"）。FB10 的输出信号"Presel_Speed_Reached"送给符号名为"两台达到设置转速"的共享数据 Q5.1。

图 5-14 中调用 FB10 的语句表为：

Network4：调用多重背景

CALL "发动机"，"多重背景数据块"

Presel_Speed_Reached ＝ "两台都达到设置转速"

图 5-14　OB1 中调用多重背景

5.5　组织块与中断处理

组织块是操作系统与用户程序之间的接口。S7 提供了各种不同的组织块（OB），用组织块可以创建在特定的时间执行的程序和响应特定事件的程序，例如延时中断 OB、外部硬件中断 OB 和错误处理 OB 等。

5.5.1　中断的基本概念

（1）中断过程　中断处理用来实现对特殊内部事件或处部事件的快速响应。如果没有中断，CPU 循环执行组织块 OB1。因为除背景组织块 OB90 以外，OB1 的中断优先级最低，CPU 检测到中断源的中断请求时，操作系统在执行完当前程序的当前指令（即断点处）后，立即响应中断。CPU 暂停正在执行的程序。调用中断源对应的中断程序。在 S7-300/400 中，中断用组织块（OB）来处理。执行完中断程序后，返回被中断的程序的断点处继续执行原来的程序。

PLC 的中断源可能来自 I/O 模块的硬件中断，或是 CPU 模块内部的软件中断，例如日期时间中断、延时中断、循环中断和编程错误引起的中断。

如果在执行中断程序（组织块）时又检测到一个中断请求，CPU 将比较两个中断源的中断优先级，如果优先级相同，按照产生中断请求的先后次序进行处理，如果后者的优先级比正在处理的 OB 的优先级高，将中止当前正在处理的 OB，改为调用较高优先级的 OB，这种处理方式称为中断程序的嵌套调用。

一个 OB 被另一个 OB 调用时，操作系统对现场进行保护，被中断的 OB 的局域数据压入 L 堆栈（局域数据堆栈），被中断的断点处的现场信息保存在 I 堆栈（中断堆栈）和 B 堆栈（块堆栈）中。

中断程序不是由程序块调用，而是在中断事件发生时由操作系统调用，因为不能预知系统何时调用中断程序，中断程序不能改写其他程序中可能正在使用的存储器，应在中断程序中尽可能地使用局域变量。

只有设置了中断的参数，并且在相应的组织块中有用户程序存在，中断才能被执行，如果不满足上述条件，操作系统将会在诊断缓冲区中产生一个错误信息，并执行异步错误处理。

编写中断程序时，应使中断程序尽量短小，以减少中断程序的执行时间，减少对其他处理的延迟，否则可能引起主程序控制的设备操作异常，设计中断程序时应遵循"越短越好"的格言。

（2）组织块的分类　组织块只能由操作系统启动，它由变量声明表和用户编写的控制程序组成。

① 启动组织块　启动组织块用于系统初始化，CPU 上电或操作模式改为RUN 时，根据启动的方式执行启动程序 OB100～OB102 中的一个。

② 循环执行的组织块　需要连续执行的程序存放在 OB1 中，执行完后又开始新的循环。

③ 定期执行的组织块　包括日期时间中断组织块 OB10～OB17 和循环中断组织块 OB30～OB38，可以根据设定的日期时间或时间间隔执行中断程序。

④ 事件驱动的组织块　延时中断 OB20～OB23 在过程事件出现后延时一定的时间再执行中断程序；硬件中断 OB40～OB47 用于需要快速响应的过程事件，事件出现时马上中止循环程序，执行对应的中断程序，异步错误中断 OB80～OB87 和同步错误中断 OB121、OB122 用来决定在出现错误时系统如何响应。

（3）中断的优先级　中断的优先级也就是组织块的优先级，较高优先级的组织块可以中断较低优先级的组织块的处理过程。如果同时产生的中断请求不止一个，最先执行优先级最高的 OB，然后按照优先级由高到低的顺序执行其他 OB。

下面是优先级的顺序（后面的比前面的优先）：背景循环、主程序扫描循环、日期时间中断、时间延时中断、循环中断、硬件中断、多处理器中断、I/O 冗余错误、异步故障（OB80～OB87）、启动和 CPU 冗余，背景循环的优先级最低。

S7-300 CPU（不包括 CPU318）中组织块的优先级是固定的，可以用 STEP7修改 S7-400CPU 和 CPU318 下述组织块的优先级：OB10～OB47（优先级 2～23），OB70～OB72（优先级 25 或 28，只适用于 H 系列 CPU），以及在 RUN 模式下的OB81～OB87（优先级 26 或 28）。

同一个优先级可以分配给几个 OB，具有相同优先级的 OB 按启动它们的事件出现的先后顺序处理。被同步错误启动的故障 OB 的优先级与错误出现时正在执行的 OB 的优先级相同。

生成逻辑块 OB、FB 和 FC 时，同时生成临时局域变量数据，CPU 的局域数据区按优先级划分。可以用 STEP7 在"优先级"参数块中改变 S7-400 每个优先级的局域数据区的大小。

每个组织块的局域数据区都有 20 个字节的启动信息，它们是只在该块执行时使用的临时变量（TEMP），这些信息在 OB 启动时由操作系统提供，包括启动事件、启动日期与时间、错误及诊断事件。将优先级赋值为 0，或分配小于 20 字节的局域数据给某一个优先级，可以取消相应的中断 OB。

（4）对中断的控制　日期时间中断和延时中断有专用的允许处理中断（或称激活、使能中断）和禁止中断的系统功能（SFC）。

SFC39"DIS_INT"用来禁止中断和异步错误处理，可以禁止所有的中断，有选择地禁止某些优先级范围的中断，或者只禁止指定的某个中断。SFC40"EN_INT"用来激活（使能）新的中断和异步错误处理，可以全部允许或有选择地允许。如果用户希望忽略中断，更有效的方法不是禁止它们，而是下载一个只有块结束指令 BEU 的空的 OB。

SFC41"DIS_AIRI"延迟处理比当前优先级高的中断和异步错误，直到用SFC42 允许处理中断或当前的 OB 执行完毕，SFC42"EN_AIRI"用来允许立即处理被 SFC41 暂时禁止的中断和异步错误，SFC42 和 SFC41 配对使用。

5.5.2　组织块的变量声明表

组织块（OB）是操作系统调用的，OB 没有背景数据块，也不能为 OB 声明静态变量，因此 OB 的变量声明表中只有临时变量，OB 的临时变量可以是基本数据类型、复合数据类型或数据类型 ANY。

操作系统为所有的 OB 块声明了一个 20B 组成的包含 OB 的启动信息的变量声明表，声明表中变量的具体内容与组织块的类型有关，用户可以通过 OB 的变量声明表获得与启动 OB 的原因有关的信息。

组织块的变量声明表见表 5-6。

表 5-6　OB 的变量声明表

字节地址	内　　容
0	事件级别与标识符，例如 OB40 为 B＃16＃11,表示硬件中断被激活
1	用代码表示与启动 OB 的事件有关的信息
2	优先级,例如 OB40 的优先级为 16
3	OB 块号,例如 OB40 的块号为 40
4～11	附加信息,例如 OB40 的第 5 字节为产生中断的模块的类型,16＃54 为输入模块,16＃55 为输出模块;第 6、7 字节组成的字为产生中断的模块的起始地址;第 8～11 字节组成的双字为产生中断的通道号
12～19	OB 被启动的日期和时间(年、月、日、时、分、秒、毫秒与星期)

5.5.3　日期时间中断组织块

各 CPU 可以使用的日期时间中断 OB（OB10～OB17）的个数与 CPU 的型号有关，S7-300（不包括 CPU318）CPU 只能使用 OB10。

日期时间中断 OB 可以在某一特定的日期和时间执行一次，也可以从设定的日期时间开始，周期性地重复执行，例如每分钟、每小时、每天甚至每年执行一次，可以用 SFC28～SFC30 取消、重新设置或激活日期时间中断。

只有设置了中断的参数，并且在相应的组织块中有用户程序存在，日期时间中断才能被执行。如果不满足上述条件，操作系统将会在诊断缓冲区中产生一个错误信息，并执行异步错误处理。如查设置从 1 月 31 日开始每月执行一次 OB10，只在有 31 天的那些月启动它。

日期时间中断在 PLC 暖启动或热启动时被激活，而且只能在 PLC 启动过程结束之后才能执行，暖启动后必须重新设置日期时间中断。

（1）设置和启动日期时间中断　为了启动日期时间中断，用户首先必须设置日期时间中断的参数，再激活它。有以下三种方法可以启动日期时间中断：

① 在用户程序中用 SFC28 "SET_TINT" 和 SFC30 "ACT_TINT" 设置和激活日期时间中断。

② 在 STEP7 中打开硬件组态工具，双击机架中 CPU 模块所在的行，打开设置 CPU 属性的对话框，点击 "Time-Of-Day Interrupts" 选项卡，设置启动时间日期中断的日期和时间，选中 "Active"（激活）多选框，在 "Execution" 列表框中选择执行方式。将硬件组态数据下载到 CPU 中，可以实现日期时间中断的自动启动。

③ 用上述方法设置日期时间中断的参数，但是不选择 "Active"，而是在用户程序中用 SFC30 "ACT_TINT" 激活日期时间中断。

（2）查询日期时间中断　要想查询设置了哪些日期时间中断，以及这些中断什么时间发生，用户可以调用 SFC31 "QRY_TINT"，或查询系统状态表中的 "中断状态" 表。

SFC31 输出的状态字节 STATUS 见表 5-7。

表 5-7　SFC31 输出的状态字节 STATUS

位	取值	意　义
0	0	日期时间中断已被激活
1	0	允许新的日期时间中断
2	0	日期时间中断未被激活时间已过去
3	0	——
4	0	没有装载日期时间中断组织块
5	0	日期时间中断组织块的执行没有被激活的测试功能禁止
6	0	以基准时间为日期时间中断的基础
7	1	以本地时间为日期时间中断的基础

（3）禁止与激活日期时间中断　用户可以用 SFC29 "CAN_TINT" 取消（禁止）日期时间中断，用 SFC28 "SET_TINT" 重新设置那些被禁止的日期时间中断，用 SFC30 "ACT_TINT" 重新激活日期时间中断。

在调用 SFC28 时，如果参数 "OB10_PERIOD_EXE" 为十六进制数 W♯16♯0000、W♯16♯0201、W♯16♯0401、W♯16♯1001、W♯16♯1201、W♯16♯1401、W♯16♯1801 和 W♯16♯2001，分别表示执行一次、每分钟、每小时、每天、每周、每月、每年和月末执行一次。

【例 5-1】　在 I0.0 的上升沿时启动日期时间中断 OB10，在 I0.1 为 1 时禁止日期时间中断，从 2004 年 7 月 1 日 8 点开始，每秒中断一次，每次中断 MW2 被加 1。

在 STEP7 中生成项目 "OB10 倒置"，为了便于调用，例程中对日期时间中断的操作都放在功能 FC12 中，在 OB1 中用指令 CALL FC12 调用它。下面是用 STL 编写的 FC12 的程序代码，它有一个临时局域变量 "OUT_TIME_DATE"。

IEC 功能 D_TOD_TD（FC3）在程序编辑器左边的指令目录与程序库窗口的文件夹\Libraries\Standard Library\IEC Function Blocks 中。

Network1：查询 OB10 的状态

```
CALL  SFC31              //查询日期时间中断 OB10 的状态
OB_NO =10                //日期时间中断 OB 的编号
RET_VAL=MW208            //保存执行时可能出现的错误代码,为 0
                           时无错误
STATUS=MW16              //保存日期时间中断的状态字,MB17 为低
                           字节
```

Network2：合并日期时间

```
CALL  FC3                //调用 IEC 功能 D_TOD_TD
IN1   =D2004-7-1         //设置启动中断的日期和时间
IN2   =TOD♯8:0:0.0
RET_VAL =OUT_TIME_DATE   //合并日期和时间
```

Network3：在 I0.0 的上升沿设置和激活日期时间中断

```
A   I0.0
FP  M1.0                 //如果在 I0.0 的上升沿,M1.0 为 1
  AN   M17.2             //如果日期时间中断已被激活时,
                           M17.2 的常闭触点闭合
  A    M17.4             //如果装载了日期时间中断 OB 时,
                           M17.4 的常开触点闭合
  INB  m005              //没有同时满足以上 3 个条件则跳转
  CALL SFC28             //同时满足则调用 SFC"SET_TINT",设
                           置日期时间中断参数
```

```
OB_NO  ＝10                          //日期时间中断 OB 编号
SDT   ＝＃OUT_TIME_DATE              //启动中断的时间,秒和毫秒被省略(置
                                      为 0)
PERIOD＝W＃16＃201                    //设置产生中断的周期为每分钟一次
RET_VAL＝MW200                       //保存执行时可能出现的错误代码,为 0
                                      时无错误
CALL  SFC30                          //调用 SFC"ACT_TINT",激活日期时
                                      间中断
OB_NO  ＝10                          //日期时间中断 OB 编号
RET_VAL＝MW204                       //保存执行时可能出现的错误代码,为 0
                                      时无错误

m005: NOP0
```

Network4：在 I0.1 的上升沿禁止日期时间中断

```
A  I0.1
FP  M1.1            //检测 I0.1 的上升沿
JNB  M004           //不是 I0.1 上升沿则跳转
CALL  SFC29         //调用 SFC"CAN_TINT",禁止日期时间中断
OB_NO  ＝10         //日期时间中断 OB 编号
RET_VAL＝MW210      //保存执行时可能出现的错误代码,为 0 时无错误
M004: NOP0
```

下面是用 STL 编写的 OB10 中断程序,每分钟 MW2 被加 1 一次。

Network1

```
L   MW2
＋1
T   MW2
```

5.5.4　延时中断组织块

PLC 中的普通定时器的工作与扫描工作方式有关,其定时精度受到不断变化的循环周期的影响,使用延时中断可以获得精度较高的延时,延时中断以毫秒(ms)为单位定时。

各 CPU 可以使用的延时中断 OB（OB20～OB23）的个数与 CPU 的型号有关,S7-300 CPU（不包括 CPU318）只能使用 OB20,延时中断 OB 优先级的默认设置值为 3～6 级。

延时中断 OB 用 SFC32 "SRT_DINT" 启动,延时时间在 SFC32 中设置,启动后经过设定的延时时间后触发中断,调用 SFC32 指定的 OB,需要延时执行的操作放在 OB 中,必须将延时中断 OB 作为用户程序的一部分下载到CPU。

如果延时中断已被启动,延时时间还没有到达,可以用 SFC33 "CAN_DINT"

取消延时中断的执行，SFC34"QRY_DINT"用来查询延时中断的状态，表 5-8 给出了 SFC34 输出的状态字节 STATUS。

只有在 CPU 处于运行状态时才能执行延时中断 OB，暖启动或冷启动都会消除延时中断 OB 的启动事件。

如果下列任何一种情况发生，操作系统将会调用异步错误 OB：

（1）OB 已经被 SFC32 启动，但是没有下载到 CPU。

（2）延时中断 OB 正在执行延时，又有一个延时中断 OB 被启动。

表 5-8　SFC34 输出的状态字节 STATUS

位	取值	意　义
0	0	延时中断已被允许
1	0	未拒绝新的延时中断
2	0	延时中断未被激活已完成
3	0	—
4	0	没有装载延时中断组织块
5	0	日期时间中断组织块的执行没有被激活的测试功能禁止

【例 5-2】　在主程序 OB1 中实现下列功能：

（1）在 I0.0 的上升沿用 SFC32 启动延时中断 OB20，10s 后 OB20 被调用，在 OB20 中将 Q4.0 置位，并立即输出。

（2）在延时过程中如果 I0.1 由 0 变为 1，在 OB1 中用 SFC33 取消延时中断，OB20 不会再被调用。

（3）I0.2 由 0 变为 1 时 Q4.0 被复位。

项目的名称为"OB20 例程"，下面是用 STL 编写的 OB1 程序代码：

Network1：I0.0 的上升沿时启动延时中断

```
A   I0.0
FP  M1.0
JNB  M001          //不是 I0.0 的上升沿则跳转
CALL SFC32         //启动延时中断 OB20
OB_NO  ＝20         //组织块编号
DTME  ＝T#10S       //延时时间为 10S
SIGN  ＝MW12        //保存延时中断是否启动的标志
RET_VAL＝MW100      //保存执行时间可能出现的错误代码，为 0 时无错误
M001：NOP0
```

Network2：查询延时中断

```
CALL  SFC34        //查询延时中断 OB20 的状态
OB_NO  ＝20         //组织块编号
RET_VAL＝MW102      //保存执行时可能出现的错误代码,为 0 时无错误
```

```
STATUS  ＝MW4        //保存延时中断的状态字,MB5 为低字节
```
Network3：I0.1 上升沿取消延时中断
```
A  I0.1
FP  M1.1             //延时中断未被激活或已完成(状态字第 2 位为 0)时跳转
JNB  M002
CALL  SFC33          //禁止 OB20 延时中断
OB_NR ＝20           //组织块编号
RET_VAL ＝MW104      //保存执行时可能出现的错误代码,为 0 时无错误
M002: NOP  0
A  I0.2
R  Q4.0             //I0.2 为 1 时复位 Q4.0
```
下面是用 STL 编写的 OB20 的程序代码：

Network1：
```
SET
＝   Q4.0            //将 Q4.0 无条件置位
```
Network 2：
```
L  QW4              //立即输出 Q4.0
T  PQW4
```

5.5.5　循环中断组织块

循环中断组织块用于按一定时间间隔循环执行中断程序，例如周期性地定时执行闭环控制系统的 PID 运算程序，间隔时间从 STOP 切换到 RUN 模式时开始计算。

用户定义时间间隔时，必须确保在两次循环中断之间的时间间隔中有足够的时间处理循环中断程序。

各 CPU 可以使用的循环中断 OB（OB30～OB38）的个数与 CPU 的型号有关，S7-300 CPU（不包括 CPU318）只能使用 OB35，OB30～OB38 缺省的时间间隔和中断优先级见表 5-9。

表 5-9　循环 OB 的默认参数

OB 号	时间间隔	优先级	OB 号	时间间隔	优先级
OB30	5s	7	OB35	100ms	12
OB31	2s	8	OB36	50ms	13
OB32	1s	9	OB37	20ms	14
OB33	500ms	10	OB38	10ms	15
OB34	200ms	11			

如果两个 OB 的时间间隔成整倍数，不同的循环中断 OB 可能同时请求中断，

造成处理循环中断服务程序的时间超过指定的循环时间，为了避免出现这样的错误，用户可以定义一个相位偏移。相位偏移用于在循环时间间隔到达时，延时一定的时间后再执行循环中断，相位偏移 m 的单位为 ms，应有 $0m \leqslant m < n$，式中 n 为循环的时间间隔。

假设 OB38 和 OB37 的中断时间间隔分别为 10ms 和 20ms，它们的相位偏移分别为 0ms 和 3ms，OB38 分别在 $t = 10ms$、20ms、…、60ms 时产生中断，而 OB37 分别在 $t = 23ms$、43ms、63ms 时产生中断。

没有专用的 SFC 来激活和禁止循环中断，可以用 SFC40 和 SFC39 来激活和禁止它们。SFC40 "EN_INT" 是用于激活新的中断和异步错误的系统功能，其参数 MODE 为 0 时激活所有的中断和异步错误，为 1 时激活部分中断和错误，为 2 时激活指定的 OB 编号对应的中断和异步错误。SFC39 "DIS_INT" 是禁止新的中断和异步错误的系统功能，MODE 为 2 时禁止指定的 OB 编号对应的中断和异步错误，MODE 必须用十六进制数来设置。

【例 5-3】 在 I0.0 的上升沿时启动 OB35 对应的循环中断，在 I0.1 的上升沿禁止 OB35 对应的循环中断，在 OB35 中使 MW2 加 1。

在 STEP7 中生成名为 "OB35 例程" 的项目，选用 CPU 312C，在硬件组态工具中打开 CPU 属性的组态窗口，由 "Cyclic Interrupts" 选项卡可知只能使用 OB35，其循环周期的默认值为 100ms，将它修改为 1000ms，将组态数据下载到 CPU 中。下面是用 STL 编写的 OB1 的程序代码：

Network1：在 I0.0 的上升沿激活循环中断

```
A    I0.0
FP   M1.1
JNB  M001            //不是 I0.0 的上升沿时跳转
CALL SFC40           //激活 OB35 对应的循环中断
MODE ＝B#16#2        //用 OB 编号指定中断
OB_NO ＝35           //OB 编号
RET_VAL ＝MW100      //保存执行时可能出现的错误代码,为 0 时无错误
M001:NOP0
```

Network2：在 I0.1 的上升沿禁止循环中断

```
A    I0.1
FP   M1.2
JNB  M002            //不是 I0.1 的上升沿则跳转
CALL SFC39           //禁止 OB35 对应的循环中断
MODE ＝B#16#2        //用 OB 编号指定中断
OB_NR ＝35           //OB 编号
RET_VAL ＝MW104      //保存执行时可能出现的错误代码,为 0 时无错误
M002:NOP 0
```

下面是用 STL 编写的 OB35 中断程序。每经过 1000ms，MW2 被加 1 一次。

Network1
```
L   MW2                        //MW2加1
+   1
T   MW2
```

5.5.6　硬件中断组织块

硬件中断组织块（OB40～OB47）用于快速响应信号模块（SM，即输入/输出模块）、通信处理器（CP）和功能模块（FM）的信号变化，具有中断能力的信号模块将中断信号传送到CPU时，或者当功能模块产生一个中断信号时，将触发硬件中断。

各CPU可以使用的硬件中断OB（OB40～OB47）的个数与CPU的型号有关，S7-300的CPU（不包括CPU318）只能使用OB40。用户可以用STEP7的硬件组态功能来决定信号模块哪一个通道在什么条件下产生硬件中断，将执行哪个硬件中断OB，OB40被默认用于执行所有的硬件中断，对于CP和FM，可以在对话框中设置相应的参数来启动OB。只有用户程序中有相应的组织块，才能执行硬件中断，否则操作系统会向诊断缓冲区中输入错误信息，并执行异步错误处理组织块OB80。

硬件中断OB的缺省优先级为16～23，用户可以设置参数改变优先级。硬件中断被模块触发后，操作系统将自动识别是哪一个槽的模块和模块中哪一个通道产生的硬件中断，硬件中断OB执行完后，将发送通道确认信号。

如果在处理硬件中断的同时，又出现了其他硬件中断事件，新的中断按以下方法识别和处理。如果正在处理某一中断事件，又出现了同一模块同一通道产生的完全相同的中断事件，新的中断

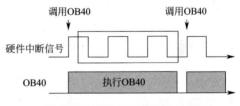

图 5-15　硬件中断信号的处理

事件将丢失，即不处理它。在图5-15中数字量模块输入信号的第一个上升沿时触发中断，由于正在用OB40处理中断，第2个和第3个上升沿产生的中断信号丢失。

如果正在处理某一中断信号时同一模块中其他通道产生了中断事件，新的中断不会被立即触发，但是不会丢失。在当前已激活的硬件中断执行完后，再处理被暂存的中断。如果硬件中断被触发，并且它的OB被其他模块中的硬件中断激活，新的请求将被记录，空闲后再执行该中断。用SFC39～SFC42可以禁止、延迟和再次激活硬件中断。

以S7-400插在4号槽的16点数字量输入模块为例，模块的起始地址为0（IB0），模块内输入点I0.0～I1.7的位地址为0～15。

【例 5-4】 CPU313C-2DP 集成的 16 点数字量输入 I124.0～I125.7 可以逐点设置中断特性,通过 OB40 对应的硬件中断,在 I124.0 的上升沿将 CPU313C-2DP 集成的数字量输出 Q124.0 置位,在 I124.1 的下降沿将 Q124.0 复位。此外要求在 I124.2 的上升沿时激活 OB40 对应的硬件中断,在 I124.3 的下降沿禁止 OB40 对应的硬件中断。

在 STEP7 中生成名为"OB40 例程"的项目,选用 CPU313C-2DP,在硬件组态工具中打开 CPU 属性的组态窗口,由"Interrupts"选项卡可知在硬件中断中只能使用 OB40,双击机架中 CPU313C-2DP 内的集成 I/O "DI16/DO16"所在的行,在打开的对话框的"Input"选项卡中,设置在 I124.0 的上升沿和 I124.1 的下降沿产生中断,下面是用 STL 编写的 OB1 的程序代码:'

Network1:在 I124.0 的上升沿激活硬件中断

```
A     I124.2
FP    M1.2
JNB  ＝M001      //不是 I124.2 的上升沿时则跳转
CALL  SFC40      //激活 OB40 对应的硬件中断
MODE ＝B#16#2    //用 OB 编号指定中断
OB_NO ＝40       //OB 编号
RET_VAL ＝MW100  //保存执行时可能出现的错误代码,为 0 时无错误
M001:NOP 0
```

Network2:在 I124.3 的上升沿禁止硬件中断

```
A  I124.3
FP  M1.3
JNB M002       //不是 I124.3 的上升沿时则跳转
CALL  SFC39    //禁止 OB40 对应的硬件中断
MODE ＝B#16#2   //用 OB 编号指定中断
OB_NR ＝40      //OB 编号
RET_VAL ＝MW104 //保存执行时可能出现的错误代码,为 0 时无错误
M002:NOP  0
```

下面是用 STL 编写的硬件中断组织块 OB40 的程度代码,在 OB40 中通过比较指令"＝＝"差别是哪一个模块和哪一点输入产生的中断,在 I124.0 的上升沿将 Q124.0 置位,在 I124.1 的下降沿将 Q124.0 复位。OB40 POIN_ADDR 是数字量输入模块内的位地址(第 0 位对应第一个输入),或模拟量模块超限的通道对应的位域。对于 CP 和 FM 是模块的中断状态(与用户无关)。

Network1:

```
L  #OB40_MLD_ADDR
L  124
==I
M0.0            //如果模块起始地址为 IR124,则 M0.0 为 1 状态
```

Network2：

```
L   # OB40_POINT_ADDR
L   0
==I
M0.1                    //如果是第 0 位产生的中断，则 M0.1 为 1 状态
```

Network3：

```
L   # OB40_POINT_ADDR
L   I
==I
M0.2                    //如果是第 1 位产生的中断，则 M0.2 为 1 状态
```

Network4：

```
A   M0.0
A   M0.1
S   Q124.0              //如果是 I124.0 产生的中断，将 Q124.0 置位
```

Network5：

```
A   M0.0
A   M0.2
S   Q124.0              //如果是 I124.1 产生的中断，将 Q124.0 置位
```

5.5.7 启动时使用的组织块

（1）CPU 模块的启动方式　CPU 有 3 种启动方式：暖启动、热启动（仅 S7-400 有）和冷启动，在用 STEP7 设置 CPU 的属性时可以选择 S7-400 上电后启动的方式，S7-300 CPU（不包括 CPU318）只有暖启动。

在启动期间，不能执行时间驱动的程序和中断驱动的程序，运行时间计数器开始工作，所有的数字量输出信号都为 0 状态。

① 暖启动（Warm Restart）　暖启动时，过程映像数据以及非保持的存储器位，定时器计数器被复位，具有保持功能的存储器位、定时器、计数器和所有数据块将保留原数值，程序将重新开始运行，执行启动 OB 或 OB1。手动暖启动时，将模式选择开关扳到 STOP 位置，"STOP" LED 亮，然后扳到 RUN 或 RUN-P位置。

② 热启动（Hot Restart）　在 RUN 状态时如果电源突然丢失，然后又重新上电，S7-400 CPU 将执行一个初始化程序，自动地完成热启动，热启动从上次 RUN 模式结束时程序被中断之处继续执行，不对计数器等复位，热启动只能在 STOP 状态时没有修改用户程序的条件下才能进行。

③ 冷启动（Cold Restart，CPU417 和 CPU417H）　冷启动时，过程数据区的所有过程映像数据，存储器位、定时器、计数器和数据块均被清除，即被复位为零，包括有保持功能的数据，用户程序将重新开始运行，执行启动 OB 和 OB1。手动冷启动时将模式选择开关扳到 STOP 位置，STOP LED 亮，再扳到 MRES 位

置，STOP LED 灭 1s，亮 1s，再灭 1s 后保持亮。最后将它扳到 RUN 或 RUN-P 位置。

（2）启动组织块（OB100～OB102）　下列事件发生时，CPU 执行启动功能：PLC 电源上电后，CPU 的模式选择开关从 STOP 位置扳到 RUN 或 RUN-P 位置，接收到通过通信功能发送来的启动请求；多 CPU 方式同步之后和 H 系统连接好后（只适用于备用 CPU），启动用户程序之前，先执行启 OB，在暖启动、热启动和冷启动时，操作系统分别调用 OB100、OB101 或 OB102，S7-300 和 S7-400H 不能热启动。

用户可以通过在启动组织块 OB100～OB102 中编写程序，来设置 CPU 的初始化操作，例如开始运行的初始值、I/O 模块的起始值等。启动程序没有长度和时间的限制，因为循环时间监视还没有被激活，在启动程序中不能执行时间中断程序和硬件中断程序。

CPU318-2 只允许手动暖启动或冷启动，对于某些 S7-400 CPU，如果允许用户通过 STEP7 的参数设置手动启动，用户可以使用状态选择开关和启动类型开关（CRST/WRST）进行手动启动。

在设置 CPU 模块属性的对话框中，选择"Startup"选项卡，可以设置启动的各种参数。

启动 S7-400 CPU 时，为默认的设置，将输出过程映像区清零，如果用户希望在启动之后继续在用户程序中使用所有的值，也可以选择不将过程映像区清零。

为了在启动时监视是否有错误，用户可选择以下的监视时间。

① 向模块传递参数的最大允许时间。

② 上电后模块向 CPU 发送"准备好"信号允许的最大时间。

③ S7-400 CPU 热启动允许的最大时间，即电源中断的时间或由 STOP 转换为 RUN 的时间，一旦超过监视时间，CPU 将进入停机状态或只能暖启动，如果监控时间设置为 0，表示不监控。

OB100 的变量声明表中的 OB100 STRTUP 用代码表示各种不同的启动方式，OB100 STOP 是引起停机的事件号，OB100 STRT_INFO 是当前启动更详细的信息。各参数的具体意义参见有关的参考手册。

5.5.8　异步错误组织块

（1）错误处理概述　S7-300/400 有很强的错误（或称故障）检测和处理能力，这里所说的错误是 PLC 内部的功能性错误或编程错误，而不是外部传感器或执行机构的故障。CPU 检测到某种错误后，操作系统调用对应的组织块，用户可以在组织块中编程，对发生的错误采取相应的措施。对于大多数错误，如果没有给组织块编程，出现错误时 CPU 将进入 STOP 模式。

系统程序可以检测出下列错误：不正确的 CPU 功能、系统程序执行中的错误、用户程序中的错误和 I/O 中的错误。根据错误类型的不同，CPU 被设置为进入 STOP 模式或调用一个错误处理 OB。

当 CPU 检测到错误时，会调用适当的组织块（见表 5-10），如果没有相应的错误处理 OB，CPU 将进入 STOP 模式。用户可以在错误处理 OB 中编写如何处理这种错误的程序，以减小或消除错误的影响。

为避免发生某种错误时 CPU 进入停机状态，可以在 CPU 中建立一个对应的空的组织块。

操作系统检测到一个异步错误时，将启动相应的 OB，异步错误 OB 具有最高等级的优先级，如果当前正在执行的 OB 的优先级低于 26，异步错误 OB 的优先级为 26；如果当前正在执行的 OB 的优先级为 27（启动组织块），异步错误 OB 的优先级为 28，其他 OB 不能中断它们，如果同时有多个相同优先级的异步错误 OB 出现，将按出现的顺序处理它们。

表 5-10　错误处理组织块

OB 号	错误类型	优先级
OB70	I/O 冗余错误(仅 H 系列 CPU)	25
OB72	CPU 冗余错误(仅 H 系列 CPU)	28
OB73	通信冗余错误(仅 H 系列 CPU)	25
OB80	时间错误	26
OB81	电源故障	
OB82	诊断中断	
OB83	插入/取出模块中断	
OB84	CPU 硬件故障	26/28
OB85	优先级错误	
OB86	机架故障或分布式 I/O 的站故障	
OB87	通信错误	
OB121	编程错误	引起错误的 OB 的优先级
OB122	I/O 访问错误	

用户可以利用 OB 中的变量声明表提供的信息来区别错误的类型，OB 的局域数据中的变量 OB8X_FLT_ID 和 OB12X_SW_FLT 包含有错误代码。它们的具体含义见《S7-300/400 的系统软件和标准功能参考手册》。

（2）错误的分类　被 S7 CPU 检测到并且用户可以通过组织块对其进行处理的错误分为两个基本类型：

① 异步错误　异步错误是与 PLC 的硬件或操作系统密切相关的错误，与程序执行无关，异步错误的后果一般都比较严重。异步错误对应的组织块为 OB70～OB73 和 OB70～OB87（见表 5-10），有最高的优先级。

② 同步错误　同步错误是与程序执行有关的错误，OB121 和 OB122 用于处理同步错误，它们的优先级与出现错误时被中断的块的优先级相同，即同步错误 OB

中的程序可以访问块被中断时累加器和状态寄存器中的内容。对错误进行适当处理后，可以将处理结果返回被中断的块。

（3）电源故障处理组织块（OB81） 电源故障包括后备电池失效或未安装，S7-400 的 CPU 机架或扩展机架上的 DC 24V 电源故障，电源故障呈现和消失时操作系统都要调用 OB81。OB81 的局域变量 OB81_FLT_ID 是 OB81 的错误代码，指出属于哪一种故障，OB81_EV_CLASS 用于判断故障是刚出现或是刚消失。

（4）时间错误处理组织块（OB80） 循环监控时间的默认值为 1500ms，时间错误包括实际循环时间超过设置的循环时间、因为向前修改时间而跳过日期时间中断、处理优先级时延迟太多等。

（5）诊断中断处理组织块（OB82） 如果模块有诊断功能并且激活了它的诊断中断，当它检测到错误时，以及错误消失时，操作系统都会调用 OB82。当一个诊断中断被触发时，有问题的模块自动地在诊断中断 OB 的启动信息的诊断缓冲区中存入 4 个字节的诊断数据和模块的起始地址。在编写 OB82 的程序时，要从 OB82 的启动信息中获得与出现的错误有关的更确切的诊断信息，例如是哪一个侧普通道出错，出现的是哪种错误。使用 SFC51 "RDSYSST" 可以读出模块的诊断数据，用 SFC52 "WR_USMSG" 可以将这些信息存入诊断缓冲区。也可以发送一个用户定义的诊断报文到监控设备。

OB82 在下列情况时被调用：有诊断功能的模块的断线故障，模拟量输入模块的电源故障，输入信号超过模拟量模块的测量范围等。

（6）插入、拔出模块中断组织块（OB83） S7-400 可以在 RUN、STOP 或 STARTUPP 模式下带电拔出和插入模块，但不包括 CPU 模块、电源模块、接口模块和带适配器的 S8 模块，上述操作将会产生插入/拔出模块中断。

（7）CPU 硬件故障处理组织块（OBB84） 当 CPU 检测到 MPI 网络的接口故障，通信总线的接口故障或分布式 I/O 网卡的接口故障时，操作系统调用 OB84，故障消除时也会调用该 OB 块。

（8）优先级错误处理组织块（OB85） 以下情况将会触发优先级错误中断。

① 产生了一个中断事件，但是对应的 OB 块没有下载到 CPU。

② 访问一个系统功能块的背景数据块时出错。

③ 刷新过程映像表时 I/O 访问出错，模块不存在或有故障。

（9）机架故障组织块（OB86） 出现下列故障或故障消失时，都会触发机架故障中断，操作系统将调用 OB86，扩展机架故障（不包括 CPU318），DP 主站系统故障或分布式 I/O 的故障，故障产生和故障消失时都会产生中断。

（10）通信错误组织块（OB87） 在使用通信功能块或全局数据（GD）通信进行数据交换时，如果出现下列通信错误，操作系统将调用 OB87。

① 接收全局数据时，检测到不正确的帧标识符（ID）。

② 全局数据通信的关态信息数据块不存在或太短。

③ 接收到非法的全局数据包编号。

5.5.9 同步错误组织块

（1）同步错误 同步错误是与执行用户程序有关的错误，程序中如果有不正确的地址区、错误的编号或错误的地址，都会出现同步错误，操作系统将调用同步错误OB。OB121用于对程序错误的处理，OB122用于处理模块访问错误。

同步错误OB的优先级与检测到出错的块的优先级一致，因此OB121和OB122可以访问中断发生时累加器和其他寄存器中的内容，用户程序可以用它们来处理错误，例如出现对某个模拟量输入模块的访问错误时，可以在OB122中用SFC44定义一个替代值。

同步错误可以用SFC36"MASK_FLT"来屏蔽，使某些同步错误不触发同步错误OB的调用，但是CPU在错误寄存器中记录发生的被屏蔽的错误。用错误过滤器中的一位来表示某种同步错误是否被屏蔽。错误过滤器分为程序错误过滤器和访问错误识别码过滤器，分别占一个双字。

表5-11中的变量PRGFLT_SET_MASK和ACCFLT_SET_MASK分别用来设置程序错误过滤器和访问错误过滤器，某位为1表示该位对应的错误被屏蔽。屏蔽后的错误过滤器可以用变量PRGFLT_MASKED和ACCFLT_MASKED读出，错误信息返回值RET_VAL为0时表示没有错误被屏蔽，为1时表示至少一个错误被屏蔽。

表5-11 SFC36"MASK_FLT"的局域变量表

参数	声明	数据类型	存储区	描述
PRGFLT_SET_MASK	INPUT	DWORD	I,Q,M,D,L,常数	要屏蔽的程序错误
ACCFLT_SET_MASK	INPUT	DWORD	I,Q,M,D,L,常数	要屏蔽的访问错误
RET_VAL	OUTPUT	INT	I,Q,M,D,L	错误信息返回值
PRGFLT_MASKED	OUTPUT	DWORD	I,Q,M,D,L	被屏蔽的程序错误
ACCFLT_MASKED	OUTPUT	DWORD	I,Q,M,D,L	被屏蔽的访问错误

调用SFC37"DMSK_FLT"并且在当前优先级被执行完后，将解除被屏蔽的错误，并且消除当前优先级的事件状态寄存器中相应的位。可以用SFC38"READ_ERR"读出已经发生的被屏蔽的错误。

对于S7-300（CPU318除外），不管错误是否被屏蔽，错误都会被送入诊断缓冲区，并且CPU的"组错误"LED会被点亮。

（2）编程错误组织块（OB121） 出现编程错误时，CPU的操作系统将调用OB121。局域变量OB121_SW_FLT给出了错误代码（见表5-12）。

（3）I/O访问错误组织块（OB122） STEP7指令访问有故障的模块，例如直接访问I/O错误（模块损坏或找不到），或者访问了一个CPU不能识别的I/O地址，此时CPU的操作系统将会调用OB122。

OB122的局域变量提供了错误代码、S7-400出错的块的类型、出现错误的存储器地址、存储区与访问类型等信息。错误代码 B♯16♯44 和 B♯16♯45 表示错误相当严重，例如可能是因为访问的模块不存在，导致多次访问出错，这时应采取停机的措施。

表 5-12　OB121 中的错误代码表

B♯16♯21	BCD 转换错误
OB121_FLT_REG	有关寄存器的标识符，例如累加器 1 的标识符为 0
B♯16♯22	读操作时的区域长度错误
B♯16♯23	写操作时的区域长度错误
B♯16♯28	用指针读字节，字和双字时位地址不为 0
B♯16♯29	用指针写字节，字和双字时位地址不为 0
OB121_FLT_REG	不正确的字节地址，可以从 OB121_RBSERVED_1 读出数据区和访问类型 第 4～7 位为访问类型，为 0～3 分别表示访问位、字节、字和双字
OB121_RBSERVED_1	第 0～3 位为存储区，为 0～7 分别表示 I/O 区，过程映像输入表，过程映像输出表，位存储器表 共享 DB，背景 DB，自己的局域数据和调出者的局域数据
B♯16♯24	读操作时的范围错误
B♯16♯25	写操作时的范围错误
OB121_FLT_REG	低字节有非法区域的标识符（B♯16♯86 为自己的数据区）
B♯16♯26	定时器编号错误
B♯16♯27	计数器编号错误
OB121_FLT_REG	非法的编号
B♯16♯30	对有写保护的全局 DB 进行写操作
B♯16♯31	对有写保护的背景 DB 进行写操作
B♯16♯32	访问共享 DB 时的 DB 编号错误
B♯16♯33	访问背景 DB 时的 DB 编号错误
OB121_FLT_REG	非法的 DB 编号
B♯16♯34	调用 FC 时的 FC 编号错误
B♯16♯35	调用 FB 时的 FB 编号错误
B♯16♯3A	访问未下载的 DB，DB 编号在允许范围内
B♯16♯3C	访问未下载的 FC，FC 编号在允许范围内
B♯16♯3D	访问未下载的 SFC，SFC 编号在允许范围内
B♯16♯3E	访问未下载的 FB，FB 编号在允许范围内
B♯16♯3F	访问未下载的 SFB，SFB 编号在允许范围内
OB121_FLT_REG	非法的编号

对于某些同步错误，可以调用系统功能 SFC44，为输入模块提供一个替代值来代替错误值，以便使程序能继续执行。

【例 5-5】　建立一个名为"OB121 例程"的项目，生成 FC1 和 FC2。FC2 中是一段错误的指令（超出了定时器的地址范围）：

```
A    T600
=    M2.0
```

OB1 无条件调用 FC1，FC1 在 I0.0 为 1 时调用 FC2，用仿真软件模拟运行程序。I0.0 为 0 时程序正常运行。令 I0.0 为 1，程序调用有错误的 FC2，CPU 视图对象上的红色 SF 灯亮，绿色的 RUN 灯熄灭，橙色的 STOP 灯亮，PLC 切换到

STOP 状态。

在管理器中执行菜单命令 "PLC"—"Diagnostics/Settings"—"Module Information"，打开的模块信息对话框，选中诊断缓冲区选项卡，可以看到红色的错误标志，单击 "HELP" 按钮可以得到有关的帮助信息。

诊断缓冲区的第 1 条是最新的信息，选中第 2 条信息，下面的 "Details on" 窗口指出停机原因的详细信息，因为没有下载错误 OB，程序在 OB11 中断，选中第 3 条信息，可以看到在 FC22 发生了定时器编号错误，请求调用 OB121。单击对话框中的 "Open Block" 按钮，将会打开出错的块 FC2。选中对话框中的 "Stacks" 选项卡，在块堆栈中可以看到从上到下排列着 OB1\FC11 和 FC22，表示出错时程序的调用路径。单击该选项卡的 "I Stack" 按钮，打开中断堆栈，可以看到发生中断时累加器、地址寄存器和状态字的内容，在 "Point of Interruption" 区可以查到断点的位置。

返回 SIMATIC 管理器。生成 OB121（可以是一个空的模块），下载后重新运行，可以看到用 I0.0 调用 FC2 时不会停机，但是 SF 灯会亮。

5.5.10　背景组织块

CPU 可能保证设置的最小扫描循环时间，如果它比实际的扫描循环时间长，在循环程序结束后 CPU 处于空闲的时间内可以执行背景组织块（OB90）。如果没有对 OB90 编程，CPU 要等到定义的最小扫描循环时间到达为止，再开始下一次循环的操作。用户可以将对运行时间要求不高的操作放在 OB90 中去执行，以避免出现等待时间。

背景 OB 的优先级为 29（最低），不能通过参数设置进行修改。OB90 可以被所有其他的系统功能和任务中断。

由于 OB90 的运行时间不受 CPU 操作系统的监视，用户可以在 OB90 中编写长度不受限制的程序。

第6章 ‹‹‹

计算机通信网络与S7-400的通信功能

6.1 计算机通信方式与串行通信接口

6.1.1 计算机的通信方式

（1）并行通信与串行通信 并行数据通信是以字节或字为单位的数据传输方式，除了8根或16根数据线、一根公共线外，还需要通信双方联络用的控制线。并行通信的传送速度快，但是传输线的根数多，抗干扰能力较差，一般用于近距离数据传送，例如 PLC 的模块之间的数据传送。

串行数据通信是以二进制的位（bit）为单位的数据传输方式，每次只传送一位，最少只需要两根线（双绞线）就可以连接多台设备，组成控制网络。串行通信需要的信号线少，适用于距离较远的场合。计算机和 PLC 都有通用的串行通信接口，例如 RS-232C 或 RS-485 接口，工业控制中计算机之间的通信一般采用串行通信方式。

（2）异步通信与同步通信 在串行通信中，接收方和发送方应使用相同的传输速率。接收方和发送方的标签传输速率虽然相同。它们之间总是有一些微小的差别。如果不采取措施，在连续传送大量的信息时，将会因积累误差造成发送和接收的数据错位，使接收方收到错误的信息。为了解决这一问题，需要使发送过程和接收过程同步。串行通信要分为异步通信和同步通信。

异步通信的字符信息格式如图 6-1 所示，发送的字符由 1 个起始位、7～8 个数据位、1 个奇偶校验位（可以没有）和停止位（1 位或 2 位）组成。通信双方需要对采用的信息格式和数据的传输速率作相同的约定。接收方检测到停止位和起始位之间的下降沿后，将它作为接收的起始点，在每一位的中点接收信息，由于一个字符中包含的位数不多，即使发送方和接收方的收发频率略有不同，也不会因为

图6-1 异步通信的字符信息格式

两台设备之间的时钟周期的积累误差而导致信息的发送和接收错位。异步通信的缺点是传送附加的非有效信息较多，传输效率较低，但是随着通信速率的提高，可以满足控制系统通信的要求，PLC一般采用异步通信。

奇偶校验用来检测接收到的数据是否出错。如果指定的是奇校验，发送方发送的每一个字符的数据位和奇偶校验位中"1"的个数为奇数，接收方对接收到的每一个字符的奇偶性进行校验，可以检验出传送过程中的错误。例如某字符中包含以下8个数据位：10100011，其中"1"的个数是4个，如果选择了偶校验，奇偶校验位将是0，使"1"的个数仍然是4个。如果选择了奇校验，奇偶校验位将是1，使"1"的个数是5个。如果选择不进行奇偶校验，传输时没有校验位，也不进行奇偶校验检测。

同步通信以字节为单位，一个字节由8位二进制数组成。每次传送1~2个同步字符、若干个数据字节和校验字符，同步字符起联络作用，用它来通知接收方开始接收数据。在同步通信中，发送方的接收方应保持完全的同步，这意味着发送方和接收方应使用同一个时钟脉冲，可以通过调制解调的方式在数据流中提取出同步信号，使接收方得到与发送方同步的接收时钟信号。

因为同步通信方式不需要在每个数据字符增加起始位、停止位和奇偶校验位，只需要在要发送的数据之前加一两个同步字符，所以传输效率高，但是对硬件的要求较高。

（3）单工与双工通信 单工通信方式只能沿单一方向传输数据，双工通信方式的信息可以沿两个方向传送，每个站既可以发送数据，也可以接收数据，双工方式又分为全双工和半双工。

全双工方式中数据的发送和接收分别用两组不同的数据线传送，通信的双方都能在同一时刻接收和发送信息（见图6-2）。半双工方式用同一组线接收和发送数据，通信的双方在同一时刻只能发送数据或接收数据（见图6-3）。

图6-2 全双工方式　　　　　图6-3 半双工方式

（4）传输速率 在串行通信中，传输速率的单位是波特，即每秒传送的二进制位数，其符号为bit/s，常用的传输速率为300~38400bit/s，从300开始成倍增加。不同的串行通信网络的传输速率差别极大，有的只有数百波特，高速串行通信网络的传输速度可达1Gbit/s。

6.1.2 串行通信接口的标准

（1）RS-232C　RS-232C 是美国 EIC（电子工业联合会）在 1969 年公布的通信协议，至今仍在计算机和控制设备通信中广泛使用。这个标准对串行通信接口有关的问题，例如各信号线的功能和电气特性等都作了明确的规定。

RS-232C 标准最初是为远程通信连接数据终端设备（Data Terminal Equipment，DTE）与数据通信设备（Data Communication Equipment，DCE）制定的，因此这个标准的制定并未考虑计算机系统的应用要求，但是它实际上广泛地用于计算机与终端或外设之间的近距离通信。

RS-232C 一般使用 9 针和 25 针 DB 型连接器，工业控制中 9 针连接器用得较多。当通信距离较近时，通信双方可以直接连接，最简单的情况在通信中不需要控制联络信号，只需要三根线（发送线、接收线和信号地线，见图 6-4）便可以实现全双工异步串行通信。RS-232C 采用负逻辑，用 $-5 \sim -15\text{V}$ 表示逻辑状态"1"，用 $+5 \sim +15\text{V}$ 表示逻辑状态"0"，最大通信距离为 15m，最高传输速率为 20kbit/s，只能进行一对一的通信。RS-232C 使用单端驱动、单端接收电路（见图 6-5），是一种共地的传输方式，容易受到公共地线上的电位差和外部引入的干扰信号的影响。

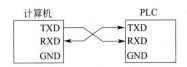

图 6-4　RS-232C 的信号线连接　　　　图 6-5　单端驱动单端接收

（2）RS-422A 与 RS-485　RS-422A 采用平衡驱动、差分接收电路（见图 6-6），从根本上取消了信号地线。平衡驱动器相当于两个单端驱动器，其输入信号相同，两个输出信号互为反相信号，图中的小圆圈表示反相。外部输入的干扰信号是以共模方式出现的，两根传输线上的共模干扰信号相同，因接收器是差分输入，共模信号可以互相抵消，只要接收器有足够的抗共模干扰能力，就能从干扰信号中识别出驱动器输出的有用信号，从而克服外部干扰的影响。

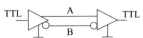

图 6-6　平衡驱动差分接收

RS-422A 在最大传输速率（10Mbit/s）时，允许的最大通信距离为 12m。传输速率为 100kbit/s 时，最大通信距离为 1200m，一台驱动器可以连接 10 台接收器。在 RS-422A 模式，数据通过四根导线传送（四线操作）。RS-422A 是全双工，两对平衡差分信号线分别用于发送和接收（见图 6-7）。

（3）RS-485　RS-485 是 RS-422A 的变形，RS-485 为半双工，只有一对平衡差分信号线，不能同时发送和接收。使用 RS-485 通信接口和双绞线可以组成串行通信网络（见图 6-8），构成分布式系统，系统中最多可以有 32 个站，新的接口器件已允许连接 128 个站。

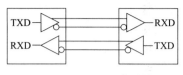

图 6-7 RS-422A 通信接线图

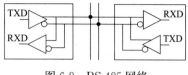

图 6-8 RS-485 网络

6.2 计算机通信的国际标准

6.2.1 开放系统互联模型

如果没有一套通用的计算机网络通信标准，要实现不同厂家生产的智能设备之间的通信，将会付出昂贵的代价。国际标准化组织 ISO 提出了开放系统互连模型 (OSI)，作为通信网络国际标准化的参考模型，它详细描述了软件功能的 7 个层次（见图 6-9）。

7 层模型分为两类：一类是面向用户的第 5～7 层，另一类是面向网络的第 1～4 层。前者给用户提供适当的方式去访问网络系统，后者描述数据怎样从一个地方传输到另一个地方。

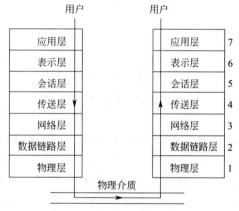

图 6-9 开放系统互联模型

（1）物理层 物理层的下面是物理媒体，例如双绞线、同轴电缆等。物理层为用户提供建立、保持和断开物理连接的功能，RS-232C、RS-422A、RS-485 等就是物理层标准的例子。

（2）数据链路层 数据以帧（Frame）为单位传送，每一帧包含一定数量的数据和必要的控制信息，例如同步信息、地址信息、差错控制和流量控制信息。数据链路层负责在两个相邻节点间的链路上实现差错控制、数据成帧、同步控制等。

（3）网络层 网络层的主要功能是报文包的分段、报文包阻塞的处理和通信子网中路径的选择。

（4）传输层 传输层的信息传送单位是报文（Message），它的主要功能是流量控制、差错控制、连接支持，传输层向上一层提供一个可靠的端到端（end-to-end）的数据传送服务。

（5）会话层 会话层的功能是支持通信管理和实现最终用户应用进程之间的同步，按正确的顺序收发数据，进行各种对话。

（6）表示层　表示层用于应用层信息内容的形式变换，例如数据加密/解密、信息压缩/解压和数据兼容，把应用层提供的信息变成能够共同理解的形式。

（7）应用层　应用层作为 OSI 的最高层，为用户的应用服务提供信息交换，为应用接口提供操作标准。

不是所有的通信协议都需要 OSI 参考模型中的全部 7 层，例如有的现场总线通信协议只采用了 7 层协议中的第 1、第 2 和第 7 层。

6.2.2　IEEE 802 通信标准

IEEE（国际电工与电子工程师学会）的 802 委员会于 1982 年颁布了一系列计算机局域网分层通信协议标准草案，总称为 IEEE 802 标准，它把 OSI 参考模型的底部两层分解为逻辑链路控制层（LLC）、媒体访问层（MAC）和物理传输层。前两层对应于 OSI 模型中的数据链路层，数据链路层是一条链路两端的两台设备进行通信时所共同遵守的规则和约定。

IEEE 802 的媒体访问控制层对应于三种已建立的标准，即带冲突检测的载波侦听多路访问（CSMA/CD）协议、令牌总线（Token Bus）和令牌环（Token Ring）。

（1）CSMA/CD　CSMA/CD 通信协议的基础是 XEROX 公司研制的以太网（Ether net），各站共享一条广播式的传输总线，每个站都是平等的，采用竞争方式发送信息到传输线上，也就是说，任何一个站都可以随时广播报文，并为共他各站接收。当某个站识别到报文上的接收站名与本站的站名相同时，便将报文接收下来。由于没有专门的控制站，两个或多个站可能因同时发送信息而发生冲突，造成报文作废，因此必须采取措施来防止冲突。

发送站在发送报文之前，先监听一下总线是否空闲，如果空闲，就发送报文到总线上，称之为"先听后讲"。但是这样做仍然有发生冲突的可能，因为从组织报文到报文在总线上传输需要一段时间，在这一段时间中，另一个站通过监听也可能会认为总线空闲并发送报文到总线上，这样就会因两站同时发送而发生冲突。

为了防止冲突，可以采取两种措施：一种是发送报文开始的一段时间，仍然监听总线，采用边发送边接收的办法，把接收到的信息和自己发送的信息相比较，若相同则继续发送，称之为"边听边讲"；若不相同则发生冲突，立即停止发送报文，并发送一段简短的冲突标志（阻塞码序列）。通常把这种"先听后讲"和"边听边讲"相结合的方法称为 CSMA/CD（带冲突检测的载波侦听多路访问技术），其控制策略是竞争发送、广播式传送、载体监听、冲突检测、冲突后退和再试发送。

另一种措施是准备发送报文的站先监听一段时间（大约是总线传输延时的 2 倍），如果在这段时间中总线一直空闲，则开始作发送准备，准备完毕，真正要将报文发送到总线之前，再对总线作一次短暂的检测，若仍为空闲，则正式开始发送，若不空闲，则延时一段时间后再重复上述的二次检测过程。

CSMA/CD 允许各站平等竞争，实时性好，适合于工业自动控制计算机网络。

以太网首先在个人计算机网络系统例如办公自动化系统和管理信息系统（MIS）中得到了极为广泛的应用，以太网的硬件（例如网卡和集线器）非常便宜。在以太网发展的初期，通信速率较低，如果网络中的设备较多，信息交换比较频繁，可能会经常出现竞争和冲突，影响信息传输的实时性。随着以太网传输速率的提高（100～1000Mbit/s），这一问题已经解决，现在以太网在工业控制中也得到了广泛的应用，大型工业控制系统中最上层的网络几乎全部采用以太网，使用以太网很容易实现管理网络和控制网络的一体化。

（2）令牌总线 IEEE 802 标准中的工厂媒质访问技术是令牌总线，其编号为802.4。它吸收了通用汽车公司支持的 MAP（Manufacturing Automation Protocol，制造自动化协议）系统的内容。

在令牌总线中，媒体访问控制是通过传递一种称为令牌的特殊标志来实现的，按照逻辑顺序，令牌从一个装置传递到另一个装置，传递到最后一个装置后，再传递给第一个装置，如此周而复始，形成一个逻辑环。令牌有"空"、"忙"两个状态，令牌网开始运行时，由指定站产生一个空令牌沿逻辑环传送。任何一个要发送信息的站都要等到令牌传给自己，判断为空令牌时才能发送信息。发送站首先把令牌置成"忙"，并写入要传送的信息、发送站名和接收站名，然后将载有信息的令牌送入环网传输。令牌沿环网循环一周后返回发送站时，信息已被接收站拷贝，发送站将令牌置为"空"，送上环网继续传送，以供其他站使用。

如果在传送过程中令牌丢失，由监控站向网内注入一个新的令牌。

令牌传递式总线能在很重的负荷下提供实时同步操作，传送效率高，适于频繁、较短的数据传送，因此它最适合于需要进行实时通信的工业控制网络系统。

（3）令牌环 令牌环媒质访问方案是公司 IBM 开发的，它在 IEEE 802 标准中的编号为 802.5，它有些类似于令牌总线。在令牌环上，最多只能有一个令牌绕环运动，不允许两个站同时发送数据。令牌环从本质上看是一种集中控制式的环，环上必须有一个中心控制站负责网的工作状态的检测和管理。

6.2.3 现场总线及其国际标准

IEC（国际电工委员会）对现场总线（Fieldbus）的定义是"安装在制造和过程区域的现场装置与控制室内的自动控制装置之间的数字式、串行、多点通信的数据总线称为现场总线"，现场总线是当前工业自动化的热点之一。现场总线以开放的、独立的、全数字化的双向多变量通信代替 0～10mA 或 4～20mA 现场电动仪表信号。现场总线 I/O 集检测、数据处理、通信为一体，可以代替变送器、调节器、记录仪等模拟仪表，它不需要框架、机柜，可以直接安装在现场导轨槽上。现场总线 I/O 的接收极为简单，只需一根电缆，从主机开始，沿数据链从一个现场总线 I/O 连接到下一个现场总线 I/O。使用现场总线后，自控系统的配线、安装、调试和维护等方面的费用可以节约 2/3 左右，现场总线 I/O 与 PLC 可以组成廉价的 DCS 系统。

使用现场总线后，操作员可以在中央控制室实现运程监控，对现场设备进行参数调整，还可以通过现场设备的自诊断功能预测故障和寻找故障点。

由于历史的原因，现在有多种现场总线标准并存，IEC 的现场总线国际标准（IEC 61158）是迄今为止制订时间最长、意见分歧最大的国际标准之一。它的制订时间超过 12 年，先后经过 9 次投票，在 1999 年底获得通过，经过多方的争执和妥协，最后容纳了 8 种互不兼容的协议，这 8 种协议在 IEC 61158 中分别为 8 种现场总线类型：

类型 1：原 IEC 61158 技术报告，即现场总线基金会（FF）的 HI。

类型 2：Control Net（美国 Rockwell 公司支持）。

类型 3：PROFIBUS（德国西门子公司支持）。

类型 4：P-Net（丹麦 Process Data 公司支持）。

类型 5：FF 的 HSE（原 FF 的 H2，高速以太网，美国 Fisher Rosemount 公司支持）。

类型 6：Swift Net（美国波音公司支持）。

类型 7：WorldFIP（法国 Alstom 公司支持）。

类型 8：Interbus（德国 Phoenix contact 公司支持）。

各类型将自己的行规纳入 IEC 61158，且遵循两个原则：

（1）不改变 IEC 61158 技术报告的内容。

（2）不改变各行规的技术内容。各组织按 IEC 技术报告（类型 1）的框架组织各自的行规，并提供对类型 1 的网关或连接器，用户在使用各种类型时仍需使用各自的行规。因此 IEC 61158 标准不能完全代替各行规，除非今后出现完整的现场总线标准。

IEC 标准的 8 个类型都是平等的，类型 2～8 都对类型 1 提供接口，标准并不要求类型 2～8 之间提供接口。

IEC 62026 是供低压开关设备与控制设备使用的控制器电气接口标准，于 2000 年 6 月通过。它包括：

（1）IEC 62026-1：一般要求。

（2）IEC 62026-2：执行器传感器接口 AS-I（Actuator Sensor Interface）。

（3）IEC 62026-3：设备网络 DN（Device Network）。

（4）IEC 62026-4：Lonworks（Local Operating Networks）总线的通信协议 LonTalk。

（5）IEC 62026-5：灵巧配电（智能分布式）系统 SDS（Smart Distributed System）。

（6）IEC 62026-6：串行多路控制总线 SMCB（Srial Multiplexed Control Bus）。

6.3 S7-400 的通信功能

6.3.1 工厂自动化网络结构

（1）现场设备层 现场设备层的主要功能是连接现场设备，例如分布式 I/O、传感器、驱动器、执行机构和开关设备等，完成现场设备控制及设备间联锁的控制，主站（PLC、PC 或其他控制）负责总线通信管理及与从站的通信。总线上所有设备生产工艺控制程序存储在主站中，并由主站执行。

图 6-10 SIMATIC NET

西门子的 SIMATIC NET 系统（见图 6-10）将执行器和传感器单独分为层，主要使用 AS-I（执行器—传感器接口）网络。

AS-I 是国家标准 GB/T 18858.2—2002/IEC 62026-2：2000 低压开关设备和控制设备控制器——设备接口（CDI）的第 2 部分：执行器与传感器接口（AS-I）。

（2）车间监控层 车间监控层又称为单元层，用来完成车间主生产设备之间的连接，实现车间级设备的监控，车间级监控包括生产设备状态的在线监控、设备故障报警及维护等。通常还具有诸如生产统计、生产调度等车间级生产管理功能。车间级监控通常要设立车间监控室，有操作员工作站及打印设备。车间级监控网络可采用 PROFIBUS-FMS 或工业以太网，PROFIBUS-FMS 是一个多主网络，这一级的数据传输速度不是最重要的，但是液体的能传送大容量的信息。

（3）工厂管理层 车间操作员工作站可以通过集线器与车间办公管理网连接，将车间生产数据送到车间管理层。车间管理网作为工厂主网的一个子网，通过交换机、网格或路由器等连接到厂区骨干网，将车间数据集成到工厂管理层。

工厂管理层通常采用符合 IEC 802.3 标准的以太网，即 TCP/IP 通信协议标准。厂区骨干网可以根据工厂实际情况，采用 FDDI 或 ATM 等网络。

S7-300/400 有很强的通信功能，CPU 模块集成有 MPI 和 DP 通信接口，有 PROFIBUS-DP 和工业以太网的通信模块，以及点对点通信模块，通过 PROFIBUS-DP 或 AS-I 现场总线，CPU 与分布式 I/O 模块之间可以周期性地自动交换数据（过程映像数据交换）。在自动化系统之间，PLC 与计算机和 HMI（人机接口）站之间，均可以交换数据，数据通信可以周期性地自动进行，或基于事件驱动（由用户程序块调用）。

S7/C7 通信对象的通信服务通过集成在系统中的功能块来进行，可以提供的通信服务有：

① 使用 MPI 的标准 S7 通信。

② 使用 MPI 或 K 总线、PROFIBUS-DP 和工业以太网的 S7 通信（S7-300 只能作服务器）。

③ 与 S5 通信对象和第三方设备的通信，可以用非常驻的块来建立。这些服务包括通过 FROFIBUS-DP 和工业以太网的 S5 兼容通信和标准通信。

6.3.2　S7-400 的通信网络

（1）通过多点接口（MPI）协议的数据通信　MPI 是多点接口（Multi Point Interface）的简称，S7-400 CPU 都集成了 MPI 通信协议，MPI 的物理层是 RS-485，最大传输速率为 12Mbit/s。PLC 通过 MPI 能同时连接运行 STEP7 的编程器、计算机、人机界面（HMI）及其他 SIMATIC S7、M7 和 C7。这是一种经济而有效的解决方案。STEP7 的用户界面提供了通信组态功能，使得通信的组态非常简单。

联网的 CPU 可以通过 MPI 接口实现全局数据（GD）服务，周期性地相互进行数据交换。每个 CPU 可以使用的 MPI 连接总数与 CPU 的型号有关，为 6～64 个。

（2）PROFIBUS　工业现场总线 PROFIBUS 是用车间级监控和现场层的通信系统，它符合 IEC 61158 标准（是该标准中的类型 3），具有开放性，符合该标准的各厂商生产的设备都可以接入同一网络中。S7-400 PLC 可以通过通信处理器或通过集成在 CPU 上的 PROFIBUS-DP 接口连接到 PROFIBUS-DP 网络上。

带有 PROFIBUS-DP 主站/从站接口的 CPU 能够实现高速和使用方便的分布式 I/O 控制。对于用户来说，处理分布式 I/O 就像处理集中式 I/O 一样，系统组态和编程的方法完全相同。

PROFIBUS 的物理层是 RS-485，最大传输速率 12Mbit/s，最多可以与 127 个网络上的节点进行数据交换，网络中最多可以串接 10 个中继器来延长通信距离。使用光纤作通信介质，通信距离可达 90km。

如果 PROFIBUS 网络采用 FMS 协议，工业以太网采用 TCP/IP 或 ISO 协议，S7-300 可以与其他公司的设备实现数据交换。

可以通过 CP342/343 通信处理器将 SIMATIC S7-300 与 PROFIBUS-DP 或工业以太网总线系统相连。可以连接的设备包括 S7-400、S5-115U/H、编程器、个人计算机、SIMATIC 人机界面（HMI）、数控系统、机械手控制系统、工业 PC 机、变频器和非西门子装置。

下列设备可以作为主站：带有 PROFIBUS-DP 接口的 S7-400 的 CPU，CP433-5 和 IM467；带有 DP 接口或 DP 通信处理器和 C7；以及西门子某些老型号的 PLC，编程器（PG）和操作员面板（OP）。

下列设备可以作为从站：分布式 I/O 设备 ET200B/L/M/S/X；通过通信处理器 CP342-5 的 S7-300；带 DP 接口的 S7-300 CPU，S7-400（只能通过 CP443-5），

C7-633/P DP，C7-633 DP，C7-634/P DP，C7-634 DP，C7-626 DP，带 EM277 通信模块的 S7-200。

（3）工业以太网　西门子的工业以太网（Industrial Ethernet）是用于工厂管理和单元层的通信系统，符合 IEEE 802.3 国际标准，用于对时间要求不太严格、需要传送大量数据的通信场合，可以通过网关来连接远程网络，它支持广域的开放型网络模型，可以采用多种传输媒体，传输速率为 10 或 100Mbit/s，最多 1024 个网络节点，网络的最大范围为 150km。

在共享局域网（LAN）中，所有站点共享网络性能和数据传输带宽，所有的数据包都经过所有的网段，在同一时间只能传送一个报文，西门子的工业以太网上于采用交换式局域网，每个网段都能达到网络的整体性能和数据传输速率，在多个网段中可以同时传输多个报文。本地数据通信在本网段进行，只有指定的数据包可以超出本地网段的范围。

全双工模式使一个站能同时发送和接收数据，不会发生冲突，以太网和高速以太网的传输速率分别提高到 20Mbit/s 和 200Mbit/s。

电气交换模块与光纤交换模块将网络划分为若干个网段，并将各网段连接到 ESM 或 OSM 上，这样可以分散网络的负担，实现负载解耦，改善网络的性能。

利用 ESM 或 OSM 中的网络冗余管理器，可以构建环形冗余工业以太网，最大的网络重构时间为 0.3s。

具有自适应功能的网络站点（终端设备和网络部件）能自动检测出信号传输速度（10Mbit/s 或 100Mbit/s），自适应功能可以实现所有以太网部件之间的无缝互操作性。

自协商是高速以太网的配置协议，该协议使有关站点在数据传输开始之前就能协商，以确定它们之间的数据传输速率和工作方式。

使用 SNMP-OPC 服务器，用户可以通过 OPC 客户端软件，例如 SIMATIC NET OPC Scout、WinCC、OPC Client、MS Office OPC Client 等，对支持 SNMP 协议的网络设备进行远程管理。

（4）点对点连接　点对点连接（Point-to-Point Connections）可以连接两台 S7 PLC 和 S5 PLC，以及计算机、打印机、机器人控制系统、扫描仪和条码阅读器等非西门子设备。使用 CP340、CP341 和 CP441 通信处理模块，或通过 CPU313C-2PTP 和 CPC314C-2PTP 集成的通信接口，可以建立起经济而方便的点对点连接。

点对点通信可以提供的接口有 20MA（TTY）、RS-232C 和 RS-422A/RS-485，点对点通信可以使用的通信协议有 ASCII 驱动器、3964（R）和 RK512（只适用于部分 CPU）。

全双工模式（RS-232C）的最高传输速率为 19.2kbit/s，半双工模式（RS-485）的最高传输速率为 38.4kbit/s。

使用西门子的通信软件 PRDAVE 和编程用的 PC/MPI 适配器，通过 PLC 的 MPI 编程接口，可以很方便地实现计算机与 S7-400 的通信。

（5）通过 AS-I 网络的过程通信　AS-I 是执行器-传感器接口（Actuator Sensor Interface）的简称，位于自动控制系统的最底层，特别适合于连接需要传送开关量的传感器和执行器。

AS-I 属于主从式网络，每个网段只能有一个主站，主站是网络通信的中心，负责网络的初始化，以及设置从站的地址和参数等。AS-I 从站是 AS-I 系统的输入通道和输出通道，它们仅在被 AS-I 主站访问时才被激活，接到命令时，它们触发动作或者将现场信息传送给主站。

AS-I 所有分支电路的最大总长度为 100m，可以用中继器延长，传输介质可以是屏蔽的或非屏蔽的两芯电缆，支持总线供电，即两根电缆同时可以作信号线和电源线。

DP/AS-I 网关（Gateway）用来连接 PROFIBUS-DP 和 AS-I 网络。CP241-3 是用于 PC（个人计算机）的标准 AS-I 主站。

CP342-2 通信处理器是用于 S7-300 和分布式 I/O ET200M 的 AS-I 主站，它最多可以连接 62 个数字量或 31 个模拟量 AS-I 从站。通过 AS-I 接口，每个 CP 最多可以访问 248 个数字量输入和 186 个数字量输出。通过内部集成的模拟量处理程序，可以像处理数量字值那样处理模拟量值。

西门子的"LOGO!"微型控制器可以接入 AS-I 网络，此外西门子还提供各种各样的 AS-I 产品，例如气动控制模块、电动机启动器、能源与通信现场安装系统、带 AS-I 接口的接近开关，按钮与指示灯组成的人机接口等。

6.3.3　S7 通信的分类

S7 通信可分为全局数据通信、基本通信及扩展通信 3 类，如图 6-11 所示。

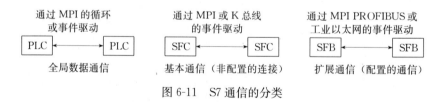

图 6-11　S7 通信的分类

（1）全局数据通信　全局数据（GD）通信通过 MPI 接口在 CPU 间循环交换数据，用全局数据表来设置各 CPU 之间需要交换的数据存放的地址区和通信的速率，通信是自动实现的，不需要用户编程，S7-400 的全局数据通信可以用 SFC 来启动，全局数据可以是输入、输出、标志位（M）、定时器、计数器和数据区，最多 32 个 MPI 节点。

MPI 默认的传输速率为 187.5kbit/s，与 S7-200 通信时只能指定 19.2kbit/s 的传输速率。用邻节点间的最大传送距离为 50m，加中继器后为 1000m，使用光纤和星形连接时为 23.8km。

通过 MPI 接口，CPU 可以自动广播其总线参数组态（例如波特率），然后

CPU 可以自动检索正确的参数，并连接至一个 MPI 子网。

（2）基本通信（非配置的连接）　这种通信可以用于所有的 S7-300/400 CPU，通过 MPI 或站内的 K 总线（通信总线）来传送最多 76B 的数据，在用户程序中用系统功能（SFC）来传送数据，在调用 SFC 时，通信连接被动态地建立，CPU 需要一个自由的连接。

（3）扩展通信（配置的通信）　这种通信可以用于所有的 S7-300/400 CPU，通过 MPI/PROFIBUS 和工业以太网最多可以传送 64KB 的数据，通信是通过系统功能块（SFB）来实现的，支持有应答的通信。在 S7-300 中可以用 SFB "PUT" 和 SFB14 "GET" 来写出或读入远端 CPU 的数据。

扩展的通信功能还能执行控制功能，例如控制通信对象的启动和停机。这种通信方式需要用连接表配置连接，被配置的连接在站启动时建立并一直保持。

6.4　MPI 网络与全局数据通信

6.4.1　MNPI 网络与全局数据包

通过 MPI 接口和全局数据通信，CPU 之间可以周期性地相互交换少量的数据。全局数据通信用 STEP7 中的 GD 表组态。

参与全局数据包交换的 CPU 构成了全局数据环（GD 环），可以建立多个 GD 环，具有相同的发送者和接收者的全局数据集合成一个全局数据包（GD 包），GD 包中的数据有数据号，例如 GD1.2.3 是 1 号 GD 环、2 号 GD 包中的 3 号数据。

S7-300 CPU 可以发送和接收的 GD 包的个数（4 个或 8 个）与 CPU 的型号有关，每个 GD 包最多 22B，最多 16 个 CPU 参与全局数据交换。

S7-400 CPU 可以发送和接收的 GD 包的个数与 CPU 的型号有关，可以发送 8 个或 16 个 GD 包，接收 16 个或 32 个 GD 包，每个 GD 包最多 64B，在 CR2 机架中，两个 CPU 可以通 K 总线用 GD 数据包进行通信。

6.4.2　MPI 网络的组态

下面用一个例子来介绍对 MPI 网络组态的方法。在 STEP7 中生成名为 "MPI 全局数据通信" 的项目，首先在 SIMATIC 管理器中生成 3 个站，它们的 CPU 分别；为 CPU413-1、CPU313C 和 CPU312C。选中管理器左边窗口中的项目对象，在右边的工作区内双击 MPI 图标，打开 NetPro 工具，出现了一条红色的标有 MPI（1）的网络，和没有与网络相连的 3 个站的图标。双击某个站标有小红方块的区域（不要双击小红方块），打开 CPU 的属性设置对话框，在 "General" 选项卡中单击 "Interface"（接口）区内的 "Properties" 按钮，打开 "Properties

MPI Interface"窗口，通过"Parameters"选项卡中的"Address"列表框，设置 MPI 站地址。一般可以使用系统指定的地址，用户也可以修改它，各站的 MPI 地址应互不重叠。

在"Subnet"（子网）显示框中，如果选择 MPI（1），该 CPU 就被连接到 MPI（1）子网上，选择"no networked"，将断开与 MPI（1）子网的连接，"Parameters"选项卡中的"New"按钮用来生成新的子网，"Delete"按钮用来删除选中的子网，"Properties"按钮用来设置选中的子网属性，例如修改子网的名称，设置子网的传输速率等。图 6-12 是在 NetPro 中组态好的 MPI 网络。

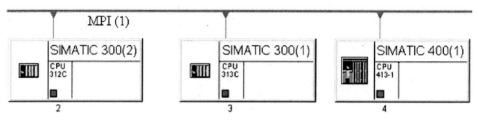

图 6-12 MPI 网络的组态

在硬盘上保存 CPU 的配置参数，用 PROFIBUS 电缆连接 MPI 节点，用点对点的方式将它们分别下载到各 CPU 中，可以用 SIMATIC 管理器的"Accessible Nodes"（可以访问的节点）功能来测试 MPI 网络中的各站点。

6.4.3 全局数据表

（1）全局数据通信的组态步骤 全局数据（GD）通信用全局数据表（GD 表）来设置，全局数据通信的组态步骤如下：

① 生成和填写 GD 表。

② 第一次编译 GD 表。

③ 设置 GD 包状态双字的地址和扫描速率（可选的操作）。

④ 第二次编译 GD 表。

⑤ 下载 GD 表。

（2）生成和填写 GD 表 在"NetPro"窗口中选中要设置的 MPI 网络线，网络线变粗，然后执行菜单命令"Options"—"Define Global Data"（定义全局数据），或用右键单击 MPI 网络线，在弹出的窗口中执行同样的命令，在出现的 GD 窗口（见图 6-13）中对全局数据通信进行配置。

双击"GD ID"所在的最上面一行中"GD ID"右边的方格，在出现"Select CPU"对话框中，双击第一个站的 CPU 413-1 的图标，CPU 413-1 便出现在最上面一行指定的方格中（见图 6-13），同时自动退出"Select CPU"对话框，用同样的方法将另外两个 CPU 放置在最上面一行。

在 CPU 下面一行中生成 1 号 GD 环 1 号 GD 包中的 1 号数据，即将 CPU413-1

的 MW0 发送到 CPU313C 的 QW0。

首先用鼠标右键单击 CPU413-1 下面的单元（方格），在出现的菜单中选择 "Sender"（发送者），该方格变为深色，同时在单元中的左端出现符号 "＞"，表示在该行中 CPU413-1 为发送站，在该行输入要发送的全局数据的地址 MW0。只能输入绝对地址，不能输入符号地址，包含定时器和计数器地址的单元只能作为发送方，在每一行中应定义一个并且只能有一个 CPU 作为数据的发送方。同一行中各个单元的字节数应相同。

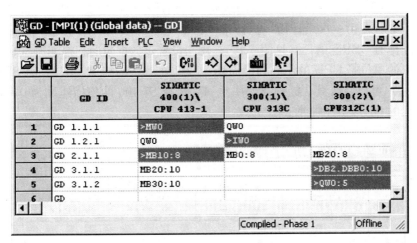

图 6-13　全局数据表

单击 CPU313C 下面的单元，输入 QW0，该格的背景为白色，表示在该行中 CPU313C 是接收站。

变量的复制因子用来定义连续的数据区的长度，例如 MB20:4 表示 MB20 开始的 4B. S7-300 的数据包可以由 MB0-22 或 MW0:11 组成，MB0-22 表示从 MB0 开始的 22B，MW0:11 表示从 MW0 开始的 11 个字，如果数据包由若干个连续的数据区组成，一个连续的数据区占用的空间为数据区内的字节中上两个头部说明字节。一个单独的双字占 6B，一个单独的字占 4B，一个单独的字节占 3B，一个单独的位也占 3B。例如 DB2.DBB0:10 和 QW0:5 一共占用 22B，值得注意的是第一个连续数据区的两个头部说明字节不包括在 22B 之内。

在图 6-13 的第 1 行和第 2 行中，CPU413-1 和 CPU313C 组成 1 号 GD 环，两个 CPU 向对方发送 GD 包，同时接收对方的 GD 包，相当于全双工点对点通信方式。

图 6-13 中的第 3 行是 CPU413-1 向 CPU313C 和 CPU312C 发送 GD 包，相当于 1:N 的广播通信方式。

图 6-13 中的第 4 行和第 5 行都是 CPU312C 向 CPU413-1 发送数据，它们属于 3 号 GD 环 1 号 GD 包中的两组数据。

发送方 CPU 自动地周期性地将指定地址中的数据发送到接收方指定的地址区

中。例如图 6-13 中的第 5 行意味着 CPU312C 定时地将 QW0～QW4 中的数据发送到 CPU413-1 的 MB30～MB39 中，CPU413-1 对它自己的 MB30～MB39 的访问，就好像在访问 CPU312C 的 QW0～QW4 一样。

完成全局数据表的输入后，应执行菜单命令“GD Table”—“Compile”，对它进行第一次编译，将各单元中的变量组合为 GD 包，同时生成 GD 环。

表中的 GD ID 列中的 GD 标识符是在编译时自动生成的。GD3.1.2 表示 3 号 GD 环的 1 号 GD 包中的第 2 组变量。

(3) 设置扫描速率和状态双字的地址　扫描速率用来定义 CPU 刷新全局数据的时间间隔。在第一次编译后，执行菜单命令“View”—“Scan Rates”，每个数据包将增加标有“SR”的行（见图 6-14），用来设置该数据包的扫描速率（1～255），扫描速率的单位是 CPU 的循环扫描周期，S7-300 默认的扫描速率为 8，S7-400 的为 22，用户可以修改默认的扫描速率。如果选择 S7-400 的扫描速率为 0，表示是事件驱动的 GD 发送和接收。

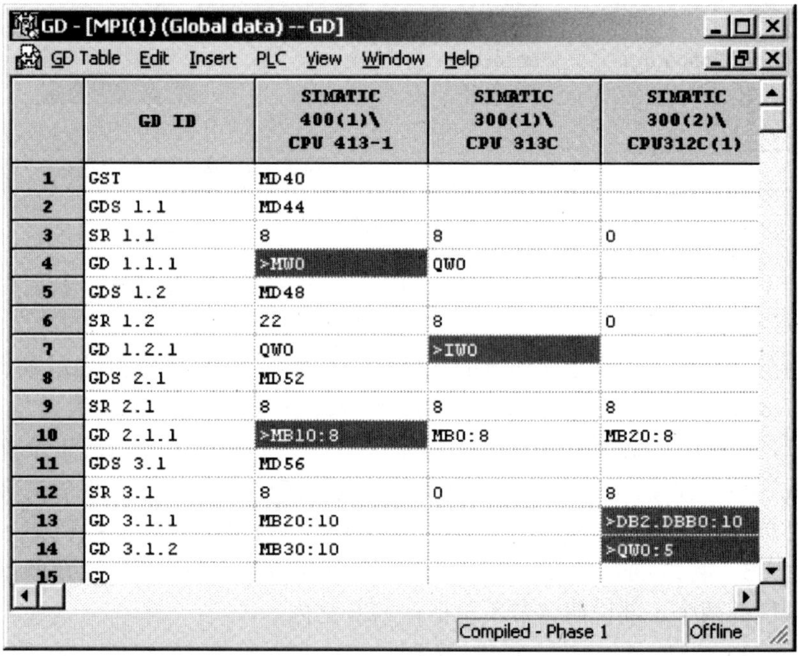

	GD ID	SIMATIC 400(1)\ CPU 413-1	SIMATIC 300(1)\ CPU 313C	SIMATIC 300(2)\ CPU312C(1)
1	GST	MD40		
2	GDS 1.1	MD44		
3	SR 1.1	8	8	0
4	GD 1.1.1	>MW0	QW0	
5	GDS 1.2	MD48		
6	SR 1.2	22	8	0
7	GD 1.2.1	QW0	>IW0	
8	GDS 2.1	MD52		
9	SR 2.1	8	8	8
10	GD 2.1.1	>MB10:8	MB0:8	MB20:8
11	GDS 3.1	MD56		
12	SR 3.1	8	0	8
13	GD 3.1.1	MB20:10		>DB2.DBB0:10
14	GD 3.1.2	MB30:10		>QW0:5
15	GD			

图 6-14　第一次编译后的全局数据表

可以用全局数据传输的状态双字来检查数据是否被正确地传送，第一次编译后的执行菜单命令“View”—“Status”，在出现的 GDS 行中可以给每个数据包指定一个用于状态双字的地址。最上面一行的全局状态双字 GST 是各 GDS 行中的状态双字相“与”的结果。状态双字中使用的各位的意义如表 6-1 所示，被置位的位将保持其状态不变，直到它被用户程序复位。

表 6-1　GD 通信状态双字

位号	说　　明	状态位设定者
0	发送方地址区长度错误	发送或接收 CPU
1	发送找不到存储 GD 的数据块	发送或接收 CPU
3	全局数据包在发送方丢失 全局数据包在接收方丢失 全局数据包在链路上丢失	发送 CPU 发送或接收 CPU 接收 CPU
4	全局数据包语法错误	接收 CPU
5	全局数据包 GD 对象遗漏	接收 CPU
6	接收方发送方数据长度不匹配	接收 CPU
7	接收方地址区长度错误	接收 CPU
8	接收方找不到存储 GD 的数据块	接收 CPU
11	发送方重新启动	接收 CPU
31	接收方接收到新数据	接收 CPU

　　状态双字使用户程序能及时了解通信的有效性和实时性，增强了系统的故障诊断能力。

　　设置好扫描速率和状态字的地址后，应对全局数据表进行第二次编译，使扫描速率和状态双字地址包含在配置数据中。第二次编译完成后，在 CPU 处于 STOP 模式时将配置数据下载到 CPU 中，下载完成后将各 CPU 切换到 RUN 模式，各 CPU 之间将开始自动地交换全局数据。

　　在循环周期结束时发送方的 CPU 发送数据，在循环周期开始时，接收方的 CPU 将接收到的数据传送到相应的地址区中。

6.4.4　事件驱动的全局数据通信

　　使用 SFC60 "GD_SEND" 和 SFC61 "GD_RCV"，S7-400 可以用事件驱动的方式发送和接收 GD 包，实现全局通信。在全局数据表中，必须对要传送的 GD 包组态，并将扫描速率设置为 0。

　　为了保证全局数据交换的连续性，在调用 SFC60 之前应调用 SFC39 "DIS_IRT" 或 SFC41 "DIS_AIRT" 来禁止或延迟更高级的中断和异步错误。SFC60 执行完后调用 SFC40 "EN_IRT" 或 "SFC42 EN_AIRT"，再次确认高优先级的中断和异步错误。

Network1：延迟处理高中断优先级的中断和异步错误

```
CALL  DIS_AIRT        //调用 SFC41,延迟处理高中断优先级的中断和异步错误
RET_VAL ＝MW100        //返回的故障信息
```

Network2：发送全局数据

```
CALL  DO-SND          //调用 SFC60
```

```
CIRCLE_ID ＝B#16#3    //GD 环编写,允许值为 1～16
BLOCK_DI ＝B#16#1     //GD 包编号,允许值为 1～4
RET_VAL ＝MW102       //返回的故障信息
```

Network3：允许处理高中断优先级的中断和异步错误

```
CALL  EN_AIRT        //调用 SFC42,允许处理高中断优先级的中断和异步错误
RET_VAL ＝MW104       //返回的故障信息
```

6.4.5 不用连接组态的 MPI 通信

假设 A 站和 B 站的 MPI 地址分别为 2 和 3，B 站不用编程，在 A 站的循环中断组织块 OB35 中调用发送功能 SFC68 "X_PUT"，将 MB40～MB49 中的 10 个字节发送到 B 站的 MB50～MB59 中，调用接收功能 SFC67 "X_GET"，将对方的 MB60～MB69 中的 10 个字节读入到本地的 MB70～MB79 中，下面是 A 站的 OB35 中的程序：

Network1：用 SFC68 通过 MPI 发送数据

```
CALL  X_PUT
REQ ＝TURE                    //激活发送请求
CONT ＝TURE                   //发送完成后保持连接
DEST_ID ＝M#16#3             //接收方的 MPI 地址
VAR_ADDR ＝P#M50.0BYTE10     //对方的数据接收区
SD    ＝P#M40.0BYTE10        //本地的数据发送区
RET_VAL ＝MW0                 //返回的故障信息
BUSY   ＝L2.1                 //为 1 发送未完成
```

Network2：用 FSC67 从 MPI 读取对方的数据到本地 PLC 的数据区

```
CAL  X_GET
REQ ＝TURE                    //激活请求
CONT ＝TURE                   //接收完成后保持连接
DEST_ID  ＝W#16#3            //对方的 MPI 地址
VAR_ADDR ＝P#M60.0BYTE10     //要读取的对方的数据区
RET_VAL ＝LW4                 //返回的故障信息
BUSY   ＝L2.2                 //为 1 发送未完成
RD     ＝P#M70.0BYTE10       //本地的数据接收区
```

如果上述 SFC 的工作已完成（BUSY＝0），调用 SFC69 "X_ABORT" 后，通信双方的连接资源被释放。

6.5 PROFIBUS 的结构与硬件

PROFIBUS 是目前国际上通用的现场总线标准之一，它以其独特的技术特点、

严格的认证规范、开放的标准、众多厂商的支持和不断发展的应用行规，已被纳入现场总线的国际标准 IEC 61158 和欧洲标准 EN 50170，并于 2001 年被定为我国的国家标准 JB/T 10308.3—2001。

PROFIBUS 是不依赖生产厂家的，开放式的现场总线、各种各样的自动化设备均可以通过同样的接口交换信息。PROFIBUS 用于分布式 I/O 设备、传动装置、PLC 和基于 PC（个人计算机）的自动系统。

PROFIBUS 在 1999 年 12 月通过的 IEC 61156 中称为 Type 3。PROFIBUS 的基本部分称为 PROFIBUS-V0。在 2002 年新版的 IEC 61156 中增加了 PROFIBUS-V1、PROFIBUS-V2 和 RS-485IS 等内容，新增的 PROFIBUS 规范作为 IEC 61158 的 Type 10。

代表全世界 1200 多家会员公司的 PROFIBUS 国际组织宣布，截止到 2003 年年底，工厂自动化和流程自动化应用系统所安装的 PROFIBUS 节点设备已突破了 1 千万个，PROFIBUS 俱乐部宣称，在中国已突破了 150 万个。

可以用编程软件 STEP7 或 SIMATIC NET 软件，对 PROFIBUS 网络设备组态和设置参数，启动或测试网络中的节点。

6.5.1　PROFIBUS 的组成

PROFIBUS 由 3 部分组成，即 PROFIBUS-DP（Decentralized Periphery，分布式外围设备），PROFIBUS-PA（Process Automation，过程自动化）和 PROFIBUS-FMS（Fieldbus Message Specification，现场总线报文规范）。

（1）PROFIBUS-FMS　PROFIBUS-FMS 定义了主站与主站之间的通信模型。它使用 OSI 7 层模型的第 1 层、第 2 层和第 7 层，应用层（第 7 层）包括现场总线报文 FMS 和低层接口 LLI（Lower Layer Interface）。LLI 协调不同的通信关系，并提供不依赖于设备的第二层访问接口。第 2 层（总线数据链路层）提供总线存取控制和保证数据的可靠性。

FMS 主要用于系统级和车间级的不同供应商的自动化系统之间传输数据，处理单元级（PLC 和 PC）的多主站数据通信，为解决复杂的通信任务提供了很大的灵活性。

（2）PROFIBUS-DP　PROFIBUS-DP 用于自动化系统中单元级控制设备与分布式 I/O 的通信，可以取代 4～20mA 模拟信号传输。

PROFIBUS-DP 使用第 1 层、第 2 层和用户接口层，第 3～7 层不使用，这种精简的结构确保了高速数据传输，直接数据链路映像程序 DDLM 提供对第 2 层的访问。用户接口规定了设备的应用功能、PROFIBUS-DP 系统和设备的行为特性。PROFIBUS-DP 特别适合于 PLC 与现场级分布式 I/O（例如西门子的 ET200）设备之间的通信，主站之间的通信为令牌方式，主站与从站之间为主从方式，以及这两种方式的混合。

S7-300/400 系列 PLC 有的配备有集成的 PROFIBUS-DP 接口，S7-300/400 也可以通过通信处理器（CP）连接到 PROFIBUS-DP。

（3）PROFIBUS-PA　PROFIBUS-PA 用于过程自动货柜的现场传感器和执行器的低速数据传输，使用扩展的 PROFIBUS-DP 协议，此外还描述了现场设备行为的 PA 行规。由于传输技术采用 IEC 1158-2 标准，确保了本质安全和通过总线对现场设备供电，可以用于防爆区域的传感器和执行器与中央控制系统的通信。使用分段式耦合器可以将 PROFIBUS-PA 设备很方便地集成到 PROFIBUS-DP 网络中。

PROFIBUS-PA 使用屏蔽双绞线电缆，由总线提供电源，在危险区域每个 DP/PA 链路可以连接 15 个现场设备，在非危险区域每个 DP/PA 链路可以连接 31 个现场设备。

此外基于 PROFIBUS，还推出了用于运动控制的总线驱动技术 PROFIBUS 和故障安全通信技术 PROFI-safe。

6.5.2　PROFIBUS 的特理层

ISO/OSI 参考模型的物理层是第 1 层，PROFIBUS 可以使用多种通信介质（电、光、红外、导轨以及混合方式）。传输速率 9.6kbit/s～12Mbit/s，在一个有 32 个站点的系统中，假设 PROFIBUS-DP 对所有站点传送 512 点输入和 52 点输出，在 12Mbit/s 时只需 1ms，每个 DP 从站的输入数据和输出数据最大为 244B。使用屏蔽双绞线电缆时最长通信距离为 9.6km，使用光缆时最长 90km，最多可以接 127 个从站。

PROFIBUS 可以使用灵活的拓扑结构，支持总线型、树形、环形结构以及冗余的通信模型。支持基于总线的驱动技术和符合 IEC 61508 的总线安全通信技术，下面介绍用于 DP 和 FMS 的 RS-485 传输、光纤传输，以及用于 PA 的 IEC 1158-2 传输。

（1）DP/FMS 和 RS-485 传输　PROFIBUS-DP 和 PROFIBUS-FMS 使用相同的传输技术和统一的总线存取协议，可以在同一根电缆上同时运行。

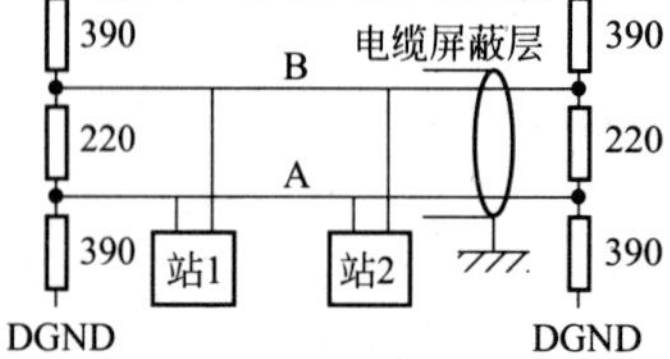

图 6-15　DP/FMS 总线段的结构

DP/FMS 符合 ELA RS-485 标准（也称为 H2），采用价格便宜的屏蔽双绞线电缆，电磁兼容性（EMC）条件较好时也可以使用不带屏蔽的双绞线电缆，一个总线段的两端各有一套有源的总线终端电阻（见图 6-15）。传输速率从 9.6～12Mbit/s，所选的传输速率适用于连接到总线段上的所有设备。一个总线段最多 32 个站，带中继器最多 127 个站，串联的中继器一段不超过 3 个，中继器没有站地址，但是被计算在每段的最大站数中。

每段的电缆最大长度与传输速度有关，例如使用 A 型电缆，3～12Mbit/s 时为 100m，9.6～93.75Mbit/s 时为 1200m。

如果用屏蔽编织线和屏蔽箱，应在两缆与保护接地连接，数据线必须与高压线隔离。

RS-485 采用半双工，异步的传输方式，1 个字符帧由 8 个数据位、1 个起始位、1 个停止位和 1 个奇偶校验位组成（11 位）。

（2）D 型总线连接器　PROFIBUS 标准推荐总线站与总线的相互连接使用 9 针 D 型连接器，连接器的接线如表 6-2 所示。

表 6-2　D 型连接器的引脚分配

针脚编号	信号名称	说明
1	SHIELD	屏蔽线功能地
2	M24	24V 辅助电源输出地
3	RXD/TXD-P	接收/发送数据正端，B 线
4	CNTR-P	方向控制信号正端
5	DGND	数据基准电位（地）
6	VP	供电电源正端
7	P24	24V 辅助电源输出正端
8	RXD/TXD-N	接收/发送数据负端，A 线
9	CNTR-N	方向控制信号负端

在传输期间，A/B 线上的波形相反，信号为 1 时 B 线为高电平，A 线为低电平。各报文间的空闲（Idle）状态对应于二进制"1"信号。

（3）总线终端器　在数据线 A 和 B 的两端均应加接总线终端器（见图 6-15）。总线终端器的下位电阻与数据基准电位 DGND 相连，上位电阻与供电正电压 VP 相连。总线上没有站发送数据时，这两个电阻确保总线上有一个确定的空闲电位。几乎所有标准的 PROFIBUS 总线连接器上都集成了总线终端器，可以由跳接器或开关来选择是否使用它。

传输速率大于 1500kbit/s 时，由于连接的站的电容性负载引起导线反射，因此必须使用附加有轴向电感的总线连接插头。

（4）DP/FMS 的光纤电缆传输　PROFIBUS 另一种物理层通过光纤中光的传输来传送数据，单芯玻璃光纤的最大连接距离为 15km，价格低廉的塑料光纤为 80m。光纤电缆对电磁干扰不敏感，并能确保站之间的电气隔离。近年来，由于光纤的连接技术已大大简化，这种传输技术已经广泛地用于现场设备的数据通信。

光链路模型（OLM）用来实现单光纤环和冗余的双光纤环，在单光纤环中，OLM 通过单工光纤电缆相互连接，如果光纤电缆断线或 OLM 出现故障，整个环路将崩溃。在冗余的双光纤环中，OLM 通过两个双工光纤电缆相互连接，如果两根光纤线中的一根出了故障，总线系统将自动地切换为线性结构。光纤导线中的故障排除后，总线系统即返回到正常的冗余环状态，许多厂商提供专用总线插头来转换 RS-485 信号和光纤导体信号。

（5）PA 的 IEC 1158-2 传输 PROFIBUS-PA 采用符合 IEC 1158-2 标准的传输技术，这种技术确保本质安全，并通过总线直接给现场设备供电，能满足石油化工业的要求，数据传输使用非直流传输的位同步、曼彻斯特编码线协议（也称 HI 编码）。用曼彻斯特编码传输数据时，从 0（−9mA）到 1（+9mA）的上升沿发送二进制数"0"，从 1 到 0 的下降沿发送二进制数"1"，传输速率为 31.25kbit/s，传输介质为屏蔽或非屏蔽的双绞线，允许使用总线型、树形和星形网络，总线段的两端用一个无源的 RS 线终端器来终止（100Ω 电阻与 1μF 电容的串联电路），在一个 PA 总线段上最多可以连接 32 个点，总数最多为 126 个，最多可以扩展 4 台中继器。最大的总线段长度取决于供电装置、导线类型和所连接的站的电流消耗。

为了增加系统的可靠性，一段可以用冗余总线段作备份，段耦合器或 DP/PA 链接器用于 PA 总线段与 DP 总线段的连接。

6.5.3 PROFIBUS-DP 设备的分类

PROFIBUS-DP 设备可以分为以下三种不同种类。

（1）1 类 DP 主站 1 类 DP 主站（DPMI）是系统的中央控制器，DPMI 在预定的周期内与分布式的站（例如 DP 从站）循环地交换信息，并对总线通信进行控制和管理，DPMI 可以发送参数给从站，读取 DP 从站的诊断信息，用 Global_Control（全局控制）命令将它的运行状态告知给各 DP 从站。从此，还可以将控制命令发送给个别从站或从站组，以实现输出数据和输入数据的同步，下列设备可以做 1 类 DP 主站。

① 集成了 DP 接口的 PLC。

② 没有集成 DP 接口的 CPU 加上支持 DP 主站功能的通信处理器（CP）。

③ 插有 PROFIBUS 网卡的 PC，例如 WinCC 控制器。用软件功能选择 PC 做 1 类主站或是做编程监控的 2 类主站，可以使用 CP5411、CP5511 和 CP5611 等网卡。

④ IE/PB 链路模块。

⑤ ET200S/ET200X 的主站模块。

（2）2 类 DP 主站 2 类 DP 主站（DPM2）是 DP 网络中的编程、诊断和管理设备，DPM2 除了具有 1 类主站的功能外，在与 1 类 DP 主站进行数据通信的同时，可以读取 DP 从站的输入/输出数据和当前的组态数据，可以给 DP 从站分配新的总线地址，下列设备可以做 DPM2：

① 以 PC 为硬件平台的 2 类主站 PC 加 PROFIBUS 网卡可做 2 类主站，西门子公司为其自动化产品设计了专用的编程设备。不过现在一般都用通用的 PC 和 STEP7 编程软件来做编程设备，用 PC 和 WinCC 组态软件做监控操作站。

② 操作员面板、触摸屏（OP/TP） 操作员面板用于操作人员对系统的控制和操作，例如参数的设置与修改，设备的启动和停机，以及在线监视设备的运行状态

等，有触摸按键的操作员面板俗称触摸屏，它们在工业控制中得到了广泛的应用，西门子公司提供了不同大小和功能的 TP 和 OP 供用户选用。

（3）DP 从站　DP 从站是进行输入信息采集和输出信息发送的外围设备，它只与组态它的 DP 主站交换用户数据，可以向该主站报告本地诊断中断和过程中断。

① 分布式 I/O　分布式 I/O（非智能型 I/O）没有程序存储和程序执行功能，通信适配器用来接收主站的指令，按主站指令驱动 I/O，并将 I/O 输入及故障诊断等信息返回给主站，通常分布式 I/O 由主站统一编址，对主站编程时使用分布式 I/O 与使用主站的 I/O 没有什么区别。

ET200 是西门子的分布式 I/O，有 ET200M/B/L/X/R 等多种类型。它们都有 PROFIBUS-DP 通信接口，可以作 DP 网络的从站。

② PLC 智能 DP 从站（1 从站）　PLC（智能型 I/O）可以做 PROFIBUS 的从站，PLC 的 CPU 通过用户程序驱动 I/O，在 PLC 的存储器中有一片特定区域作为与主站通信的共享数据区，主站通过通信间接控制从站 PLC 的 I/O。

③ 具有 PROFIBUS-DP 接口的其他现场设备　西门子的 SINUMERIK 数控系统、STTRANS 现场仪表、MicroMaster 变频器、SIMOREGDC-MASTER 直流传动装置都有 PROFIBUS-DP 接口或可选的 DP 接口，可以做 DP 从站。

其他公司支持 DP 接口的输入/输出、传感器、执行器或其他智能设备，也可以接 PROFIBUS-DP 网络。

（4）DP 组合设备　可以将 1 类、2 类 DP 主站或 DP 从站组合在一个设备中，形成一个 DP 组合设备。例如第 1 类 DP 主站与第 2 类 DP 主站的组合，DP 从站与第 1 类 DP 主站的组合。

6.5.4　PROFIBUS 通信处理器

（1）CP443-5 通信处理器　CP443-5 是用于 PROFIBUS-DP 总线的通信处理器，它提供下列通信：标准 S7 通信，S5 兼容器通信，与计算机、PG/OP 的通信和 PROFIBUS-FMS，可以通过 PROFIBUS 进行配置和远程编程，实现实时钟的同步，在 H 系统中实现冗余的 S7 通信或 DP 主站通信。通过 S7 路由器在网络间进行通信。

CP443-5 分为基本型和扩展型，扩展型作为 DP 主站运行，支持 SYNC 和 FREEZE 功能、从站到从站的直接通信和通过 PROFIBUS-DP 发送数据记录等。

（2）CP342-5 通信处理器　CP342-5 是 S7-300 的 DP 主/从站接口模块，最高通信速率 12Mbit/s，通过 FOC 接口可以直接连接到光纤 PROFIBUS 网络。

CP342-5 提供下列通信服务：PROFIBUS-DP，S7 通信、S5 兼容通信功能和 PG/OP（编程器/操作员面板）通信，通过 PROFIBUS 进行配置和编程。

9 针 D 型插座连接器用于连接 PROFIBUS 总线，4 针端子用于连接外部 DC 24V 电源。

CP342-5 作为 DP 主站提供 SYNC（同步）、FREEZE（锁定）和共享输入/输出功能，CP342-5 也可以作为 DP 从站，便 S7-300 与其他 PROFIBUS 主站交换数据。

CP342-5 的 S7 通信功能用于在 S7 系列 PLC 之间、PLC 与计算机和人机接口（操作员面板）之间通信。通过 CP342-5 可以对所有连接到网络上的 S7 站进行远程编程和远程组态。

用嵌入 STEP7 的 NCM S7 软件对 CP342-5 进行配置，CP 模块的配置数据存放在 CPU 中，CPU 启动后自动地将配置参数传送到 CP 模块。

PROFIBUS-DP 的功能块包含在 STEP7 的标准库中，安装 NCM S7 后，用于 S5 兼容通信（发送/接收）的功能模块保存在 SIMATIC NET 库中．

（3）CP342-5 FO 通信处理器　CP342-5 FO 是带光纤接口的 PROFIBUS-DP 主站或从站模块，即使有强烈的电磁干扰也能正常工作，模块的其他性能与 CP342-5 相同。

（4）用于 PC/PG 的通信处理器　用于 PC/PG 的通信处理器（见表 6-3）将工控机/编程器连接到 PROFIBUS 网络中，支持标准 S7 通信、S5 兼容通信、PG/OP 通信和 PROFIBUS-FMS，OPC 服务器随通信软件供货。

表 6-3　用于 PC/PG 的通信处理器

项　　目	CP 5613/CP 5613FO	CP 5614/CP 5614FO	CP 5611
可以连接的 DP 从站数	122	122	60
可以并行处理的 FDL 任务数	120	120	100
PG/PC 和 S7 的连接数	50	50	8
FMS 的连接数	40	40	—

CP5611 是带微处理器的 PCI 卡，有一个 PROFIBUS 接口，仅支持 DP 主站。

CP5614 用于将工控机连接到 PROFIBUS，有两个 PROFIBUS 接口，可以作 DP 主站或 DP 从站，CP563 FO/CP5614FO 有光纤接口，用于将 PC/PG 连接到光纤 PROFIBUS 网络。

CP5611 用于将带 PCMCIS 插槽的笔记本电脑连接到 PROFIBUS 和 S7 的 MPI。有一个 PROFIBUS 接口，支持 PROFIBUS 主站和从站。

6.6　PROFIBUS 的通信协议

6.6.1　PROFIBUS 的数据链路层

根据 OSI 参考模型，第 2 层（数据链路层）规定总线存取控制、数据安全性以及传输协议和报文的处理，三种 PROFIBUS（DP、FMS、PA）均使用一致的总线存取协议。PROFIBUS 协议结构如图 6-16 所示。

在 PROFIBUS 中，第 2 层称为现场总线数据链路层（FDL）。介质存取控制（MAC）具体控制数据传输的程序，MAC 必须确保在任何一个时刻只有一个站点发送数据。

PROFIBUS 协议的设计满足介质控制的两个基本要求：

（1）在复杂的自动化系统（主站）间的通信，必须保证在确切限定的时间间隔中，任何一个站点有足够的时间来完成通信任务。

（2）在复杂的 PLC 或 PC 和简单的 I/O 外围设备（从站）间的通信，应尽可能简单快速地完成数据的实时传输，因通信协议增加的数据传输时间应尽量少。

PROFIBUS 采用混合的总线存取控制机制来实现上述目标（见图 6-17）。它包括主站（Master）之间的令牌（Token）传递方式和主站与从站（Slave）之间的主-从方式。令牌实际上是一条特殊的报文，它在所有的主站上循环一周的时间是事先规定的。主站之间的构成令牌逻辑环，令牌传递仅在各主站之间进行。令牌按令牌环中各主站地址的升序在各主站之间依次传递。

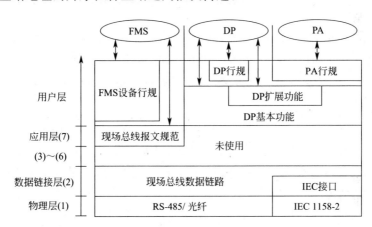

图 6-16　PROFIBUS 协议结构

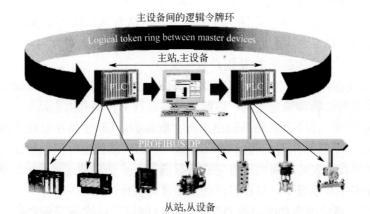

图 6-17　PROFIBUS 现场总线的总线存取方式

当某主站得到令牌报文后，该主站可以在一定时间内执行主站工作。在这段时间内，它可以依照主-从通信关系表与所有从站通信，也可以依照主-主通信关系表与所有主站通信，令牌传递程序保证每个主站在一个确切规定的时间内得到总线存取权（即令牌）。

在总线初始化和启动阶段，主站介质存取控制 MAC 通信辨认主动节点（主站）来建立令牌环，首先自动地判定总线上所有主动节点的地址，并将它们的节点地址记录在主站表，在总线运行期间，从令牌环中去掉有故障的主动节点，将新上电的主动节点加入到令牌环中。

PROFIBUS 介质存取控制还可以监视传输介质和收发器是否有故障，检查站点地址是否出错（例如地址重复），以及令牌是否丢失或有多个令牌。

令牌经过所有主动节点轮转一次所需的时间称为令牌轮转时间，用要调整的令牌 TTR（目标令牌时间）来规定令牌轮转一次允许的最大时间。PROFIBUS 在第 2 层按照非连接的模式操作，除提供点对点逻辑数据传输外，还提供多点通信，其中包括广播及选择广播功能。

DP 主站与 DP 从站间的通信基于主-从原理，DP 主站按轮询表依次访问 DP 从站，主站与从站间周期性地交换用户数据。DP 主站与 DP 从站间的一个报文循环由 DP 主站发出的请求帧（轮询报文）和由 DP 从站返回的有关应答或响应帧组成。

6.6.2 PROFIBUS-DP

在 PROFIBUS 现场总线中，PROFIBUS-DP 的应用最广，DP 协议主要用于 PLC 与分布式 I/O 和现场设备的高速数据通信。典型的 DP 配置是单主站结构，也可以是多主站结构。

DP 的功能经过扩展，一共有 3 个版本：DP-V0、DP-V1 和 DP-V2，有的用户手册将 DP-V1 简写为 DPV1。

（1）基本功能（DP-V0）

① 总线存取方法　各主站间为令牌传送，主站与从站间为主-从循环传送，支持单主站或多主站系统，总线上最多 126 个站，可以采用点对点用户数据通信、广播（控制指令）方式和循环主-从用户数据通信。

② 诊断功能　经过扩展的 PROFIBUS-DP 诊断，能对站级、模块级、通道级这 3 级故障进行诊断和快速定位，诊断信息在总线上传输并由主站采集。

③ 保护功能　对 DP 从站的输出进行存取保护，DP 主站用监控定时器监视与从站的通信。DP 从站用看门狗（Watchdog Timer，监控定时器）检测与主站的数据传输，如果在设置的时间内没有完成数据通信，从站自动地将输出切换到故障安全状态，在多主站系统中，只在授权的主站才能直接访问从站。

④ 通过网络的组态功能与控制功能　通过网络可以实现下列功能：动态激活或关闭 DP 从站，对 DP 主站（DPMI）进行配置，设置站点的数目、DP 从站的地

址、输入/输出数据的格式、诊断报文的格式等，以及检查 DP 从站的组态。

⑤ 同步与锁定功能　主站可以发送命令给一组从站，使它们的输出被锁定在当前状态，同步模式用"UNSYNC"命令来解除，"锁定"（FREEZE）集合使指定的从站组的输入数据锁定在当前状态，直到主站发送下一个锁定命令时才可以刷新，用"UNFREEZE"命令来解除锁定模式。

⑥ DPMI 和 DP 从站之间的循环数据传输　DPMI 与有关 DP 从站之间的用户数据传输是由 DPMI 按照确定的递归顺序自动进行的。在对总线系统进行组态时，用户定义 DP 从站与 DPMI 的关系，确定哪些 DP 从站被纳入信息交换的循环。

⑦ DPMI 和系统组态设备间的循环数据传输　PROFIBUS-DP 允许主站之间的数据交换，即 DPM1 和 DPM2 之间的数据交换，该功能使组态和诊断设备可以通过总线对系统进行组态，DPM1 的操作方式，动态地允许或禁止 DPM1 与某些从站之间的交换数据。

（2）DP-V1 的扩展功能

① 非循环数据交换　除了 DP-V0 的功能外，DP-V1 最主要的特征是具有主站与从站之间的非循环数据交换功能，可以用它来进行参数设置、诊断和报警处理。非循环数据交换与循环数据交换是并行执行的，但是优先级较低。

② 基于 IEC 61131-3 的软件功能块　为了实现与制造商无关的系统行规，PNO（PROFIBUS 用户组织）推出了"基于 IEC 61131-3 的通信与代理（Proxy）功能块"。

③ 故障安全通信（PROFIsafe）　PROFIsafe 定义了与故障安全有关的自动化任务，以及故障安全设备怎样用故障安全控制器在 PROFIBUS 上通信。PROFIsafe 考虑了在串行总线通信中可能发生的故障，例如数据的延迟、丢失、重复，不正确的时序、地址和数据的损坏。

PROFIsafe 采取了下列的补救措施：输入报文帧的超时及其确认；发送者与接收者之间的标识符（口令）；附加的数据安全措（CRC 校验）。

④ 扩展的诊断功能　DP 从站通过诊断报文将突发事件（报警信息）传送给主站，从站收到发送确认报文给从站，从站收到后只能发送新的报警信息，这样可以防止多次重复发送同一报警报文。状态报文由从站发送给主站，不需要主站确认。

（3）DP-V2 的扩展功能

① 从站与从站之间的通信　在 2001 年发明的 PROFIBUS 协议功能扩充版本 DP-V2 中，广播式数据交换实现了从站之间的通信，从站作为出版者（Publisher），不经过主站直接将信息发送给作为订户（Subscribers）的从站。这样从站可以直接读入别的从站的数据。

② 同步（Isochronous）模式功能　同步功能激活主站与从站之间的同步，误差小于 1ms，通过"全局控制"广播报文，所有有关的设备被周期性地同步到总线主站的循环。

③ 时钟控制与时间标记（Times Stamps）　通过用于时钟同步的新的连接

MS3，实时时间（Real Time）主站将时间标记发送给所有的从站，将从站的时钟同步到系统时间，误差小于1ms。

④ HARTonDP　HART是一种应用较广的现场总线，"HART"规范将HART的客户-主机-服务器模型映射到PROFIBUS，HART规范位于DP主站和从站的第7层之上。

⑤ 上传与下载（区域装载）　这一功能允许用少量的命令装载任意现场设备中任意大小的数据区。

⑥ 功能请求（Function Invocation）　功能请求服务用于DP从站的程序控制（启动、停止、返回或重新启动）和功能调用。

⑦ 从站冗余　冗余的从站有两个PROFIBUS接口，一个是主接口，一个是备用接口，它们可能是单独的设备，也可能分散在两个设备中，这些设备有两个带有特殊的冗余扩展的独立的协议堆栈，冗余通信在两个协议堆栈之间进行。

在正常情况下，通信只发送检测组态的主要从站，它也发送给后备从站，在主要从站出现故障时，后备从站接管它的功能。

6.6.3　PROFLNet

PROFINet是为实现PFOFIBUS与外部系统横向纵向整合的需要而提出的解决方案，它以互联网和以太网标准为基础，建立了一条PROFIBUS与外部系统的透明通道。

PROFINet首次明确了PROFIBUS和工业以太网之间数据交换的格式，使跨厂商、跨平台的系统通信问题得到了彻底的解决。该技术为当前的用户提供了一套完整高性能可伸缩的升级至工业以太网平台的解决方案。PROFINet技术基于开放、智能的分布式自动化设备，将成熟的PROFIBUS现场总线技术的数据交换技术和基于工业以太网的通信技术整合到一起，定义了一个IT标准的统一的通信模型。

PROFINet提供了一种全新的工程方法，即基于组件对象模型（Component Object Model，简称为COM）的分布式自动化技术；PROFINet规范以开放性和一致性为主导，以微软的OLE/COM/DCOM为技术核心，最大程度地实现了开放性和可扩展性，向下兼容传统工控系统，使分散的智能设备组成的自动化系统模块化。PROFINet指定了PROFIBUS与国际IT标准之间的开放和透明的通信；提供了一个独立于制造商，包括设备层和系统层的系统模型，保证了PROFIBUS和PROFINet之间的透明通信。

（1）PROFINet的通信机制　PROFINet的基础是组件技术，在PROFINet中，每个设备都被看作一个具有组件对象模型（COM）接口的自动化设备，同类设备都具有相同的COM接口，系统通过调用COM接口来实现设备功能。线件模型使不同的制造商能遵循同一原则，它们创建的组件能在一个系统中混合应用，并能极大地减少编程的工作量，同类设备具有相同的内置组件，对外提供相同的 COM 接口，使不同厂家的设备具有良好的互换性和互操作性，COM 对象之间通过 DCOM（分布式 COM）连接协议进行互联和通信，传统的 PROFIBUS 设备通过代理设备（Proxy）与 PROFINet 中的 COM 对象进行通信。COM 对象之间的调用是通过 OLE（Object Linking and Embedding，对象链接与嵌入）自动化接口实现的。

PROFINet 用标准以太网作为连接介质，使用标准的 TCP/UDP/IP 协议和应用层的 RPC/DCOM 来完成节点之间的通信和网络寻址。

设备在建立连接时可以选择使用哪种实时通信协议，这样可以满足系统对较高的通信实时性的需求。

PROFIBUS 网段可以通过代理设备连接到 PROFINet 中使用。

（2）PROFINet 的技术特点　PROFINet 的开放性基于以下技术：微软的 COM/DCOM 标准、OLE、ActiveX 和 TCP/UDP/IP 协议。

PROFINet 定义了一个运行对象模型，每个 PROFINet 都必须遵循这个模型，该模型给出了设备中包含的对象和外部都有通过 OLE 进行访问的接口和访问的方法，对独立的对象之间的联系也进行了描述。

在运行对象模型中，提供了一个或多个 IP 网络之间的网络连接，一个物理设备可以包含一个或多个逻辑设备，一个逻辑设备代表一个软件程序或由软硬件结合体组成的固件包，它在分布式自动化系统中对应于执行器、传感器和控制器等。

在应用程序中将可以使用的功能组织成固定功能，可以下开载到物理设备中，软件的编制严格独立于操作系统，PROFINet 的内核经过改写后可以下载到各种控

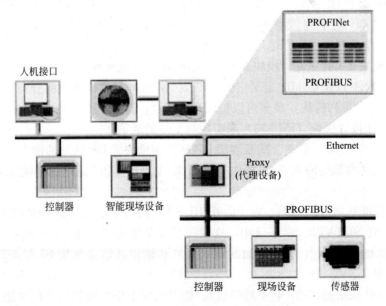

图 6-18　PROFINet 系统结构图

制器和系统中，并不要求一定是 Windows2000/NT 或 WindowsCE 操作系统。

组件技术不仅实现了现场数据的集成，也为企业管理人员通过公用数据网络访问过程数据提供了方便。在 PROFINet 中使用了 IT 技术，支持从办公室到工业现场的信息集成，PROFINet 为企业的制造执行系统 MES 提供了一个开放式的平台。

从图 6-18 可以看出，PROFINet 技术的核心是代理设备（Proxy），代理设备负责将所有的 PROFIBUS 网段、以太网设备和 PLC、变频器、现场设备等集成到 PROFINet 中，代理设备完成的是 COM 对象中的交互，它将挂接的设备抽象为 COM 服务器，设备之间的交互变为 COM 服务器之间的相互通用，只要设备能够提供符合 PROFINet 标准的 COM 服务器，该设备就可以在 PROFINet 网络中正常运行。

6.7 基于组态的 PROFIBUS 通信

对于某些分布很广的系统，例如大型仓库、码头和自来水厂等，可以采用分布式 I/O，将它们放置在离传感器和执行机构较近的地方，分布式 I/O 通过 PROFIBUS-DP 网络与 PLC 通信，可以减少大量的接线。

本节将通过实例来介绍用 STEP7 建立和组态使用 PROFIBUS-DP 网络的 SIMATIC S7 自动化系统的过程。

6.7.1 PROFIBUS-DP 从站的分类

（1）紧凑型 DP 从站　紧凑型 DP 从站具有不可更改的固定的输入区域和输出区域，ET200B 电子终端系列（B 代表 I/O 模块）就是这种紧凑型 DP 从站，ET200B 模块系列提供不同电压范围和不同数量 I/O 通道的模块。

（2）模块式 DP 从站　模块式 DP 从站的输入区域和输出区域是可变的，可以用 S7 组态软件 HW Config 定义它们。ET200M 是典型的模块化的分布式 I/O，它使用 S7-300 全系列模块，最多可以扩展 8 个模块，连接 256 个 I/O 通道。它需要 1 块 ET 200M 接口模块（IM 153）来实现与主站的通信。

在组态时 STEP7 自动分配紧凑型 DP 从站和模块式 DP 从站的输入/输出地址，就像访问主站内部的输入/输出模块一样，DP 主站的 CPU 通过这些地址直接访问它们。

（3）智能从站（I 从站）　在 PROFIBUS-DP 网络中，某些型号的 CPU 可以作 DP 从站。在 SIMATIC S7 系统中，这些现场设备称为"智能（Intelligent）DP 从站"，简称为"I 从站"，智能从站的输入区域和输出区域必须用 S7 组态软件 HW Config 来定义。

智能 DP 从站提供给 DP 主站的输入/输出区域不是实际的 I/O 模块使用的 I/O 区域，而是从站 CPU 专门用于通信的输入/输出映像区。

6.7.2 PROFIBUS-DP 网络的组态

在下面的例子中，DP 网络中的主站是带 DP 接口的 CPU 416-2DP，通过 CPU 内集成的 DP 接口，将 DP 从站 ET 200B-16DI/16DO，ET200M 和作为智能从站的 CPU 315-2DP 连接起来，传输速率为 1.5Mbit/s。

（1）生成一个 STEP7 项目　在桌面上打开 SIMATIC Manager（管理器），建立一个新的项目，选择第一个站的 CPU 为 CPU 416-2DP，项目名称为"DP 主从通信"。

在管理器中选择已经生成的"SIMATIC400 Station"对象，双击屏幕右边的"Hardware"图标，进入"HW Config"（硬件组态）窗口后，在 CPU 416-2DP 的机架中添加电源模块，一块 16 点输入模块和一块 16 点输出模块，并设置该站的参数。图 6-19 是生成智能从站后的 SIMATIC 管理器。

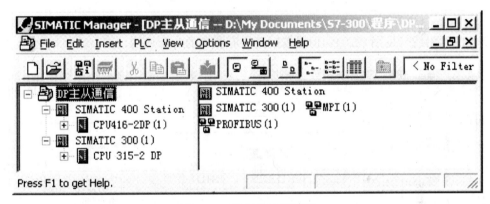

图 6-19　SIMATIC 管理器

（2）设置 PROFIBUS 网络　用鼠标右键单击管理器屏幕左边最上面的"项目"对象（见图 6-19），在打开的快捷菜单中选择命令"Insert New Object"—"PROFIBUS"，将会生成网络对象 PROFIBUS（1），在自动打开的网络组态工具 NetPro 中，有红色的 MPI 网络线，紫色的 PROFIBUS 网络线和 CPU416-2DP 的图标，可以对 MPI 和 PROFIBUS 网络组态。

双击图中的 PROFIBUS 网络线，在出现的对话框中打开"Network Settings"选项卡，单击"OK"按钮确认系统推荐的默认参数，即设置传输速率为 1.5Mbit/s，总线行规（Profile）为 DP。但可以在对话框中选择 PROFIBUS 子网络的网络参数。

对于单主站，"Highest PROFIBUS Address"（最高站地址）可以使用缺省值 126。

传输速率和总线行规（Profile）将用于整个 PROFIBUS 子网络，可以使用默认的传输速率 1.5Mbit/s 和 DP 行规。

（3）设置主站的通信属性　退出 NetPro 程序，返回 SIMATIC Manager 的主屏幕（见图 6-19），选择屏幕左边的 SIMATIC400 站对象后，双击屏幕右边的"Hardware"硬件对象，打开 HW Config 工具。图 6-20 给出了组态完成后的 PROFIBUS 网络接线图，此时屏幕左边的窗口中只有生成项目时设置的 S7-400 的机架和机架中的 CPU416-2DP 模块。

双击机架中"DP"所在的行，在打开的对话框的"Operating Mode"选项卡中，选择该站为 DP 主站（DP Master）。

单击"General"选项卡中的"Properties"按钮，在"Parameters"选项卡中可以设置主站地址，默认的站地址为 2。Subnet 列表框中的"not networked"为不联网，可以选择连接已经建立的 PROFIBUS（1）子网络。

在"Parameters"选项卡中单击按钮"New"，可以建立一个新的 PROFIBUS 子网络。用"Properties"按钮打开 PROFIBUS 参数设置对话框，可以设置选中的网络的属性。用按钮"Delete"可以删去一个选中的子网络。

单击"OK"按钮返回 HW Config 屏幕。将在 HW Config 屏幕中出现与主站相连的网络线（见图 6-20），但是这时还没有图中的 3 个从站。

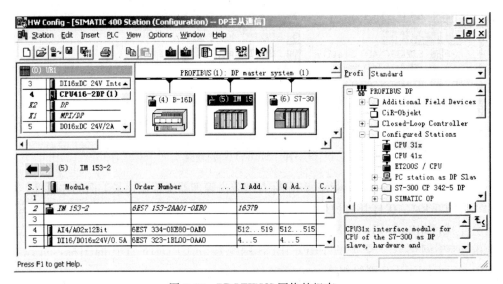

图 6-20　PROFIBUS 网络的组态

（4）组态 DP 从站 ET200B　首先组态第一个从站 ET200B。打开图 6-20 中屏幕右边硬件目录窗口中最上面的"PROFIBUS-DP"文件夹，在其中的 ET200B 文件夹中选择"ET 200 B-16DI/16DO"，用鼠标将它拖到屏幕上方的"PROFIBUS"网络线上，这样就把 DP 连接到 DP 主站系统了。此时将自动打开"Properties-PROFIBUS"对话框，设置该 DP 从站的站地址为 4，单击"OK"键返回"HW Config"屏幕。

在网络中选中该从站后，在屏蔽左下部的窗口中将显示它们的详细资料，例如它占用的输入/输出地址。双击表中某一行输入或输出，在打开的"DP Stave Properties"对话框中，可以更改输入/输出地址。

在 PROFIBUS 网络系统中，各站的输入/输出自动统一编址。例如在本例中，CPU416-2DP 的 16 点 DI 模块的地址为 IB0 和 IB1。ET200B 16DI/DO 模块的输入地址为 IB2 和 IB3。

对击"HW Config"屏幕上面的窗口中新生成的 DP 从站的图标，打开"Properties-DP Stave"对话框，"General"选项卡的诊断地址"Diagnostic address"用于组织块 OB86 读出诊断信息。

"SYNC/FREEZE Capabilities"指出 DP 从站是否能执行由 DP 主站发出的 SYNC（同步）和 FREEZE（锁定）控制命令。"HW Config"从 DP 从站的 GSD 文件中得到有关的信息，用户不能更改此设置。

如果选择监控定时器（Watchdog）功能，在预定义的响应监视时间内，如果 DP 从站与主站之间没有数据通信，DP 从站将切换到安全状态，所有输出被设置为 0 状态，或输出一个替代值。

（5）组态 DP 从站 ET 200M　ET200M 是模块的远程 I/O，与组态 ET 200B 从站相同，在硬件目录中打开"PROFIBUS-DP \ ET 200M"文件夹，选择接口模块 IM153-2，将它拖到 PROFIBUS 网络线上，就生成了 ET200M 从站，在出现的"Properties-PROFIBUS InterfaceIM153-2"对话框中，设置它的站地址为 5。

在图 6-20 左上部的窗口中选中该从站后，在屏幕左下部的窗口中将显示它的机架结构，其中的 4～11 行最多可以插入 8 块 S7-300 系列的模块。打开硬件目录中的"IM 153-2"文件夹，它里面的各子文件夹列出了可用的 S7-300 模块，其组态方法与普通的 S7-300 的相同。将模拟量模块 SM334A14/A02 放置到屏幕左下部 ET 200M 站的槽 4（见图 6-20），数字量模块 SM 323DI16/DO16 放置到槽 5。

（6）组态一个带 DP 接口的智能 DP 从站　下面将建立一个以 CPU315-2DP 为核心的智能从站，将 S7-300 连接到 DP 主站之前，必须在项目中建立 S7-300 站对象，关闭打开的网络组态工具"NetPro"和"HW Config"硬件组态工具，进入"SIMATIC"管理器，用鼠标右键单击屏幕左边最上面的"DP 主从通信"项目对象，在打开的快捷菜单中选择命令"Insert New Object"—"SIMATIC 300 Station"，插入新的站。双击新站的"HW Config"图标，对该站的硬件组态，首先生成该站的机架，将 CPU315-2DP 模块插入槽 2，电源模块（PS-307 5A）插入槽 1，数字量模块 SM323DI16/DO16 插入槽 4。

将 CPU 放到机架上时，将会自动打开"Properties-DP"对话框的"Parameter"选项卡。默认的 PROFIBUS 地址为 6，选择连接到 PROFIBUS（1）子网络，在"Operating Mode"选项卡，将该站设置为 DP 从站（DP Stave），最后单击"OK"键确认，在"HW Config"中保存对 S7-300 站的组态。

（7）将智能 DP 从站连接到 DP 主站系统中　为了将 S7-300 站组态为智能 DP 从站，返回到组态 S7-400 站硬件的屏幕。在图 6-20 右边的硬件目录窗口中打开

"\ PROFIBUS-DP \ Configured Stations"（已经组态的站）文件夹，将"CPU 31X"拖到屏幕左上方的 PROFIBUS 网络线上。"DP Slave Properties"对话框被自动打开，自动分配的站地址为 6。在"Connection"选项卡中 CPU315-2DP，单击"Connect"按钮，该站被连接到 DP 网络中，连接好 4 个站的 PROFIBUS-ODP 网络系统如图 6-20 所示。

6.7.3 主站与智能从站主从通信方式的组态

可以将自动化任务划分为用多台 PLC 控制的若干个子任务，这些子任务分别用不同的 CPU 独立和有效地进行处理，这些 CPU 在 DP 网络中作为 DP 主站的智能从站。

DP 主站直接访问"标准"的 DP 从站（例如紧凑型 DP 从站 ET 200B 和模块式 DP 从站 ET 200M）的分布式输入/输出地址区。

DP 主站不是直接访问智能 DP 从站的输入/输出，而是访问 CPU 的输入/输出地址空间的传输区，由智能从站的 CPU 处理该地址区与实际的输入/输出之间的数据交换，组态时指定的用于主站和多站之间的交换数据的输入/输出区不能占据 I/O 模块的物理地址区。

主站与从站之间的数据交换是由 PLC 的操作系统周期性自动完成的，不需要用户编程，但是用户必须对主站和智能从站之间的通信连接和数据交换区组态，这种通信方式称为主从（Master/Slave）方式，简称为 MS 方式。

单击 DP 从站对话框中的"Configuration"选项卡，为主-从通信的智能从站配置输入/输出区地址（见图 6-21），单击图中的"New"按钮，出现如图 6-22 所示

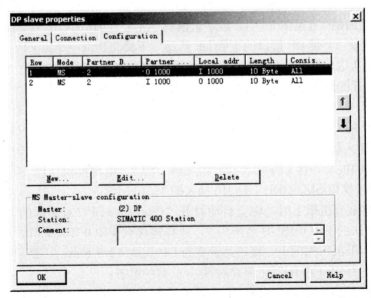

图 6-21　DP 从站通信地址的组态

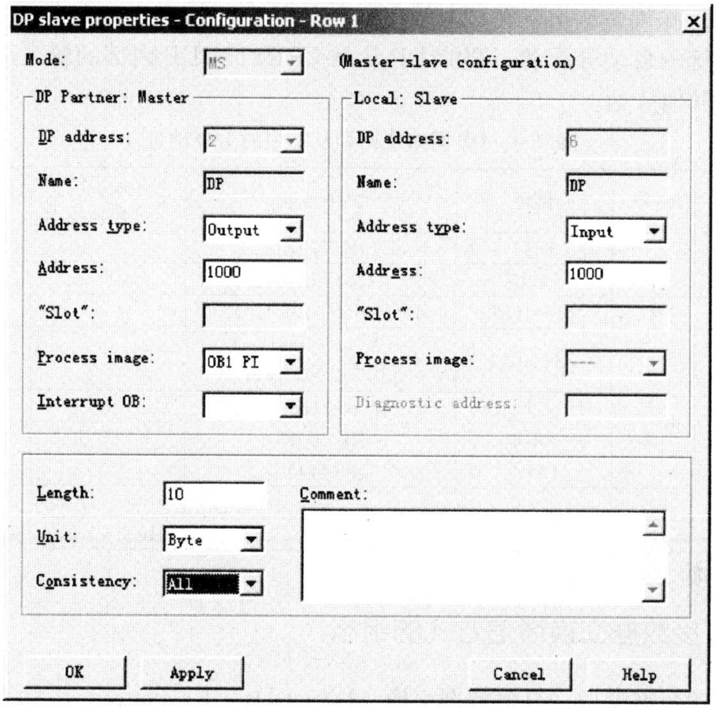

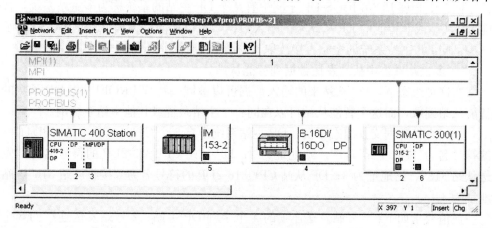

图 6-22　DP 从站属性组态

的设置 DP 从站输入/输出区地址的对话框。单击图 6-21 中的"Edit"按钮。可以编辑选中的行，单击图 6-21 中的"Delete"按钮，可以删除选中的行。

设置通信用的输入/输出区时，应确保 DP 主站的一个输出区域分配给 DP 从站的一个输入区域，反之亦然。单击"OK"按钮返回 SIMATIC 400 站的 HW Config 站屏幕。用菜单命令"Station"—"Save and Compile"保存组态的结果。

图 6-23 是组态完成后的 MPI 网络和 DP 网络。表 6-4 是 DP 网络主站和从站中

图 6-23　组态后的网络

的 I/O 地址。除智能从站以外，主站与其他从站中的站内 I/O 地址是系统按组态的先后顺序统一自动分配的。智能 DP 从站 CPU315-2DP 内部的输入/输出地址独立于主站和其他从站。

表 6-4　DP 网络主站和从站中的 I/O 地址

型号	站号	模块	站内地址	主站中的通信地址	从站中的通信地址
CPU416-2DP	2	DI16	IB0 与 IB1		
		DO16	QB0 与 QB1		
ET-200B	4	16DI/16DO	IB2 与 IB3/ QB2 与 QB3		
ET-200M	5	AJ4/AO2	IW512～IW518/ QW512～QW514		
		DI16/DO16	IB4 与 IB5/ QB4 与 QB5		
CPU315-2DP	6	DI16	IB0 与 IB1		
		DO16	QB0 与 QB1		
				O1000～O1009	I1000～I1009
				I1000～I1009	O1000～O1009

6.7.4　直接数据交换通信方式的组态

（1）直接数据交换　直接数据交换（Direct Data Exchange）简称为 DX，又称为交叉通信。在直接数据交换通信的组态中，智能 DP 从站或 DP 主站的本地输入地址区被指定为 DP 通信软件的输入地址区，智能 DP 从站或 DP 主站利用它们来接收从 PROFIBUS-DP 通信伙伴发送给它的 DP 主站的输入数据，在选型时应注意某些 CPU 没有直接数据交换功能。

下面是直接数据交换的几种应用场合：

① 单主站系统中 DP 从站发送数据到智能从站（I 从站）。

② 多主站系统中从站发送数据到其他主站。

同一个物理 PROFIBUS-DP 子网中有几个 DP 主站的系统称为多主站系统，智能 DP 从站或非智能的 DP 从站来的输入数据，可以被同一物理 PROFIBUS-DP 子网中不同 DP 主站系统的主站直接读取。

③ 多主站系统中从站发送数据到智能从站。

在这种组态下，DP 从站来的输入数据可以被同一物理 PROFIBUS-DP 子网的智能从站读取，而这个智能从站可以在同一个主站系统或其他主站系统中。

（2）直接数据交换组态举例　DP 主站系统中有 3 个 CPU：DP 主站 CPU417-4 的符号名为"DP 主站 417"，站地址为 2；DP 从站 CPU315-2DP 的符号名为"发送从站 315"，站地址为 3；DP 从站 CPU316-2DP 的符号名为"接收从站 316"，站地址为 4。

通信要求如下：4 号站发送连续的 4 个字到 DP 主站；2 号站发送连续的 8 个字到 DP 主站，4 号站用直接数据交换功能接收这些数据中的第 3～6 个字。

（3）组态 DP 主站　打开"SIMATIC Manager"（管理器），建立一个新的项目，选择 CPU 为 CPU417-4，项目名称为"DP 直接数据交换 DX"（见图 6-24）。

在管理器中选择"SIMATIC 400 Station"对象，双击屏幕右边的"Hardware"图标，进入"HW Config"（硬件组态）窗口后，在该站的机架中部加电源模块和 I/O 模块。

图 6-24　直接数据交换的项目管理器

双击机架中 CPU 模块内标有 DP 的行，在出现的对话框中的"General"选项卡中单击"Parameterties"按钮，在"Parameterties"选项卡中采用默认的站地址 2，单击"New"按钮，在出现的对话框的"Network Settings"选项卡中，选择默认的网络参数，传输速率为 1.5Mbit/s，行规为 DP，单击"OK"按钮确认后回到硬件组态窗口，在 CPU417-4 的机架右侧出现 PROFIBUS-DP（1）主站系统的网络线（见图 6-25），此时图中还没有两个从站。

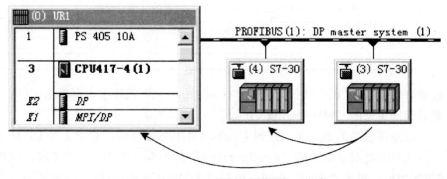

图 6-25　直接数据交换

（4）组态智能从站　在 SIMATIC 管理器中，将主站的站名改为"DP 主站 417"，用鼠标右键单击屏幕右侧最上面的"直接数据交换 DX"项目对象，在打开的快捷菜单中选择命令"Insert New Object"—"SMATIC 300 Station"插入新的站,将从站的站名改为"发送从站315",选中从站后,双击从站的"HW Config"图标,对该站的硬件组态,生成该站的机架后,将CPU315-2DP插入2号槽,电源模块插入1号槽。

将CPU收到机架上时,在自动打开的对话框的"Parameter"选项卡中将站地址设为3,选择不联网,回到硬件组态窗口后,双击标有DP的行,在打开的对话框中的"Operating Mode"选项卡中将该站设置为DP从站(DP Slave),在"HW Config"中保存对S7-300站的组态。

用同样的方法生成另一个DP从站,CPU的型号为CPU316-2DP,设置该站的站地址为4,符号名为"接收从站316"。

(5)将智能从站连接到DP网络上 返回S7-400主站的硬件组态屏幕,在右边的硬件目录窗口中打开"\ PROFIBUS-DP \ Configured Stations"(PROFIBUS-DP已组态的站)文件夹,将图标"CPU 31x"拖到屏幕左上方的PROFIBUS网络线上。"DP Slave Properties"对话框被自动打开,在"Connection"选项卡中选择列在表中的SIMATIC 300(1)站,站地址为3,单击"Connect"按钮,该站被连接到DP网络中,最后单击"OK"按钮确认。

用同样的方法将CPU316-2DP所在的从站连接到DP网络中,站地址为4。

(6)组态发送站的地址区 在主站的硬件组态窗口中,双击3号站的图标(见图6-25),在出现的对话框的"Configuration"选项卡中,首先为3号DP从站配置主从通信的输入/输出区地址,单击图中的"New"按钮,出现设置DP从站输入/输出区地址的对话框。

按表6-5的要求生成"Configuration"中的表格,由该表可知,DP主站通过地址I200从CPU315-2DP读取数据,同时通过输出区O180向CPU315-2DP发送数据。

表 6-5   CPU315-2DP(3号从站)的通信区地址组态

行号	模式	通信伙伴站地址	通信伙伴地址	本地地址	数据长度	连续性
1	MS	2	I 200	O 100	8 Word	All
2	MS	2	O 180	I 80	10 Byte	All

设置好后单击"OK"按钮,返回"Configuration"选项卡,再单击"OK"按钮,最后返回主站的"HW Config"屏幕。

(7)组态接收站的地址区 回到主站的硬件组态窗口后,双击4号DP从站的图标,进入打开的对话框中的"Configuration"选项卡,按表6-6的要求,配置输入/输出区地址、单击"New"按钮,出现设置DP从站输入/输出区地址的对话框(见图6-26),在最上面的"Mode"选择卡内选择"DX"模式。设置表6-6中第一行的参数,使4号从站通过直接数据交换,接收CPU315-2DP发送到主站的数据中的第3~6个字,值得注意的是在DX通信组态中通信伙伴被自动指定为发送数据的 3 号站，但是通信伙伴的地址必须是主站（2 号站）中接收 3 号站发送的数据的输入区地址。相当于在 3 号从站向主站发送数据时，4 号从站"偷听"其中的部分数据（见图 6-25）。

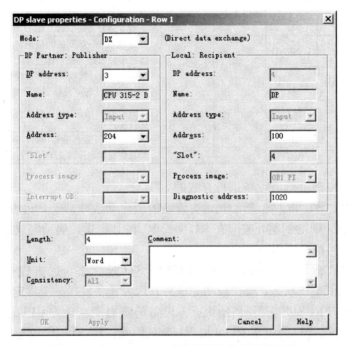

图 6-26 CPU316-2DP 直接数据交换的参数设置

按表 6-6 中第二行的要求设置 4 号从站与主站之间的主从（MS）通信的参数，设置好后单击"OK"按钮确认，返回主站的"HW Config"屏幕，用菜单命令"Station"—"Save and Compile"保存组态的结果。

表 6-6 CPU316-2DP（4 号从站）的通信区地址组态

行号	模式	通信伙伴站地址	通信伙伴地址	本地地址	数据长度	连续性
1	DX	3	I 204	I 100	4 Word	All
2	MS	2	I 220	O 140	4 Word	All

6.8 用于 PROFIBUS 通信的系统功能与系统功能块

6.8.1 用于 PROFIBUS 通信的系统功能与系统功能块

下面简介用于 PROFIBUS 网络通信的系统功能（SFC）和系统功能块（SFB）。

（1）用于数据交换的 SFB/FB 见表 6-7。

表 6-7 用于数据交换的 SFB/FB

编号		助记符	传输的字节数		描 述
S7-400	S7-300		S7-400	S7-300	
SFB8	FB8	U_SEND	440 字节	160 字节	不对等的发送数据给远方通信伙伴,不需对方应答
SFB9	FB9	U_RCV			不对等的异步接收对用 U_SEND 发送的数据
SFB12	FB12	B_SEND	64K 字节	32K 字节	发送段数据:要发送的数据区被划分为若干段,各段被单独发送到通信伙伴
SFB13	FB13	B_RCV			接收段数据:接收到每一数据段后,发送一个应答,同时参数 LEN(接收到的数据的长度)被刷新
SFB15	FB15	PUT	400 字节	160 字节	写数据到远方 CPU,对方不需编程,接收到后发送执行应答
SFB14	FB14	GET			读取远方 CPU 的数据,对方不需编程
SFB16	—	PRINT			发送数据和指令格式到远方打印机(S7-400)

(2) S7-400 改变远方设备运行方式的 SFB

① SFB19 "START":初始化远方设备的暖启动或冷启动,远方 CPU 应处于 STOP 模式,CPU 的钥匙开关应在 RUN 或 RUN-P 位置,启动完成后,远方设备发送一个肯定的执行应答。

② SFB20 "STOP":将远方设备切换到 STOP 状态,远方设备应为 RUN、HOLD 或 STARTUP 状态,操作成功完成后,远方设备发送一个肯定的执行应答。

③ SFB21 "RESUME":初始化远方设备的热启动,远方 CPU 应处于 STOP 模式,CPU 的钥匙开关应在 RUN 或 RUN-P 位置,用 STEP7 组态时,应设置为手动启动模式,且没有任何阻止热启动的条件,远方启动完成后,远方设备发送一个肯定的执行应答。

(3) 查询远方 CPU 操作系统状态的 SFB SFB22 "STATUS":查询远方通信伙伴的状态,接收到的通信伙伴的应答用来判断它是否有问题。如果没有错误,接收到的状态被保存。

SFB23 "USTATUS":接收远方通信设备在 STEP7 中定义的状态发生变化时主动提供的状态信息。

(4) 查询连接的 SFC/FC SFC62 "CONTROL":查询 S7-400 本地通信 SFB 的背景数据块的连接的状态。

FC62 "C_CNTRL":通过连接 ID 查询 S7-300 的连接状态。

可以在路径\Siemens\Step7\Examples\ZEN 01 10 中找到名为"Step7-comsfb"的实例程序,它给出了使用通信用的 SFB 的编程方法。

(5) 分布式 I/O 使用 SFC

① SFC7 "DP_PRAL":在 DP 主站上触发硬件中断,在智能从站的用户程序中调用 SFC7,可以触发 DP 主站上的硬件中断,使 DP 主站执行一次 OB40 中用户编写的中断程序。

② SFC11 "DPSYC_FR":同步 DP 从站组,通过 SFC11,可以减少激活多个

从站的输出信号，或锁定多个从站中间某一时刻的输入信号。

此功能包括发送下述的一个命令或多个命令的组合到指定的组：

SYNC：一组 DP 从站同步输出，并且保持这些输出的状态。

UNSYNC：取消 SYNC 控制命令。

FREEZE：锁定 DP 从站的输入状态，使主站可以读取同一瞬时各从站的输入状态。

UNFREEZE：取消 FREEZE 控制命令。

③ SFC12 "DC_ACT_DP"：取消或激活 DP 从站，配置了 DP 从站后，即使某些从站已经不存在了或者暂时不需要，但是 CPU 还是会定时地去访问它们，用 SFC12 "D_ACT_DP" 可以取消这样的 DP 从站，CPU 对它们的访问就会停止，这样可以缩短 DP 总线循环时间，并且不会出现有关的报警信息，也可以用 SFC12 从站的诊断数据（从站诊断）。

④ SFC13 "DPNRM_DG"：读 DP 从站的诊断数据（从站诊断）。

⑤ 用系统功能在用户程序中读、写 DP 从站的模块参数数据。

如果使用装载指令（L 指令）或传送指令（T 指令）访问 I/O 或输入/输出映像区，最多只能读出 4 个连续的字节，即一个双字，用下面的系统功能 SFC14 和 SFC15 可以访问 DP 标准从站中的连续数据，最大长度与 CPU 的型号有关。

6.8.2　用 SFC14 和 SFC15 传输连续的数据

有的 DP 从站用来实现复杂的控制功能，例如模拟量闭环控制或电气传动等，通常不能用简单的数据结构（例如字节、字和双字）来完成这些任务。这些 DP 从站需要更大的输入区域和输出区域。而且在这些 I/O 区域中的信息常常是连续的。可以用系统功能 SFC14 "DPRD_DAT" 和 SFC15 "DPWR_DAT" 来访问这些模块中连续的输入/输出数据区域。

（1）用 SFC14 "DPRD_DAT" 读取 DP 标准从站的连续数据　用装载（L）指令访问 I/O 或输入映像区时，最多只能读取 4 个连续的字节（双字）。用 SFC14 "DPRD_DAT" 可以读取 DP 标准从站的多个连续数据，最大长度与 CPU 的型号有关，如果数据传输没有错误，读出的数据存放在参数 RECORD 指定的目的数据区。LADDR 是一个地址指针，它指向从站中要读出的输入映像区（I 区）的起始地址。

如果从站是模块式结构，每次只能访问一个模块。

SFC14 "DPRD_DAT" 的参数见表 6-8。

表 6-8　SFC14 "DPRD_DAT" 的参数

参数	声明	类型	说　明
LADDR	IN	WORD	要读出数据的模块输入映像区的起始地址，必须用十六进制格式
RECORD	OUT	ANY	存放读取的用户数据的目的数据区，只能使用 BYTE 数据类型
RET_VAL	OUT	INT	SFC 的返回值，执行时出现错误则返回故障代码

（2）用 SFC15 "DPWR_DAT" 写标准从站的连续数据　用传送（T）指令访问 I/O 或输出映像区时，最多只能写 4 个连续的字节（双字），用 SFC15 "DPWR_DAT" 可以将 RECORD 指定的连续数据传送到 DP 从站，可以传送的数据长度与 CPU 的型号有关，数据传送是同步的，也就是说 SFC 的执行结束时，写工作也结束。

如果从站是模块式结构或有几个 DP 标识符，每次调用 SFC14 或 SFC15 只能访问一个模块或一个 DP 标识符。

SFC15 "DPWR_DAT" 的参数见表 6-9。

表 6-9　SFC15 "DPWR_DAT" 的参数

参数	声明	类型	说　　明
LADDR	IN	WORD	要写入数据的模块输出映像区的起始地址，必须用十六进制格式
RECORD	OUT	ANY	存放要写出的用户数据的源区域，只能使用 BYTE 数据类型
RET_VAL	OUT	INT	SFC 的返回值，执行时出现错误则返回故障代码

（3）程序实例　通过下面的实例可以更深入地了解 SFC14 和 SFC15 的使用方法，假设项目中有一个 S7 DP 主站（S7-400）和一个智能 DP 从站（CPU315-2DP）。智能从站连续的输入数据区和输出数据区分别有 10 个字节长，用系统功能 SFC14 和 SFC15 来传送 I/O 数据。

DP 主站用 SFC15 发送的输出数据被智能从站用 SFC14 读出，并作为其输入数据（见图 6-27）保存，反之也适用于从智能从站发送的作为 DP 主站的输入数据的处理。

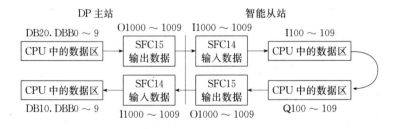

图 6-27　DP 主站与智能从站的通信

应将主站发送的数据存放在从站未被实际的输入/输出模块占用的过程映像区中，例如可以使用 IB100～IB109。在用户程序中，可以用读写位、字节、字和双字的指令来访问这些数据。

① 智能 DP 从站（CPU315-2DP）OB1 中的用户程序。

```
CALL SFC  14
    LADDR   :＝W＃16＃3E8        //从站输入区的起始地址(十进制数1000)
    RET_VAL :＝MW 200           //返回值在存储器字 MW200 中
    RECORD  :P＃1100.0BYTE10    //指向 CPU 存放输入数据的输入映像区的指针
```

```
L  IB  100                      //将输入数据 IB100 装入累加器 1
T  QB  100                      //将累加器 1 中的数据传送到 QB100
CALL SFC 15
  LADDR   :=W#16#3E8            //从站输出区的起始地址(十进制数 1000)
  ERCORD  :=P#Q100.0BYTE10      //指向 CPU 存放输出数据的输出映像区的指针
  RET_VAL :MW202                //返回值在存储器字 MW202 中
```

输入程序后保存 OB1,关闭程序编辑器,切换到 SIMATIC 管理器,在子站的 Blocks 文件夹中,应包含块对象"System data"、OB1、SFC14 和 SFC15。

当 DP 主站改变它的运行模式或崩溃时,从站的操作系统将要分别调用 OB82 (诊断中断)和 OB86(机架故障)。如果从站没有对这些 OB 编程,CPU 立即自动 地切换到 STOP 模式。因此应在从站上建立相关的出 OB,以防止 CPU 在此情况 下进入 STOP 模式。

同样地,为了避免因为没有诊断和出 OB 而使 DP 主站的 CPU 进入 STOP 模 式,应在 DP 主站生成 OB82 和 OB86。

② DP 主站(CPU416-2DP)OB 中的用户程序。程序中使用数据块 DB10 和 DB20 作为存放输入数据和输出数据的数据区,生成 OB1 之前,应首先生成 DB10 和 DB20,打开 DB 编辑器,生成长度为 10B 的数组(ARRAY),下面是 OB1 中的 用户程序:

```
CALL  SFC14
LADDR   :=W#16#3E8             //输入区的起始地址(十进制数 1000)
RET_VAL :=MW200               //返回值在存储器字 MW200 中
RECODR  :=P#DB10DBX0.0BYTE.10  //指向存放输入数据的数据区的指针
CALL  SFC 15
LADDR   :=W#16#3E8             //输出区的起始地址(十进制数 1000)
RFCORD  :=P#DB20.DBX0.0BYTE10  //指向存放输出数据的数据区的指针
RRT_VAL :MW202                //返回值在存储器字 MW202 中
```

为了便于监视数据通信,在从站的用户程序中,用装载(L)和传送(T)指 令将从站 IB100 中接收到的第 1 个数据字节传送到要发送的第 1 个数据字节 QB100,因此通过主站与从站之间的周期性通信和从站内部的数据传送,来自主站 输出数据区 DB20.DBB0 的数据立刻被从站返回到主站存放输入数据的数据区中的 第 1 个字节 DB10.BB0。

(4)测试 DP 主站和智能从站之间的数据交换 为了测试主站和从站之间的 输入/输出数据的交换,将程序下载到两台 PLC。用 MPI 电缆连接装有 STEP7 的计算机和 CPU416-2DP,用 PROFIBUS 电缆连接两个 CPU 的 DP 接口,令两 台 PLC 运行在 RUN-P 模式。如果与 DP 出错有关的 LED("SF DP"或"BUSP" LED)没有点亮或闪烁,说明 DP 主站与智能从站之间的 DP 数据通信在正确地 执行。

在 SIMATIC 管理器中,执行菜单命令"View"—"ONLINE",进入在线状态,打开"SIMATIC400（1）"文件夹，用右键单击主站中的"CPU416-2DP"图标，打开快捷菜单，用命令"PLC"—"MONITOR/MODIFYV/VARIABLES"打开变量表，在变量表中的监视主站发送的第1个输出数据字节 DB20.DBB0 和主站接收到的第1个输入数据字节 DB10.DBB0。

在主站的变量表中执行菜单命令"VARIABLE"—"MONITOR"来监视这些变量，给变量 DB2.DBB0 赋值，例如"B♯16♯55"。可以看到 DB10.DBB0 的监视值立即变为用 DB20.DBB0 设置的值。这是因为从站的用户程序将 DP 主站发送的第一个数据字节立即返回给了主站。

6.8.3 分布式 I/O 触发主站的硬件中断

与本地的中央机架或扩展机架中的 I/O 一样，分布式 I/O 设备也可以产生硬件中断，或称为过程中断。在 PROFIBUS 网络中，硬件中断可以由支持中断处理的 DP 从站或由 DP 从站设备中的某个模块产生，例如当超出测量限定值时，具有硬件中断功能的模拟量输入模块可以触发硬件中断。用户程序被硬件中断中止执行，并调用一个中断组织块，例如 OB40。

（1）用 SFC7 触发 DP 主站上的过程中断　在智能从站的用户程序中调用 SFC7 "DP_PRAL"，在它的输入信号 REQ 的脉冲上升沿，触发 DP 主站的硬件中断，使 DP 主站执行一次 OB40 中的程序，执行过程如图 6-28 所示，参数见表 6-10。

图 6-28　硬件中断的执行过程

表 6-10　SFC "DP_PRAL" 的参数

参数	声明	类型	说　　明
REQ	IN	BOOL	REQ 为 1 时从站触发主站的硬件中断
IOID	IN	WORD	DP 从站发送存储器地址区的标识符
LADDR	IN	WORD	DP 从站发送存储器地址区的起始地址
AL_INFO	IN	DWORD	中断标识符，传送给 DP 主站上的 OB40 中的变量 OB40_POINT_ADDR
RET_VAL	OUT	INT	返回值，如果执行过程中出现错误，返回故障代号
BUSY	OUT	BOOL	BUSY 为 1 表示从站触发的硬件中断还未被 DP 主站确认

AL_INFO 为中断标识符，用来说明触发硬件中断的原因，它发送给 DP 主站，在 DP 主站的 OB40 中，用变量 POINT_ADDR 来访问这个标识符。

DP 从站发送存储器地址区的标识符 IOID＝♯16♯54 时，为外设输入（PI）地址区，IOID＝B♯16♯55 时，为外设输出（PQ）地址区。对于既有输入又有输出的混合模块，区域标识符为两个地址中较低的那一个。若两个地址相同，则指定为 B♯16♯54。

IOID 和 LADDR 惟一确定了被请求的硬件中断,在发送存储器中每个被组态的地址区,可以在任意的时间准确地触发一个硬件中断。

SFC7 是异步执行的,需要执行多个 SFC 调用周期。调用 SFC7 并令 REQ=1,就可以触发一个硬件中断请求。

SFC7 的执行状态出输出参数 RET_VAL 和 BUSY 提供,当主站中 OB40 执行结束时,SFCC7 的任务完成,如果 DPP 从站是标准从站,只要主站得到诊断帧,则从站触发的硬件中断完成。

如果 SFC77 还未被 DPP 主站确认,则 BUSY=1,SFC77 的执行过程中发生错误时,返回的故障代码在输出参数 RET_VAL 中。

(2) 从站触发过程中断的程序设计　下面的实例中智能从站为 CPU315-2DP,主站为 S7-400 PLC,智能从站中起始地址为 1000 的输出模块触发一个硬件中断。为了使中断功能的测试和监视更容易一些,在智能从站上循环地触发硬件中断。

从站发送两条附加信息给 DP 主站:在 SFC7 的双字输入参数 AL_INFO(中断标识符)的半部分,传送 SFC7 的中断 ID "W♯16♯ABCD"。参数 AL_INFO 的后半部分(MW106)是中断次数计数器。每中断一次,该计数器的值加 1。与此同时,中断 ID 被作为硬件中断报文发送给 DP 主站。DP 主站处理中断组织块 OB40 时,通过变量 OB40_POINT_ADDR 可以获得中断 ID。

为了触发硬件中断,在从站的 CPU 的 OB1 中写入下面的 STL 语句,保存后下载给 CPU315-2DP。

```
L   W♯16♯ABCD          //预设置的中断标识符
T   MW104
CALL"DP_PRAL"
REO       :M100.0       //为 1 时触发主站的硬件中断
IOID      :W♯16♯55      //模块的地址区域标识符,即外设输出(PQ)地址区
LADDR     :W♯16♯3E8     //模块的起始地址,即十进制 1000
AL_INFO   :MD104        //与应用有关的中断 ID
RET_VAL   :MW102        //返回的故障代码
BUSY      :M100.1       //主站未确认时从站 BUSY 标志为 1
A   M100.0              //如果主站未确认
BEC                    //结束对 OB1 的执行
=   M100.0              //否则触发新的硬件中断
L   MW106
+1                     //中断计数器加 1
T   MW106
```

BEC 为块结束指令,如果主站未确认,即 BUSY 为 1 时,结束对 OB1 的执行,不执行后面的程序。下一次循环扫描再从第一条指令开始执行;如果主站确认

了，BUSY 为 0 时，将执行 BEC 指令后面的程序。

（3）S7-400DP 主站处理硬件中断的程序　由智能从站触发并通过 PROFIBUS-DP 网络发送的硬件中断被 DP 主站的 CPU 识别后，主站 CPU 的操作系统调用硬件中断组织块 OB40，OB40 的局域数据包含产生中断模块的逻辑基准地址和中断源的其他信息，对于更复杂的模块，OB40 的局域数据还包含中断标识符和状态信息。在 OB40 执行结束后，DP 主站的 CPU 自动发送一个确认信号给触发此中断的智能从站，使从站中的系统功能 SFC7 的输出参数 BUSY 的状态从 1 变为 0。

DP 主站 STIMATIC400（1）的组织块 OB40 中的 STL 语句如下所示：

```
L   #OB40_MDI_ADDR      //保存触发中断的模块的逻辑基准地址
T   MW10
L   #OB40_POINT_ADDR    //保存智能从站发送的中断 ID（即 W#16#ABCD）
T   MD12
```

装载（L）与传送（T）指令将产生中断 I/O 模块的基地址复制到存储器字 MW10，将用户的中断 ID 复制到存储器双字 MD12。可以用 STEP7 的菜单命令 "Monitor/Modify Variables" 打开变量表，通过监视 MW10 和 MW12 来观察中断的执行情况。

将 OB40 下载到作为主站的 CPU416-2DP，两台 PLC 都切换到 RUN 模式。

（4）测试 DP 主站对硬件中断的响应　为了测试 DP 主站对硬件中断的反应，用 MPI 电缆连接编程装置和 CPU416-2DP，用 PROFIBUS 电缆连接两个 CPU 的 DP 接口，令两台 PLC 运行在 RUN-P 模式，在 SIMATIC Manager 中用菜单命令 "VIEW"—"ONLINE" 切换到在线查看。

在 SIMATIC400（1）文件夹中，打开 "Blocks" 文件夹。双击后在线查看 OB40，用 STEP7 观察它的执行情况，通过菜单命令 "DEBUG"—"MONITOR" 启动 OB40 的程序状态功能，观察 DP 主站对中断的处理。

6.8.4　一组从站的输出同步与输入锁定

系统功能 SFC11 "DPSYC_FR" 用于将控制命令 SYNC（同步输出）、UNSYNC（解除同步）、FREEZE（额定或冻结输入）和 UNFREEZE（取消锁定）发送给一个或多个 DP 从站。这些命令用来实现一组 DP 从站的同步输出或同时锁定它们的输入。

DP 主站使用全局控制报文（广播报文）同时发送控制命令 SYNC 和或 FREEZE 给一组 DP 从站。

在用 SFC11 发送上述控制命令之前，应使用 STEP7 的硬件组态工具将有关的 DP 从站组合到 SYNC/FREEZE DP 组中，一个主站系统最多可以建立 8 个组。

（1）同步输出与解除同步　通常情况下，DP 主站周期性地将输出数据发送到 DP 从站的输出模块上，使用 SYNC 控制命令，可以将一组选择的 DP 从站切换到同步方式。DP 主站发送当前的输出数据，并命令 DP 从站锁定它们的输出，被选择的 DP 从站组将主站的输出数据存放在它们的内部缓冲区，将它们送到输出模块，并保持输出状态不变。这样可以同步激活一组 DP 从站中的输出数据。每执行一次 SYNC 控制命令，该组从站将新的输出数据发送到输出模块上。

用 SFC11 发送控制命令 UNSYNC 可以取消 DP 从站的 SYNC 模式，使它们返回正常的循环数据传送状态，即 DP 主站发送的数据立即被传送到从站的输出。

（2）输入信号的锁定与解除锁定　通常情况下，DP 主站按照 PROFIBUS-DP 的总线周期，周期性地读取 DP 从站的输入数据，供 CPU 使用。

如果需要得到一组 DP 从站上同一时刻的输入数据，可以通过 SFC11 将 FREEZE 控制命令发送到该组 DP 从站来实现。

当 FREEZE 命令被发送到一组 DP 从站时，组内所有的 DP 从站切换到 FREEZE 模式，即它们的输入模块上的信号被锁定，并将它们传送到 CPU 的输入过程映像区，以便 DP 主站来读取这些信号。接收到下一个 FREEZE 命令时 DP 从站更新和重新锁定它们的输入数据。

用 SFC11 发送 UNFREEZE 命令，可以取消所寻址的 DP 从站的 FREEZE 模式，使它们恢复与 DP 主站之间的正常的循环数据传送，此后输入数据立即由 DP 从站更新，并被 DP 主站读取，DP 主站又能接收到周期性刷新的 DP 从站的输入信号。在重新启动和热启动后，DP 从站不进入 SYNC 或 FREEZE 模式，只有当它们接收到由 DP 主站发出的第一个 SYNC 或 FREEZE 命令之后才进入 SYNC 或 FREEZE 模式。

SFC11 "DPSYC_FR" 的参数见表 6-11。

表 6-11　SFC11 "DPSYC_FR" 的参数

参数	声明	类型	说　　明
REQ	IN	BOOL	REQ=1 时触发或解除 SYNC 或 FREEZE 操作
LADDR	IN	BYTE	DP 主站的逻辑地址
GROUP	IN	BYTE	第 0 位～第 7 位为 1，分别表示选择第 1 组～第 8 组
MODE	IN	BYTE	SYNC/FREEZE 操作的标识符
RET_VAL	OUTPUT	INT	SFC 的返回值，如果执行过程中出现故障，则返回故障代码
BUSY	OUTPUT	BOOL	BUSY=1 表示 SYNC/FREEZE 操作未完成

SFC11 用输入参数 MODE 指定的控制命令可能的组合见表 6-12。

表 6-12　SFC11 的控制命令可能的组合

位号	7	6	5	4	3	2	1	0	数值
MODE				UNSYNC					B#16#10
				UNSYNC		UNFREEZE			B#16#14
				UNSYNC	FREEZE				B#16#18
			SYNC						B#16#20
			SYNC			UNFREEZE			B#16#24
			SYNC		FREEZE				B#16#28
						UNFREEZE			B#16#04
					FREEZE				B#16#08

输入参数 GROUP 用来指定哪一组将被 SFC11 寻址。第 0～7 位为 1，分别表示第 1～8 组，例如要寻址 4 组和 5 组，只有 GROUP 的第 3 位和第 4 位为 1，因此 SFC11 的输入信号 GROUP＝B♯16♯18。

在 LADDR 中声明 DP 主站的逻辑基准量，如果已触发的系统功能还未结束执行，则 BUSY＝1，在块执行过程中发生错误时，返回的故障代码在 RET_VAL 参数中输出。

SFC11 是异步执行的，需要执行多个 SFC 调用周期，通过 REQ＝1 调用 SFC7 来执行同步和锁定操作。

若使用了 SFC15 "DPWR_DAT"（写 DP 数据），在发送 SYNC 给有关的输出之前，SFC15 必须执行完毕，若使用了 SFC14 "DPRD_DAT"（读 DP 数据），在发送 FREEZE 给有关的输入之前，SFC14 必须执行完毕。

在用户程序启动时，若需要在 SYNC 模式下对一组或多组 DP 从站进行输出操作，必须在启动组织块 OB100 中调用带有 SYNC 控制命令的 SFC11。

在用户程序启动时，若需要在 FREEZE 模式下对一组或多组 DP 从站进行输入操作，必须在启动组织块 OB100 中调用带有 FREEZE 控制命令的 SFC11。

在同一时间只能初始化一条 SYNC/UNSYNC 命令或一条 FREEZE、UNFREEZE 命令。

（3）DP 主站 IM467 使用 SYNC/FREEZE 命令的实例　打开 SIMATIC 管理器，生成一个名为"同步与锁定"的项目，在项目中生成一个名为 SIMATIC 400（1）的新站。

双击管理器左边窗口中的"SIMATIC 400（1）"文件夹，打开新建的站，双击管理器右边工作区中的"Hardware"对象。对新站进行硬件配置，从硬件目录中选择机架 UR2，将电源模块 PS 407 10A 放在 1 号槽中，应选择支持 SYNC 和 FREEZE 功能的 CPU，例如选订货号为"6ES7 416-1 XJ02-0AB0"的"CPU416-1"，将把它放在 3 号槽中。

为了组态插入式 DP 主站模块（IM467），在硬件目录中打开文件夹"＼SIMATIC400＼IM-400"选择订货号为"6ES7 467-5GJ01-OABO"的 IM467 模块，并将它放在 4 号槽中。

IM467 放入机架时，对话框"Properties IM467"和"General"选项卡自动地出现在屏幕上。单击按钮"PROFIBUS"，进入"Properties-PROFIBUS interface IM467"对话框，单击按钮"NEW"，并用"OK"按钮确认默认值，就建立了一个新的 PROFIBUS（1）子网络，该子网络具有 1.5Mbit/s 传输速率和 DP 类型的总线参数行规。确认 IM467 的默认站地址"2"，用"OK"按钮关闭此对话框。在"Properties IM467"对话框的"Addresses"选项卡中设置模块的地址为 512（即 W16♯200）。

单击"OK"按钮返回硬件组态窗口，此时 IM467 模块已插入在槽 4 中，并且用一根水平的直线表示 IM467 的 DP 主站系统（见图 6-29）。

下一步组态支持 SYNC 和 FREEZE 控制命令的 ET 200B 从站。在硬件目录中打开"PROFIBUS-DP"模块的文件夹,在子目录"ET 200B"中选择模块"B-16DI/16DO DP"。将该模块拖到图 6-29 中 IM467 的 DP 主站系统网络线上。"Properties-PROFIBUS interface B-16DI/16DO DP"对话框被自动打开,将"PROFIBUS"站地址设置为 3,单击"OK"按钮退出屏幕。

用同样的方法将另一个"B-16DI/16DO DP"组态到 DP 主站系统中,默认的从站地址为 4。将"B-16DI DP"组态到 DP 主站系统中。默认的从站地址为 5。

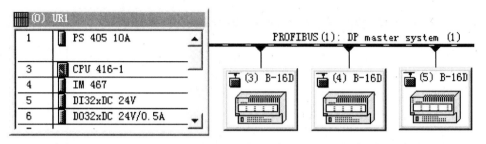

图 6-29 网络组态

下一步设置 SYNC/FREEZE 功能,为此双击图 6-29 中的"PROFIBUS(1):DP master system(1)"网络线,出现"Properties-DP master system"对话框,首先指定组的特性,为此打开"Properties"选项卡(见图 6-30),用"Properties"下面的小方框选择要指定给各组的特性。图 6-30 定义组 1 为 FREEZE 组,组 2 为 SYNC 组。在"Comment"列可以为各组附加注释或标志。

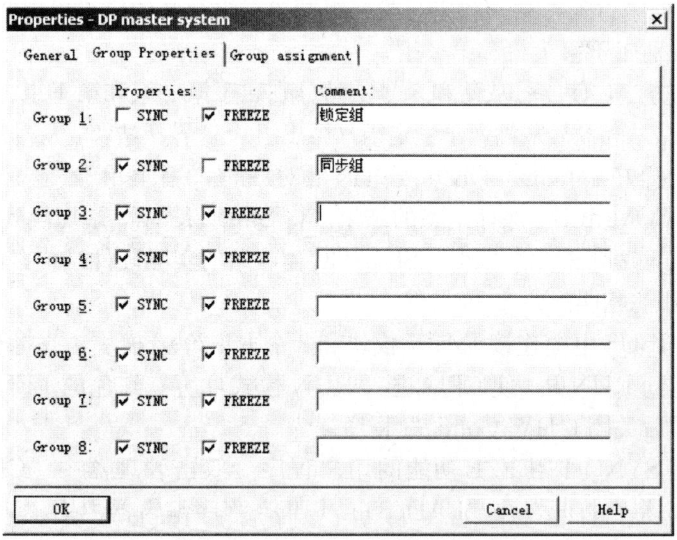

图 6-30 设置 SYNC/FREEZE 组的属性

在"Group assignment"选项卡(见图 6-31),将 DP 从站分配到各组。列表框中的每一行对应一个 DP 从站,最左边是从站的地址和型号,例如"(3)

B-16DI/16DO"。列表框的上面给出了每一组的属性,例如第一组下面的"—"表示它不是"SYNC"(同步)组,"X"表示它是"FREEZE"(锁定)组。

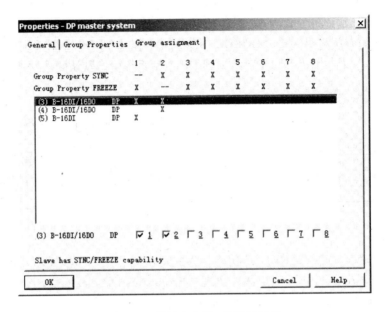

图 6-31 设置 SYNC、FREEZE 组

选中显示框中第一行(3 号从站 B-16DI/16DO),用鼠标在列表框下面的 1 和 2 前面的小方框中打勾,第一行中与第一组和第二组交叉的位置出现两个"X",表示 3 号从站分别属于第 1 组和第 2 组。

用同样的方法,使 4 号从站和 5 号从站分别属于第 2 组和第 1 组。从图 6-31 可以看出,3 号从站和 5 号从站属于锁定组(第 1 组),3 号从站和 4 从号站属于同步组(第 2 组)。设置好后单击"OK"按钮退出对话框,用菜单命令"STATION"—"SAVE AND COMPILE"保存组态的结果。将 SIMATIC 400 站切换到 STOP 模式,并将硬件组态下载到 S7-400 CPU,SIMATIC 400 站的实际硬件结构必须与在"HW Config"中的组态相匹配。

用 PROFIBUS 电缆连接 IM467 模块和 3 个 ET 200B 模块,并将 CPU416-1 的运行模式切换到 RUN-P,使 CPU 进入 RUN 模式,所有红色的 LED 必须是熄灭的。下载完成后关闭"HW Config"程序。

(4) 测试 SYNC/FREEZE 功能的用户程序   双击管理器中"CPU416-1"的"OB1"图标,将它打开,在"LAD/STL/FBD"程序编辑器中用"View"菜单选择"STL"(语句表)语言,然后输入下面的程序,在 I0.0 的上升沿调用 SFC11 "DPSYC_FR",发送 FREEZE 命令,在 I0.1 的上升沿发送 SYNC 命令。

在调用 SFC11 时,打开屏幕右边指令树中的文件夹"\Libraries\Standard Library\System Function Blocks",将 SFC11 "DPSYC_FR" "拖放"到程序中,

程序编好后，保存并下载到 CPU416-1。

Network1：检测 I0.0 的上升沿

```
A    I0.0
FP   MI0.1            //在 I0.0 的脉冲上升沿
=    MI0.2            //MI0.2 在一个循环周期为 1 状态,启动 SFC11
```

Network2：发送 FREEZE 命令

```
G01: CALL  SFC11         //调用 SFC11
REQ        :＝MI0.2       //触发信号为 MI0.2
LADDER     :＝W＃1:＃200  //DP 主站接口模块 IM467 的输入地址(十进制数 512)
GROUP      :B＃16＃1      //选择第 1 组
MODE       :B＃16＃8      //选择 FREEZE 模式(见表 6-12)
RET_VAL    :MW12         //返回值 RET_VAL 存放在 MW12 中
BUSY       :MI0.3        //输出位 BUSY 保存在 MI0.3 中
A    MI0.3               //如果没有执行完 SFC11(MI0.3=1)
IC   G01                 //跳转到标号 G01 处继续执行
```

Network3：.0.1 的上升沿

```
A    I0.1
FP   MI0.5            //在 I0.1 的脉冲上升沿
=    MI0.6            //MI0.6 在一个循环周期为 1 状态,启动 SFC11
```

Network4：

```
G02:CALL  SFC11         //调用 SFC11
REQ       :MI0.6        //在 I0.1 的脉冲上升沿触发同步操作
LADDER    :＝W＃16＃200  //IM467 的输入地址
GROUP     :＝B＃16＃2    //选择组 2
MODE      :＝B＃16＃20   //选择 SYNC 模式(见表 6-12)
RET_VAL   :＝MW14       //RET_VAL 存放在 MW14 中
RUSY      :MI0.7        //输出位 BUSY 保存在 MI0.7
A    MI0.7              //如果没有执行完 SFC11(MI0.7=1)
JC   G02                //跳转到标号 G02 处继续执行
```

在 RUN 模式，用菜单命令 "PLC"—"Monitor"—"Modify Variables" 打开变量表，在变量表中监视 QB4\IB4\I0.0 和 I0.1 等，QB4 是 3 号站 ET 200B-16DI/16DO 模块的第 1 个输出字节，IB4 是 3 号站的第 1 个输入字节。I0.0 用来触发 FREEZE 组的操作，I0.1 用来触发 SYNC 组的操作。

启动 DP 总线系统后，主站与各 DP 从站循环传送数据，将 I0.0 置为 1 状态，SFC11 发送 FREEZE 控制命令，使 3 号站和 5 号站的输入处于 FREEZE 模式，改变 3 号站实际的输入信号的状态，因为处于锁定模式，这些变化不会传送给主站的 CPU，在主站的变量表中也不能观察到这些变化。

将 I0.1 置为 1 状态时，SFC11 发送 SYNC 命令，使 3 号站和 4 号站的输出处于 SYNC 模式。在变量表中修改 QB4 的值后，不能传送到 3 号站 ET200B-16DI/16DO 的输出模块。

在 I0.0 的下一次上升沿，将重新发送 FREEZE 命令，读取 3 号站和 5 号站当前的输入数据。在 I0.1 的下一次上升沿，将重新发送 SYNC 命令，把设置好的数据传送到 3 号站和 4 号站的输出。

6.9 点对点通信

点对点 (Point to Point) 通信简称为 PtP 通信，使用带有 DP 通信功能的 CPU 或通信处理器，可以与 PLC/计算机或别的带串口的设备通信，例如打印机、机器人控制器、调制解调器、扫描仪和条形码阅读器等。

6.9.1 点对点通信处理器与集成的点对点通信接口

没有集成 PtP 串口功能的 S7-300 CPU 模块用通信处理器 CP340 或 CP341 实现点对点通信，S7-400 CPU 模块用 CP440 和 CP441 实现点对点通信。

(1) CP340 通信处理器 CP340 通信处理器用于 S7-300 和 ET200M (S7 作为主站) 的点对点串行通信，它有 1 个通信接口，4 种不同型号的 CPU340 的通信接口分别为 RS-232C (V-24)、20mA (TTY) 和 RS-422/RS-485 (X.27)，可以使用通信协议 ASCII，3964 (R) 和打印机驱动软件。

(2) CP341 通信处理器 CP341 有 6 种不同的型号，通信协议包括 ASCII、3964 (R)、RK512 协议和可装载的驱动程序，包括 MODBUS、主站协议或从站协议，以及 Data Highway (DFI 协议)，RK512 协议用于连接计算机。

(3) S7-300C 集成的点对点通信接口 CPU313-2PtP 和 314C-2PtP 有一个集成的串行通信接口 X27 (即 RS-422/485)，CPU313C-2PtP 可以使用 ASCII 和 3964 (R) 通信协议；CPU314C-2PtP 可使用 ASCII、3964 (R) 和 RK512 协议，最多传输 1024B，全双工的传输速率为 19.2kbit/s，半双工传输速率为 38.4kbit/s。

(4) CP440 点对点通信处理器 CP440 用于点对点串行通信，物理接口为 RS-422/RS-485 (X.27)，最多 32 个节点，最高传输速率为 115.2kbit/s，通信距离最长 1200m。可以使用的通信协议为 ASCII 和 3964 (R)。

(5) CP441-1/CP441-2 点对点通信处理器 CP441-1 有 4 种不同的型号，通信处理模块可以插入一块不同物理接口的 IF963 子模块。CP441-2 通信处理模块有 4 种不同的型号，可以插入两块带不同物理接口的 IF963 子模块。

6.9.2 ASCII Driver 通信协议

S7-300/400 的点对点串行通信可以使用的通信协议主要有 ASCII Driver、3964 (R) 和 RK512，它们在 IS0 7 层参考模型中的位置如图 6-32 所示。

（1）ASCII Driver 的报文帧格式　ASCII Driver 用于控制 CPU 和一个通信伙伴之间的点对点连接的数据传输，可以将全部发送报文帧发送到 PtP 接口，提供一种开放式的报文帧结构。接收方必须在参数中设置一个报文帧的结束判据，发送报文帧的结构可能不同于接收报文帧的结构。

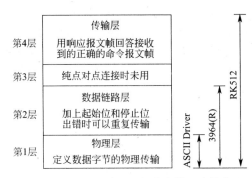

图 6-32　PTP 协议在 ISO 参考模型中的位置

使用 ASCII Driver 可以发送和接收开放式的数据（所有可以打印的 ASCII 字符），8 个数据位的字符帧可以发送和接收所有 00H～FFH 的其他字符。7 个数据位的字符帧可以发送和接收所有 00H～7FH 的其他字符。

ASCII Driver 可以用结束字符、帧的长度和字符延迟时间作为报文帧结束的判据。用户可以在三个结束判据中选择一个。

① 用结束字符作为报文帧结束的判据。报文帧用一个或两个用户可以定义的结束字符来表示报文帧的结束。有 3 种选择：

a. 传输包括结束字符的数据。结束字符必须包含在被发送的数据中，即使在 SFB 中规定的数据长度很大，数据也只能传送到结束字符。

b. 传输数据的最大长度用 SFB 的参数声明。最后一个或最后两个字符必须为结束字符。

c. 传输数据的最大长度用 SFB 的参数声明，并自动添加结束字符，即结束字符不包括在被传输的字符个数中（最大为 1024B）。

如果使用结束字符，应保证在用户数据中不包括结束字符。

② 用固定的字节长度作为报文帧结束的判据。接收方收到约定个数的字符（1～1024B）即认为报文帧结束。用如图 6-33 所示的字符延迟时间作为监控时间，如果在接收完设置数量的字符之前，字符延迟时间到，将关闭接收操作，同时生成一个出错报文。

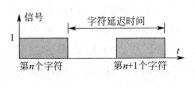

图 6-33　字符延迟时间

如果接收到的字符长度大于设置的固定长度，接收到的多余的字符将被删除。如果接收到的字符长度小于设置的固定长度，报文帧将删除。

③ 用字符延迟时间作为报文帧结束的判据。报文帧既没有设置固定的长度，也没有用户定义的结束符；接收方在约定的字符延迟时间内未收到新的字符则认为报文帧结束（超时结束）。

组态时应保证字符延迟时间小于两个报文帧之间的间隔时间，但是字符延迟时间又不能太短，以保证不会将通信伙伴在发送报文帧的暂停，错误地识别为是报文帧的结束。

（2）数据流控制、握手（Data Flow Control/Handshaking）　数字通信中常用"握手"方式控制两个通信伙伴之间的数据流。握手可以保证两个以不同速度运行的设备之间传输的数据不会丢失，有两种不同的握手方式：

① 软件方式，例如通过向对方发送特定的字符（例如 XON/XOFF）实现数据流控制，报文帧中不允许出现 XON 和 XOFF 字符。

② 硬件方式，例如用信号线 RTS/CTS 实现数据流控制，接口应使用 RS-232C 完整的接线。

一旦通信处理器被切换到流控制运行状态，如果报文帧从接收缓冲区中被取走，接收缓冲区已经准备好接收数据，或会发送 XON 字符或使输出信号 RTS 线为 ON，表示可以接收数据。

如果报文帧接收完成，或接收缓冲区（CPU314XC 为 2048B，CP340 为 1024B）只剩 50B，CPU31XC-2PtP 或 CP 将发送字符 XOFF，或使 RTS 线变为 OFF，表示不能接收数据。如果发送方继续发送，造成接收缓冲区溢出，将生成出错报文，最后一个报文帧中接收数据将被丢弃。一旦报文帧被 CPU 从接收缓冲区中取走，并且接收缓冲区已准备好接收数据，CPU31XC-2PtP 或 CP 将发送 XON 字符，或将 RTS 线置为 ON。

如果接收到 XOFF 字符，或通信伙伴的 CTS 控制信号被置为 OFF，将中断数据传输。

如果在预定的时间内未接收到 XON 字符，现通信伙伴的 CTS 控制信号为 OFF，将取消发送操作，并且在功能块的输出参数 STATUC 中生成一个出错信息。

（3）CPU31XC-2PtP 中的接收缓冲区　接收缓冲区的容量为 2048B，在参数设置时，可以设置禁止改写接收缓冲区中的某些数据，还可以规定允许缓冲区接收的报文帧的最大个数（1～10），或使用整个接收缓冲区，可以设置在启动时清除接收缓冲区。

接收缓冲区是一个 FIFO（先入先出）缓冲区，如果有多个报文帧被写入接收缓冲区，总是第一个接收到的报文帧被传送到目标块中，如果想将最新接收的报文帧传送到目标块中，必须将缓存的报文帧个数设置为 1，并取消改写保护。

```
30H＝0011 0000
31H＝0011 0001
32H＝0011 0010
10H＝0001 0000
03H＝0000 0011
XOR＝0010 0000
```

图 6-34　BCC 计算举例

BCC（Block Check Characters）为块校验字符。BCC 是正文中的所有字符"异或"运算的结果，各字符同一位中"1"的个数为奇数时，异或的结果为"1"，为偶数时异或的结果为"0"（见图 6-34），所以这种校验方式又被称为"纵向奇偶校验"。组态时可以选择报文的结束分界符中是否有 BCC。

6.9.3　3964(R)通信协议

3964（R）协议用于 CP 或 CPU31XC-2PtP 和一个通信伙伴之间的点对点数据传输。

（1）3964（R）协议使用的控制字符与报文帧格式 3964（R）协议将控制字符添加到用户数据中，控制字符用来表示报文帧的开始和结束，它们也是通信双方的"握手"信号。通信伙伴使用这些控制字符，检查数据是否被正确和完整地接收。见表6-13。

表6-13 3964（R）协议使用的控制字符

控制字符	数值	说 明
STX	02H	被传送文本的起始点
DLE	10H	数据链路转换(Data Link Escape)或肯定应答
ETX	03H	被传送文本的结束点
BCC		块校验字符(Block Check Character)，只用于3964(R)
NAK	15H	否定应答(Negative Acknowledge)

3964（R）传输协议的报文帧有附加的块校验字符（BCC），用来增强数据传输的完整性，3964协议的报文帧没有块校验字符。

BCC是所有正文中的字符（包括正文中连发的DLE）和报文帧结束标志（DLE和ETX）的"异或"运算的结果。

3964（R）报文帧的传输过程如图6-36所示。首先用控制字符建立通信链路，然后用通信链路传输正文，最后在传输完成后用控制字符断开通信链路。3964（R）报文帧格式见图6-35。

STX	正文(发送的数据)	DLE	ETX	BCC

图6-35 3964(R) 报文帧格式

3964（R）的正文字符是完全透明的，即任何字符都可以用在正文中。为了避免接收方将正文中的字符10H（即DLE）误认为是报文结束标志，正文中如果有字符10H，在发送时将会自动重发一次，接收方在收到两个连续的10H时自动地删除一个。

（2）建立发送数据的连接 为了建立连接，发送方首先应发送控制字符STX（见图6-36）。如果在"应答延迟时间（ADT）"到来之前，接收到接收方发来的控制字符DLE，表示通信链路已成功地建立，切换到发送模式，可以开始传输正文。

如果通信伙伴返回NAK或返回除DLE和STX之外的其他控制代码，或应答延迟时

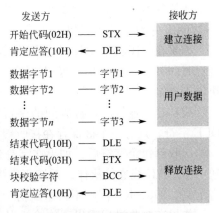

图6-36 3964(R) 报文帧传输过程

间到时没有应答，程序将再次发送STX，重试连接，若约定的重试次数到后，都没有成功建立通信链路，程序将放弃建立连接，并发送NAK给通信伙伴，同时通

过输出参数 STATUS 向功能块 P_SND_RK 报告出错。

（3）使用 3964（R）通信协议发送数据　成功建立连接后，将使用选择的传输参数，把发送缓冲区中的用户数据发送给通信伙伴，通信伙伴监控接收到的相邻两个字符之间的时间间隔，该时间间隔不能超过字符延迟时间。

在传输过程中，如果通信伙伴发送了控制代码 NAK，传输过程中止，并重试建立连接，如果接收到其他字符，也中止传输过程，并延时到"字符延迟时间"后发送 NAK 字符，将通信伙伴置于空闲状态。然后，通过再发送 STX，重新启动发送操作。

发送完缓冲区的内容后，自动加上代码 DLE、TX 和 BCC，BCC 由 CP 或 CPU31XC-2PtP 计算。

发送完成后，等待接收方回送肯定应答字符 DLE。如果通信伙伴在应答延迟时间内发送了 DLE，即表示数据块被正确接收。发送缓冲区内的数据被删除，并断开通信链路。

如果通信伙伴返回 NAK 或返回除了 DLE 之外的其他控制代码，或返回损坏的代码，或应答延迟时间到时没有应答，程序将再次发送 STX，重试连接。若约定的重试次数到后，都没有成功建立通信链路，程序将放弃建立连接，并发送 NAK 给通信伙伴，同时通过输出参数"STATUS"向发送功能块报告出错。

（4）使用 3964（R）通信协议接收数据　在准备操作时，3964（R）协议将发送一个 NAK 字符，以便将通信伙伴置于空闲状态。在空闲状态，如果没有发送请求被处理，程序将等待通信伙伴建立连接。

用 STX 建立连接时，如果没有空闲的接收缓冲区可用，将等待 400ms。延时时间到后仍然没有空的接收缓冲区，将发送 NAK 给对方，然后进入空闲状态。通信功能块的"STATUS"输出将报告出错。若延时后有接收缓冲区可用，将发送一个 DLE 字符，并进入接收状态。

如果在空闲状态接收到除 STX 或 NAK 之外的其他控制代码，将等待"字符延迟时间"到，然后发送 NAK 字符，同时通过输出参数"STATUS"向发送功能块报告出错。

成功建立连接后，接收到的字符被写入接收缓冲区，如果接收到两个连续的 DLE 字符，只有一个被保存在接收缓冲区中。

接收到每个字符后，如果在字符延迟时间到时还没有接收到下一个字符，将发送一个 NAK 线通信伙伴。系统程序将通过输出参数"STATUS"向发送功能块报告出错，3964（R）程序不再重新初始化。

如果在接收过程中出现传输错误，如丢失字符、帧错误和奇偶校验错误等，将继续接收数据，直到连接被释放，然后向通信伙伴发送 NAK 字符，期待对方再次建立通信链路，重发报文帧。

如果在设置的重试次数后还没有正确地接收到报文帧，或者在规定的块等待时间内（4s），通信伙伴没有重发报文帧，将取消接收操作。通过输出参数"STA-TUS"报告第一次错误的传输，最后中止接收。

（5）故障与传输冲突的处理　在接收到 DLE、ETE 和 BCC 后，根据接收到的数据计算 BCC，并与通信伙伴发送过来的 BCC 进行比较，如果二者相等，并且没有其他接收错误发生，接收方的 CPU 将发送 DLE，断开通信连接。

如果二者不等，将发送 NAK，在规定的块等待时间内（4s）等待重新发送，如果在设置的重试次数内没有接收到报文，或者在块等待时间内没有进一步的尝试，将取消接收操作。

如果一台设备通过发送代码 STX，而不是应答 DLE 或 NAK，来响应应答延迟时间（ADT）内通信伙伴发送的请求代码 STX，就出现了初始化冲突，即两台设备都请求发送。具有较低优先级的设备将暂时放弃其发送请求，向对方发送控制字符 DLE，具有较高优先级的设备将以上述方式发送其数据。等到高优先级的传输结束，连接被释放，具有较低优先级的设备就可以执行其发送请求。为了解决初始化冲突，通信的双方必须设置不同的优先级。

程序可以识别由通信伙伴的线路故障引起的错误。在这两种情况下，程序将重复尝试正确地接收和发送数据块，如果在设置的重试次数内没有成功，或出现了新的错误，程序将取消发送或接收过程，并报告识别的第 1 个错误的错误编号，然后返回空闲状态，这些错误信息将出现在通信功能块的输出参数 STATUS。

如果系统程序在通信功能块的输出 STATUS 频繁地报告一个重复发送和接收错误，说明数据传输被偶然干扰。大量地重试传输可以对此进行补偿，但是此时应检查通信电路的干扰源，因为频繁地重复尝试会降低用户数据的传输速率和传输的完整性，但是干扰也可能由通信伙伴的故障造成。

如果接收连接中断，在通信功能块的输出"STATUS"中将显示一个出错报文，并且不会启动重试，在通信线路重新连接后，将立刻自动复位通信功能块的"STATUS"输出中的"BREAK"（断开）状态。

设置 3964(R) 通信协议的参数时，可以选择是否使用块校验字符 BCC，必须为两个通信伙伴设置不同的优先级，一个为高优先级，另一个为低优先级。

6.9.4　用于 CPU31XC-2PtP 点对点通信的系统功能块

在用户程序中，用专用的功能块来实现点对点串行通信，S7-31XC-2PtP 用于点对点通信的系统功能块为 SFB60～65、SFB60～62 用于 ASCII/3964(R) 的通信，SFB63～65 用于 RK512 的通信。它们在程序编辑器左边的指令树窗口的"Libraries"—"Standard Library"—"System Function Blocks"（系统功能块）文件夹中。

表 6-14 列出了 CPU31XC-2PtP 用于点对点通信的系统功能块，SFB 不作参数检查，如果参数设置出错，CPU 将进入 STOP 模式。

表 6-14　CPU31XC-2PtP 用于点对点通信的系统功能块

系统功能块		说　明
SFB60	SEND_PTP	将整个数据块或部分数据块区发送给一个通信伙伴
SFB61	RCV_PTP	从一个通信伙伴接收数据,并将它们保存在一个数据块中
SFB62	RES_RCVB	复位 CPU 的接收缓冲区
SFB63	SEND_RK	将整个数据块或部分数据块区发送给一个通信伙伴
SFB64	FETCH_RK	从一个通信伙伴处读取数据,并将它们保存在一个数据块中
SFB65	SERVE_RK	从一个通信伙伴处接收数据,并将它们保存在一个数据块中 为通信伙伴提供数据

（1）用 SFB60 "SEND_PTP" 发送数据［ASCII/3964（R）］ 块被调用后，在控制 REQ 的脉冲上升沿发送数据。SD_I 为发送数据区（数据块编号和起始地址），LEN 是要发送的数据块的长度。

用参数 LADDR 声明在 HW Config（硬件组态）中指定的子模块的 I/O 地址。

在控制 R 的脉冲上升沿，当前的数据发送被取消，SFB 被复位为基本状态，被取消的请求用一个出错报文（STATUS 输出）结束。为了使系统功能块正常工作，调用时必须保证 R 为 FALSE（0 状态），它才能处理发送请求。

如果块执行没有错误，DONE 被置为 1 状态，如果出错，REEOR 被置为 1 状态，如果块被正确执行后 DONE 为 1，意味着：

① 使用 ASCII Driver 时，数据被传送给通信伙伴，但是不能保证被对方正确地接收。

② 使用 3964（R）协议时，数据被传送给通信伙伴，并得到对方的肯定确认，但是不能保证数据被传送给对方的 CPU。

如果出现错误或报警，STATUS 将显示相应的事件标识符（ID），在 SFB 的 R 位为 1 时，也会输出 DONE 或 ERROR/STATUS。如果出现一个错误，CPU 的二进制结果位 BR 将被复位。如果块无错误结束，BR 的状态将被置为 1。

SFB 不作参数检查，如果参数设置出错，CPU 将进入 STOP 模式。

SFB 最多只能发送 206 个连续的字节。必须在参数 DONE 被置为 1，发送过程结束时，才能向 SD_I 指定的发送区写入新的数据。

表 6-15　SFB60~SFB62 的参数

参数	声明	数据类型	说　明
REQ	IN	BOOL	控制参数"请求"在信号的上升沿时激活操作
R	IN	BOOL	控制参数"复位"取消请求,终止操作
LADDR	IN	WORD	在"HW Config"中指定的子模块 I/O 地址
DONE	OUT	BOOL	状态参数(只在一次调用期间置位):为 0(FALSE)表示请求还没有启动或正在执行为 1(TRUE)表示请求已经正确完成
ERROR	OUT	BOOL	状态参数(只在一次调用期间置位):请求完成,但是出错
STATUS	OUT	WORD	状态参数(0000H ~ FFFFH,只在 1 次调用期间置位,为了显示"STATUS",应将它复制到一个空的数据区),报警"ERROR"位,"STATUS"且有下列含义: ERROR=FALSE,STATUS=0000H;没有报警和错误 ERROR=FALSE,STATUS≠0000H;有报警,STATUS 提供详细的信息 ERROR=TRUE,有错误,STATUS 提供与错误类型有关的详细信息

参数	声明	数据类型	说　　明
SD_I	IN_OUT	ANY	发送参数:用于设置存放发送数据的 DB 编号和起始数据的字节编号,例如 DB10 的字节 2 表示为 DB10.DBB2
LEN	IN_OUT	INT	指定用于传输数据的数据块的字节长度(1~1024)
EN_R	IN	BOOL	控制参数"允许接收"
NDR	OUT	BOOL	状态参数"新的数据准备好",请求已经正确完成,接收到数据 FALSE 表示请求还没启动或正在执行,TRUE 表示请求已经成功完成
RD_I	IN_OUT	ANY	接收参数:设置存放接收到的数据的 DB 编号和起始数据字节编号,例如 DB20 的字节 5 表示为 DB20.DBB5

（2）用 SFB61 "RCV_PTP" 接收数据　SFB61 用来接收数据，并将它们保存到一个数据块中。

请用 SFB61 后，令控制 EN_R 为 1，接收数据的准备就绪。令 EN_R 为 0 可以取消数据传输，被取消的请求用一个出错报文（STATUS 输出）结束，只要信号 EN_R 的状态为 0，接收操作就被闭锁。RD_I 为接收区（数据块编号和起始地址），LEN 是数据块的长度，参数 R、LADDR、ERROR 和 STATUS 的意义见表 6-15。

块被正确执行到 NDR 被置为 1 状态，如果请求因出错被关闭，ERROR 被置为 1 状态。

如果出现错误或报警，STATUS 将显示相应的事件标识符（ID），在 SFB 的 R 输入为 1 时，也会输出 DONE 或 ERROR/STATUS（参数 LEN＝16♯00）。如果出现一个错误，CPU 的二进制结果位 BR 将被复位。如果块无错误结束，BR 将被置位为 1。

数据的连续性被限制为 206B，要传送的数据如果超过 206B，在所有数据已全部接收完（NDR＝TRUE）之前，不要访问接收数据块，然后闭锁 DB（令 EN_R＝FALSE），直到已经处理完该数据。

（3）用 SFB62 "RES_RCVB" 清空接收缓冲区　SFB62 用于清空 CPU 的整个接收缓冲区，所有保存的报文帧都被删除，在调用 SFB62 时接收到的报文帧得被保存，块被调用后，在控制 REQ 的脉冲上升沿，工作过程被激活，请求可以在多个循环周期执行。各参数的意义见表 6-15。

6.9.5　用于点对点通信处理器的功能块

S7-400 的点对点通信处理器（CP）包括 CP440 和 CP441。在与产品配套的 CD 中，有它们的驱动程序和用户手册。在西门子的网站 http：// www. ad. siemens. de/ 中也可以下载 CD 的内容。在 STEP7 中将会增加点对点通信处理器的组态信息和表 6-16 所示的功能块，它们在程序编辑器指令到表的 "/Libraries/CPPtP" 文件夹中，同时还会自动安装使用点对点通信处理器的例程 "zZZ21-02-PtP-Com-CP440" 和 "zZZ21-03-PtP-Com-CP441"。

表 6-16　S7-400 的点对点通信处理器的通信功能块

FB	意　义	协　议	CP
FB9"RECV_440"	接收通信伙伴的数据，并将它存储在数据块中	ASCII Driver 3694(R)	GP440
FB10"SEND_440"	将数据块中的全部或部分数据发送给通信伙伴	ASCII Driver 3694(R)	GP440
FB11"RES_RECV"	复位 GP440 的接收缓冲区	ASCII Driver 3694(R)	GP440
SFB_12"RSEND"	从 S7 数据区将数据发送到固定的通信伙伴目的区	ASCII Driver 3694(R)	GP441
SFB_13"BRCV"	从通信伙伴接收数据，并发送到 S7 数据区	ASCII Driver 3694(R)	GP441
SFB_14"GET"	从通信伙伴读取数据	RK 512	GP441
SFB_15"PUT"	用动态可变的目的区将数据发送到通信伙伴	RK 512	GP441
SFB_16"PRINT"	将最多包含 4 个变量的报文文本输出到打印机	PRINT Driver	GP441
SFB_22"STATUS"	查询通信软件的设备状态		GP441

　　点对点通信功能块是 CPU 模块与点对点通信处理器的软件接口，用于建立和控制 CPU 和 CP 之间的数据交换。完成一次发送需要多个循环周期，在用户程序中它们必须被无条件连续调用，用于周期性的或定时程序控制的数据传输。

6.10　PRODAVE 通信软件在点对点通信中的应用

6.10.1　PRODAVE 简介

　　PLC 具有极高的可靠性，一般用来执行现场的控制任务，但是它的人机接口功能较差，PLC 与个人计算机 PC 通过通信连接起来，用 PC 作为上位计算机，实现系统的监控、人机接口和与上级网络（例如工业以太网）的通信等功能，可以使二者的优势互补，组成一个功能强大、可靠性极高的控制系统。因此在工业控制中，PC 与 PLC 之间的通信是最常见的和最重要的通信之一。

　　西门子的大中型 PLC S7-300/400 可以用点对点通信协议实现 PC 与 PLC 之间的通信，但是需要专用的通信处理器模块，其点对点通信协议互不通用，要花相当多的时间熟悉它，才能编写出 PLC 和计算机的通信程序。

　　西门子的 PRODAVE（Process Data Traffic，过程数据交换）是用于 PC 与西门子的 S7 系列 PLC 通信的工具箱，提供了大量的用于通信的函数，可在以 VB \ VC 等编程环境中调用这些函数，PRODAVE 有以下特点：

　　（1）使用简单方便，编程人员不需要熟悉复杂的通信协议，通过使用 PRODAVE 提供的动态链接库（DLL）中的函数就可以实现通信。

　　（2）上位机用通信函数读写 PLC 中的数据区，用户不用编写 PLC 一侧的通信程序。

　　（3）如果使用 PC/MPI 适配器或用于 PC 的通信处理器作通信接口，它们同时可以兼作编程软件与 PLC 的通信接口。

　　安装了 PRODAVE 软件包后，需要执行其中的 "PC-PG Interface" 文件，对通信接口进行配置。

　　Visual Basic（VB）易学易用，是开发小型 Windows 应用程序的首选。PRODAVE 的用户手册主要是针对 VC 的，对 VB 环境下的应用介绍得很少，本节介绍在 VB 环境调用 PRODAVE 的函数的方法。

6.10.2　PRODAVE 的硬件配置

　　通过下列硬件，可以方便地在 PLC 与 PC 之间建立数据链接，见图 6-37。

　　(1) 用于 PC 的 MPI 通信处理器，例如 CP5511、CP5611 和 CP5612，通信速率可达 12Mbit/s。

　　(2) 用于 S7-300/400 的 PC/MPI 适配器（PC Adaptor）。

　　(3) 用于 S7-200 的 PC/PPI 编程电缆。

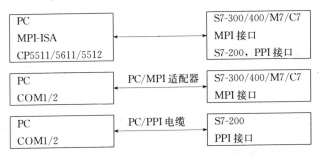

图 6-37　PC 与 PLC 的连接方式

　　用户在安装了 PRODAVE 软件包后，需要设置 PG-OC（PG 是编程器的缩写）的接口参数，对硬件进行配置，假设使用 PC/MPI 适配器（PC Adaptor），配置的步骤如下：

　　(1) 在桌面执行菜单命令 "开始"—"程序"—"PRODAVE-S7"—"PG Interface"，打开接口参数设置对话框（见图 6-38）。

　　(2) 在 "Interface Parameter Assignment"（接口参数配置）列表框中如果没有实际使用的硬件接口，单击右下方的 "Select" 按钮，打开 "Installing/Uninstalling Interfaces" 对话框，安装实际使用的硬件接口的驱动程序。

　　(3) 在图 6-38 中选中接口参数配置列表框中的 "PC Adapter（MPI）"，在上面的 "Access Point of the Application"（应用程序访问点）列表框内选择 "S7ONLINE"（STEP7）。

　　单击 "Properties…"（属性）按钮，打开 "属性" 对话框，将 "MPI" 栏中的 "Transmission Rate"（传输速率）设置为 187.5kbit/s，其他参数可以采用默认的设置，在 "Local Connection" 选项卡的 "COM Port" 选择框中设置实际使用的 PC 串口的编号，传输速率可以设置为 19.2kbit/s。

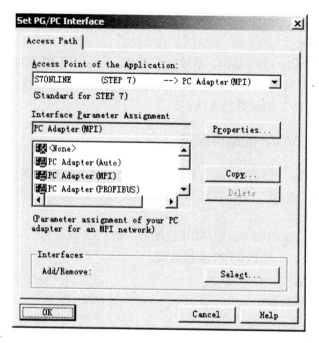

图 6-38　PG/PC 接口设置

（4）单击"OK"按钮，完成设置。

6.10.3　建立与断开连接

（1）函数的声明　通信之前，首先要用 load_tool 函数建立上位机与 PLC 的连接。通信结束时必须用 unload_tool 函数断开 PC 与 PLC 的连接，否则可能引起上位机死机，或者造成上位机系统的异常状况，函数 new_ss（2）表示激活 PC 与站地址为 2 的 PLC 的连接，如果只有一个连接，不必使用 new_ss 函数。

在 VB 中调用 DLL 函数之前，必须在模块中用 Declare 语句声明要全长的 DLL 函数，包括该函数所在的 DLL 库的名称和路径，以及该函数的参数说明。在声明函数之前，应先声明函数中使用的自定义数据类型。

在下面的例程中，首先建立 PC 与 PLC 之间的连接，读取输出字节 QB0 和 QB1 之后断开连接。首先声明 load_tool 中使用的用户自定义的数据类型：

```
Type plcadrtype
ADDRESS AS BYTE          //站地址，默认值为 2
SEGMENTID AS BYTE        //段标识符，固定为 0
SLOTNO AS BYTE           //槽的编号，默认值为 2
RACKNO AS BYTE           //机架号，固定为 0
END TYPE
```

然后声明程序中使用的函数：

```
Declare Function load_tool Lib"w95_s7.dll"(ByVal nr As    //建立连接
Byte,ByVal dev as String,adr As plcadrtype)As long
    Declare Function a_field_read Lib"w95_s7.dll"(ByVal no    //读取输出字节
As Long,ByVal amount As Long,value As Byte)As Long
    Declare Function unload_tool Lib"w95_s7.dll"(  ) As Long    //断开连接
```

nr 是 PC 要激活的连接的个数（1～32 个），dev 是用户驱动设备的名称，ddr 是连接的地址列表 a_field_read 中的 no 是要读取的输出字节的起始地址，amount 是字节数，value 是保存读取的数据的数组变量。

（2）程序代码

```
Dim buffer(2)As Byte:Dim plcadr(2)As plcadrtype
plcadr(0).ADDRESS=2:plcadr(0).SEGMENTID=
0:plcadr(0).SLOTNO=2:plcadr(0):RACKNO=0
    plcadr(1).ADDRESS=0                        //为 0 表示地址列表结束
    Res=load_tool(1)"S7ONLINE",plcadr)         //初始化 1 个连接,MNPI 驱动器,plcadr
                                                  为地址列表
    Res=a_field_read(0,2,buffer(0))            //读取 QB0 和 QB1
    Ne=unload_tool(  )                         //断开连接
```

6.10.4　PRODAVE 的通信函数

PRODAVE 提供了用于 S7-200 和 S7-300/400 的两类函数，本节只介绍用于 S7-300/400 的函数。

（1）读 PLC 字节的函数　X_field_read（ByVal no AsLong，ByVal amount As Long，value As Byte）

这类函数读取 PLC 的 X 地址区中从地址 no 开始的 amount 个字节的数据，存放在 PC 的数组变量 value 中，其中的 X 可取 e（输入 I）、a（输出 Q）和 m（位存储器 M），e 和 r 是德语的缩写。

（2）写 PLC 字节的函数　X_field_write（ByVal no As Long，ByVal amount AsLong，value As Byte）

这类函数将存放在 PC 的数组变量 value 中的数据写入 PLC 的 X 地址区从地址 no 开始的 amount 个字节中，X 可取 a 和 m。

（3）读/写数据块中的字节的函数　d_field_read/write（ByVal db As Long，ByVal no As Long，ByVal amount As Long，value As Byte）

d_field_read 读取 PLC 的 db 数据块中从地址 no 开始的 amount 个字节的数据，存放在 PC 的数组变量 value 中，d_field_write 将存放在 PC 的数组变量 value 中的 amount 个字节的数据，写入 PCL 的 db 数据块中从地址 no 开始的区域。

（4）读/写数据块中的字　db_red/write（ByVal dbno As Long，ByVal dwno As Long，amount As Long，value As Integer）

函数中各变量的意义与 d_field_read/write 的类似，区别在于 amount 以字为单位。

（5）读定时器/计数器字　X_field_read（ByVal no As Long，ByVal amount As Long，value As Integer）

读取从地址 no 开始的 amount 个定时器或计数器的当前值，存放在 PC 的数组变量 value 中，X 可取 t（定时器）和 z（计数器），z 是德语的缩写。

（6）写计数器字　z_field_write（ByVal no As Long，ByVal amount As Long，value As Integer）

将存放在 PC 的数组变量 value 中的 amount 个字的数据，写入 PLC 从地址 no 开始的计数器区，改写的是计数器的当前值。

（7）读/写混合数据　mix_read/write（data As mixdataype，buffier As Byte）

mix_read 最多可以读取 PLC 的 20 个数据，mix_write 最多可以向 PLC 写 20 个数据，需要指明每个数据的地址区类型、长度（字节或字）和地址。

（8）标志状态测试　mb_bittest（ByVal no As Long，ByVal bitno As Long，value As Boolean）

检测 PLC 内地址为 no 标志（即位存储器）字节 MB 中的第 bitno 位。返回值 value 与该位的 O/I 状态相同。

（9）置位/复位标志位　mb_setbit/resetbit（ByVal no As Long，ByVal bitno As Long）

mb_setbit 和 mb_resetbit 分别将 PLC 中地址为 no 的标志字节（MB）的第 bitno 位置位和复位。

（10）其他通信函数　ag_info（value As infotype）用于读取 PLC 的信息，ag_xustand（value As Byte）用于读取 PLC 的状态，db_buch（value As Integer）用于检测某数据块是否存在。

（11）数据处理函数　前面介绍的是 w95_s7.dll 中用于 PC 与 PLC 通信的函数，PRODAVE 为了方便用户，在 komfort.dll 中不提供了与通信无关的数据处理函数，常用的有位数据与字节数据的转换函数、浮点数格式转换函数、高低字节交换函数、位测试函数和错误信息函数等。

6.10.5　PRODAVE 在水轮发电机组监控系统中的应用

在水电站综合自动化系统中，工控机是机组 LCU（现地控制单元）的核心设备，它通过以太网与站级计算机相连，通过 RS-232C 接口和 PC/MPI 适配器（编程电缆）与 S7-300 连接，用 VB 编写计算机与 PLC 通信的程序，通过调用 PRO-DAVE 中的函数与 PLC 进行通信。通信为主从方式，上位机（主站）读写 PLC 的存储区，主站发出询问后，PLC 自动响应，通过通信，主要实现以下两种功能。如图 6-39 所示。

（1）计算机定时读取 PLC 上传的信息 计算机每 0.5s 读取一次 PLC 中的 16 个输入字节、8 个输出字节和 16 个模拟量输入字。可以用不同的函数分别读取不同地址区的数据。为了提高通信效率和简化计算机的通信程序，在 PLC 的每一次循环中将需要传送的数据集中到数据中一片连续的区域，在 VB 程序中只需用函数 d_field_read 来读取数据块中准备好的数据，PLC 内部数据区之间的数据传送是相当快速的和方便的。

（2）上位机发送给 PLC 的随机命令的处理 随机命令包括计算机读写 PLC 的实时钟命令、需要确认的开关量命令和不需要确认的增减功率的命令等。

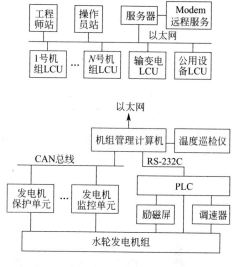

图 6-39 水轮发电机组监控系统中的应用

为了传送和执行随机命令，在 PLC 的位存储器区设置了一片专用的区域：MW10 是上位机写入的命令字，MW12 是命令附带的数据字节数或 PLC 返回的数据字节数，MW14（Flag）是命令执行标志字，发送命令时上位机将它清 0，成功执行命令后 PLC 将它置为 1，执行时出 PLC 将它置为 2，从 MW16 开始存放命令中附带的数据或 PLC 返回的数据。

上位机用 d_field_write 函数发送命令，以读取 PLC 的实时钟为例，写入 MW10 的命令字为 0250H，写入 MW12 和 MW14 的均为 0。PLC 检查到标志字 MW14 为 0 时，根据 MW10 中的命令字判断为读实时钟命令，因此用系统功能 READ_CLK 读出实时钟内 8 个字节的当前日期时间值，送入 MB16～MB21。同时将返回的数据字节数 6 送 MW12，并将标志字 MW14 置为 1。上位机发送命令后用函数 d_field_read 和较高的频率读取 MW12 和标志字 MW14 的值，在 MW14 变为 1 时读取 MB16～MB21 中的时间值。

第**7**章 <<<

S7-400 PLC应用实例

7.1 S7-400 冗余系统在某电厂中的应用

　　某自备电厂一期 200MW、二期 300MW 机组，采用火电蒸汽轮机组电，除尘系统采用空压机气力输灰自动控制系统。控制系统采用西门子 S7-400 系列中的 CPU414-4H 冗余系统，上位机使用 WinCC 实时操作和监控系统，同时使用西门子工业光纤交换机 OSM TP62 实现了工业以太网通信。CPU414-4H 采用 H960 同步子模块构建了硬件冗余系统，使用 CP443-1 工业以太网模块通信，WinCC 上位机使用 CP1613 通过交换机实现与冗余 PLC 的通信。现场控制系统采用冗余的 PROFIBUS 网络 IM153-2 从站，实现了数据的采集和控制。

7.1.1 系统介绍

　　(1) 项目的简要工艺　该系统包括 1 号与 2 号硫化炉输灰系统，3 号与 4 号燃煤炉输灰系统、各输灰系统的灰斗气化系统、空压机系统、灰库切换阀控制和灰库气化系统、捞渣碎渣除渣设备的远程监控。空压机系统为输灰系统的气动设备控制、灰库除尘器和除渣系统脱水仓排渣门提供气源。在输灰前必须保证空压机系统的连续正常运行。1 号与 2 号硫化炉、3 号与 4 号燃煤炉各由 4 个除尘电厂组成，每个除尘电厂可以实现自动、联动控制，各电厂的循环时间、进灰时间、输灰时间可以单独设定，灰库切换阀可以根据进灰的料位高低手动、自动切换。当各电厂阀位和密封圈出现故障、空压机现压力低等故障时，系统会自动报警或停机，并且数据库会自动记录。

　　(2) 项目中使用的西门子自动化产品

　　① CPU：CPU414-H、H960 同步冗余模块。

　　② 通信卡：CP443-1、CP1613。

③ 工业以太网交换机：OSM TP62、ET200M（包含了 PS、IM、DI、DO、AI、JART、AOIRTD、AI TC、AO 和其他通信模块等）。

7.1.2　控制系统结构

（1）整个项目中的硬件配置、系统结构　整个项目中的硬件配置、系统结构如图 7-1 所示。

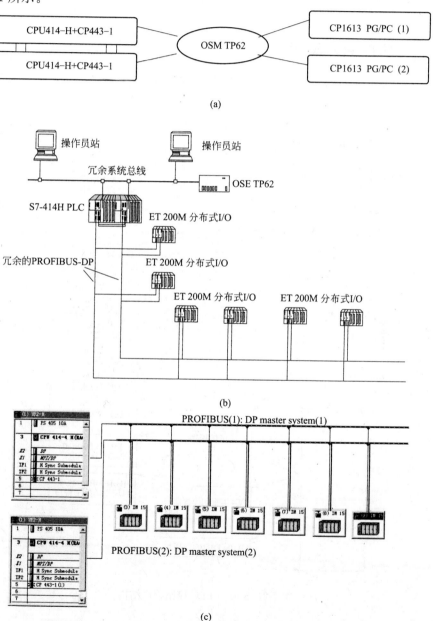

图 7-1　硬件配置及系统结构图

（2）软件平台　计算机采用 Windows2000 操作系统，控制系统采用西门子 STEP7 软件平台（用于控制系统组态和程序）以及 WinCC（上位机监控组态软件）开发。通过将 STEP7 软件编好的程序下载固化在控制器中，操作员只需在监控计算机上通过画面信息和执行操作来保证输灰系统的正常运行。本系统采用双监控 WinCC 系统，一主一备，当一台监控电脑出问题时，可以直接使用另一台备用电脑进行监控和操作。同时，一台电脑工作，另一台电脑可以实时不中断修改 PLC 程序并且下载。

7.1.3　控制系统完成功能

（1）PLC 程序简要介绍　该系统的 PLC 控制程序采用结构化编程，如图 7-2 所示。

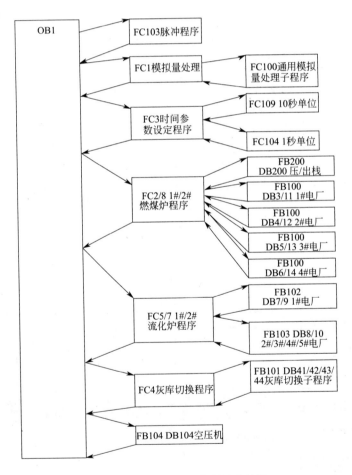

图 7-2　S7-400 PLC 控制程序结构

（2）WinCC 监控操作画面　WinCC 监控操作画面如图 7-3 所示。

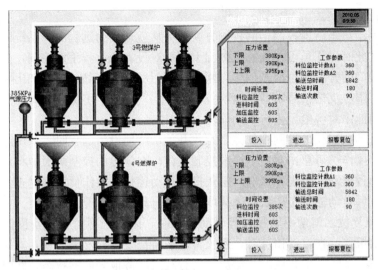

图 7-3　WinCC 监控操作画面

（3）程序控制的主要功能　燃煤炉输灰系统控制：燃煤炉输灰包括 3 号燃煤炉输灰和 4 号燃煤炉输灰，各自独立运行。每个锅炉输灰包括 4 个电厂的输灰控制。以 3 号燃煤炉输灰为例（4 号燃煤炉输灰与之相同）：

① 3 号燃煤炉输灰前必须满足的条件

a. 空气压缩机已启动，只满足 6kgf 的气源压力；

b. 3 号燃煤炉输送气压力接点闭合；

c. 燃煤炉灰斗气化系统正常运行；

d. 各电厂就地柜上的控制方式设定为远程控制模式；

e. 各电厂进料阀和出料阀的开关正确，且能及时反馈正确的开限位和关限位信号；

f. 进料密封阀和出料密封阀的开关正确，且能及时反馈正确的对应密封压力信号；

g. 各发送器的料位计能正确判断是否有料（有灰）；

h. 自动输灰工作参数设定正确（在"系统参数"画面内设定，T2<T3）；

i. 输灰管道切换阀指示的下料灰库的料位未到高位。

② 各电厂输灰时必须满足的条件

a. 同一时间只允许有一个电厂的输灰，不允许两个以上的电厂同时输灰；

b. 某个电厂在输灰前其余电厂的出料阀必须关闭到位，出料密封圈必须加压且出料密封压力到位；

c. 各电厂无报警指示，如有，则必须将其复位（单击控制按钮，在弹出的控制画面中按下发送器报警复位按钮）并排除故障。

③ 各电厂输灰控制模式

a. 各电厂的输灰控制分为就地手动、远程手动和远程自动 3 个控制模式。

就地手动：就地控制柜的控制方式开关设为就地时为就地手动模式。操作员手动操作电磁阀的开启和关闭来控制气动阀门的开关，此时在上位计算机画面上无法进行对设备的控制。

远程手动：当就地控制柜的控制方式开关从就地设为远程时，系统默认为远程手动模式。此时操作员可在计算机画面上实现对设备的远程手动控制，操作员可根据画面上阀门的开关限位反馈信号判断当前阀门的位置（除进料阀和出料阀外，其余阀门没有限位反馈信号）。在远程手动模式下，操作员可按照输灰流程图在"系统参数"画面中对各电厂进行手动输灰。

远程自动：当就地控制柜的控制方式开关从就地设为远程时，系统默认为远程手动模式。操作员可单击对应电厂的控制按钮，在弹出的控制画面中将远程控制方式设定为远程自动，系统将该电厂输灰投入自动运行。操作员可通过查看输灰画面右面的各电厂自动输灰工作状态来获取输灰的自动执行情况。

b. 故障复位。就地手动和远程手动操作时，因系统不监视设备反馈信号，所以不会发出报警。在自动输灰时，系统将严格监视设备的反馈信息，如果自动输灰时发生故障，系统将中止该电厂输灰，所有阀门保持报警前的状态，此时操作员可根据画面最上面的报警显示框里的内容和画面报警信息（故障设备图标闪烁）作出故障判断，单击对应电厂的控制按钮，在弹出的控制画面中按下发送器报警复位按钮。此时系统将自动将控制模式；转为远程手动，操作员可在控制画面中手动控制故障设备，确认排除故障后再次恢复远程自动模式。

c. 控制模式的优先选择。输灰时如满足以上 a、b 条件，操作员可优先选择远程自动模式，若远程自动模式不能正常进行，可选择远程手动模式；若远程手动模式无法正常操作，选择就地手动模式。

d. 单个电厂输灰控制流程。"系统参数"画面中的控制流程如图 7-4 所示。

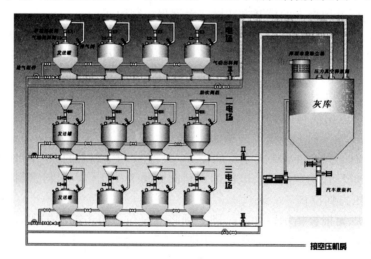

图 7-4 "系统参数"画面

e. 输灰自动控制的规则。各电厂的自动输灰控制采用任务优先级控制。当某电厂从远程手动模式切入远程自动模式时，该电厂将启动进料延时，当料位信号到或进料时间到，电厂发送器将自动关闭进料阀、平衡阀，并将进料密封阀加压；密封压力到后该电厂将进入系统输灰任务列表（排在最后），当系统输灰任务列表中排在前面的所有电厂输灰完毕后，它才启动输灰，自动输灰结束后开始进料，同时进料定时器重新开始定时。

对系统输灰任务列表来说，所有电厂的输灰遵循先进先输灰的原则。在发生以下情况时，该电厂将从任务列表中自动删除：该电厂输灰完成；该电厂在输灰过程中发生故障；该电厂未轮到输灰，但操作员将其切换成远程手动或就地手动模式。

f. 燃煤炉自动输灰工作状态指示。在燃煤炉输灰画面右侧可看到 3 号燃煤炉自动输灰工作状态指示，可能出现的工作状态有：当前无输灰任务；准备一电厂输灰，正在关闭二三四电厂出料阀；启动一电厂输灰；出料阀关闭出错！所有电厂已转为远程手动；准备二电厂输灰，正在关闭一三四电厂出料阀；启动二电厂输灰；出料阀关闭出错！所有电厂已转为远程手动；准备三电厂输灰，正在关闭一二四电厂出料阀；启动三电厂输灰；出料阀关闭出错！所有电厂已转为远程手动；准备四电厂输灰，正在关闭一二三电厂出料阀；启动四电厂输灰；出料阀关闭出错！所有电厂已转为远程手动；输送器接点压力故障，检查空压机系统！

g. 各电厂飞灰发送器输灰状态指示。可能出现的输灰状态指示有：就地手动；远程手动；远程自动，等待料位到或时间间隔到；准备输灰，关进料阀、关平衡阀；准备输灰，进料阀1未开到位报警；准备输灰，进料阀2未开到位报警；准备输灰，进料阀密封圈加压；准备输灰，密封圈压力未到报警；准备输灰，等待输灰允许；输灰开始，出料阀泄压；输灰开始，开出料阀；输灰开始，出料阀未开到位报警；输灰开始，开进气阀、开补气阀；正在输灰；吹堵开始，关进气阀、关补气阀；正在吹堵，开吹堵阀；吹堵结束，关吹堵阀；吹堵结束；开进气阀、开补气阀；输灰结束，关进气阀、关补气阀；输灰结束，关出料阀；输灰结束，出料阀未关到位报警；输灰结束，出料密封圈加压；输灰结束，出料密封压力未到报警；输灰结束，进料密封圈泄压；输灰结束，开进料阀、开平衡阀；输灰结束，进料阀1未开到位报警；输灰结束，进料阀2未开到位报警；堵灰报警，吹堵次数超过两次。

在自动输灰时出现的倒计时为输灰间隔定时器倒计时。

④ 灰库及除渣监控系统　灰库及除渣监控系统包括灰库料位监视、4 个输灰切换阀和 4 个切换密闭阀的监控、两个布袋除尘器的启停控制、灰库气化系统及除渣系统（包括燃煤炉的 4 个捞渣/碎渣机、两个冲渣水泵、1 个渣浆提升泵、3 个排泥泵、两个高效浓缩机和硫化炉的 4 个链斗输送机、6 个滚筒冷渣机）。

a. 灰库切换阀的控制：当操作员选择"去灰库一"时，控制系统先将密闭阀泄压，等待密闭阀压力信号消失后，切换阀关闭，切换阀关限位到后再将密闭阀加压；当操作员选择"去灰库二"时，控制系统先将密闭阀泄压，等待密闭阀压力信号消失后，切换阀打开，切换阀开限位到后再将密闭阀加压，系统在等待切换阀的开关限位和密闭阀压力信号通过5s后将产生相应的报警信息。

b. 布袋除尘器的控制：每个灰库有一个布袋除尘器，当系统检测到某一灰库有灰进入时会自动启动该灰库的布袋除尘器，输灰结束后会自动关闭布袋除尘器。操作员也可手动启动布袋除尘器，但在灰库进灰时是不允许关闭的。

提示：自动输灰进行前，系统会自动判断当前输灰管道进灰的灰库料位是否已到高位，若已到高位，输灰程序会自动切换灰库。操作员也可在输灰前远程手动切换灰库，但在自动输灰正在进行时不允许切换灰库。

注意：灰库画面中的某些除渣设备远程控制目前无法进行，画面上的一些除渣设备的控制按钮已经设定动作，请不要随意点击！如果需要远程控制，现场必须有人监视，并能和主控室随时联系。

⑤ 系统参数 "系统参数"画面提供了自动输灰所需的一些时间参数，其中：T1——进料时间（10～9990s）；T2——最小输灰时间（0～999s）；T3——最大输灰时间（0～999s）；T4——吹堵时间（0～999s）。

目前只有2号硫化炉输灰参数和3号燃煤炉参数可以设定。

注意：参数设定请在各炉输灰停止时进行，在输灰运行中不可更改参数。注意T2应小于T3，T1允许输入的最大时间为9990s。

⑥ 报警记录 "报警记录"画面记录系统所有的历史报警。最大可存储1000条历史报警，第1001条将覆盖第1条报警记录。

每条报警信息包括：日期、时间、类型、来源、状态、内容、提示和操作员。

类型：包括故障、警告和提示；

故障：设备发生故障，需要人为干预并排除；

警告：设备当前接近临界状态，需要操作员特别注意；

提示：一些涉及系统控制的重要操作信息；

来源：指示该消息来自何处；

状态：分到达、离开和确认；

到达：该信息发生，若为故障，指示该故障产生；

离开：该信息消失，若为故障，指示该故障消失；

确认：操作员通过报警确认按钮确认该条记录；

系统确认：该消息或故障产生后又自动消失；

操作员：指示当前操作员（登录者）名称。

⑦ 注意事项 本控制系统设计先进，但仍需要很好的维护，工作中请注意以下几点：

a. 保持控制室的清洁并维持正常的室内温度、湿度。

b. 控制器为电子精密仪器，不要随意触摸，维护计算机和液晶显示器的清洁。

c. 监控计算机内不应当存储一些与系统无关的外来文件或游戏，以防病毒进入系统，必要时安装正版杀毒软件并及时更新病毒库。

d. 不要随意更改控制柜内的接线，若确实需要，请联系设备厂家并严格按图纸执行。

e. 系统正常运行时，任何一个从站的电源不能切断，否则PLC将会报警并停止运行。如果任何一个从站发生意外掉电情况，造成 PLC 停机无法正常运行，必须首先恢复从站电源，PLC 会自动投入正常运行；如果 PLC 还是红灯报警，复位 PLC 便可消除故障。

　　f. 所有阀到位开关信号要定时检查，发现信号不到位，可能是到位开关出现堵灰，要立即清理。

　　⑧ 项目中的难点和体会　在 1 号燃煤炉、2 号燃烧炉的 4 个电厂全部投入自动输灰时，4 个电厂需要采取先到先输的模式运行，压栈、出栈程序就完成这个任务。程序采用先进先出的逻辑进行，需要首先开辟 4 个紧连的顺序地址区，并且指针要指到第一个索引地址区，当任何一个电厂完成进灰阶段准备输灰时，就把自己的序号压进第一个地址区（称为压栈），然后指针递减到下一个索引号。当前电厂的输灰任务完成时，自己的输灰序号自动从顺序地址区弹出（称为出栈），然后指针递增返回前一个地址索引号。

　　压栈、出栈子程序的难点就在于对指针的灵活运用和对压栈、出栈概念的理解，一旦指针的索引出错，整个输灰程序就会乱套，无法完成输灰任务。

7.2　S7-400 PLC 及 WinCC 实现高速数据采集

　　本节描述了 WinCC 端利用原始数据方式，S7-400 PLC 端使用数据块作为数据缓冲区，实现高速数据采集的方法，数据采集周期达到 10ms。

7.2.1　问题的提出

　　在使用 PLC 实现控制的领域，大多使用 WinCC 等组态工具来实现对现场信号的采集功能，并将数据存储在上位机数据库，但由于受到通信性能等原因的限制，通常的计算方法所能实现的数据采集周期局限于秒级。这其实也是正常的，因为对于一般意义的现场信号，我们对它的测控所要求的数据周期并不高，通常 1~2s 的采集周期就足以满足我们对现场信号的监控精度。

　　但在某些特定领域，例如快速反应系统，其整个反应过程小于 5s，要分析了解其在整个反应过程中的参数变化情况，即便以 500ms 的采集周期，数据采集量仍然太少，分析结果仍然不够精确。而在此情况下，上位机用于与控制器通信的系统资源耗费已经非常高，再加上数据处理、画面、数据库等任务，在变量规模尚不算多的情况下，上位计算机的负载已经不堪重负。

　　对此类数据处理，通常的解决方案是使用带高速处理功能的数据采集板卡，数据采集板卡插在计算机插槽中，通过板卡提供的驱动程序接口，使用高级语言实现编程。

　　但同时，此解决方案的缺点又是非常明显的。因为整个系统的规模受到非常大的限制，即使系统的其他控制对象均为普通信号，但由于计算机的扩展插槽数量受限制，导致能实现的点数往往仅限于最多不超过几十个点，这样，如果面对的是稍大规模的项目，数据采集卡的模式就无能为力了。

因而我们仍旧尝试使用 PLC＋WinCC 的模式来解决问题。

7.2.2　基本思路

首先，我们回过头来分析研究数据采集卡的实现方式。在数据采集卡中，根据数据采集的周期不同，会分普通采集卡和高速采集卡，而在高速采集卡的性能指标中，非常重要的是它提供的缓存区的容量。许多采集卡会有如 1KB 或者 2KB 的数据缓冲区用于实现高速采集数据的缓存。

采集卡从现场获得信号并进行 A/D 转换之后，将数据存储在缓存区中，而 PC 通过它的扩展 PLC 插槽从板卡获取数据。这个过程其实也是一种通信的过程。为了保证数据采集的连续性，通常的方法是设定一个缓冲区半满的标志，或者说将整个缓冲区分成两部分，采集来的数据首先堆栈到缓冲区 1 中。当缓冲区 1 存满，则发出一个半满信号到算机，计算机收到这个半满信号，启动读取程序，将缓冲区 1 内的数据读取到计算机内存中。当数据读取结束，清空缓冲区 1 内的数据，在此期间，高速采集的数据缓存在缓冲区 2 中。同样的道理，当缓冲区 2 满之后，同样发出半满信号，数据从缓冲区 2 转移到计算机。如此形成循环。

整个逻辑实现的基础就是：数据的集中通信比分散通信的效率高得多，在远远低于数据堆满一个缓冲区的时间内，已满数据能够有充分的时间转移到计算机中。

根据缓冲区大小的不同，在缓冲区比较小的情况下，为了保证数据半满之后能够尽快将数据读出，以满足下一个周期的使用，半满信号往往需要较高的优先级，在计算机内以中断的方式通知后续的处理过程，但如果缓冲区尺寸能够提供得比较大，留给主机与板卡通信的查询时间能够足够长，那么即便是用普通 I/O 方式来处理半满信号也同样可行。

7.2.3　运用 WinCC＋ S7-400 实现高速数据采集

基于同样的思路，我们可以将该思想应用到 WinCC＋S7-400 PLC 的系统中来。

首先，我们注意到，在 WinCC 中可以建立原始数据类型的变量。所谓的原始数据类型，就是在 WinCC 中定义变量的时候，只需要指定数据在 PLC 中的开始地址和长度，而具体数据的排列方式可以由用户自行定义。而同时在 WinCC 的趋势变量记录中支持 AR_SEND 功能块的原始数据类型，它分别设计了趋势变量记录可以接受的将近 10 种原始数据类型的结构，这些数据结构原理大同小异，有针对一个采集数的，也有针对多个采集数的。时间标签的记录方式不同，有不带时间标签的，也有带时间标签的，有的每条记录均带时间标签，而有的仅仅首条记录带有时间标签，后续的记录以相同的时间间隔平移后推。

我们只对一个归档变量进行记录，同时，为了节省数据存储的空间和节省通信耗时，我们选择其中的第二种数据类型，即"具有等间隔时间标志的过程值"。这种数据类型的描述见表 7-1。

表 7-1 第二种数据类型的描述

DB 块地址	内 容			
0.0	报文类型＝1			
2.0	年		月	
4.0	日		小时	
6.0	分钟		秒	
8.0	0.1s	0.01s	0.01s	工作日
10.0	周期＝10			
12.0				
14.0	单元(类型)＝1		单位(类型＝1)	
16.0	AR_ID 子编号＝0			
18.0	过程数据,数据类型			
20.0	过程值数量＝2000			
22.0	过程值 1			
24.0				
26.0	过程值 2			
28.0				
30.0	•			
32.0	•			
34.0	•			
36.0	•			
38.0				
40.0				
……				

其中，22.0 之前的 22 个 BYTE 存放的报文头，之后为实质的数据序列。

报文头的各参数含义如下：

① 报文头类型＝1 报文头类型定义了报头中所包含的信息的类型，不同报文头类型所包含的信息见表 7-2。

表 7-2 不同报文头类型所表示的信息

报文头类型	时间标志	AR_ID 子编号
0	不带时间标志的报文头	不带 AR_ID
1	带时间标志的报文头	不带 AR_ID
8	不带时间标志的报文头	带 AR_ID
9	带时间标志的报文头	带 AR_ID

② 时间标志 时间标志包含 SIMATIC S7 BCD 格式的日期和时间。WinCC 不使用工作日条目。

③ 周期＝10 在周期中读取过程值。该参数是在单位（范围）处指定的时间单位的因子。数据长度为双字。

"周期"＝10 的意思是：过程值主观性取周期＝10ms。

④ 单元（类型）＝1 指定时间信息的类型并修改参数"过程值的数目"。

时间标志编号所对应的含义见表 7-3。

表7-3 时间标志编号所对应的含义

编号	意　义
1	在相等的时间间隔内读取过程值,启动时间是在报文头时间标志中给出的,并且是强制性的,过程值之间的时间间隔有"单位(范围)"的时间单位和"周期"因素来定义
2	每个过程值包含一个时间标志,不评估输入到报文头的任何时间标志,其结构对应于具有8个字节长度的报文中的时间标志
3	每个过程值均拥有一个相对时间差,该时间差具有两个字的数据长度的时间单位,绝对时间是报文头中的时间标记的总和(=启动时间),而相对时间差则使用在"单位(范围)"中设置的时间单位,报文头的时间标志条目是强制性的
4	每个过程值包含 AR_ID 子编号,在报文中给定的时间标志应用于过程值,报文头的时间标志条目是强制性的

⑤ 单位（范围）=3　指定用于单位（范围）的时间单位=1 或 3。单位（范围）编号所对应的含义见表7-4。

表7-4 单位（范围）编号所对应的含义

编号	1	2	3	4	5	6	7
含义	保留	保留	毫秒	秒	分	小时	日

⑥ 过程数据-数据类型=5　过程值直接以 S7 格式存储。过程数据编号所对应对的 S7、WinCC 的数据类型见表7-5。

表7-5 过程数据编号所对应的 S7、WinCC 数据类型

编号	S7 数据类型	WinCC 数据类型
0	字节	字节
1	字	字
2	INT	SWORD
3	DWORD	DWORD
4	DINT	SDWORD
5	实型	FLOAT

KNOWLEDGE6 BASE V5.1\Technical Information\TagLogging\Process-Controlled Measured Value Archive in the SIMATIC S7-AS400 章节的描述，分别在 STEP7 和 WinCC 中做相应的调用。

建立 FB37，调用 SFC37 "AR_SEND" 函数发送数据，如图7-5所示。

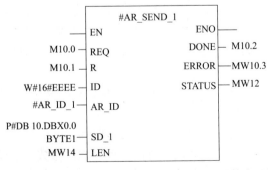

图 7-5 建立 FB37 调用 SFC37 "AR_SEND" 函数发送数据

其中 MW14＝8022，表示整个发送数据区长度为 8022 个字节，除了包含 22 个报文头之外，我们建立 2000 个 REAL 型的数据，长度为 8000 个字节。

所使用的变量 M10.0 为归档的使能位，使能之后 PLC 主动与 WinCC 进行通信，完成通信后 M10.2＝1。

在 OB1 调用的 FC 块中调用 FB37，自动分配 AR_ID＝16♯1。

然后在 WinCC 中建立一个 RAWDATA_TYPE 的变量。变量记录中，选择过程变量，并制定 AR_ID 一致。

这样，通过使能位 M10.0 的控制命令，就可以将数据区中的 2000 个数据发送到 WinCC 数据库中。这里的数据区尚没有任何数据，需要我们编程实现数据序列。下面为双缓冲区模式实现连续记录的过程：

（1）生成信号　正常应用时，数据大多直接从模拟量模块采集。实验中为了方便检查效果，在 OB35（10ms）中生成争弦曲线，周期为 20s，2000 个数据。

```
L       MD      400
L       L♯1
＋D
T       MD      400
DTR
L       3.141592e－003
＝R
SIN
L       1.000000e＋003
＝R
L       1.000000e＋003
＋R
T       MD      400
```

采集的数据放在 MD404 中，实数形式。

（2）采集记录到缓冲区　首先建立长度为 4000 个 RFAL 的数据块 DB400 作为我们的双缓冲区，如图 7-6 所示。

Address	Name	Type	Initial valt
0.0	BUFFER_A	STRUCT	
＋0.0		ARRAY{1..2000}	
* 4.0	BUFFER_A	REAL	
＋8000		ARRAY{1..2000}	
* 4.0		REAL	
＝16000.0		END_STRUCT	

图 7-6　建立长度为 4000 个 REAL 的数据块 DB400 作为双缓冲区

在 OB35 中使用间接寻址编程，每采集一个数据，依次放入缓冲区，并在指针分别达到 2000 和 4000 的时候，生成半满信号和满信号，如图 7-7 所示。

Network 1: Title

```
Comment :

      OPH    DB400
//MD440=P≠0.0//OE100

      L      MD404
      T      DED[MD440]
```

Network 2: Title

M495.0:BUFFER.A 已满标志
M495.1:BUFFER.B 满标志
OB1程序中复制buffer数据到ram数据区,
并记录系统时间作为下一次raw数据段的开始时间

Network 3: 生成下一次数据记录的buffer位置指针

```
Comment :

      L      MW444
      L      S2
      ≠D
      T      MD440
```

图 7-7　在 OB35 中使用间接寻址编程

M495.0 和 M495.1 分别为缓冲区 1 和缓冲区 2 的满标志，在缓冲区 2 满的同时，切换指针回 0。另外，在每个缓冲区记录首行数据的时候，记录下当前的系统时间。

（3）数据从缓冲区发送到 WinCC　在 OB 1 调用的 FC 中编程实现：根据半满标志位状态，记录开始时间值送到数据区 8 个字节中；将 2000 个数据送到数据区的 8000 个字节中，指定数据长度为 2000，使能通信标志；完成后将此半满标志复位。

（4）其他　由于高速数据采集所占用的系统资源较多，采集来的数据占用空间也很大，所以通常情况下，这种高速数据的采集应当有一个开关，就是只有在需要的时候才进行数据采集，如图 7-8 所示。因此程序还需要做一些相应的处理，使用一个 WinCC 能控制的中间量作为触发开关。在触发的上升沿，数据指针指向首行，在下降沿时，判断指针位置，判断在缓冲区 1 还是缓冲区 2。

7.2.4　效果

在 WinCC 的趋势图画面中添加对此归档的监视，可以看到动态效果，每过 20s，图像刷新一次，一个完整的正弦曲线周期被添加，2000 个数据记录被保存。

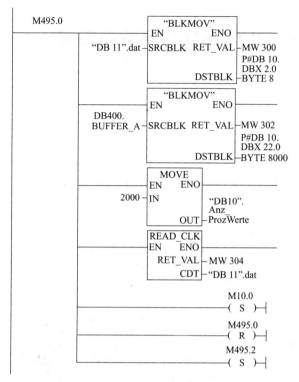

图7-8 高速数据的采集应设置一个开关

如图7-9所示为效果图，上部为采集结果的点图，下部对比的曲线是按传统方式所能达到的最小周期500ms采集的结果。

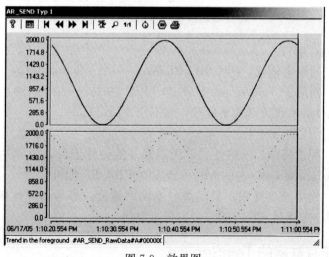

图7-9 效果图

另外，还可以表格方式记录的采样结果，所有按照设计精度记录的数据（每隔10ms）全部被记录下来了。

305

7.3 西门子 PLC 远程访问诊断方案

随着互联网络的发展，越来越多的用户（特别是 OEM 的用户）希望能够通过互联网络对所售出的产品进行诊断和维护，这样可以减少维护工程师到现场的时间和费用，不仅节约大量的人力和物力的成本，同时也能为客户提供更为快捷的服务，减少客户的损失。

7.3.1 基于 Modem 拨号的 TeleService

该方案实际上是西门子 PLC 远程访问的标准配置，即工程师站（ES）和远程的 PLC 站之间是通过 Modem 拨号进行连接的，这样，只要在两端各放置一个 Modem，通过 TS Adapter 连接到 PLC 的 CPU 的 MPI，需要时可以进行拨号连接，可以通过 MPI 进行远程访问。配置如图 7-10 所示。

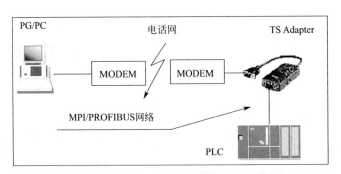

图 7-10　基于 Modem 拨号的 TeleService 网络配置图

（1）方案软/硬件

① 硬件　两根电话线、两个串口 Modem、一个 TS Adapter。

② 软件　西门子 TeleService 软件（STEP7 软件必须是默认的，不再赘述）。该方案具体的实现方法并不复杂，故不作介绍。

（2）方案的优缺点

① 优点　配置简单，价格便宜，无需额外的硬件卡件，如 PC 上只需要有串口，PLC 站则只需要 CPU 上的 MPI（或 PROFIBUS）即可。

② 缺点　连接速度受限，只是拨号上网的速度，容易出现连接中断的现象，而且拨号上网的方式目前已经逐步被宽带所取代。

7.3.2 基于互联网的 TeleService

（1）有线连接方式　在互联网上想要访问到某一个设备就需要知道该设备的 IP 地址，而该设备想要被访问也需要有一个 IP 地址，即在整个互联网上，要想访问到某一个 PLC 站，就需要该站有一个在互联网上能够被访问到的 IP 地址。

互联网上的 IP 地址一般有两种，即固定（静态）IP 地址和动态 IP 地址。静态 IP 就是固定的，一般是由电信局直接分配的，这样的 IP 地址都是记录了使用者的详细信息。而动态 IP 地址指的是每次连线所取得的不同地址，是由 ISP 动态分配暂时的一个 IP 地址。

要想获得 IP 地址需要向当地的 ISP 申请，固定（静态）IP 地址由于资源有限，因而申请和使用的费用较高，比如申请到一个端口大概要 5000 元，而固定（静态）IP 地址使用费用大概是几乎到两万元/月不等，为每个 PLC 站申请一个固定（静态）IP 地址显然是不合算的。因而靠固定（静态）IP 地址进行大量 PLC 设备的远程访问是不经济的。当然，这种方式也有其应用的环境，比如实时监控。

相比之下使用动态 IP 地址的互联网接入方式就显得较为实际，例如目前国内较为流行的 ADSL 宽带接入互联网方式，不固定 IP 地址，每月使用费仅需几百元，我们接下来重点讨论这种连接方式。

① 虚拟专用网络（Virtual Private Network，VPN）　虚拟专用网络是专用网络的扩展，它包括的链接跨 Internet 这样的共享或公用网络。使用 VPN，我们可以用模拟点对点专用链接的方式通过共享或公用网络在两台计算机之间传送数据，即将一些相互连接的设备组成一个虚拟的专用网络来管理，这样，对于每一个 PLC 站，我们都可以把它们和工程师站（ES）建立为一个 VPN，从而可使用工业以太网来对 PLC 站进行访问。

② VPN 连接的建立　VPN 的建立有两种形式：

a. 远程用户连接：远程用户直接连接到 VPN 服务器，VPN 服务器可以访问 VPN 服务器或 VPN 服务器所连接的整个网络，当然在连接的时候客户必须向服务器验证自己的身份，如图 7-11 所示。

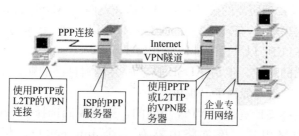

图 7-11　连接 VPN 服务器

b. 路由器到路由器的连接：与上面的连接方式不同，这种 VPN 连接是通过路由器与路由器之间的连接来建立的。当然使用路由器专用的客户端软件也可以实现客户机同路由器之间的直接连接，如图 7-12 所示。

远程用户直接连接到 VPN 服务器的方式比较适合于用户登录企业内部网络的应用，企业员工无论在什么地方总可以通过互联网登录到公司总部的服务器，访问企业内部网络。但对于远程诊断功能似乎有点"兴师动众"了，因为远程诊断并非要企业建立一个大型的服务器来管理这些设备，只是在某一设备出了问题时才需要建立临时的连接，之后该连接可以中断。因而相比之下，在路由器之间建立 VPN 连接显得更为灵活和简便，而且投资小，无需进行 VPN 服务器等固定资产的投入，更为经济实用。

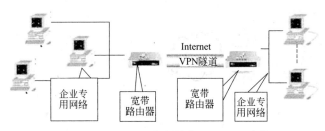

图 7-12 通过路由器建立 VPNN 连接

至于以太网的接入方式，目前国内比较流行的是 ADSL，用户只需向当地的电信部门申请即可，而且费用和带宽可以灵活选择。下面我们通过一个实际的例子来对该方式进行说明。

ADSL TeleService 的配置图如图 7-13 所示。

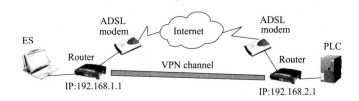

图 7-13 ADSL TeleService 的配置图

图 7-13 中可以看到所需的硬件：两根电话线，两个 ADSL 的 Modem，两个宽带路由器，一个工程师站（ES），一个 PLC 站（带以太网 CP 卡）。

软件则除了 STEP7 以外没有任何额外的要求。

对于有线电话的用户，申请 ADSL 服务后会得到自己的账户信息，即用户名和密码。ADSL 的设备一般由 ISP 提供。

路由器应该选择支持宽带和 VPN 功能的，这里我们选择了 Linksys 的一款型号为 BEFSX41 的路由器。该款路由器有 1 个 Internet 口，用于连接 ADSL Modem，4 个普通交换机的接口，用于连接本地局域网设备，如 ES 站、PLC 站等。

③ 路由器的配置

a. 首先需要对两个路由器分别进行配置：将网线连接至路由器的局域网口，在 IE 浏览器中输入路由器的默认出厂设置的 IP 地址：192.168.1.1，键入用户名密码（默认均为"admin"）即可进入路由器的配置界面，如图 7-14 所示。

图 7-14 路由器配置界面

b. 在"Setup-Basic Setup-Internet"下，选择以太网连接类型：PPPoE，用户名和密码是用户所申请的 ADSL 的用户名和密码，并且选择"Keep Alive"选项，如图 7-15 所示，这样路由器即可自动以 ADSL 的账户登录互联网。

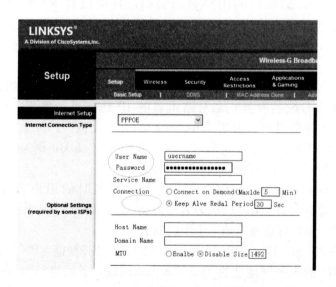

图 7-15 路由器的 ADSL 登录设置

c. 对于本地网络的设置，可能设置其中一个路由器（以下简称 R1）的 IP 地址为 192.168.1.1，本地局域网 IP 地址池为从 192.168.1.100 开始的 50 个地址，即 192.168.1.100～192.68.1.149，子网掩码均为 255.255.255.0。选择使能本地的 DHCP（动态主机配置协议）Server，设置完成后注意"Save Setting"，如图 7-16 所示。

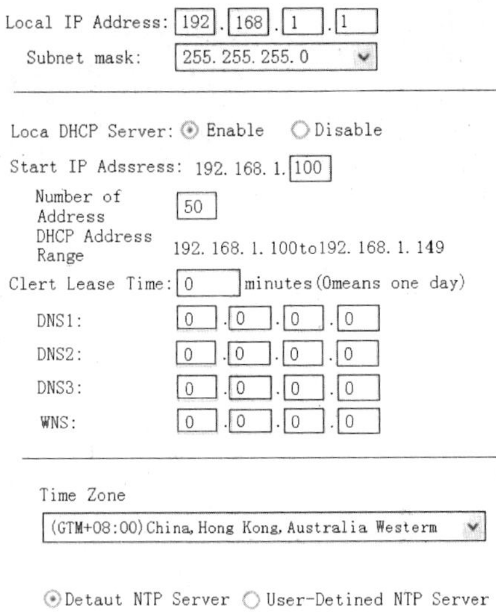

Local IP Address: 192 . 168 . 1 . 1
Subnet mask: 255.255.255.0 ▼

Loca DHCP Server: ⊙ Enable ○ Disable
Start IP Adssress: 192.168.1. 100
Number of
Address   50
DHCP Address
Range   192.168.1.100 to 192.168.1.149
Clert Lease Time: 0   minutes(0means one day)
DNS1:   0 . 0 . 0 . 0
DNS2:   0 . 0 . 0 . 0
DNS3:   0 . 0 . 0 . 0
WNS: 0 . 0 . 0 . 0

Time Zone
(GTM+08:00)China,Hong Kong,Australia Westerm ▼

⊙Detaut NTP Server ○User-Detined NTP Server

图 7-16 路由器的本地网络设置

在另外一个路由器（以下简称 R2）上的设置是一样的，只是 R2 的 PPPoE 设置为第二个 ADSL 的账户的用户名和密码，且可以将 R2 的 IP 地址设置为 192.168.2.1，地址池为从 192.168.2.100 开始的 50 个地址，即 192.168.2.100～192.168.2.149，子网掩码均为 255.255.255.0。同样可以选择使能 R2 本地的 DHCP Server，设置完成后注意 "Save Setting"。

d. 由于通过 ADSL 登录互联网后每次得到 IP 地址为动态 IP 地址，因而需要使用 DDNS（动态域名服务）来对路由器的 IP 地址进行解析，这可以通过在 DDNS 服务器上注册得到。由于 Linksys 产品可以支持 "PeanutHull" 域名服务器，因而选择在该服务器上申请域名。这里我们使用 slc010 作为注册名称申请到两个域名：slcbj01.vicp.net 和 slcbj02.vicp.net。

打开 "Setup-Basic Setup-DDNS"，将注册域名时的用户名和密码添加在 DDNS 参数设置中。如注册时所用的名称为 slc010，如图 7-17 所示。R2 可以使用相同的用户名，但最好重新申请一个不同的名称。

e. 设置 VPN 的连接。打开 "Security-VPN"，选择使能 VPN Tunnel，设置名称为 VPN，R1 的本地网地址为 192.168.1.0 网段，子网掩码为 255.255.255.0，如图 7-17 所示。相对于 R2 来讲，R1 的 "Remote Security Group" 是指 R2 的网段地址，即 192.168.2.0，子网掩码为 255.255.255.0，如图 7-18 所示。

面对于 "Remote Security Gateways" 选项来证明，这里 R1 选择的是 "FQDN"，R2 选择 "Any" 即可，这样连接 VPN 时，R1 作为 Client 端来连接 R2。

"Fully-Qualified Domain" 中的域名为 "slcbj02.vicp.net"。该域名即为申请到的 DDNS 的动态域名，R2 的域名为 "slcbj01.vicp.net"，与 R1 不同。

对于数据密钥的设定，R1 和 R2 的设定必须相同，"Advanced Setting" 也必

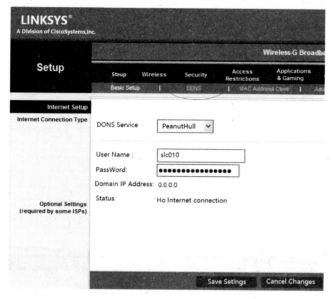

图 7-17　DDNS 的设定

图 7-18　添加 VPN 通道

须相同，如图 7-19 所示，且"Pre-shared Key"不能为空。

f. 当"Save Setting"后，两个路由器可以自动拨号，通过各自的 ADSL 账号连接到互联网上，且 R1 自动连接 R2，建立 VPN 通道，可以通过状态检测来观察连接的情况，如图 7-20 所示。

④ PLC 站的组态　首先要对 PLC 站进行组态，如图 7-21 所示，设定 PLC 站以太网的 IP 地址，由于 PLC 站连接在 R2 后面，因而它的 IP 地址应该设定在 192.168.2.100～192.168.2.149 之间，且选择"Use rouler"选项，添加 R2 的 IP 地址 192.168.2.1。如图 7-22 所示。

311

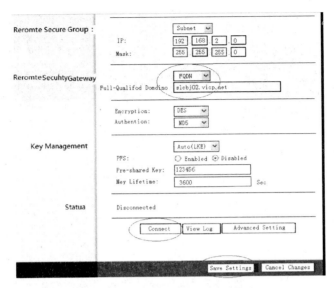

图 7-19　设定动态域名及数据加密

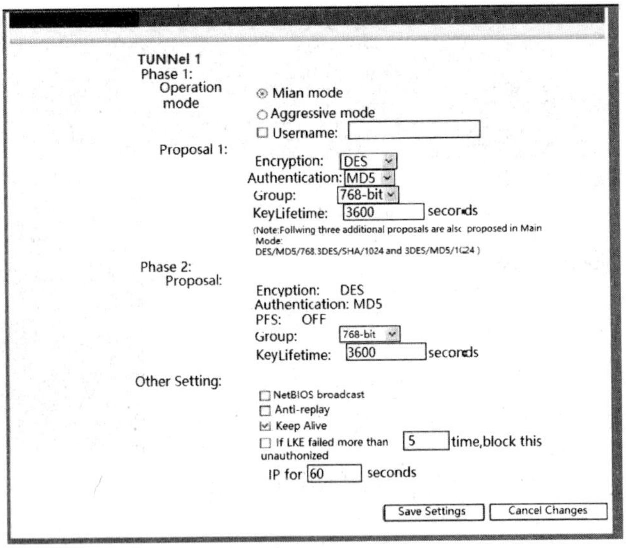

图 7-20　数据密钥的高级设置

R1 后的 ES 站可以通过 STEP7（包括 WinCC 等）对远端的 PLC 站进行远程访问，如图 7-23 所示。

（2）无线方式（CDMA/GPRS）建立 VPN　在某些场合可能没有电话线，如果用户希望随时地都可以对设备进行诊断，这样通过有线电话拨 ADSL 建立 VPN 的方式则会受到限制，此时用户可以考虑采用无线通信的方式建立 VPN。

这里的无线通信 VPN 的方式需要通过支持无线通信（如 GPRS/CDMA）的宽

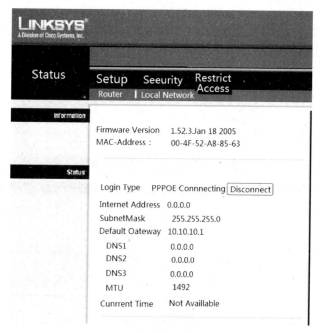

图 7-21 检查连接状态

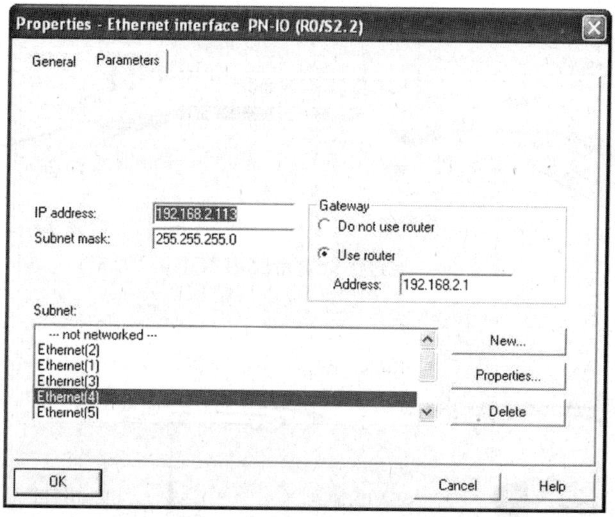

图 7-22 PLC 站的以太网参数设置

带路由器来完成，网络拓扑如图 7-24、图 7-25 所示，在图 7-24 中，我们可以通过两个无线路由器来建立一个 VPN 的通道，此时，将支持 GPRS 或 CDMA 的 SIM 卡分别插在两个路由器中（SIM 卡开通数据业务须向当地的移动通信部门申请），这样，通过设置该路由器就可以像有线 ADSL 一样在两个路由器之间建立一个 VPN 通道，从而实现远程连接。

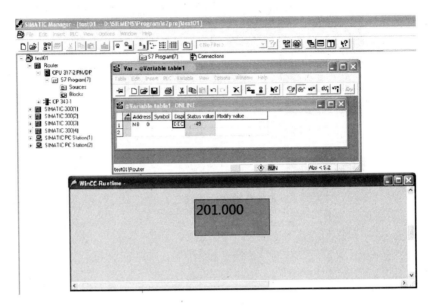

图 7-23 STEP7/WinCC 通过 ADSL 访问远 PLC 站的在线、运行画面

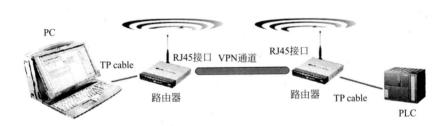

图 7-24 通过无线宽带路由器建立 VPN

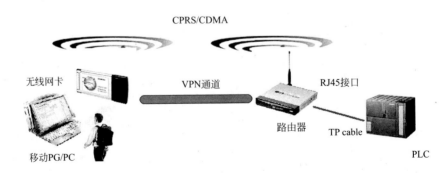

图 7-25 通过无线网卡和宽带路由器建立 VPN

在图 7-25 中 GPRS 或 CDMA 的 DIM 卡分别插在网卡和路由器中，通过该路由器制造商提供的 VPN 客户端软件，可以在该移动 PC 同无线路由器之间建立 VPN 的连接，从而实现在没有电话线或工程师站的情况下对某固定设备进行远程诊断。

CDMA 无线上网的最高速率可达 153.6kbit/s，稳定状态下的速率可在 70～80kbit/s 之间，是普通拨号上网的 3 倍以上。GPRS 上网的峰值速率为 115.2kbit/s，平均上网速率在 20～30kbit/s 之间，上述两者提供数据业务的方式不同，CDMA 传输速率依赖无线环境的程序。

以上讨论了对 PLC 站进行远程访问的几种方式，可以说各种方式都有其应用的场合，用户可以根据实际情况进行选择，也可以混合使用。例如，如果 CP343-1 或 CP443-1 出现问题而无法通信的话，基于互联网的远程诊断功能就要受限，这时只能通过 TS-Adapter 直接连接 CPU 来进行远程诊断。总之，远程诊断的宗旨就是能够以最低的成本完成对 PLC 设备的远程诊断和维护。

7.4 用 STEP7 中的 SFB41/FB41、SFB42/FB42、SFB43/FB43 实现 PID 控制

7.4.1 概述

本节所介绍的功能块（SFB41/FB41、SFB42/FB42、SFB43/FB43）仅仅是使用于 S7 和 C7 的 CPU 中循环中断程序中，该功能块定期计算所需要的数据，并将其保存在指定的 DB（背景数据块）中。允许多次调用该功能块。CONT_C 块与 PULSEGEN 块组合使用，可以获得一个带有比例执行机构脉冲输出的控制器。SFB41/FB41（CONT_C）是连续控制方式；SFB42/FB42（CONT_S）是步进控制方式；SFB43/FB43（PULSEGEN）是脉冲宽度调制器。

注意：SFB41/42/43 与 FB41/42/43 兼容，可以用于 CPU313C、CPU313C-2DP/PtP 和 CPU314C-2DP/PtP 中。

（1）应用 借助于组态大量模块组成的控制器，可以完成带有 PID 算法的实际控制器。该控制器的控制效率即处理速度取决于所使用的 CPU 的性能。对于给定的 CPU，必须在控制器的数量和控制器所需要执行的频率之间找到一个折中的方案。连接的控制电路越快，所安装的控制器数量越少，则每个时间单位计算的数值就越多，对于控制过程的类型没有限制，较慢（温度、填料位等）以及较快的控制系统（流量、速度等）都可以控制。

（2）控制系统分析 控制系统的静态性能（增益）和动态性能（滞后、空载时间、积分常数等）都是设计系统控制器及其静态参数（P 操作）和动态参数（I、D 操作）的主要因素，因此熟练掌握控制系统的类型和特性非常重要。几种类型的控

制器的特性如图 7-26～图 7-29 所示。

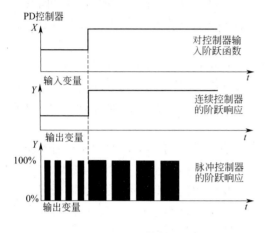

图 7-26　P 控制器

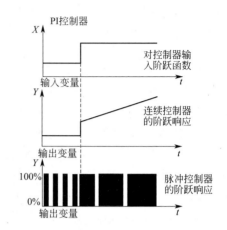

图 7-27　PI 控制器

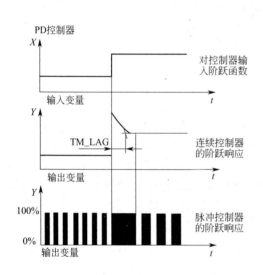

图 7-28　PD 控制器

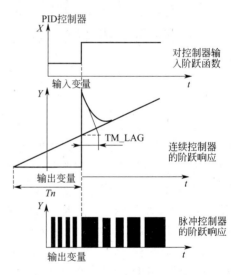

图 7-29　PID 控制器

7.4.2　PID 系统控制器的选择

控制系统的属性由技术过程和机器条件决定，为了获得良好的控制效果，必须选择最适用的系统控制器。

（1）连续控制器、开关控制器　连续控制器输出一个线性（模拟）数值；开关控制器输出一个二进制（数字）数值。

（2）固定值控制器　固定值控制，是使用设定固定数值进行的过程控制，只是偶尔修改一下参考变量，是过程偏差的控制。

（3）级联控制器　级联控制器，是控制器串行连接的控制。每一个控制器（主控制器）决定了串行控制器（从控制器）的设定点，或者根据过程变量的实际错误影响控制器的设定点。

一个级联控制器的控制性能可以通过使用其他的过程变量加以改进。为此，可以为主控制变量添加一个辅助过程变量 PV2（主控制器 SP2 的输出）。主控制器可以将过程变量 PV1 施加给设定点 SP1，并且可以调整 SP2，以便尽可能快地到达目标，如图 7-30 所示。

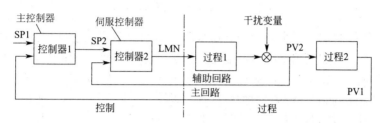

图 7-30　级联控制器

（4）混合控制器　混合控制器是指根据每个被控组件所需要的设定点总数量来计算总 SP 数量的一种控制结构。在此，混合系数 FAC 的和必须为"1"，如图7-31所示。

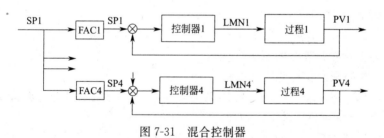

图 7-31　混合控制器

（5）比例控制器

① 单循环比例控制器　单循环比例控制器可以用于"两个过程变量之间的比率"比"两个过程变量的绝对数值"的重要场合，例如速度控制，如图 7-32 所示。

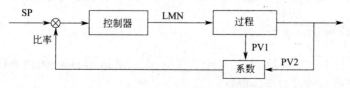

图 7-32　单循环比例控制器

② 多循环比例控制器　对于多循环比例控制，两个过程变量 PV1 和 PV2 之比保持为常数。因此，可以使用第一个控制循环的过程数值来计算第二个控制循环的

设定点。对于过程变量 PV1 的动态变化，也可以保证保持特定的比例，如图 7-33 所示。

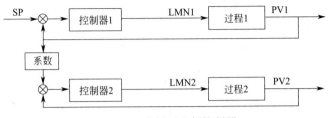

图 7-33　多循环比例控制器

（6）二级控制器　一个二级控制器只能采集两个输出状态（例如开和关），典型的控制为：一个加热的系统通过继电器输出的脉冲宽度进行调制。

（7）三级控制器　一个三级控制器只能采集到 3 个具体的输出状态。我们需要区分"脉冲宽度调制"（例如，加热-冷却，加热-关机-冷却）和"使用集成执行机构的步进控制"（例如，左-停止-右）之间的区别。

7.4.3　布线

对于没有集成的 I/O 控制器，必须使用附加的 I/O 模块。

（1）布线规则

① 连接电缆

a. 对于数字 I/O，如果线路有 100m 长，必须使用屏蔽电缆。

b. 电缆屏蔽时必须在两端进行接地。

c. 软电缆的截面积选择 $0.25\sim1.5\text{mm}^2$。

d. 无需选择电缆套。当决定使用电缆套时，可以使用不带绝缘套圈的电缆套（DIN 46228，Shape A，Short version）。

② 屏蔽端接元件

a. 可以使用屏蔽端接元件，将所有屏蔽的电缆直接通过导轨连接接地。

b. 必须在断电的情况下对组件进行接线。

c. 其他注意事项可参见"CPU 数据"手册以及 CPU 的安装手册。

（2）警告　禁止带电对组件的前插头进行接线，会有触电危险！

7.4.4　参数赋值工具介绍

借助于"PID 参数设置"工具，可以很方便地调试功能块 SFB41/FB41、SFB42/FB42 的参数（背景数据块）。

（1）调试 PID 参数的用户界面　在 Windows 操作系统中，调用"调试 PID 参数用户界面"的操作过程如下：Start—SIMATIC—STEP7—PID Control Parameter Assignment，如图 7-34 所示。

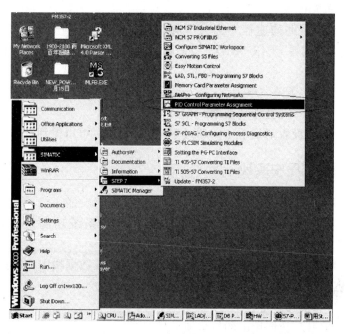

图 7-34　调试 PID 参数的用户界面

　　在最开始的对话框中，既可以打开一个已经存在的 FB41/SFB41 "CONT_C"
或者 FB42/SFB42 "CONT_S" 的背景数据块，也可以生成一个新的数据块，还可
以分配给 FB41/SFB41 "CONT_C" 或者 FB42/SFB42 "CONT_S"，作为背景数据
块，如图 7-35 所示。

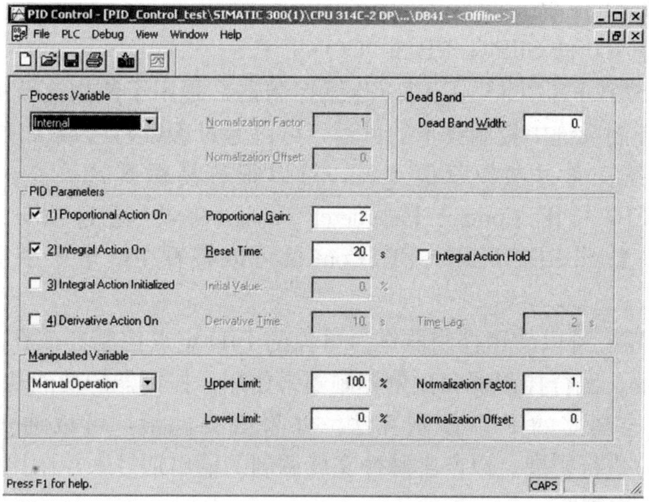

图 7-35　PID 参数的设置窗口

FB43/SFB43 "PULSEGEN" 没有参数设置的用户界面工具，所以必须在

STEP7 中去设置它的参数。

（2）获取在线帮助的途径　当分配参数给 FB41/SFB41 "CONT_C"、FB42/SFB "CONT_S" 或者 FB43/SFB43 "PULSEGEN" 时，可以通过以下 3 条途径获得帮助：

① 使用 STEP7 菜单 "Help"—"Contents"，获得相应的帮助信息；

② 通过按下 "F1" 键得到帮助；

③ 在 PID 参数设置对话框中，通过单击 "Help"，可以得到具体的帮助信息。

7.4.5　在用户程序中实现

以下是设计一个应用的用户程序。

（1）调用功能块　使用相应的背景数据块调用系统功能块，举例：CALL SFB41，DB30（或者 CALL FB41，DB31）。

（2）背景数据块　系统功能块的参数将保存在背景数据块中，后面将介绍这些参数。可以通过以下方式访问这些参数：

① DB 编号和偏移地址；

② 数据块编号和数据块中的符号地址。

（3）程序结构　SFB 必须在重新启动组织块 OB100 中入循环中断组织块 OB30～OB38 中调用，模拟如下：

① OB100 Call SFB/FB41、42、43，DB30；

② OB35 Call SFB/FB41、42、43，DB30。

7.4.6　功能块介绍

（1）连续调节功能 SFB41/FB41 "CONT_C"

① 简介　SFB/FB "CONT_C"（连续控制器）是用于使用连续的 I/O 变量在 SIMATIC S7 控制系统中控制技术的过程，可以通过参数打开或关闭 PID 控制器，以此来控制系统。通过参数赋值工具，可以很容易做到这一点，调用 Start—SIMATIC—STEP7—PID Control Parameter Assignment。通过 Start—SIMATIC—Documentation—English—STEP7—PID Control 可以查看在线电子手册，如图 7-36 所示。

② 应用程序　可以使用控制器作为单独的 PID 定点控制器或在多循环控制中作为级联控制器、混合控制器和比例控制器来使用。控制器的功能基于带有一个模拟信号的采样控制器的 PID 控制算法。如果必要的话，可以通过脉冲发送器（PULSEGEN）进行扩展，以产生脉冲宽度调制的输出信号来控制比例执行机构的 2 个或 3 个步进控制器。

③ 说明　除了设定点操作和过程数值操作的功能以外，SFB41/FB41（CONT_C）可以使用连续的变量输出和手动影响控制数值选项，来实现一个完整的 PID 控

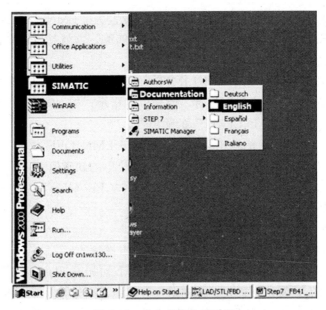

图 7-36　进入在线电子手册

制。下面是关于 SFB41/FB41（CONT_C）详细的子功能说明：

a. 设定点操作：设定点以浮点格式在"SP-INT"端输入。

b. 实际数值操作：过程变量可以在外围设备（I/O）或者以浮点数值格式输入，"CRP_IN"功能可以将"PV_PER"外围设备数值转换为一个浮点格式的数值，在-100%～+100%之间，转换公式如下：

CPR_IN 的输出=PV_PER×100/27648

"PV_NORM"功能可以根据下述规则标准化"CRT_IN"的输出：

"PV_NORM=（CPR_IN 的输出）×PV_FAC+PV_OFF

"PV_FAC"的缺省值为"1"，"PV_OFF"的缺省值为"0"。

变量"PV_FAC"和"PV_OFF"为下述公式转化的结果：

PV_OFF=（PV_NORM 的输出）-（CPR_IN 的输出）×PV_FAC

PV_FAC=（PV_NORM 的输出）-PV_OFF/（CPR_IN 的输出）

不必转换为百分比数值，如果设定点为物理确定，实际数值还可以转换为该物理数值。

c. 负偏差计算：设定点和实际数值之间的差异便形成了负值偏差，为了抑制由于被控量的变化引起的小的、恒定的振荡（例如为个体 PULESGEN 进行脉冲宽度调制），在死区将施加一个额外的死区（DEADBAND），如果 DEADB_W=0，则死区将关闭。

d. PID 算法：PID 算法作为一种位置算法进行控制，比例运算、积分运算（INT）和微商运算（DIF）都可并行连接，也可以单独激活或取消。

e. 手动模式：可以在手动模式和自动模式之间切换。手动模式下，被控量被

321

修改成手动选定的数值。积分器（INT）内部设置为"LMN－LMN_P－DISV"，微分单元（DIF）内部设置为"0"，并进行内部匹配，这就是说切换到自动模式时不会引起被控量的突变。

　　f. 受控数值的处理：使用 LMNLIMIT 功能，受控数值可以被限制为一个所选择的数值。当输入变量超出极限值时，信号位将指示。"LMN_NORM"功能可以根据下述公式标准化"LMNLIMIT"的输出：

　　LMN＝（LMNLIMIT 的输出）×LMN_FAC＋LMN_OFF

　　"LMN_FAC"的缺省值为"1"，"PMN_OFF"的缺省值为"0"。

　　受控数值也适用于外围设备（I/O）格式，"CPR_OUT"功能可以将浮点值"LMN"转换为一个外围设备值，转换公式如下：

　　LMN_FER＝LMN×2764/10

　　g. 前馈控制：一个干扰变量被引入"DISV"端输入。

　　h. 初始化：SFB41/FB411 "CONT"有一个初始化程序，可以在输入参数COM_RST＝TRUE 置位时运行。在初始化过程中，积分器内部可能设置为初始值"I_ITVAL"。如果在一个循环中断优先级调用它，它将从该数值继续开始运行，所有其他输出都设置为其缺省值．

　　i. 出错信息：故障输出参数 RET_VAL 不使用。

　　j. SFB/FB "CONT_C"（连续调节控制器）块图：连续调节控制器块图如图7-37 所示。

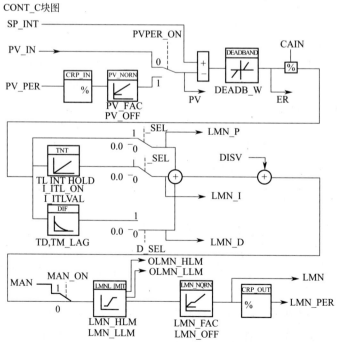

图 7-37　连续调节控制器 CONT_C 块图

k. 输入参数：SFB41/FB41 "CONT_C" 连续调节控制器输入参数如图 7-38 所示。

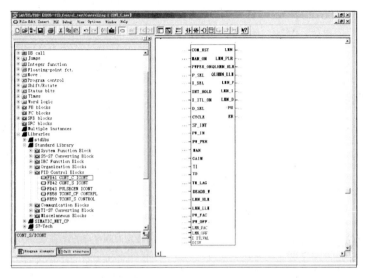

图 7-38　SFB41/FB41 "CONT_C" 连续调节控制器输入参数

表 7-6 列出了 SFB41/FB41 "CONT_C" 连续调节控制器输入参数的说明。

表 7-6　SFB41/FB41 "CONT_C" 输入参数的说明

序号	参数	数据类型	数值范围	缺省	说　　明
1	COM_RST	BOOL	—	FALSE	COMPLETE RESTART(完全再启动) 该块有一个初始化程序,可以在输入参数 COM_RST 置位时运行
2	MAN_ON	BOOL	—	TRUE	MANUAL VALUE ON(手动数值接通) 如果输入端"手动数值接通"被置位,那么闭环控制循环将被中断。手动数值被设置为受控数值
3	PVPER_ON	BOOL	—	FALSE	PROCESS VARIABLE PERIPHERY ON/(过程变量外设接通) 如果过程变量从 I/O 读取,输入"PV_PER"必须连接到外围设备,并且输入"PROCESS VARIABLE PERIPHERY ON"必须置位
4	P_SEL	BOOL	—	TRUE	PROPORTIONAL ACTION ON(比例分量接通) PID 各分量在 PID 算法中可以分别激活或者取消。当输入端"比例分量接通"被置位时,P 分量被接通
5	I_SEL	BOOL	—	TRUE	INTEGRAL ACTION ON(积分分量接通) PID 各分量在 PID 算法中可以分别激活或者取消。当输入端"积分分量接通"被置位时,I 分量被接通

323

序号	参数	数据类型	数值范围	缺省	说　明
6	INT_HOLD	BOOL	—	FALSE	INTEGRAL ACTION HOLD(积分分量保持) 积分器的输出被冻结。为此,必须置位输入"Integral Action Hold(积分操作保持)"
7	I_ITL_ON	BOOL	—	FALSE	INITIALIZATION OF THE INTEGRAL ACTION(积分分量初始化接通) 积分器的输出可以被设置为输入"I_ITLVAL"。为此,必须置位输入"积分操作的初始化"
8	D_SEL	BOOL	—	FALSE	DERIVATIVE ACTION ON(微分分量接通) PID各分量在PID算法中可以分别激活或者取消。当输入端"微分分量接通"被置位时,D分量被接通
9	CYCLE	TIME	>＝1ms	T♯1s	SAMPLE TIME(采样时间) 块调用之间的时间必须恒定。"采样时间"输入规定了块调用之间的时间,应该与OB35设定时间保持一致
10	SP_INT	REAL	−100.0~+100.0(%)或者物理值1	0.0	INTERNALSETPOINT(内部设定点) "内部设定点"输入端用于确定设定值
11	PV_IN	REAL	−100.0~+100.0(%)或者物理值1	0.0	PROCESSVARIABLE IN(过程变量输入) 可以设置一个初始值到"过程变量输入"输入端或者连接一个浮点数格式的外部过程变量
12	PV_PER	WORD	—	W♯16♯0000	PROCESS VARIABLE PERIPHERY(过程变量外设) 外围设备的实际数值,通过I/O格式的过程变量被连接到"过程变量外围设备"输入端,连接到控制器
13	MAN	REAL	−100.0~+100.0(%)或者物理值2	0.0	MANUAL VALUE(手动数值) "手动数值"输入端可以用于通过操作者接口功能设置一个手动数值
14	GAIN	REAL		2.0	PROPORTIONAL GAIN(比例增益) "比例增益"输入端可以设置控制器的比例增益系数
15	TI	TIME	>＝CYCLE	T♯20s	RESET TIME(复位时间) "复位时间"输入端确定了积分器的时间响应
16	TD	TIME	>＝CYCLE	T♯10s	DERIVATIVE TIME(微分时间) "微分时间"输入端确定了微分单元的时间响应
17	TM_LAG	TIME	>＝(CYCLE/2)	T♯2s	TIME LAG OF THE DERIVATIVE ACTION(微分分量的滞后时间) 微分操作的算法包括一个时间滞后,可以被赋值给"微分分量的滞后时间"输入端上

续表

序号	参数	数据类型	数值范围	缺省	说　明
18	DEADB_W	REAL	>=0.0(%) 或者物理值1	0.0	DEAD BAND WIDTH(死区宽度) 死区用于存储错误。"死区宽度"输入端确定了死区的容量大小
19	LMN_HLM	REAL	LMN_LLM~ 100.0(%) 或者物理值2	100.0	MANIPULATED VALUE HIGH LIMIT(受控数值的上限) 受控数值必须设定有一个"上限"和一个"下限"。"受控数值上限"输入端确定了"上极限"
20	LMN_LLM	REAL	−100.0(%)~ LMN_HLM 或者物理值2	0.0	MANIPULATED VALUE LOW LIMIT(受控数值的下限) 受控数值必须设定有一个"上限"和一个"下限"。"受控数值下限"输入端确定了"下极限"
21	PV_FAC	REAL	—	1.0	PROCESS VARIABLE FACTOR(过程变量系数) "过程变量系数"输入端用于和过程变量相乘。该输入端可以用于匹配过程变量范围
22	PV_OFF	REAL		0.0	PROCESSVARIABLE OFFSET(过程变量偏移量) "过程变量偏移"输入端可以添加到"过程变量"。该输入端可以用于匹配过程变量的范围
23	LMN_FAC	REAL		1.0	MANIPULATED VALUE FACTOR(受控数值系数) "受控数值系数"输入端用于与受控数值相乘。该输入端可以用于匹配受控数值的范围
24	LMN_OFF	REAL	—	0.0	MANIPULATED VALUE(受控数值的偏移量) "受控数值的偏移量"可以与受控数值相加。该输入端可以用于匹配受控数值的范围
25	I_ITLVAL	REAL	−100.0~ +100.0(%) 或者物理值2	0.0	INITIALIZATION VALUE OF THE INTEGRAL-ACTION(积分分量初始化值) 积分器的输出可以用输入端"I_ITL_ON"设置。初始化数值可以设为"积分分量初始值"输入
26	DISV	REAL	−100.0~ +100.0(%) 或者物理值2	0.0	DISTURBANCE VARIABLE(干扰变量) 对于前馈控制,干扰变量被连接到"干扰变量"输入端

　　"设定值通道"和"过程变量通道"中的数参应该有相同的单位。如果使用PV_IN作为"过程物理值"或者"过程物理值百分比",SP_INT必须使用相同的单位;如果使用PV_PER作为外围设备的实际数值,SP_INT只能使用"−100%~+100%"作为设定值。如果设定值SP_INT是0~10MPa中的8MPa,那么需要填写0.8,PV_PER填写硬件外设地址IW XXX。

　　受控量通道中的参数应该有相同的单位。

1. 输出参数：表 7-7 列出 SFB41/FB41 "CONT_C" 输出参数的说明。

表 7-7　SFB41/FB41 "CONT_C" 输出参数的说明

序号	参数	数据类型	数值范围	缺省	说　　明
1	LMN	REAL	—	0.0	MANIPULATED VALUE(受控数值) 有效的受控数值被以浮点数格式输出在"受控数值"输出端上
2	LMN_PER	WORD	—	W#16#0000	MANIPULATED VALUE PERIPHERY(受控数值外围设备) I/O格式的受控数值被连接到"受控数值外围设备"输出端上的控制器
3	QLMN_HLM	BOOL	—	FALSE	HIGH LIMIT OF MANIPULATED VALUE REACHED(达到受控数值上限) 受控数值必须规定一个最大极限和一个最小极限。"达到受控数值上限"指示已超过最大极限
4	QLMN_LLM	BOOL	—	FALSE	LOW LIMIT OF MANIPULATED VALUE REACHED(达到受控数值下限) 受控数值必须规定一个最大极限和一个最小极限。"达到受控数值下限"指示已超过最小极限
5	LMN_P	REAL	—	0.0	PROPORTIONALITY COMPONENT(比例分量) "比例分量"输出端输出受控数值的比例分量
6	LMN_I	REAL	—	0.0	INTEGRAL COMPONENT(积分分量) "积分分量"输出端输出受控数值的积分分量
7	LMN_D	REAL	—	0.0	DERIVATIVE COMPONENT(微分分量) "微分分量"输出端输出受控数值的微分分量
8	PV	REAL	—	0.0	PROCESS VARIABLE(过程变量) 有效的过程变量在"过程变量"输出端上输出
9	ER	REAL	—	0.0	ERROR SIGNAL(误差信号) 有效误差在"误差信号"输出端输出

（2）步进控制功能 SFB42/FB42 "CONT_S"

① 简介　SFB/FB "CONT_S"（步进控制器）用在 SIMATIC S7 PLC 上，用于二进制数控数值输出信号积分执行机构的控制技术过程。在参数赋值过程中，可以激活或取消 PI 步进控制器的子功能，以使控制器与过程匹配。通过参数赋值工具，可以很容易地做到这一点。调用：Start—SIMATIC—STEP7—PID Control Parameter Assignment。在线电子手册，Start—SIMATIC—Documentation—English—STEP7—PID Control。

② 应用程序　可以使用该控制器作为单独的 PI 固定设定值控制器，或者在辅助控制循环（第二级闭环）中作为级联控制器、混合控制器或者比例控制器，但是不能用作主控制器（第一级调节器）。控制器的功能根据采样控制器的 PI 控制算法实现，由模拟执行信号生成二进制输出信号。

下列功能适用于 CPU 314 IFM 的 FB V1.5 或 V1.1.0 以上版本：

利用 TI=T♯0ms，可以封锁调节器的积分分量，因此允许功能块用作比例（P）控制器。

由于控制器不使用任何位置反馈信号，内部计算的受控变量将不有准确地匹配信号控制元件的位置，如果受控变量（ERGAIN）为负值，应进行调整，然后调节器置位输出端 QLMNDN（受控量信号低），直到 LMBR_LS（位置反馈信号下限）被置位。

控制器还可以在一个控制器级联中用作一个辅助控制器（第二个执行器）。设定点输入端"SP_INT"用于赋值控制元件的位置，在这种情况下，实际数值输入和参数"TI（积分时间）"必须被设置为"0"。举一个应用实例：通过电控阀门控制湿度，即借助二进制脉冲数值输出信号来控制热量输出的温度调节和利用阀门控制制冷容量。在这种情况下，为了关闭全部阀门，受控变量（ERGAIN）应该有一个负值。

③ 说明　除了过程数据通道的功能外，SFB/FBB "CONT_S"（步进控制器）可以使用一个数字受控数值输出和手动影响控制数值选项，来实现一个完整的 PI 控制。步进控制器不使用位置反馈信号，限位信号可以用于限制脉冲输出。下面给出详细的子功能说明：

a. 设定点操作：设定点以浮点格式在"SP_INT"端输入。

b. 实际数值操作：过程变量可以在外围设备（I/O）或者以浮点数值格式输入，"CRP_IN"功能可以将"PV_PER"外围设备数值转换为一个浮点格式的数值，在 $-100\%\sim+100\%$ 之间，转换公式如下：

$$CPR\_IN \text{ 的输出} = PV\_PER \times 100/27648$$

"PV_NORM"功能可以根据下述规则标准化"CRT_IN"的输出：

$$PV\_NORM = (CPR\_IN \text{ 的输出}) \times PV\_FAC + PV\_OFF$$

"PV_FAC"的缺省值为"1"，"PV_OFF"的缺省值为"0"。

变量"PV_FAC"和"PV_OFF"为下述公式转化的结果：

$$PV\_OFF = (PV\_NORM \text{ 的输出}) - (CPR\_IN \text{ 的输出}) \times PV\_FAC$$

$$PV\_FAC = (PV\_NORM \text{ 的输出}) - PV\_OFF/(CPR\_IN \text{ 的输出})$$

不必转换为百分比数值，如果设定点为物理确定，实际数值还可以转换为该物理数值。

c. 负偏差计算：设定点和实际数值之间的差异便形成了负值偏差，为了抑制由于被控量的变化引起的小的、恒定的振荡（例如为个体 PULESGEN 进行脉冲宽度调制），在死区将施加一个额外的死区（DEADBAND），如果 DEADB_W=0，则死区将关闭。

327

d. PI 步进算法：SFB/FB "CONT_S"（步进控制器）不使用位置反馈信号，PI 算法的积分操作和假定位置反馈信号都在积分器（INT）中计算，并作为一个反馈值与剩余 P 操作进行比较，比较差被用于一个三步元件（THREE_ST）和一个脉冲发生器（PULSEOUT），以生成执行机构的控制脉冲。控制器的开关频率可以通过在三步元件上采用阈值控制来减少。

e. 前馈控制：一个干扰变量被引入 "DISV" 输入端。

f. 初始化操作：SFB/FB "CONT_S"（步进控制器）有一个初始化程序，可以在输入参数 COM_RST＝TRUE 置位时运行，所有其他输出端都设置为其缺省值。

g. 出错信息：故障输出参数 RET_VAL 不使用。

h. SFB/FB "CONT_S"（步进控制器）块图：SFB/FB "CONT_S" 步进控制器块图如图 7-39 所示。

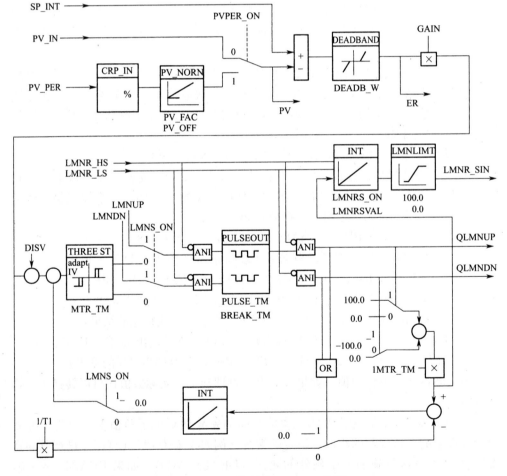

图 7-39　步进控制器 CONT_S 块图

i. 输入参数：SFB42/FB42 "CONT_S" 的输入参数如图 7-40 所示。

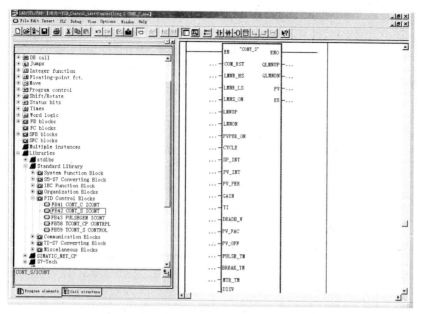

图 7-40　步进 SFB42/FB42 "CONT_S" 的输入参数

表 7-8 列出了 SFB42/FB42 "CONT_S" 步进控制器输入参数的说明。

表 7-8　SFB42/FB42 "CONT_S" 步进控制器输入参数的说明

序号	参数	数据类型	数值范围	缺省	说　　明
1	COM_RST	BOOL	—	FALSE	COMPLETE RESTART(完全再启动) 该块有一个初始化程序,可以在输入参数 COM_RST 置位时运行
2	LMNR_HS	BOOL	—	FALSE	HIGH LIMIT OF POSITION FEEDBACK SIGNAL(位置反馈信号上限) "执行器在上限停"信号连接到"位置反馈信号上限"输入端。LMNR_HS＝TRUE 表示执行器处于最大上限
3	LMNR_LS	BOOL	—	FALSE	LOW LIMIT OF POSITION FEEDBACK SIGNAL(位置反馈信号下限) "执行器在下限停"信号连接到"位置反馈信号下限"输入端。LMNR_LS＝TRUE 表示执行器处于最大下限
4	LMNS_ON	BOOL	—	TRUE	MANUAL ACTUATING SIGNALS ON(手动执行信号接通)通过"手动执行信号接通"执行信号处理切换为手动模式

续表

序号	参数	数据类型	数值范围	缺省	说　明
5	LMNUP	BOOL	—	FALSE	ACTUATING SIGNALS UP(执行信号上升) 通过手动执行信号,输出信号"QLMNUP"在"执行信号上升沿"输入被置位
6	LMNDN	BOOL	—	FALSE	ACTUATING SIGNALS DOWN(执行信号下降) 通过手动执行信号,输出信号"QLMNDN"在"执行信号下降沿"输入被置位
7	PVPER_ON	BOOL	—	FALSE	PROCESS VARIABLE PERIPHERYON(过程变量外设接通) 如果从I/O读取过程变量,输入端"PV_PER"必须连接到外围设备,并且输入端"PROCESS VARI-ABLEPERIPHERY ON"必须置位
8	CYCLE	TIME	>=1ms	T♯1s	SAMPLING TIME(采样时间) 块调用之间的时间必须恒定。"采样时间"输入端规定了块调用之间的时间
9	SP_INT	REAL	−100.0～+100.0(%)或物理值1	0.0	INTERNAL SETPOINT(内部设定值) "内部设定值"输入用于确定一个设定值
10	PV_IN	REAL	−100.0～+100.0(%)或物理值1	0.0	PROCESS VARIABLE IN(过程变量输入) 可以设置一个初始值到"过程变量输入"输入端或者连接一个浮点数格式的外部过程变量
11	PV_PER	WORD	—	W♯16♯0000	PROCESS VARIABLE PERIPHERY(过程变量外设) I/O格式的过程变量被连接到调节器的"过程变量外围设备"输入端
12	GAIN	REAL	—	2.0	PROPORTIONAL GAIN(比例增益) "比例增益"输入端设置控制器的增益
13	TI	TIME	>=CYCLE	T♯20s	RESET TIME(复位时间) "复位时间"输入端确定了积分器的时间响应
14	DEADB_W	REAL	0.0～+100.0(%)或物理值1	1.0	DEAD BAND WIDTH(死区宽度) 死区用于误差。"死区宽度"用于确定死区的大小
15	PV_FAC	REAL	—	1.0	PROCESS VARIABLE FACTOR(过程变量系数) "过程变量系数"输入用于和过程变量相乘。该输入可以用于匹配过程变量的范围

序号	参数	数据类型	数值范围	缺省	说　明
16	PV_OFF	REAL	—	0.0	PROCESS VARIABLE OFFSET(过程变量偏移量) "过程变量偏移"输入端与过程变量相加。该输入端用于匹配过程变量的范围
17	PULSE_TM	TIME	>=CYCLE	T#3 s	MINIMUM PULSE TIME(最小脉冲时间) 最小脉冲宽度可以使用参数"最小脉冲时间"赋值
18	BREAK_TM	TIME	>=CYCLE	T#3 s	MINIMUM BREAK TIME(最小间隔时间) 最小脉冲间隔时间可以使用参数"最小间隔时间"赋值
19	MTR_TM	TIME	>=CYCLE	T#30 s	MOTOR MANIPULATED VALUE(电动执行时间) 执行机构从一个限幅位置移动到另一个限幅位置所需的时间,可以在参数"电动执行时间"参数中输入
20	DISV	REAL	−100.0～+100.0(%)或物理值2	0.0	DISTURBANCE VARIABLE(干扰变量) 对于前馈控制,干扰变量连接到输入端"干扰变量"

"设定值通道"和"过程变量通道"中的参数应该有相同的单位。受控量通道中的参数应该有相同的单位。

j. 输出参数:表 7-9 列出了 SFB42/FB42 "CONT_S" 步进控制器输出参数的说明。

表 7-9　SFB42/FB42 "CONT_S" 步进控制器输出参数的说明

序号	参数	数据类型	数值范围	缺省	说明
1	QLMNUP	BOOL	—	FALSE	ACTUATING SIGNAL UP(执行信号上升) 如果输出端"执行信号上升"被置位,那么执行阀是打开的
2	QLMNDN	BOOL	—	FALSE	ACTUATING SIGNAL DOWN(执行信号下降) 如果输出端"执行信号下降"被置位,那么执行阀是打开的
3	PV	REAL	—	0.0	PROCESS VARIABLE(过程变量) 有效的过程变量是在"过程变量"输出端输出
4	ER	REAL	—	0.0	ERROR SIGNAL(负偏差信号) 有效的负偏差数值在"负偏差信号"输出端输出

（3）脉冲宽度调制器 SFB43/FB43 "PULSEGEN"

① 简介　SFB/FB "PULSEGENN"（脉冲发生器）可以用于 PID 控制器使用比例执行机构的脉冲输出。在线电子手册见 Start—SIMATIC—Documentation—English—STEP7—PID Control。

② 应用程序　使用 SFB/FB "PULSEGEN"（脉冲发生器），可以通过脉冲宽度调制，组态 PID 两步或三级控制器，该功能一般与连续控制器 SFB/FB "CONT_C" 一起使用，如图 7-41 所示。

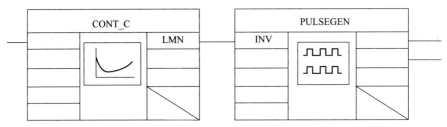

图 7-41　SFB/FB "PULSEGEN" 脉冲发生器的应用

③ 说明　功能 "PULSEGEN" 可以通过调制脉冲宽度，将输入变量 "INV"（＝PID 控制器的 LMN）转换为一个恒定周期的脉冲串。该恒颇高和周期相当于输入变量刷新的循环时间，必须在 "PER_TM" 中赋值。

每个周期的脉冲宽度与输入变量成正比，"PER_TM" 中的循环时间与 SFB/FB "PULSEGEN" 的处理时间不同，"PER_TM" 循环时间由多个 SFB/FB "PULSEGEN" 执行循环之和，因此每个 "PER_TM" 循环的 SFB/FB "PULSEGEN" 调用次数是脉冲宽度。最小受控数值在参数 "P_B_TM" 中确定，如图7-42 所示。

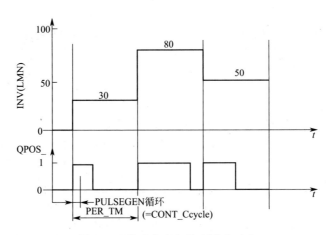

图 7-42　脉冲宽度与输入量成正比

a. 脉冲宽度调制：输入变量的 30% 以及每个 PER_TM 循环时间均调用 SFB/

FB "PULSEGEN" 10 次，含义如下：对于前三个 SFB/FB "PULSEGEN"（10 次调用的 30%），输出 "QPOS" 为 "1"；对于其余 7 个 SFB/FB "PULSEGEN"（10 次调用的 70%），输出 "QPOS" 为 "0"。

　　b. SFB/FB "PULSEGEN" 块图：SFB/FB "PULSEGEN" 脉冲宽度调制器块图如图 7-43 所示。

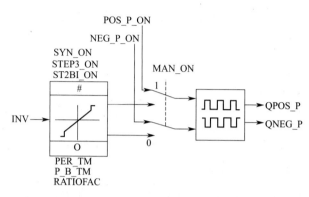

图 7-43　SFB/FB "PULSEGEN" 脉冲宽度调制器块图

　　c. 受控数值的精度：如果 "采样频率比例" 为 1：10（"CONT_C" 调用与 "PULSEGEN" 调用之比），那么在这个例子中受控数值的精度将降低为 10%。换句话说，设定的输入数值 "INV" 只能在 "QPOS" 输出端上以 "10%" 的步长转换成脉冲宽度。

　　只有当每次 "CONT_C" 调用中。"PULSEGEN" 调用的次数增加时，才能提高受控数值的精度。例如每个 "CONT_C" 调用的 "PULSEGEN" 调用次数为 100，受控数值的分辨率将达到 1%（建议分辨率≤5%）。

　　注意："采样频率比例" 必须由用户编程。

　　d. 自动同步：可以使刷新输入变量 "INV" 的块（例如 "CONT_C"）与脉冲输出自动同步，这就保证了输入变量中的一个变化可以尽可能快地输出为一个脉冲。

　　脉冲发生器可以根据 "PER_TM" 的周期定期评价输入数值 "INV"，并将该数值转换为相应长度的脉冲信号。

　　但是，由于 "INV" 一般在较慢的循环中断级中计算，所以脉冲发生器应在 "INV" 刷新后尽可能快地将具体数值转换为一个脉冲信号。为此，块必须使用下述程序对周期的起点进行同步：

　　如果 "INV" 变化，并且块调用不在一个周期的第 1 个或最后两个调用循环中，可以进行同步，将重新计算脉冲宽度，并在下一个循环中输出一个新的周期，如图 7-44 所示。

　　自动同步可以根据 "SYN_ON"（=FALSE）输入关闭。

　　注意：在一个周期的开始，"INV"（即 LMN）的先前数值的映像将被或多或少地混合到脉冲信号中。

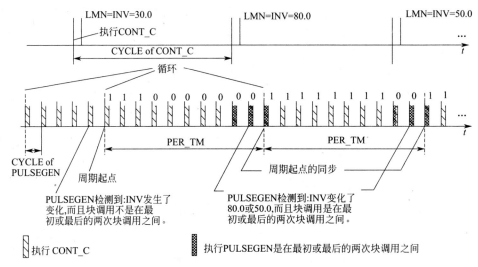

图 7-44　输入变量"INV"的块与脉冲输出自动同步

e. PID 控制器输出工作模式：根据脉冲发生器所赋值的参数，可以将 PID 调节器组态成具有一个三级输出或者一个两向或单向的两极输出 PID 控制器，表 7-10 所示为可能模式的开关组合设置。

表 7-10　PID 控制器输出可能模式的开关组合设置

模式	MAN_ON	STEP3_ON	ST2BI_ON
二级调节	FALSE	TRUE	ANY
两级调节，带双向调节区 （−100%～+100%）	FALSE	FALSE	TRUE
两级调节，带双向调节区 （0～+100%）	FALSE	FALSE	FALSE
手动模式	TRUE	ANY	ANY

●三级控制：在"三级控制"模式下，可以生成控制信号的 3 种状态，二进制输出信号"QPOS_P"和"QNEG_P"的数值可以赋值给执行机构的状态。

表 7-11 所示为一个温度控制的例子。

表 7-11　温度控制

输出信号	加热	执行器关闭	制冷
QPOS_P	TRUE	FALSE	FALSE
QNEG_P	FALSE	FALSE	TRUE

根据输入变量，使用一个特性曲线可以计算脉冲宽度，特性曲线的形状取决于最小脉冲时间或最大中断时间和比例系数，比例系数的正常值为"1"。曲线中的"拐点"是由于最小脉冲时间或最小中断时间造成的。

最小脉冲或最小间隔时间：正确赋值最小脉冲或最小中断时间"P_B_TM"，可以防止短促的开断时间降低开关元件和执行机构的使用寿命。

正脉冲宽度和负脉冲宽度可以根据输入变量（单位：％）和周期时间相乘进行计算：

$$脉冲周期＝INV/100×PER\_TM$$

图 7-45 所示为一个三级控制器的系统曲线（比例系数＝1）。

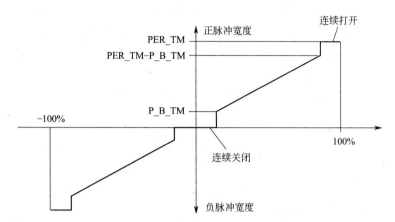

图 7-45　三级控制器的系统曲线（比例系数＝1）

使用比例系数"RATIO_FAC"，可以改变正脉冲宽度和负脉冲宽度之比，例如对于热处理，可使用不同的时间常数加热和冷却执行机构。

比例系数也会影响最小脉冲/暂停周期，比例系数小于1的意思是指负脉冲的周期乘以比例系数。

比例系数＜1：通过输入数值乘以脉冲周期所得到的比例系数，可以减少负脉冲输出的脉冲周期。

$$正脉冲周期＝INV/100×PER\_TM$$

$$负脉冲周期＝INV/100×PER\_TM×RATIOFAC$$

如图 7-46 所示为一个三级控制器的系数曲线（比例系数＝0.5）。

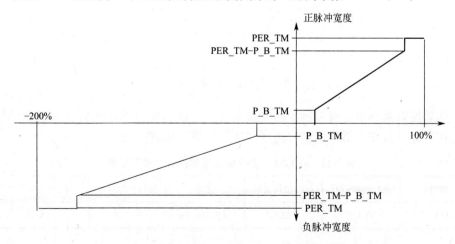

图 7-46　三级控制器的系统曲线（比例系数＝0.5）

比例系数＞1：通过输入数值乘以脉冲周期所得到的比例系数，可以减少正脉冲输出的脉冲周期。

$$正脉冲周期＝INV/100×PER\_TM$$
$$负脉冲周期＝INV/100×PER\_TM×RATIOFAC$$

● 二级控制：对于二级控制，只能将 PULSEGEN 的正脉冲输出"QPOS_P"连接到 I/O 执行机构，根据所使用的受控数值范围，二级控制器可以有一个双极或单极受控数值范围。

两级调节，带双向调节区（−100％～＋100％），如图 7-47 所示。

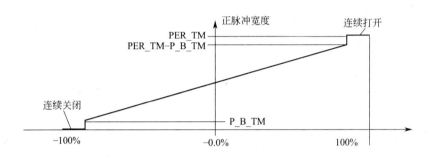

图 7-47　两级调节带双向调节区

两级调节带单向调节区（0～＋100％）如图 7-48 所示。

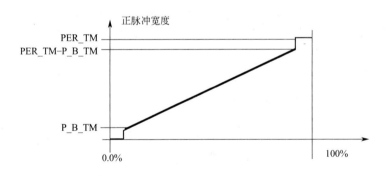

图 7-48　两级调节带单向调节区

如果控制循环中二级控制器的连接需要一个执行脉冲的逻辑转换二进制信号，可以在"QNEG_P"将输出信号进行"非"运算，见表 7-12。

表 7-12　在 QNEG_P 将输出信号进行"非"运算

脉冲	执行机构打开	执行机构关闭	脉冲	执行机构打开	执行机构关闭
QPOS_P	TRUE	FALSE	QNEG_P	FALSE	TRUE

二级控制或三级控制中的手动模式，在手动模式（MAN_ON_TRUE）中，三

级控制器或二级控制器的二进制输出可以使用信号"POS_P_ON"和"NEG_P_ON"以及"INV"进行设置，如表7-13所示。

表7-13 二进制输出设置

项目	POS_P_ON	NEG_P_ON	QPOS_P	QNEG_P
三级调节	FALSE	FALSE	FALSE	FALSE
	TRUE	FALSE	TRUE	FALSE
	FALSE	TRUE	FALSE	TRUE
	TRUE	TRUE	FALSE	FALSE
二级调节	FALSE	Any	FALSE	TRUE
	TRUE	Any	TRUE	FALSE

f. 初始化：SFB "PULSGEN"有一个初始化程序，可以在输入参数COM_RST＝TRUE置位时运行，所有信号都被设置为"0"

g. 出错信息：故障输出参数RET_VAL不使用。

h. 输入参数：SFB43/FB43 "PULSEGEN"脉冲宽度调制器的输入参数如图7-49所示。

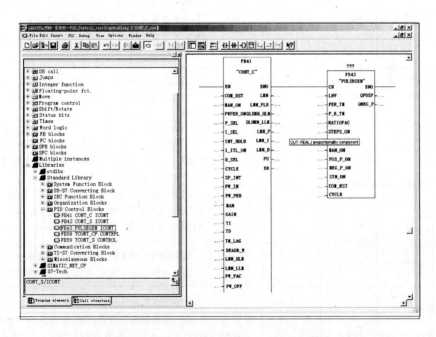

图7-49 SFB43/FB43 "PULSEGEN"脉冲宽度调制器的输入参数

表7-14列出了SFB43/FB43 "PULSEGEN"输入参数的说明。

表 7-14   SFB43/FB43 "PULSEGEN" 输入参数的说明

序号	参数	数据类型	数值范围	缺省	说　明
1	INV	REAL	−100.0～ +100.0（%）	0.0	INPUT VARIABLE（输入变量） 模拟受控量连接到输入参数"输入变量" • 对于 RATIOFAC<1 的三级控制 • 对于 RATIOFAC>1 的三级控制 • 对于双极二级控制 • 对于多极二级控制
2	PER_TM	TIME	>=20× CYCLE	T♯1s	PERIOD TIME（周期时间） 脉冲宽度调制的恒定周期可以使用该输入参数输入。这相当于"CONT_C"控制器的采样时间。脉冲发生器的采样时间和"CONT_C"控制器的采样时间之比决定了脉冲宽度调制的精度
3	P_B_TM	TIME	>=CYCLE	T♯0ms	MINIMUM PULSE/BREAK TIME（最小脉冲/间隔时间） 最小脉冲时间或最小中断时间可以使用输入参数"最小脉冲/间隔时间"赋值
4	RATIOFAC	REAL	0.1～10.0	1.0	RATIO FACTOR（比例系数） 输入参数"比例系数"可以用于改变正脉冲宽度和负脉冲宽度之比。例如，在热处理中，这可用于补偿加热和冷却的不同时间常数（例如，电加热和水冷过程）
5	STEP3_ON	BOOL	—	TRUE	THREE STEP CONTROL ON（三级调节接通） 该输入参数激活"三级调解"。在三级调节中，两路输出信号都被激活
6	ST2BI_ON	BOOL	—	FALSE	TWO STEP CONTROL FOR BIPOLAR MANIPULATED VALUE RANGE ON（两极调节，双向受控量范围接通） 用于双极受控数值范围打开的二级控制。可以在"双极受控数值"和"多极受控数值范围的二级控制"模式之间选择。此时，STEP3_ON ＝FALSE
7	MAN_ON	BOOL	—	FALSE	MANUAL MODE ON（手动模式接通） 通过设置该输入参数，可以手动设置输出信号
8	POS_P_ON	BOOL	—	FALSE	POSITIVE PULSE ON（正脉冲接通） 在三级控制的手动模式中，输出信号"QPOS_P"可以使用该输入参数进行控制。在二级控制的手动模式中，"QNEG_P"必须设置为"QPOS_P"相反

续表

序号	参数	数据类型	数值范围	缺省	说　明
9	NEG_P_ON	BOOL	—	FALSE	NEGATIVE PULSE ON(负脉冲接通) 在三级控制的手动模式中,输出信号"QNEG_P"可以使用该输入参数进行控制。在二级控制的手动模式中,"QNEG_P"必须设置为"QPOS_P"相反
10	SYN_ON	BOOL	—	TRUE	SYNCHRONIZATION ON(同步接通) 通过设置该输入参数,可以自动与刷新输入变量"INV"的块进行同步操作。这可保证输入变量中的一个变化可以尽可能快地输出为一个脉冲
11	COM_RST	BOOL	—	FALSE	COMPLETE RESTART(完全再启动) 该块有一个初始化程序,可以在输入参数 COM_RST 置位时运行
12	CYCLE	TIME	≥1ms	T#10ms	SAMPLING TIME(采样时间) 块调用之间的时间必须恒定。该输入参数规定了块调用之间的时间

输入参数的数值在块中没有限制，没有参数检查。

i. 输出参数：表 7-15 列出 SFB43/FB43 "PULSEGEN" 输出参数的说明。

表 7-15　SFB43/FB43 "PULSEGEN" 输出参数的说明

序号	参数	数据类型	数值范围	缺省	说明
1	QPOS_P	BOOL	—	FALSE	OUTPUT POSITIVE PULSE(输出正脉冲) 如果有脉冲输出,输出参数 "输出正脉冲"被置位。在三级调节中总是正脉冲输出。在两级调节中,QNEG_P 总是与 QPOS_P 反向
2	QNEG_P	BOOL	—	FALSE	OUTPUT NEGATIVE PULSE(输出负脉冲) 如果有脉冲输出,输出参数 "输出负脉冲"被置位。在三级调节中总是负脉冲输出。在两级调节中,QNEG_P 总是与 QPOS_P 反向

　　由上可知，用于 PID 控制的功能块 CONT_C、CONT_S 和 PULSEGEN 虽然有两个不同的版本，却具有相同的功能：FB41、FB42、FB43 这些 FB 块是通用的用户程序块，可以在所有 CPU（S7-300、S7-400）中运行；SFB41、SFB42、SFB43 这些 SFB 块是被集成到 CPU 的操作系统中的，在 S7-300 CPU 中，类型为 313C 和 314C 的 CPU 中的 C7 设备中集成有这些系统功能块。

7.5 S7-400在甲醇项目中实现首发报警功能

本节介绍如何利用西门子公司的S7-400系列CPU及WinCC实现首发报警记录锁定功能。

7.5.1 概述

从国家环境保护、可持续发展战略考虑，必须尽快推出符合公司持续发展的绿色替代能源，目前甲醇燃料正是绿色替代能源的合适选择。该装置年处理海底天然气2亿立方米，具有工艺流程简单、生产成本低、设备投资较少等特点，产品市场竞争力较强，具有较好的社会及经济效益。

7.5.2 控制系统介绍

系统配置采用PLC＋WinCC方式，PLC选用指令执行速度较快的S7-400系列CPU412，辅以PROFIBUS通信处理器CP443-5。I/O模块选用S7-400系列具有中断能力、能够及时快速响应过程事件的模块，上位机采用西门子人机接口软件WinCC。工业通信网络选用PROFIBUS，不仅向WinCC提供过程数据，还可实现与DCS主控系统进行通信。操作站同时兼有工程师站的功能。操作站配有声卡、音箱，在PLC发现异常情况时，可向操作员发出声音警报信号。

生产工艺流程如图7-50所示。

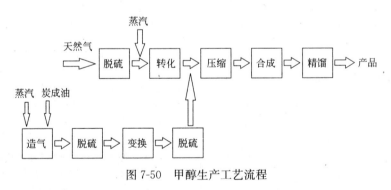

图7-50 甲醇生产工艺流程

7.5.3 控制系统完成的功能

系统主要功能包括：

① 联锁保护逻辑：甲醇转化汽包停车逻辑；循环泵停车逻辑；甲醇燃料气停车逻辑；引风机停车逻辑；炉膛压力停车逻辑；主停车逻辑；允许启动逻辑；卸荷器逻辑；甲醇合成汽包逻辑；联合压缩机润滑油系统逻辑；压缩机轴振动联锁逻

辑；压缩机轴位移联锁逻辑；甲醇合成塔停车保压逻辑；压缩机停车处理逻辑；压缩机允许启停逻辑；辅助油泵逻辑；油加热器逻辑；锅炉给水泵；循环泵逻辑；甲醇冷凝液输送泵逻辑；甲醇预塔回流泵逻辑；甲醇主塔回流泵逻辑；甲醇泵类逻辑。

② 逻辑状态指示功能。在 WinCC 操作画面上直观地指示各逻辑状态，指导启、停车。

③ 报警记录及触发事故音响功能。

④ 前 3 个首发报警锁定记录功能。

7.5.4 首发报警的实现

在工业现场一旦有事故发生，为了分析事故发生的原因，必须提取事故发生时的数据。该甲醇生产装置对安全可靠性要求较高，逻辑联锁功能较多，各设备间联锁关系复杂、相互关联。根据某天然气化工有限责任公司多年的生产实践经验，引起生产装置事故停车的主要原因是：该装置正常运行后的前 3 条报警信息。因此记录并锁定前 3 个首发报警为本项目的重点。

在 STEP7 中，缩写 FC20 功能块，记录锁定前 3 个首发报警信息。在 OB1 中，给每条报警赋予一个序列号，反复调用 FC20。FC20 的梯形图逻辑如图 7-51 所示。

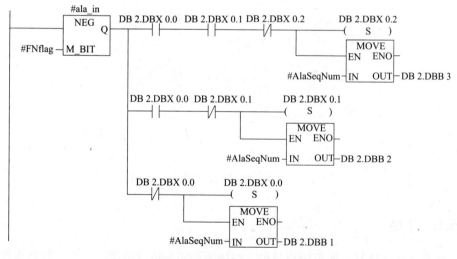

图 7-51 甲醇生产控制系统 FC20 的梯形图逻辑

地址位 DB2.DBX0.0、DB2.DBX0.1、DB2.DBX0.2 分别记录首发第一报警、首发第二报警、首发第三报警是否发生（1 表示有报警发生，0 表示无报警发生）。数据字节 DB2.0DBB1、DB2.DBB2、DB2.DBB3 分别存储对应首发报警的序列号。在 OB1 中，对 FC20 的调用如下：

```
CALL FC20                    //I0.0
ala_in: ＝I0.0
AlaSeqNum: ＝B#16#1          //报警序列号
Fnflag: ＝M160.0             //记录上跳沿标志
CALL FC0                     //I0.1
ala_in: ＝i0.2
AlaSeqNum: B#16#3
FNflag: ＝M160.2
CALL FC20                    //I0.3
ala_in: ＝I0.3
AlaSeqNum: B#16#4
FNflag: ＝M160.3
CALL FC20                    //I0.4
ala_in: ＝I0.4
AlaSeqNum: B#16#5
FNflag: ＝M160.4
```

WinCC 中对首发报警的显示界面如图 7-52 所示。红色表示对应的信号有报警发生，绿色表示对应信号正常。

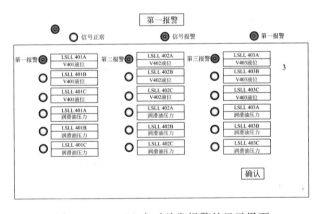

图 7-52　WinCC 中对首发报警的显示界面

7.5.5　小结

该系统运行良好，便于用户简单、快捷地判断分析故障原因。鉴于此功能在甲醇项目中的成功应用，该天然气化工有限责任公司相继将这一技术应用于合成氨、尿素等的生产工艺过程中。

在系统设计阶段，选用 512KBFLASH 存储卡，但经过现场调试投运后发现无法将用户程序输入至 FLASH 存储卡（存储卡容量不足）。对于 S7-400 系列 CPU，存储卡的容量必须大于使用 SIMATIC Manager 中的 Archive 工具压缩后的项目文件的大小。CP443-5 与 DCS 采用 PROFIBUS-DP 通信时，发现 CP443-5 与 DCS 的通信卡都只能设置为 PROFIBUS-DP 的 MASTER，从而导致通信无法进行。更换 DCS 的通信卡，将其设置为 SLAVE 模式。另外，经过与西门子公司的核实，订货号为 6ES7-443-5DX02-OXEO 的 CP443-5 不具备带电插拔功能。

7.6　西门子开放式 IE 通信在水电站监控系统中的应用

本节介绍了水电站监控系统、西门子 PLC 集成 Profinet 接口的 CPU315-2PN/DP 模块的开放式 IE 通信和 Modbus/TCP 协议，并详细讲述了使用开放式 IE 通信编程实现 Modbus/TCP 协议的方法，以及采用面向对象编程的设计思想和软件编程。在 XX 水电站中的应用证明，通过开放式 IE 通信实现 Modbus/TCP 协议与上位机系统通信稳定可靠，不需要采用西门子公司的 OPC，能有效降低整个水电站监控系统的成本。

7.6.1　引言

目前国内的水电站的运行方式已从最初的"集中控制、功能分散"方式发展到"全开放分层分布式"方式，全部采用计算机控制系统来取代过去以继电器来控制的常规控制方式，实现了"无人值班（少人值班）"，大大提高了水电站的自动化水平。一般整个水电站监控系统在物理上分为两层：电站控制层和现地控制层。电站控制层（或称上位机系统）主要用于监控系统的组态、维护。水电站运行的监视、操作，信息管理、运动和优化控制等。现地控制层按控制对象分散方式一般设置为机组 LCU、开放站及公开 LCU 和闸门 LCU。LCU 主要采用 PLC 来完成控制对象的数据采集与处理、控制与调节、安全运行监视、事件顺序记录（SOE）、数据及网络通信等。

7.6.2　简介

XX 水电站共安装 3 台水轮发电机组，单机容量 340MW，总装机容量 1020MW。电站采用 330kV 一级电压接入西北电网，出线三回，3 回主变压器进线；发电机与主变压器组合方式采用发变组单元接线，发电机出口设有发电机断路器；330kV 升高电压侧采用 3 串 3/2 断路器接线方式。

XX 水电站计算机监控系统采用北京中水科水电科技开发有限公司研制开发的 H9000 V4.0 计算机监控系统，现地控制单元 PLC 均采用德国西门子公司 SIMATIC S7-400 /414H 冗余 CPU。电站按"无人值班"（少人值守）原则设计。第一台机组已于 2010 年 4 月投产，第二台机组已于 2010 年 6 月投产，最后一台机组于 2010 年 9 月投产。H9000 V4.0 计算机监控系统及西门子 S7-400 PLC 与机组同步投运。

7.6.3 计算机监控系统结构配置

（1）总体结构　XX水电站计算机监控系统采用开放式分层、全分布的系统结构，数据库实行分布管理方式。计算机监控系统按网络结构分为两层：厂站控制层和现地控制层。按设备布置分为两级：厂站控制级设备、现地控制级设备网络结构及特性。

在电站计算机监控系统厂站层能进行"电站控制调节/调度中心控制调节/集控中心控制调节"软切换操作。当计算机监控系统处于"电站调节"方式且相应LCU处于"远方控制"方式时，厂站层可对电站主辅设备下发控制和调节命令，上级调度中心则处于监视状态；当计算机监控系统处于"调度中心调节/集控中心控制"方式且相应LCU处于"远方控制"方式时，厂站层可作为上级调度中心/集控中心的子单元根据调度中心/集控中心的调节指令对电站主辅设备发布控制和调节命令。

电站计算机监控系统各LCU以下采用冗余的现场总线用以连接远程I/O及各现地智能监测设备，现场总线的物理拓扑结构为双总线型冗余结构。每个LCU设置为无主从关系的标准或通用协议的现场总线，通信速率不低于1Mbit/s，以及有主从关系通信协议的串口或自由定义的现场总线，通信速率不低于19.2kbit/s。相应现地生产过程里的各种继电保护装置、自动装置、自动化设备和装置、监测仪表和装置、监测系统、机组辅助设备和全厂公用设备由PLC组成的控制系统均挂在相适应的总线上。总线介质为光纤和双绞线结合使用的方式。

H9000与S7-400 CPU之间数据处理采用的方式是：LCU将采集的信息汇总等待H9000系统来读取，接收来自H9000系统的命令，经过逻辑计算、发出指令、控制各现场设备运行。LCU是整个控制功能的核心，起到沟通现地设备和H9000系统桥梁的作用。其计算机监控系统配置图具体的网络结构如图7-53所示。

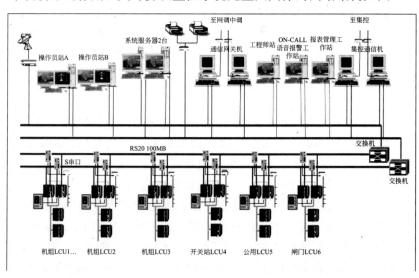

图7-53　XX水电站计算机监控系统配置图

（2）厂站控制层系统　厂站控制层由2套数据处理工作站、2套应用程序工作站、2套操作员工作站、1套工程师/仿真培训工作站、1套远程维护和诊断服务器、1套生产信息查询服务器、2套通信服务器（调度）、2套通信服务器（厂内）、1套ON-CALL及语音报警服务器、1套报表及打印服务器、1套GPS时钟、1套冗余UPS、1套网络设备（冗余配置）、2套通信服务器（集控中心专用）、4套路由器（调度、集控中心专用）等构成，实现监视控制现地设备等功能，形成全站监控中心。其中操作包括：机组操作、功率调节、断路器操作、隔离开关及刀闸操作、设备操纵及闸门升、降、停操作等。

电站计算机监控系统厂站控制层的网络主要采用双星形以太网结构，设置冗余的星形以太网交换机，网络传输速率为100Mbps /1000Mbps自适应式，通信协议采用TCP/IP协议，整个网络发生链路故障时能自动切换到备用链路。

XX水电站厂站层控制监控系统由中水科技H9000V4.0系统软件完成，H9000系统作为水电站通用监控系统软件之一，侧重点在厂站层的信息流的管理及控制，可根据需要配置不同厂家的PLC系统；H9000系统自动采集现地LCU各类实时数据，并能对现地LCU下令进行控制；H9000系统采集的数据类型包括：开关量、中断量、综合信息、模拟量、温度量和脉冲量。

（3）现地控制层系统　现地控制单元LCU完成对监控对象的数据采集及数据预处理，负责向网络传送数据信息，并自动服从上位机的命令和管理。同时各LCU也具有控制、调节操作和监视功能，配备有人机触摸屏，当与上位机系统脱机时，仍具有必要的监视和控制功能。

XX水电站现地控制层系统由6套现地控制单元LCU构成：3套机组LCU、1套开关站LCU、1套公用系统LCU及闸门LCU。每套现地控制单元PLC均采用德国西门子公司SIMATIC S7-400 /414H冗余CPU。

现地控制单元LCU采用SIMATIC S7-400 /414H冗余CPU，由2套互为全冗余容错热备控制器组成，它们通过冗余同步模块和100M光缆实现互连，冗余CPU与远程I/O通过冗余PROFIBUS-DP总线相连，每个CPU机箱通过工业以太网通信接口模块与监控系统双以太网交叉连接，PLC的远程I/O站接口模块（IM 153）具有SOE功能，通过配置快速的中断开关量采集模块，完成事件的顺序记录。各个LCUPLC除配有必需的I/O模块外，还通过LCU工业交换机，接有PLC智能通信控制器（2个100M以太网口/8串行）。由智能通信控制器完成LCU与各现地设备，如交流采样装置、微机励磁调节装置、微机调速装置、微机保护装置、电能计量装置等其他设备的通信。以机组单元为例，LCU配置结构如图7-54所示。

（4）系统特点及功能　XX水电站监控系统的厂站层是采用H9000系统，现地控制层主要是采用SIMATIC S7-400 /414H PLC，其监控系统具有以下特点：

① 强大的数据采集与处理功能　针对大型电站海量数据的高可靠与高实时性采集，H9000 V4.0系统采取的主要技术措施包括：同时采用主进程、多子进程及

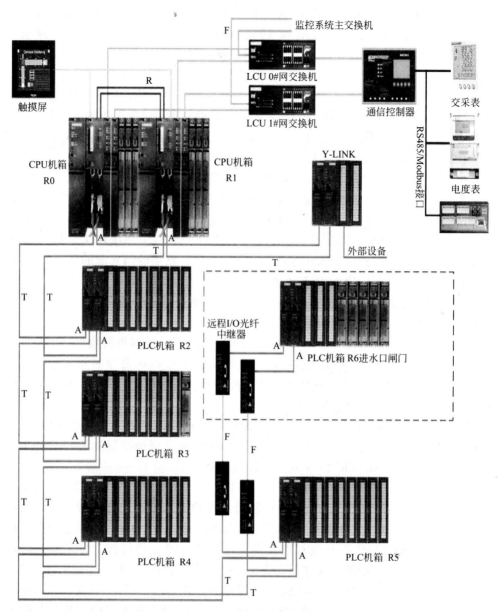

图 7-54　机组 LCU 配置结构

多线程技术；按数据类型的多重 TCP/IP 连接并行工作模式；PLC 数据扫描周期的多重数据传送请求与处理；多数据采集服务器的负荷平衡管理，各服务器同时工作，负荷分担，有效地提高了系统数据采集的实时性；采用 PLC 冗余优化策略，实现网络和现地控制单元 CPU 的快速自动切换。

　　② 整个系统采取高度冗余的结构和方式　为确保系统高可靠性，各层的重要设备均采取双重冗余配置，如数据服务器、数据采集站、操作员站、网络设备、可

编程控制器冗余 CPU、总线等。可编程控制器的 I/O 点不冗余，冗余 CPU 冗余配置时，主备之间应可实现无扰动自动切换。

③ H9000 系统与西门子 S7-400 PLC 成功相结合　在大部分行业监控系统里，现地控制单元采用西门子 S7-400 PLC，上位机一般采用西门子 WinCC 系统。本电站监控系统上位机采用 H9000 系统，H9000 系统基于 TCP/IP 上的 Modbus 规约，通过以太网与 S7-400 PLC 通信模块进行数据采集、控制。同时为了保证各 PLC 数据采集时的独立性，H9000 系统数据采集程序为每一个 PLC 建立单独的子进程。

④ 实现 1ms 分辨率 SOE 方式　事件顺序记录（SOE）功能是水电站计算机监控系统中的一个重要功能，通过前后分辨率达 1ms 的事件记录，能够分析出事故发生的先后顺序，从而抓住事故源头以达到快速排除和解决问题。本电站的 SOE 模块选用 16 点 SOE 模块（型号 6ES7321-7BH01-0AB0），该模块分辨率达 1ms，与 GPS 时钟采用 SNTP 对时方式。SOE 方式的开关量输入方式提高了事件分辨率、事件响应时间，便于电厂事故分析、确保安全。

⑤ 多元化通信方式　在水电站各种系统数据大部分需要接入计算机监控系统中，特别是大中型电站要求监视和控制的设备多，相应的通信也多，故在 XX 水电站监控系统中采用了多种通信相结合方式，其主要通信方式如下：

a. H9000 系统与网调、集控通信采用 IEC 60870-5-104 标准通信规约；

b. H9000 系统与 S7-400 PLC 采用基于 TCP/IP 上的 Modbus 通信规约；

c. 厂站层设有一台厂内通信机，与电能系统、故障录波系统、直流系统、水位系统等进行通信，采用的规约有 Modbus、IEC 60870-5-103 等通信规约；

d. S7-400 CPU 与 ET200M 之间采用现场总线 PROFIBUS-DP 通信方式，与 S7-300 PLC 辅机系统通过 YLINK 采用现场总线 PROFIBUS-DP 通信方式；

e. 各现地控制层 LCU 设有一台独立 8 串口小型通信机，与调速器、励磁系统、交流采样、保护系统、辅机系统等进行通信，采用的规约有 Modbus、IEC 60870-5-103 等通信规约。

⑥ 系统实时性　监控系统以数据采集与控制为基础，要实现系统实时性与可靠性，需合理优化配置系统软硬件及功能。厂站层数据采集服务器通过与 PLC 建立 TCP/IP 连接，采用点对点周期召唤方式读取 PLC 数据，其中采集周期主要依赖于 PLC CPU 的扫描周期（scan time），一般在 200ms～1s。XX 水电站厂站层主机采用的是高性能 SUN 服务器，现地层控制系统采用 SIMATIC S7-400 /414H 冗余 CPU，其冗余 CPU 的运行周期在 10～15ms，确保了整个监控采集大量数据和控制设备的实时性。

附录 ◀◀◀

附表 1　S7-400 的指令一览表

英语助记符	德语助记符	程序元素目录	描　　述
+	+	整型数学运算指令	加整型常数（16、32 位）
=	=	位逻辑指令	赋值
）	）	位逻辑指令	嵌套结束
+AR1	+AR1	累加器	AR1 将 ACCU1 加到地址寄存器 1
+AR2	+AR2	累加器	AR2 将 ACCU1 加到地址寄存器 2
+D	+D	整型数学运算指令	将 ACCU1 和 ACCU2 作为长整型（32 位）数相加
−D	−D	整型数学运算指令	以长整型（32 位）数的形式从 ACCU2 中减去 ACCU1
*D	*D	整型数学运算指令	将 ACCU1 和 ACCU2 作为长整型（32 位）数相乘
/D	/D	整型数学运算指令	以长整型（32 位）数的形式用 ACCU1 除 ACCU2
? D	? D	比较	比较长整型数（32 位）==、<>、>、<、>=、<=
+I	+I	整型数学运算指令	将 ACCU1 和 ACCU2 作为整型（16 位）相加
−I	−I	整型数学运算指令	以整形（16 位）的形式从 ACCU2 中减去 ACCU1
*I	*I	整型数学运算指令	将 ACCU1 和 ACCU2 作为整型数（16 位）相乘
/I	/I	整型数学运算指令	以整型数（16 位）的形式用 ACCU1 除 ACC2
? I	? I	比较	比较整型数（16 位）==、<>、>、<、>=、<=
+R	+R	浮点型指令	将 ACCU1 和 ACCU2 作为浮点数（32 位 IEEE-FP）相加
−R	−R	浮点型指令	以浮点数（32 位 IEEE-FP）的形式从 ACCU2 中减去 ACCU1
*R	*R	浮点型指令	将 ACCU1 和 ACCU2 作为浮点数（32 位 IEEE-FP）相乘
/R	/R	浮点型指令	以浮点数（32 位 IEEE-FP）的形式用 ACCU1 除 ACCU2
? R	? R	比较	比较浮点数（32 位）==、<>、>、<、>=、<=
A	U	位逻辑指令	与运算
A(	U(	位逻辑指令	与运算嵌套开始
ABS	ABS	浮点型指令	浮点数（32 位 IEEE-FP）的绝对值
ACOS	ACOS	浮点型指令	生成浮点数（32 位）的反余弦
AD	UD	字逻辑指令	双字与运算（32 位）
AN	UN	位逻辑指令	与非运算
AN(	UN(	位逻辑指令	与非运算嵌套开始
ASIN	ASIN	浮点型指令	生成浮点数（32 位）的反正弦
ATAN	ATAN	浮点型指令	生成浮点数（32 位）的反正切

英语助记符	德语助记符	程序元素目录	描　述
AW	UW	字逻辑指令	单字与运算(16 位)
BE	BE	程序控制	块结束
BEC	BEB	程序控制	有条件的块结束
BEU	BEA	程序控制	无条件的块结束
BLD	BLD	程序控制	程序显示指令(空)
BTD	BTD	转换	BCD 码转换为整数(32 位)
BTI	BTI	转换	BCD 码转换为整数(16 位)
CAD	TAD	转换	改变 ACCU1(32 位)中的字节顺序
CALL	CALL	程序控制	块调用
CALL	CALL	程序控制	调用多重实例
CALL	CALL	程序控制	从库中调用块
CAR	TAR	装载/传送	将地址寄存器 1 与地址寄存器 2 进行交换
CAW	TAW	转换	改变 ACCU1-L(16 位)中的字节顺序
CC	CC	程序控制	有条件调用
CD	ZR	计数器	向下计数器
CDB	TDB	转换	交换共享 DB 和实例 DB
CLR	CLR	位逻辑指令	清除 RLO(=0)
COS	COS	浮点型指令	以浮点数(32 位)形式生成角的余弦
CU	ZV	计数器	向上计数器
DEC	DEC	累加器	减量 ACCU1-L-L
DTB	DTB	转换	长整型(32 位)转换为 BCD 码
DTR	DTR	转换	长整型(32 位)转换为浮点型(32 位 IEEE-FP)
ENT	ENT	累加器	进入 ACCU 堆栈
EXP	EXP	浮点型指令	生成浮点数(32 位)的指数值
FN	FN	位逻辑指令	下降沿
FP	FP	位逻辑指令	上升沿
FR	FR	计数器	启用计数器(自由)
FR	FR	定时器	启用定时器(自由)
INC	INC	累加器	增量 ACCU1-L-L
INVD	INVD	转换	对长整型数求反码(32 位)
INVI	INVI	转换	对整数求反码(16 位)
ITB	ITB	转换	整型(16 位)转换为 BCD 码
ITD	ITD	转换	整型(16 位)转换为长整型(32 位)
JBI	SPBI	跳转	如果 BR=1,则跳转
JC	SPB	跳转	如果 RLC=1,则跳转
JCB	SPBB	跳转	如果具有 BR 的 RLO=1,则跳转
JCN	SPBN	跳转	如果 RLO=0,则跳转
JL	SPL	跳转	跳转到标签
JM	SPM	跳转	如果为负,则跳转
JMZ	SPMZ	跳转	如果为负或零,则跳转
JN	SPN	跳转	如果非零,则跳转
JNB	SPBNB	跳转	如果具有 BR 的 RLO=0,则跳转
JNBI	SPBIN	跳转	如果 BR=0,则跳转
JO	SPO	跳转	如果 OV=1,则跳转
JOS	SPS	跳转	如果 OS=1,则跳转

续表

英语助记符	德语助记符	程序元素目录	描　　述
JP	SPP	跳转	如果为正,则跳转
JPZ	SPPZ	跳转	如果为正或零,则跳转
JU	SPA	跳转	无条件跳转
JUO	SPU	跳转	如果无序,则跳转
JZ	SPZ	跳转	如果为零,则跳转
L	L	装载/传送	装载
L DBLG	L DBLG	装载/传送	在 ACCU1 中装载共享 DB 的长度
L DBNO	L DBNO	装载/传送	在 ACCU1 中装载共享 DB 的编号
L DILG	L DILG	装载/传送	在 ACCU1 中装载实例 DB 的长度
L DINO	L DINO	装载/传送	在 ACCU1 中装载实例 DB 的编号
L STW	L STW	装载/传送	将状态字装载到 ACCU1 中
L	L	定时器	将当前定时器的值作为整数装入 ACCU1_(当前定时器值可以是 0～255 之间的数字,例如 L T32)
L	L	计数器	将当前计数器值装入 ACCU1_(当前计数器值可以是 0～255 之间的数字,例如 L C15)
LAR1	LAR1	装载/传送	从 ACCU1 中装载地址寄存器
LAR1<D>	LAR1<D>	装载/传送	用长整型(32 位指针)装载地址寄存器 1
LAR1 AR2	LAR1 AR2	装载/传送	从地址寄存器 2 装载地址寄存器 1
LAR2	LAR2	装载/传送	从 ACCU1 中装载地址寄存器 2
LAR2<D>	LAR2<D>	装载/传送	用长整型(32 位指针)装载地址寄存器 2
LC	LC	计数器	将当前计数器的值以 BCD 码装入 ACCU1_(当前定时器值可以是 0～255 之间的数字,例如 LC C15)
LC	LC	定时器	将当前定时器的值以 BCD 码装入 ACCU1_(当前计数器值可以是 0～255 之间的数字,例如 LC T32)
LEAVE	LEAVE	累加器	离开 ACCU 堆栈
LN	LN	浮点型指令	生成浮点数(32 位)的自然对数
LOOP	LOOP	跳转	回路
MCR(	MCR(	程序控制	将 RLO 保存在 MCR 堆栈中,开始 MCR
)MCR	)MCR	程序控制	结束 MCR
MCRA	MCRA	程序控制	激活 MCR 区域
MCRD	MCRD	程序控制	取消激活 MCR 区域
MOD	MOD	整型数学运算指令	除法余数为长整型(32 位)
NEGD	NEGD	转换	对长整型数求补码(32 位)
NEGI	NEGI	转换	对整数求补码(16 位)
NEGR	NEGR	转换	浮点数(32 位,IEEE-FP)取反
NOP0	NOP0	累加器	空指令
NOP1	NOP1	累加器	空指令
NOT	NOT	位逻辑指令	取反 RLO
O	O	位逻辑指令	或
O(	O(	位逻辑指令	或运算嵌套开始
OD	OD	字逻辑指令	双字或运算(32 位)
ON	ON	位逻辑指令	或非运算
ON(	ON(	位逻辑指令	或非运算嵌套开始
OPN	AUF	DB 调用	打开数据块
OW	OW	字逻辑指令	单字或运算(16 位)

英语助记符	德语助记符	程序元素目录	描　述
POP	POP	累加器	POP
POP	POP	累加器	具有两个 ACCU 的 CPU
POP	POP	累加器	具有 4 个 ACCU 的 CPU
PUSH	PUSH	累加器	具有两个 ACCU 的 CPU
PUSH	PUSH	累加器	具有 4 个 ACCU 的 CPU
R	R	位逻辑指令	复位
R	R	计数器	复位计数器(当前计数器可以是 0～255 之间的数字,例如 R C15)
R	R	定时器	复位定时器(当前计数器可以是 0～255 之间的数字,例如 R T32)
RLD	RLD	移位/循环	双字循环左移(32 位)
RLDA	RLDA	移位/循环	通过 CC1(32 位)左循环 ACCU1
RND	RND	转换	取整
RND−	RND−	转换	向下取整长整型
RND+	RND+	转换	向上取整长整型
RRD	RRD	移位/循环	双字循环右移(32 位)
RRDA	RRDA	移位/循环	经过 CC1(32 位)右循环 ACCU1
S	S	位逻辑指令	置位
S	S	计数器	设置计数器预设值(当前计数器可以是 0～255 之间的数字,例如 S C15)
SAVE	SAVE	位逻辑指令	将 ROL 保存在 BR 寄存器中
SD	SE	定时器	接通延时定时器
SE	SV	定时器	扩展脉冲定时器
SET	SET	位逻辑指令	置位
SF	SA	定时器	断开延时定时器
SIN	SIN	浮点型指令	以浮点数(32 位)形式生成角的正弦
SLD	SLD	移位/循环	双字左移(32 位)
SLW	SLW	移位/循环	字左移(16 位)
SP	SI	定时器	脉冲定时器
SQR	SQR	浮点型指令	生成浮点数(32 位)的平方
SQRT	SQRT	浮点型指令	生成浮点数(32 位)的平方根
SRD	SRD	移位/循环	双字右移(32 位)
SRW	SRW	移位/循环	单字右移(16 位)
SS	SS	定时器	带保持的接通延时定时器
SSD	SSD	移位/循环	移位有符号长整数(32 位)
SSI	SSI	移位/循环	移位有符号长整型数(16 位)
表格	表格	装载/传送	传送
T STW	T STW	装载/传送	将 ACCU1 传送到状态字
TAK	TAK	累加器	切换 ACCU1 与 ACCU2
TAN	TAN	浮点型指令	以浮点数(32 位)形式生成角的正切
TAR1	TAR1	装载/传送	将地址寄存器 1 传送到 ACCU1
TAR1	TAR1	装载/传送	将地址寄存器 1 传送到目标地址(32 位指针)
TAR1	TAR1	装载/传送	将地址寄存器 1 传送到地址寄存器 2
TAR2	TAR2	装载/传送	将地址寄存器 2 传送到地址寄存器 1
TAR2	TAR2	装载/传送	将地址寄存器 2 传送到目标地址(32 位指针)

英语助记符	德语助记符	程序元素目录	描　述
TRUNC	TRUNC	转换	截尾
UC	UC	程序控制	无条件的调用
X	X	位逻辑指令	异或运算
X(	X(	位逻辑指令	异或运算嵌套开始
XN	XN	位逻辑指令	同或运算
XN(	XN(	位逻辑指令	同或运算嵌套开始
XOD	XOD	字逻辑指令	双字异或运算(32 位)
XOW	XOW	字逻辑指令	单字异或运算(16 位)

参 考 文 献

［1］ 李正军．现场总线及其应用技术［M］．北京：机械工业出版社，2005．

［2］ 崔坚．西门子工业网络通信指南（上册）［M］．北京：机械工业出版社，2005．

［3］ 崔坚．西门子工业网络通信指南（下册）［M］．北京：机械工业出版社，2005．

［4］ 胡学林．可编程控制器教程（提高篇）［M］．北京：电子工业出版社，2005．

［5］ 廖常初．S7-300/400PLC 应用技术．北京：机械工业出版社，2005．

［6］ 边春元，等．S7-300/400 使用开发指南．北京：机械工业出版社，2007．

［7］ 陈立定，等．电气控制与可编程程序控制器．广州：华南理工大学出版社，2001．

［8］ 孙蓉，李冰．可编程控制器实验技术［M］．哈尔滨：黑龙江人民出版社，2008．

［9］ 宋建成．可编程控制器原理与应用．北京：科学出版社，2005．

［10］ 吴荣．传感器与 PLC 技术．北京：中国轻工业出版社，2006．

［11］ 西门子公司．SIMATIC S7-400 自动化系统 CPU 规格系统手册．2005．

［12］ 西门子公司．S7-400 可编程控制器 CPU 及模块规范手册，2003．

［13］ 西门子公司．SIMATIC STEP7 V5．4 编程使用手册．2006．

［14］ 西门子公司．SIMATIC S7-300 和 S7-400 的梯形图（LAD）编程参考手册．2004．